职业技能培训鉴定教材

家畜饲养工

主　编　申　红　陈　宏　徐春生

编　者　曾献存　罗献梅　祁凤华

闫玉东　李肃江　齐亚银

刘贤侠　李　劼

审　稿　贾　斌

中国劳动社会保障出版社

图书在版编目(CIP)数据

家畜饲养工/人力资源和社会保障部教材办公室组织编写. —北京：中国劳动社会保障出版社，2015

职业技能培训教材　职业活动导向一体化教材

ISBN 978－7－5167－2020－2

Ⅰ.①家…　Ⅱ.①人…　Ⅲ.①家畜-饲养管理-技术培训-教材　Ⅳ.①S815

中国版本图书馆 CIP 数据核字(2015)第 182335 号

中国劳动社会保障出版社出版发行

(北京市惠新东街 1 号　邮政编码：100029)

*

北京谊兴印刷有限公司印刷装订　新华书店经销

787 毫米×1092 毫米　16 开本　20 印张　427 千字

2015 年 8 月第 1 版　2021 年 7 月第 13 次印刷

定价：41.00 元

读者服务部电话：(010) 64929211/84209101/64921644

营销中心电话：(010) 64962347

出版社网址：http://www.class.com.cn

内容简介

本教材由人力资源和社会保障部教材办公室组织编写。教材以《国家职业技能标准·家畜饲养工》为依据，在编写过程中紧紧围绕“以企业需求为导向，以职业能力为核心”的编写理念，力求突出职业技能培训特色，满足职业技能培训与鉴定考核的需要。

本教材详细介绍了家畜饲养工要求掌握的最新实用知识和技术。全书共分为初级、中级、高级三个部分，内容包括：家畜饲养、家畜的营养需要特点及饲养、家畜的管理、家畜饲养环境及疾病防治等。每一单元后安排了单元测试题，供读者巩固、检验学习效果时参考使用。

本教材是家畜饲养工职业技能培训与鉴定考核用书，也可供相关人员参加在职培训、岗位培训使用。

前　　言

1994年以来，原劳动和社会保障部职业技能鉴定中心、教材办公室和中国劳动社会保障出版社组织有关方面专家，依据《中华人民共和国职业技能鉴定规范》，编写出版了职业技能鉴定教材及其配套的职业技能鉴定指导200余种，作为考前培训的权威性教材，受到全国各级培训、鉴定机构的欢迎，有力地推动了职业技能鉴定工作的开展。

原劳动保障部从2000年开始陆续制定并颁布了国家职业技能标准。同时，社会经济、技术不断发展，企业对劳动力素质提出了更高的要求。为了适应新形势，为各级培训、鉴定部门和广大受培训者提供优质服务，人力资源和社会保障部教材办公室组织有关专家、技术人员和职业培训教学管理人员、教师，依据国家职业技能标准和企业对各类技能人才的需求，研发了职业技能培训鉴定教材。

新编写的教材具有以下主要特点：

在编写原则上，突出以职业能力为核心。教材编写贯穿"以职业技能标准为依据，以企业需求为导向，以职业能力为核心"的理念，依据国家职业技能标准，结合企业实际，反映岗位需求，突出新知识、新技术、新工艺、新方法，注重职业能力培养。凡是职业岗位工作中要求掌握的知识和技能，均作详细介绍。

在使用功能上，注重服务于培训和鉴定。根据职业发展的实际情况和培训需求，教材力求体现职业培训的规律，反映职业技能鉴定考核的基本要求，满足培训对象参加各级各类鉴定考试的需要。

在编写模式上，采用分级模块化编写。纵向上，教材按照国家职业资格等级单独成册，各等级合理衔接、步步提升，为技能人才培养搭建科学的阶梯型培训架构。横向上，教材按照职业功能分模块展开，安排足量、适用的内容，贴近生产实际，贴近培训对象需要，贴近市场需求。

在内容安排上，增强教材的可读性。为便于培训、鉴定部门在有限的时间内把最重要的知识和技能传授给培训对象，同时也便于培训对象迅速抓住重点，提高学习效率，在教材中精心设置了“培训目标”等栏目，以提示应该达到的目标，需要掌握的重点、难点、鉴定点和有关的扩展知识。

编写教材有相当的难度，是一项探索性工作。由于时间仓促，不足之处在所难免，恳切希望各使用单位和个人对教材提出宝贵意见，以便修订时加以完善。

人力资源和社会保障部教材办公室

目录

第一部分

初　级

第1单元

家畜饲养

家畜饲养是指对家畜生产的全过程进行饲养，包括从幼畜到成畜，从交配开始，经过妊娠、产犊，直到再次交配；对乳用家畜来说，又包括从产奶开始，经过干奶，直到再次产奶。

本单元介绍了三种主要家畜（牛、羊和猪）常用饲料原料和配合饲料的种类及分类保管与使用、家畜喂饮设备使用、幼畜的喂乳、开食、补饲及家畜饲养技术规程等方面的知识。其中，牛、羊为草食家畜，适当补饲精料，而猪为单胃家畜，主要饲喂配合饲料。牛、羊同属反刍家畜，饲养技术有相似处，但也不完全相同，而猪为单胃家畜，与前两者有较大差异。

第一节　常用饲料原料与配合饲料

→ 能识别饲料原料和配合饲料

→ 能分类保管和使用饲料

生产实践中饲料的种类很多，而且各种饲料的特性有很大差别。就营养价值而言，不同饲料间高与低相差悬殊，不同饲料各有其特点。畜牧工作者与饲料工作人员为了明辨各种饲料的特点，以便区别记忆，达到合理利用的目的，就提出对饲料进行分类。

饲料分类方法目前在世界各国尚未完全统一。美国学者哈理斯（L. E. Harris，1963）根据饲料的营养特性将饲料分成八大类，对每类饲料冠以相应的国际饲料编码，并应用计算机技术建立国际饲料数据管理系统，这一分类系统在全世界已有近 30 个国家采用或赞同，但多数国家则采取国际饲料分类与本国生产实际相结合的方法，或按饲料来源，或按饲喂动物对象，或按传统习惯进行分类。

一、国际饲料分类法

1. 粗饲料

粗饲料是指干草类（包括牧草）、农副产品类（包括荚、壳、藤、蔓、秸、秧）及干物质中粗纤维含量为 18% 及以上的糟渣类、树叶类等。糟渣类中水分含量不属于天然水分者，应区别于青绿饲料。

2. 青绿饲料

青绿饲料是指天然水分含量为 60% 及以上的新鲜饲草及以放牧形式饲喂的人工种植牧草、草地牧草等，还包括一些树叶类以及非淀粉质的块根、块茎类和瓜果类。不考虑青绿饲料折干后的粗蛋白质和粗纤维含量。

3. 青贮饲料

青贮饲料是指用新鲜的天然绿色植物调制成的青贮料及加有适量麸类和其他添加物

的青贮饲料。本类饲料中也包括水分为45%～55%的半干青贮饲料。

4. 能量饲料

能量饲料是指在干物质中粗纤维含量低于18%，粗蛋白质含量低于20%的谷实类、糠麸类、草籽树实类及其他类饲料。

5. 蛋白质饲料

蛋白质饲料又称蛋白质补充料，是指干物质中粗纤维含量低于18%，同时粗蛋白质在20%以上的豆类、饼粕类、动物性饲料及其他类饲料。

6. 矿物质

矿物质是指可供饲用的天然矿物质及化工合成的无机盐类，也包括配合载体或赋形剂的痕量、微量和常量元素的饲料。

7. 维生素饲料

维生素饲料是指由工业合成或提纯的维生素制剂，但不包括富含维生素的天然青绿饲料在内。

8. 饲料添加剂

饲料添加剂是指为保证或改善饲料品质，防止质量下降，促进动物生长繁殖，保障动物健康而掺入饲料中的少量或微量物质。

二、我国饲料分类法

20世纪80年代在我国张子仪研究员的主持下，依据国际饲料分类原则与我国传统分类体系相结合，提出了我国的饲料分类法和编码系统，建立了我国饲料数据库管理系统及饲料分类方法。首先根据国际饲料分类原则将饲料分成8个大类，然后结合我国传统饲料分类习惯分成17个亚类，两者结合，共计37类。对每类饲料冠以相应的饲料分类编码。

1. 青绿饲料

青绿饲料以天然水分含量为第一条件，不考虑其部分失水状态、风干状态或绝干状态时的粗纤维含量或粗蛋白质含量是否满足构成粗饲料、能量饲料或蛋白质饲料的条件。凡天然水分含量大于或等于45%的新鲜牧草、草地牧草、野菜、鲜嫩的藤蔓、秸秧类和部分未完全成熟的谷物植株等均属此类。

2. 树叶类

树叶类有两种类型，一种是刚采摘下来的树叶，饲用时的天然水分含量能保持在45%以上，这种形式多是一过性的，数量不大，国际饲料分类属青绿饲料；另一种是风干后的乔木、灌木、亚灌木的树叶等，干物质中的粗纤维含量大于或等于18%的树叶类，如槐叶、银合欢叶、松针叶、木薯叶等，按国际饲料分类属粗饲料。

3. 青贮饲料

青贮饲料有三种类型，一是由新鲜的植物性饲料调制成的青贮饲料，或在新鲜的植物性饲料中加有各种辅料（如小麦麸、尿素、糖蜜等）或防腐、防霉添加剂制作成的青贮饲料，一般含水量为65%～75%。二是低水分青贮饲料，又称半干青贮饲料。这是用天然水分含量为45%～55%的半干青绿植物调制成的青贮饲料。三是随着钢筒青贮或密封青贮窖的普及，从20世纪50年代后，欧美各国盛行的谷物湿贮。目前常见的是以新鲜玉米、麦类籽实为主要原料的各种类型的谷物湿贮，其含水量为28%～35%。从其营养成分的含量看，符合国际饲料分类中能量饲料的标准，但从调制方法分析又属青贮饲料。

4. 块根、块茎、瓜果类

包括天然水分含量大于或等于45%的块根、块茎、瓜果类，如胡萝卜、芜菁、饲料甜菜、落果、瓜皮等。这类饲料脱水后的干物质中粗纤维和粗蛋白质含量都较低。可以鲜喂或干喂。

5. 干草类

干草类饲料是指人工栽培或野生牧草的脱水或风干物。饲料的水分含量在15%以下（霉菌繁殖水分临界点），水分含量为15%～45%的干草罕见，多属半成品或一过性。有三种类型：第一类，干物质中粗纤维含量大于或等于18%者都属于粗饲料；第二类，干物质中粗纤维含量小于18%，粗蛋白质含量也小于20%者，属能量饲料；第三类，有一些优质豆科牧草，如苜蓿或紫云英，干物质中的粗蛋白质含量大于或等于20%，而粗纤维含量又低于18%者，按国际饲料分类原则应属蛋白质饲料。

6. 农副产品类

农副产品类有三种类型，一是干物质中粗纤维含量大于或等于18%者，如秸、荚、壳等，都属于粗饲料；二是干物质中粗纤维含量小于18%、粗蛋白质含量小于20%者，属于能量饲料；三是干物质中粗纤维含量小于18%，而粗蛋白质含量大于或等于20%者，属于蛋白质饲料。

7. 谷实类

粮食作物的籽实中除某些带壳的谷实外，粗纤维、粗蛋白质的含量都较低，在国际饲料分类原则中属能量饲料，如玉米、稻谷等。

8. 糠麸类

糠麸类有两种类型，一是干物质中粗纤维含量小于18%、粗蛋白质含量小于20%的各种粮食的加工副产品，如小麦麸、米糠、玉米皮、高粱糠等，在国际饲料分类中属能量饲料。二是粮食加工后的低档副产品或在米糠中人为掺入没有实际营养价值的稻壳粉等，其中干物质中的粗纤维含量多大于18%，按国际饲料分类原则属于粗饲料，如统糠、生谷机糠等。

9. 豆类

豆类有两种类型。一是豆类籽实中可供作蛋白质补充料者；二是个别豆类籽实的干物质中粗蛋白质含量在20%以下，如广东的鸡子豆和江苏的爬豆属于能量饲料。干物质中粗纤维含量大于或等于18%者罕见。

10. 饼粕类

饼粕类共有三种类型。一是干物质中粗蛋白质含量大于或等于20%，粗纤维含量小于18%，大部分饼粕属于此，为蛋白质饲料。二是干物质中粗纤维含量大于或等于18%的饼粕类，即使其干物质中粗蛋白质含量大于或等于20%，按国际饲料分类原则仍属于粗饲料，如有些多壳的葵花子饼及棉籽饼。三是一些低蛋白质、低纤维的饼粕类饲料，如米糠饼、玉米胚芽饼等，则属于能量饲料。

11. 糟渣类

糟渣类有三种类型。一是干物质中的粗纤维含量大于或等于18%者归入粗饲料。二是干物质中粗蛋白质含量低于20%，但粗纤维含量也低于18%者属于能量饲料，如粉渣、醋渣、酒渣、甜菜渣、饴糖渣中的一部分均属于此类。三是干物质中粗蛋白质含量大于或等于20%，而粗纤维含量又小于18%者，在国际饲料分类中属蛋白质补充料，如啤酒糟、饴糖渣等，尽管这类饲料的蛋白质、氨基酸利用率较差，但根据国际饲料分类原则仍属于蛋白质补充料。

12. 草籽树实类

草籽树实类有三种类型。一是干物质中粗纤维含量在18%以上者属粗饲料；二是干物质中粗纤维含量在18%以下，而粗蛋白质含量小于20%者属能量饲料，如稗草籽、沙枣等；三是干物质中粗纤维含量在18%以下，而粗蛋白质含量大于或等于20%者，较为罕见。

13. 动物性饲料

动物性饲料有三种类型。一是来源于渔业、畜牧业的饲料及加工副产品，其干物质中粗蛋白质含量大于或等于20%者属蛋白质饲料，如鱼、虾、肉、骨、皮、毛、血、蚕蛹等。二是粗蛋白质及粗灰分含量都较低的动物油脂类，属能量饲料，如牛脂、猪油等。三是粗蛋白质含量及粗脂肪含量均较低，以补充钙、磷为目的者属矿物质饲料，如骨粉、蛋壳粉、贝壳粉等。

14. 矿物质饲料

矿物质饲料主要包括可供饲用的天然矿物质，如白云石粉、大理石粉、石灰石粉等；化工合成的无机盐类，如硫酸铜等及有机配位体与金属离子的螯合物，如蛋氨酸锌等；来源于动物性饲料的矿物质也属此类，如骨粉、贝壳粉等。

15. 维生素饲料

维生素饲料主要指由工业合成或提取的单体维生素D、维生素E等；或复合维生素制剂，如硫胺素、核黄素、胆碱、维生素A，但不包括富含维生素的天然青绿多汁饲料。

16. 添加剂及其他

添加剂共有两种类型。主要是指为了补充营养物质，提高饲料利用率，保证或改善饲料品质，防止饲料质量下降，促进生长繁殖和动物生产，保障动物的健康而掺入饲料中的少量或微量营养性及非营养性物质，如防腐剂、促生长剂、抗氧化剂、饲料黏合剂、驱虫保健剂等。饲料中以补充氨基酸为目的的工业合成赖氨酸、蛋氨酸等也归入这一类。

17. 油脂类饲料及其他

油脂类饲料主要以补充能量为目的，属于能量饲料。

三、常用饲料原料和配合饲料种类

1. 常用饲料

（1）青绿饲料。青绿饲料是指天然水分含量在60%以上的青绿多汁植物性饲料。

常见的青绿饲料有天然牧草、栽培牧草、青刈饲料、树叶类饲料、叶菜类饲料和水生饲料等。

1）天然牧草。单位面积上产草量不高，木质化快，质地较硬，营养价值变化范围很大。干物质中以无氮浸出物含量最高，占40%～50%，粗纤维占25%～30%，粗蛋白质占10%～15%，矿物质中钙多于磷，比例良好。一般认为，田间杂草品质较佳；塘边、河滩的青草质量次之；旱荒地的青草品质最差。野草、野菜在农区也是重要的饲料资源，是大家畜及猪的蛋白质、维生素和钙的重要来源。菊科草往往有特殊的气味，除绵羊外，一般不喜食。

2）栽培牧草。栽培牧草在我国已有悠久的历史，有专门作为饲料的，也有兼作绿肥与饲料用的。各地栽培牧草种类很多，但主要以产量高、营养好的豆科和禾本科牧草占主要地位。栽培牧草是解决青绿饲料来源的重要途径，可为家畜提供丰富而均衡的青绿饲料。下面介绍几种常用的栽培牧草。

①豆科牧草

a. 紫花苜蓿。紫花苜蓿为我国最古老、最重要的栽培牧草之一。紫花苜蓿产量高，营养丰富，适口性佳，为牧草之冠。在初花期刈割的干物质中粗蛋白质含量为20%。产奶净能为5.4～6.3 MJ/kg，钙为3.0%，而且必需氨基酸组成较为合理，赖氨酸可高达1.34%，此外还含有丰富的维生素与微量元素，如胡萝卜素含量可达161.7 mg/kg。紫花苜蓿中含有各种色素，对家畜的生长发育及乳汁、卵黄颜色均有好处。

紫花苜蓿的营养价值与刈割时期关系很大，幼嫩时含水多，粗纤维少。刈割过迟，纤维素含量增加，蛋白质含量减少。根据单位面积内营养物质产量计算，紫花苜蓿最适刈割期为现蕾期至初花期。

苜蓿的利用方式多种多样，既可供放牧、青饲，也可调制干草和青贮料，对各类家畜均适宜。用青苜蓿喂乳牛，乳牛泌乳量高，乳质好。成年泌乳母牛每日每头可喂15～20 kg，青年母牛10 kg左右。对舍饲的小尾寒羊或大尾寒羊，每只日喂2～3 kg。用青苜蓿喂猪时，多利用植株上半部幼嫩枝叶，切碎或打浆饲喂效果较好。

b. 草木樨。草木樨是越年生豆科牧草，分为黄花草木樨和白花草木樨两种。草木樨株高，茎粗，枝多，叶疏。开花后基部迅速木质化，现蕾前营养价值较高，与苜蓿相似。以干物质计，草木樨含粗蛋白质19.0%，粗脂肪1.8%，粗纤维31.6%，无氮浸出物31.9%，钙2.74%，磷0.02%，产奶净能为4.84 MJ/kg。草木樨含有香豆素，它是一种芳香物质，具有特殊气味，各种家畜不喜食。以马类动物最敏感，牛、羊次之，需经多次训练才能习惯。草木樨的气味幼嫩时较小，越老则气味越浓。

根据以上特点，对于草木樨的利用，应在花蕾前趁早晨或傍晚刈割，这样营养价值高，气味也小些。草木樨通常调制成干草后使用。

c. 三叶草。三叶草目前栽培较多的为红三叶和白三叶。新鲜的红三叶含干物质13.9%，粗蛋白质2.2%，产奶净能为0.88 MJ/kg。

红三叶草质柔软，适口性好，各种家畜都喜食。既可以放牧，又可以制成干草、青贮利用，放牧时发生膨胀病的机会也比苜蓿少，但仍应注意预防。

白三叶草丛低矮，耐践踏，再生性好，最适于放牧利用。白三叶适口性好，营养价值高。

d. 紫云英（红花草）。紫云英是越年生豆科植物，饲料与绿肥两用。产量较高，鲜嫩多汁，适口性好，尤以猪喜欢采食。在现蕾期营养价值最高，以干物质计，粗蛋白质含量为31.76%，粗纤维为11.82%，无氮浸出物为44.46%，灰分为7.82%，产奶净能为8.49 MJ/kg。由于现蕾期产量仅为盛花期的53%，就营养物质总量而言，则以盛花期刈割为佳。

饲喂家畜时，青饲、青贮或调制干草均可。南方在3—4月间，青刈紫云英喂猪效果很好。对冬季营养不良的架子猪，往往在给少量统糠的同时大量给饲紫云英，可以明显看出猪的健康状况迅速改善，并有增重。用紫云英干粉喂猪的效果与麸皮相似。

②禾本科牧草。常见的有黑麦草、无芒雀麦、羊草、高丹草、象草。

a. 黑麦草。黑麦草生长快，分蘖多，一年可多次收割，产量高，茎叶柔嫩、光滑，适口性好，其中饲用价值较高的主要是多年生黑麦草和一年生黑麦草。新鲜黑麦草干物质含量约为17%，粗蛋白质含量为2.0%，产奶净能为1.26 MJ/kg。以开花前期的营养价值最高，可青饲、放牧或调制干草，各类家畜都喜食。

b. 无芒雀麦。无芒雀麦适应性广，生活力强，适口性好，茎少叶多，营养价值高，幼嫩的无芒雀麦干物质中所含粗蛋白质不亚于豆科牧草，到种子成熟时，其营养价值明显下降。无芒雀麦有地下根茎，能形成絮结草皮，耐践踏，再生力强，青刈或放牧均宜。

3）青刈饲料。青刈饲料是指农田栽培的农作物或饲料作物，在结实前或结实期收割作为青绿饲料用。常见的青刈饲料有青刈玉米、青刈大麦、青刈燕麦、大豆苗、豌豆苗、蚕豆苗等。一般青刈饲料用于直接饲喂，也可以调制成青干草或用于青贮，这是解决青绿饲料供应的一条重要途径。

4）叶菜类饲料。叶菜类饲料大多是蔬菜和经济作物的副产品，也有作为饲料栽培的苦荬菜、聚合草、甘蓝和牛皮菜等。其来源广，数量大，品种多，是重要的饲料资源。由于采集与利用时间不一，营养价值差别很大。其特点是质地柔嫩，水分含量高，一般为80%~90%；干物质含量较少，但干物质中粗蛋白质含量较多（一般为20%左右），其中大部分为非蛋白质态的含氮化合物；粗纤维含量少；含有丰富的矿物质，特别是钾盐含量较高。

5）非淀粉质根茎瓜类饲料。非淀粉质根茎瓜类饲料包括胡萝卜、芜菁、甘蓝、甜菜及南瓜等。这类饲料天然水分含量很高，可达70%~90%，粗纤维含量较低，而无氮浸出物含量较高，且多为易消化的淀粉或糖分，是家畜冬季的主要青绿多汁饲料。马铃薯、甘薯、木薯等块根、块茎类，因其富含淀粉，生产上多被干制成粉后用作饲料原料，因此特放在能量饲料部分介绍。

6）水生饲料。水生饲料主要有水浮莲、水葫芦、水花生、绿萍、水芹菜和水竹叶等，前四种通称“三水一萍”。沿海之滨还有海草、海藻等。水生饲料生长快，产量高，每亩年产量可达万余千克，具有不占耕地和利用时间长等优点。

水生饲料茎叶柔软，幼嫩多汁，施肥充足者长势茂盛，营养价值较高，缺肥者叶少根多，营养价值也比较低。这类饲料含水量高，可达90%～95%，相对的干物质少，营养价值低。因此，水生饲料应与其他饲料搭配，以满足家畜的营养需要。

7）树叶类饲料。多数树叶均可作为家畜的饲料，其中优质树叶，如紫穗槐叶、槐树叶、松针等，含有较丰富的蛋白质和维生素，是很好的饲料来源。刺槐、榆树、构树、白杨、桑树、柠条等叶片也是家畜很好的饲料，特别是奶山羊很好的饲料来源。它们含有丰富的蛋白质、胡萝卜素和粗脂肪，有刺激家畜食欲的作用，但营养价值随季节变化而变化。

（2）青贮饲料。青贮饲料是利用新鲜的植物性饲料进行厌氧发酵，使乳酸菌大量繁殖产生乳酸，抑制其他腐败菌的生长，从而使青绿饲料中的养分得以保存下来。由于制成后的青贮饲料具有特殊酸香气味，适口性好，营养丰富，基本上保持了青绿饲料原有的营养特点，故有“草罐头”之称。

（3）粗饲料。粗饲料是指干物质中粗纤维含量大于或等于18%，并以风干物形式饲喂的饲料。该类饲料的营养价值通常比其他类别的饲料低，其消化能含量一般不超过10.5 MJ/kg，有机物质消化率通常在65%以下，其主要的化学成分是木质化和非木质化的纤维素、半纤维素。粗饲料是草食动物的基础饲料之一，通常在草食动物饲料中占有较大的比重。而且这类饲料来源广，资源丰富，营养价值因来源和种类的不同差异较大。这类饲料主要包括栽培牧草干草、野杂干草和农作物秸秆，此外，也包括秕壳、荚壳、藤蔓和一些非常规饲料资源，如树叶类、竹笋壳、糟渣等。

1）干草。干草是指将青绿饲料在未结籽实前刈割，然后经自然晒干或人工干燥调制而成的并能长期保存的饲料产品，主要包括豆料干草、禾本科干草和野杂干草等。目前在规模化奶牛场生产中大量使用的干草除野杂干草外，主要是北方生产的羊草和苜蓿干草，前者属于禾本科，后者属于豆科。

2）农作物秸秆。农作物秸秆是指各种农作物收获籽实后的残余副产品，即茎秆和枯叶。我国各种秸秆年产量为5亿～6亿t，约有50%用作燃料和肥料，30%左右用作饲料，另外20%用作其他，其中不少在收割季节被焚烧于田间。秸秆饲料包括禾本科、豆科和其他。

禾本科秸秆包括稻草、玉米秸、麦秸和谷草等；豆科秸秆主要有大豆秸、蚕豆秸、豌豆秸、花生秸等。稻草、麦秸、玉米秸是我国主要的三大秸秆饲料。

（4）能量饲料。能量饲料是指干物质中粗纤维含量低于18%，粗蛋白质含量低于20%的饲料。包括谷实类，糠麸类，草籽树实类，淀粉质的块根、块茎、瓜果类等。该类饲料一般每千克干物质中含消化能10 MJ以上，每千克消化能含量高于12.55 MJ者属于高能量饲料。豆类、油料作物籽实及其加工副产品也具有能量饲料的特性，但它们蛋白质含量高，故属于蛋白质饲料。饲料工业中常用的能量饲料为谷实类和糠麸类。此外，还有油脂、糖蜜类，其中油脂是含能量最高的饲料原料。

1）禾本科植物成熟的种子。这类饲料最大的营养特点是淀粉含量高、粗纤维含量低，故有效能值高，是动物尤其是单胃动物所需能量的主要来源。谷实类饲料在全价配合饲料和精料补充料中所占的配比最高，可达75%以上。包括玉米、高粱、大麦、小麦、燕麦、稻谷等。

2）谷实类的加工副产品。主要由籽实的种皮、糊粉层和胚三部分组成。产品主要有米糠、小麦麸、大麦麸、高粱糠、玉米皮等。糠麸类主要用作饲料和酿酒行业的原料。

3）块根、块茎及瓜类饲料。块根、块茎及瓜类饲料包括胡萝卜、甘薯、木薯、饲用甜菜、芜菁、甘蓝、马铃薯、菊芋块茎、南瓜及番瓜等。它们属于容积大、含水量高的饲料。按干物质计有效能值与谷实类相当，粗蛋白质和粗纤维含量较低，属于能量饲料之列。其鲜样被称为稀释了的能量饲料。

4）油脂类饲料。油脂是油和脂的总称，是用动物、植物或其他有机物质为原料经压榨、浸提等工艺得到的物质。一般把在室温下呈液态的脂肪叫作油，呈固态的叫作脂。油脂中的主要成分是甘油三酯，物理性质取决于脂肪酸组成。油脂类饲料最显著的特点是能量浓度高，属高能量饲料，是配制高能量饲料不可缺少的原料。包括动物油脂、植物油脂、饲料级水解油脂。

（5）蛋白质饲料。蛋白质饲料是指干物质中粗纤维含量低于18%，同时粗蛋白质含量为20%及以上的饲料，包括植物性蛋白质饲料、动物性蛋白质饲料、非蛋白氮类饲料和单细胞蛋白质饲料。这类饲料粗纤维含量低，可消化养分含量高，是配合饲料的重要组成原料。

1）植物性蛋白质饲料。植物性蛋白质饲料主要包括豆类籽实、饼粕类饲料及其他一些粮食加工副产品。

①豆类籽实。曾经是我国家畜的主要蛋白质饲料。豆类籽实主要是指大豆（黄豆）、黑豆、豌豆和蚕豆等。

②饼粕类饲料。是含油多的籽实提取脂肪后的产品。其中用压榨法榨油后的产品通称“饼”，用溶剂提取油后的产品通称“粕”。这类饲料包括大豆饼（粕）、棉籽饼（粕）、菜籽饼（粕）、花生饼（粕）、向日葵饼（粕）、胡麻饼（粕）等。饼粕类饲料的营养价值随原料种类、品质及加工方法不同而异，一般饼的残油量高，因而蛋白质含量略低于粕，但能值略高。饼粕类饲料通常含蛋白质30%～45%，且品质较好，是畜禽重要的蛋白质补充饲料。

③其他加工副产品。在蛋白质饲料范畴内还包括一些谷类的加工副产品。如玉米面筋、某些酒糟与豆腐渣等。该类饲料的共同特点都是大量提取各种籽实中的碳水化合物后的多水分残渣。其粗纤维、粗蛋白质与粗脂肪的含量均相应地比原料籽实大大提高。因粗蛋白质含量在干物质中占22%～60%而列入蛋白质饲料的范畴。由于它们每千克干物质中的消化能含量一般平均在13.86 MJ左右，故其能量价值在能量饲料中属于中等。

2）动物性蛋白质饲料。动物性蛋白质饲料是水产、畜禽加工、乳品业和缫丝等工业的加工副产品，包括鱼粉、肉粉、肉骨粉、血粉、羽毛粉、蚕蛹粕（粉）、皮革粉、乳制品和血浆蛋白粉等。该类饲料的特点是蛋白质含量高，氨基酸组成较好，适合与植物性蛋白质饲料搭配；钙、磷含量高，比例适宜，且磷都是有效磷；不含粗纤维，碳水化合物含量低，可利用能量较高；富含多种微量元素和维生素，尤其是维生素 B_2、维生素 B_{12} 等含量较高。

（6）矿物质饲料

1）矿物质饲料营养特点及常用的矿物质。矿物质饲料通常指可供饲用的天然矿物质及合成的无机盐，主要用于补充畜禽生产、生长和维持所需的矿物质元素，预防治疗相关缺乏病症，有些矿物质饲料也可改善饲料品质和适口性。常用的矿物质饲料有食盐、磷酸氢钙、磷酸钙、碳酸钙、硫酸铵、硫酸镁等。

2）矿物质饲料饲喂方法。矿物质饲料饲喂时一般按一定比例制成预混料，然后加入配合饲料或牛、羊精料补充料中。猪、牛、羊饲料中石粉用量一般为1%～2%，奶牛料略高些。磷酸氢钙猪饲料用量为1.0%～1.5%，牛羊为1.0%～2.0%。家畜食盐的用量介于0.2%～0.5%之间。

（7）维生素饲料

1）维生素饲料营养特点及常用维生素。维生素饲料通常指工业合成或提纯、可供饲用的维生素，主要用于补充畜禽生产、生长和维持所需的维生素，预防治疗相关缺乏病症。饲料中常用的有维生素 A、D、E 和 K。

2）维生素饲喂方法。通常与载体及多种微量元素添加剂混合制成1%的预混料或0.5%～1%的专用维生素添加剂。应根据实际情况按说明使用，防止过量添加造成浪费或引起中毒。

（8）饲料添加剂

1）饲料添加剂营养特点及常用饲料添加剂。饲料添加剂可改善饲料及产品品质，促进动物生产、繁殖能力，保障动物健康。饲料添加剂按作用不同可分为营养性添加剂和非营养性添加剂。营养性添加剂主要包括氨基酸添加剂、维生素添加剂、微量元素添加剂、非蛋白氮添加剂等。其主要作用是平衡日粮的营养，改善产品的质量，保持动物机体各种组织细胞的生长和发育。非营养性添加剂主要包括保健剂与生长促进剂、瘤胃调节剂、饲料存储添加剂等。非营养性添加剂对畜禽没有营养作用，但可通过减少饲料储藏期间养分损失、提高粗饲料的品质、防治疫病、促进消化吸收等作用来促进畜禽的生长，提高饲料报酬，降低饲料成本。

2）常用添加剂饲喂方法。应根据实际情况按说明对症使用，防止过量添加引起中毒。

2. 配合饲料

配合饲料是根据家畜的饲养标准（营养需要），将许多种饲料原料（包括添加剂）按一定比例和规定的加工工艺配制成的均匀一致、营养价值完全的饲料产品。配合饲料按照营养构成、饲料形态、饲喂对象等分成很多种类。

1）按营养成分和用途分类。按营养成分和用途将配合饲料分成添加剂预混料、浓缩饲料、全价配合饲料和精料补充料。

①添加剂预混料。是指用一种或几种添加剂（如微量元素、维生素、氨基酸、抗生素等）加上一定数量的载体或稀释剂，经充分混合而成的均匀混合物。根据构成预混料的原料类别或种类，又分为微量元素预混料、维生素预混料和复合添加剂预混料。

预混料既可供饲养家畜生产者用来配制家畜饲料，又可供饲料厂生产浓缩饲料和全价配合饲料。市售的添加剂预混料多为复合添加剂预混料，一般添加量为全价饲粮的0.25%～3%，具体用量应根据实际需要或产品说明书确定。

②浓缩饲料。是指由添加剂预混料、常量矿物质饲料和蛋白质饲料按一定比例混合而成的饲料。养殖户可用浓缩饲料加入一定比例的能量饲料（如玉米、麸皮等）配制成全价配合饲料。浓缩饲料一般占全价配合饲料的20%～30%。

③全价配合饲料。浓缩饲料加上一定比例的能量饲料即可配制成全价配合饲料。它含有家畜需要的各种养分，不需要添加其他任何饲料或添加剂，可直接饲喂。

④精料补充料。是指为了补充以粗饲料、青绿饲料、青贮饲料为基础的草食动物的营养而用多种饲料原料按一定比例配制的饲料。这种饲料营养不全价，仅组成草食动物日粮的一部分。对牛羊可以饲喂精料补充料，但是需要与粗饲料或青贮饲料配合使用。

2）按饲料物理形态分类。根据制成的最终产品的物理形态分成粉料、湿拌料、颗粒料、膨化料等。

3）按饲喂对象分类。按饲喂对象不同可将饲料分成犊牛料、羔羊代乳料、牛羊精料补充料、乳猪料、断乳仔猪料、生长猪料、育肥猪料、妊娠母猪料、泌乳母猪料、公猪料等。

四、饲料的分类保管与使用

1．饲料原料的贮存和保管

（1）青绿饲料。一般用于直接饲喂，主要制作成青干草或青贮饲料用于保存。与动物营养需求相比较，青绿饲料是一种营养相对平衡的饲料。由于青绿饲料容积大，消化能含量较低，从而限制了其潜在的其他方面的优势。但是，优良的青绿饲料仍可与一些中等能量饲料相比拟。因此，在动物饲料方面，青绿饲料与由它调制的干草可以长期单独组成草食动物日粮（高产家畜除外），并能维持一定的生产水平。在日常生产实践中，青绿饲料可以作为多种畜禽的唯一日粮来源。青绿饲料加工的青干草可作为草食动物的唯一日粮。

（2）粗饲料。粗饲料是牛羊的基础饲料之一，通常在其饲料中占有较大的比重。其中干草是秸秆、农副产品等粗饲料很难替代的草食动物饲料。一般制作成草粉、草颗粒和草块贮存。幼猪日粮中不宜使用干草粉，肉猪可使用，但应控制用量，宜在5%以下，用量过多会影响增重和饲料转化率，但母猪大量使用苜蓿草粉可增加产仔数，避免难产，延长利用年限并促进母猪健康。在奶牛、肉牛饲料中可取代部分粗料和精料使用，是优良的蛋白质、维生素及矿物质来源。秸秆饲料营养价值较低，需通过加工调制措施来提高这类饲料的总营养价值。

（3）青贮饲料。在空气中容易变质，一经取出就应尽快饲喂。食槽中牲畜没有吃完的青贮饲料要及时清除，以免腐败。

第一次喂饲青贮饲料时，有些牲畜可能不习惯，可将少量青贮饲料放在食槽底部，上面覆盖一些精饲料，待牲畜慢慢习惯后，再逐渐增加喂饲量。

由于青贮饲料含有大量有机酸，具有轻泻作用，因此母畜妊娠后期不宜多喂，产前15天停喂。劣质的青贮饲料危害畜体健康，易造成流产，不能饲喂。冰冻的青贮饲料也易引起母畜流产，应待冰融化后再喂。

青贮饲料的喂料量取决于牲畜的种类、年龄及青贮饲料的种类和质量等。

成年牛每100 kg体重日喂青贮饲料量：泌乳牛5～7 kg，肥育牛4～5 kg，役牛4～4.5 kg，种公牛1.5～2.0 kg。绵羊每100 kg体重日喂量：成年羊4～5 kg，羔羊0.4～0.6 kg。奶山羊每100 kg体重日喂量：泌乳母羊1.5～3.0 kg，青年母羊1.0～1.5 kg。公羊为1.0～1.5 kg。

（4）能量饲料。其营养价值和消化率一般都比较高，但由于籽实类饲料的种皮、硬壳及内部淀粉粒的结构均影响营养成分的消化吸收和利用。因此，这类饲料在饲喂前必须经过加工调制，以便能够充分发挥其作用。常用的加工方法是粉碎，但粉碎不能太细，一般加工成直径为2～3 mm的颗粒为宜。能量饲料粉碎后与外界接触面积增大，容易吸潮和氧化，尤其是含脂肪较多的饲料更容易变质，不宜长久保存，因此能量饲料一次粉碎不宜太多。常用的有玉米、麸皮和米糠等。

1）玉米。主要是散装贮藏，一般立筒仓都是散装。立筒仓虽然贮藏时间不长，但因高达几十米，水分应控制在14%以下，以防发热。不立即使用的玉米可以放入低温库贮藏或通风贮藏。一般应采用玉米籽实贮藏，需要配料时再粉碎。在加工方面，因玉米粒既干又硬，20 kg以内的小猪以细粉为宜，大猪以略粗为佳，过细不仅会降低采食量，且有诱发溃疡的可能，粉碎机的筛网孔目以直径4.5 mm为宜。

玉米可大量用于牛饲料中。小牛和泌乳期奶牛以碎玉米为宜。对于体重330 kg左右的肉牛饲喂整粒玉米或经适当压片处理的玉米效果较好，不应粉碎过细。

2）麸皮。麸皮破碎疏松，孔隙度比面粉大，吸湿性强，含脂肪量高达5%，因此很容易酸败或生虫、霉变，特别是夏季高温、潮湿，更易霉变。新出机的麸皮温度一般能达到30℃，贮藏前要把温度降低至10～15℃才能入库。在贮藏期要勤检查，防止结露、发霉、生虫、吸湿。麸皮的贮藏期一般不宜超过3个月，贮藏在4个月以上酸败就会加快。小麦麸对于奶牛和马属动物可以大量饲喂；生产肥育猪日粮中用量一般控制在15%～25%以内，一般不宜饲喂仔猪。

3）米糠。应避免踩压，入库的米糠要及时检查，勤翻、勤倒，注意通风降温。米糠贮藏的稳定性比麸皮还差，不宜长期贮藏，避免造成损失。米糠中脂肪含量高，导热不良，吸湿性强，极易发热酸败。新鲜米糠在生长猪饲粮中可用到10%～12%，肥育猪饲粮可达30%，但用量过多会使胴体品质变差，一般宜控制在15%以下。米糠是牛的好饲料。

（5）动物蛋白质类饲料。蚕蛹、肉骨粉、鱼粉、血粉等动物蛋白质类饲料极易染菌和生虫，影响其营养效果。这类饲料一般用量不大，采用塑料袋贮存较好。为防止受潮、发热而霉变，用塑料袋装好后应封严，放置在干燥、通风的地方。保存期间要勤检查温度，如有发热现象要及时处理。

鱼粉对断奶前后仔猪日粮中用3%～5%，生长肥育猪日粮用量在3%以下，犊牛代乳料中用5%以下。我国禁止反刍动物饲料中使用动物源性饲料原料。肉骨粉猪日粮以

5%以下为宜，反刍动物一般不用。血粉在猪饲料中应控制在4%以下。

（6）油饼类饲料。油饼类饲料由蛋白质、多种维生素、脂肪等组成，表层无自然保护层，所以易发霉变质，耐贮性差。这类饼状饲料在堆垛时首先要平整地面，并铺一层油毡，也可垫20 cm厚的干沙防潮。饼垛应堆成透风花墙式，每块饼相隔20 cm，第二层错开茬，再按第一层摆放的方法堆码，堆码一般不超过20层。刚出厂的饼类水分含量高于5%，堆垛时需堆一层油饼铺垫一层高粱秸或干稻草等，也可每隔一层加一层隔物，这样既通风又可吸潮。应尽量做到即粉碎即使用。

由于饼粕类饲料缺乏细胞膜的保护作用，营养物质容易外漏，易感染虫、菌，因此，保管时要特别注意防虫、防潮和防霉。入库前，可使用磷化铝熏蒸灭虫，用邻氨基苯甲酸进行消毒，仓库铺垫工作也要切实做好。垫糠干燥、压实，厚度不少于20 cm，同时要严格控制水分，最好控制在5%左右。

豆粕饲喂猪适口性好，如果单独饲喂有过食现象，造成浪费。若采用普通豆粕，用量应加以限制，在10%以下为宜。豆饼、豆粕是反刍动物的良好蛋白源。犊牛的断奶料中可用豆粕代替部分脱脂奶粉。

采用适量低棉酚含量的棉籽粕，再添加赖氨酸，不会影响生长速度。但鉴于棉粕产品的不稳定性和棉酚毒性问题，一般仔猪饲料不推荐使用。肉猪以棉籽粕取代15%的大豆粕，其蛋白质消化率没有明显变化。而棉酚会造成不育，因此，种畜应避免使用。棉酚对反刍动物毒性较小，是反刍动物良好的蛋白质来源，少量使用可提高奶牛乳脂率，但给予过量（精料中50%以上）会影响适口性。

（7）饲料添加剂的保管与贮存

1）保持低温与干燥。长期保存饲料添加剂必须在低温和干燥条件下完成。当保存的温度为15～26℃时，不稳定的营养性饲料添加剂会逐渐失去活性，夏季温度高，损失更大。当温度在24℃时，贮存的饲料添加剂每月可损失10%；在37℃条件下，损失达20%。干燥条件对保存饲料添加剂也很重要。空气湿度大时，饲料易发霉。由于各种微生物的繁衍，一般饲料添加剂易吸收水分，因而使添加剂表面形成一层水膜，加速添加剂的变性。

2）饲料添加剂的融点、溶解度、酸碱度对保管与贮存的影响。融点低的饲料添加剂稳定性较差。融点在17～34℃即开始分解。易溶性的饲料添加剂因含量少，在液态下很容易产生分解反应。有些饲料添加剂对酸碱度很敏感，在较潮湿环境里，饲料添加剂的微粒很容易形成一层湿膜，故产生一定的酸度，影响稳定性。

3）贮存期与颗粒大小对饲料添加剂质量的影响。细粒状饲料添加剂稳定性较差，随着贮存时间的延长，可造成较大损失。维生素类的饲料添加剂即使在低温、干燥条件下保存，每月自然损失也为5%～10%。对任何一种饲料添加剂的贮存，由于高压可引起粒子变形，或经加压后，相邻成分的表面形成微细薄膜，增加暴露面积，因而会加速分解。

4）添加抗氧化剂、防霉剂、还原剂、稳定剂。为了避免发生类似硫酸亚铁、抗坏血酸、亚硫酸盐还原糖、碘等，造成某些饲料添加剂发生氧化或还原反应，破坏其固有效价，向饲料添加剂中加入适量的抗氧化剂和还原剂是很有必要的。饲料因在潮湿环境下易发生潮解，并在细菌、霉菌等微生物作用下发生霉变，故在饲料中添加适量的防霉剂是十分必要的。不同的稳定剂对添加剂的影响也不一样，例如，以胶囊维生素 A 与脂肪维生素 A 比较，当贮存在湿度为 70%、温度为 45℃的环境下，12 h 后可以发现鱼肝油维生素 A 效价损失最大，胶囊状保持的效价最高。

2. 配合饲料的贮存与保管

(1) 水分和湿度。配合饲料的水分一般要求在 12% 以下，如果将水分控制在 10% 以下，即水分活度不大于 0.6，则任何微生物都不能生长；配合饲料的水分大于 12%，或空气中湿度大，配合饲料会返潮，在常温下易生霉。因此，配合饲料在贮藏期间必须保持干燥，包装要用双层袋，内用不透气的塑料袋，外用编织袋包装。贮藏仓库应干燥、通风。通风的方法有自然通风和机械通气。自然通风经济简便，但通风量小。机械通风是用风机鼓风入饲料垛中，效果好，但要消耗能源，仓内堆放时地面要铺垫防潮物，一般在地面上铺一层经过清洁、消毒的稻壳、麦麸或秸秆，再在上面铺上草席或竹席，即可堆放配合饲料。

(2) 虫害和鼠害。害虫能吃绝大多数配料成分，由于害虫的粪便、躯体网状物和恶味而使配料质量下降，影响大多数害虫生长的主要因素是温度、相对湿度和配料的含水量。这类虫的适宜生长温度为 26～27℃，相对湿度为 10%～50%，低于 17℃时，其繁殖即受到影响。一般蛾类吃配料的表面，甲虫类则吃整个配料，在适宜温度下，害虫大量繁殖，消耗饲料和氧气，产生二氧化碳和水，同时放出热量，在害虫集中区域温度可达 45℃，所产生的水汽凝集于配料表层，而使配料结块、生霉，导致混合饲料严重变质，由于温度过高，也可能导致自燃。鼠类啮吃饲料，破坏仓房，传染病菌，污染饲料，是危害较大的一类动物。为避免虫害和鼠害，在贮藏饲料前应彻底清除仓库内壁、夹缝及死角，堵塞墙角漏洞，并进行密封熏蒸处理，以减少虫害和鼠害。

(3) 温度。温度对贮藏饲料的影响较大，温度低于 10℃时，霉菌生长缓慢，高于 30℃则生长迅速，使饲料质量迅速变差；饲料中不饱和脂肪酸在温度高、湿度大的情况下也容易氧化变质。因此，配合饲料应贮藏于低温、通风处。库房应具有防热性能，防止日光辐射热的透入，仓顶要加刷隔热层；墙壁涂成白色，以减少吸热；仓库周围可种树遮阴，以避免日光照射。

全价颗粒饲料因用蒸汽调制或加水挤压而成，能杀死大部分微生物和害虫，且间隙大，含水量低，糊化淀粉包住维生素，故贮藏性能较好，只要防潮、通风、避光贮藏，短期内不会霉变，维生素破坏较少。

全价粉状饲料表面积大，孔隙度小，导热性差，容易返潮，脂肪和维生素接触空气多，易被氧化和受到光的破坏，因此这种饲料不宜久存。

浓缩饲料含蛋白质丰富，含有各种矿物质和维生素，其导热性差，易吸湿，微生物和害虫容易繁殖，维生素也易被光、热、氧等因素破坏失效。浓缩料中应加入防霉剂和抗氧化剂，以增加耐贮藏性。一般贮藏 3～4 周为宜。

第二节　家畜的饲喂技术

➔ 熟悉家畜的饲喂及饮水设备
➔ 掌握幼龄家畜的饲养特点
➔ 掌握家畜饲养技术规程

一、家畜饲喂设备的类型

饲喂作业是家畜饲养场的一项繁重作业，一般占总饲养工作量的30%～40%。对饲喂机械要求：工作可靠，操作方便；能对所有家畜提供相同的饲喂条件；饲料损失少；能防止饲料污染变质。

1．喂料机

喂料机用来将饲料送入家畜饲槽。干饲料喂料机可分为固定式和移动式两类。

（1）固定式干饲料喂料机。固定式干饲料喂料机按照输送饲料的工作部件不同可分为螺旋弹簧式、链（片）式和索盘式三种；按照输送饲料的方式不同又可分在输料管内输送饲料和直接在饲槽内输送饲料两种。在输料管内输送饲料的有螺旋弹簧式和索盘式喂料机，可把饲料送入食盘或饲槽内，用于猪、牛、羊的饲喂。固定式喂料机由输料部件、驱动装置、料箱和转角轮等构成。

1）螺旋弹簧式喂料机。螺旋弹簧式喂料机主要应用于鸡的平养，也可用于猪和牛的饲养，可以根据舍内宽度情况设置多台螺旋弹簧式喂料机，形成多条喂料线。螺旋弹簧式喂料机主要由料箱与驱动装置、螺旋弹簧与输料管、饲槽或食盘和控制系统等组成。

2）索盘式喂料机。索盘式喂料机主要由料箱与驱动装置、索盘、饲槽或食盘、控制系统等组成，可用于饲喂猪、牛和羊。图1—1所示为索盘式猪用不限量干料喂料系统。

在采用索盘式喂料机的猪舍中，干饲料喂料机的工作部件索盘将贮料塔下部料箱内的饲料沿输料管输出，进入位于猪舍上方的环状输料管，通过落料管6依次落入各自饲槽，至最后一饲槽装满后由于料位开关的作用而停止工作。

猪用饲槽分为普通饲槽和自动饲槽两种。在干饲料饲喂系统中，猪用普通饲槽和喂料机的输料管之间常设有计量箱，用于限量饲喂。饲槽形状合理，便于猪的采食和防止饲料损失。猪用自动饲槽则常通过落料管直接与喂料机的输料管相连。工厂化猪场为了提高日增重，缩短饲养周期，从仔猪哺乳期（补料）直至断奶后的保育、生长、育成期都采用全天自由采食喂养方法。为此，在分娩仔猪栏、保育栏、生长栏和育成栏都设置自动饲槽。

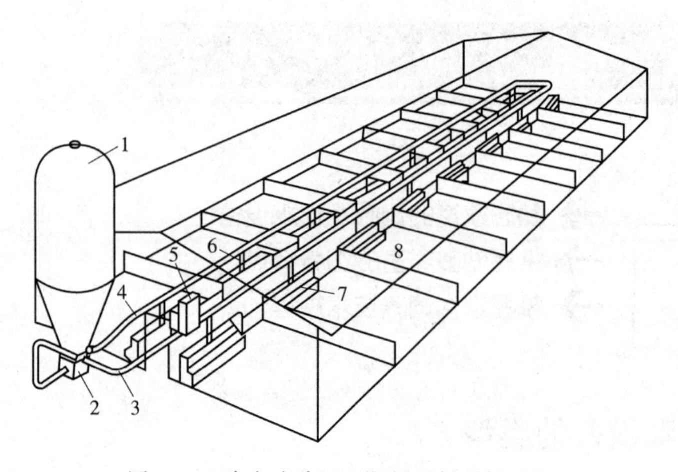

图 1—1　索盘式猪用不限量干料喂料系统

1—储料塔　2—料箱　3—转角轮　4—管路　5—驱动装置

6—落料管　7—自动饲槽　8—群饲猪栏

常用的自动饲槽有长方形和圆形两种。每一种又根据猪只大小做成不同规格。圆形自动饲槽如图 1—2 所示。饲料圆筒可以上下移动和转动，以便控制和促进饲料流落。通常，自动饲槽的圆筒用不锈铜板制造，底座用铸铁或钢筋水泥制造。

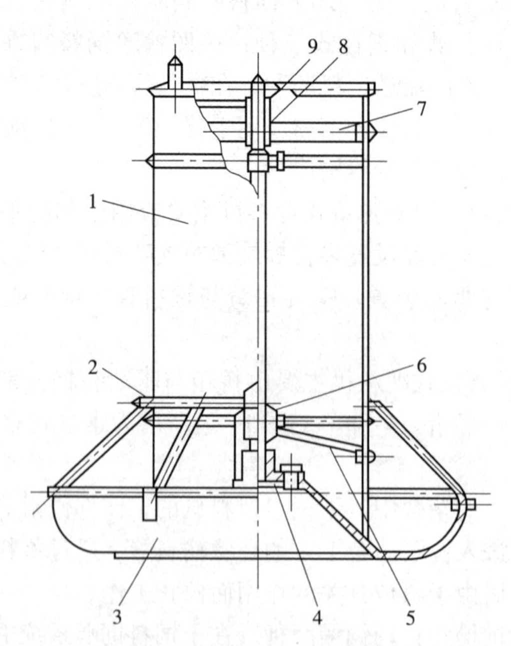

图 1—2　圆形自动饲槽

1—储料桶　2—间隔环　3—饲料盘　4—支杆底座　5—下支撑杆

6—滑动套　7—调节杆　8—锁紧螺母　9—调整手柄

长方形饲槽还可以做成双面兼用。在两栏中间放一个双面饲槽，节约投资和占地面积，管理也较方便。长方形自动饲槽常用镀锌钢板或冷轧钢板成型，表面喷塑，也可用半金属、半钢筋水泥制造，即底槽、侧板用钢筋水泥，其他调节活动件用金属结构。

（2）移动式干饲料喂料机（喂料车）。喂料车常用于猪、牛和鸡的笼养喂料。喂料车的移动方式常用的有三种，一是驱动系统固定，通过钢丝绳牵引喂料车行走进行饲喂作业；二是用拖挂电缆作电源，由驱动用的减速电动机带动喂料车行走进行饲喂作业，这两种方式主要用于鸡、猪的饲喂；三是用内燃机为动力，带动喂料车行走进行饲喂作业，主要用于猪、牛的饲喂。工作时喂料车移到输料机的出料口下方，由输料机将饲料从贮料塔投送出。

2. 湿拌料饲喂设备

湿拌料饲喂设备有固定式和移动式两类。

（1）固定式湿拌料饲喂设备。固定式湿拌料饲喂设备主要用来饲喂奶牛和肉牛。

1）输送带式喂料设备。输送带式喂料装置由输送带和在输送带上做往复运动的刮料板等组成。刮料板由电动机通过绞盘和钢索带动，刮料板移动速度为输送带速度（0.5 m/s）的1/10。工作时，从饲料调制室输送到料斗的饲料由水平输送带向前输送，在遇到刮料板时饲料即被刮向下方饲槽。当输送带宽为140 cm，输送距离为43 m时，所需功率约为1.5 kW，喂料量可达15 t/h。刮料板电动机的功率为0.2 kW。

2）穿梭式喂料设备。由链板式（或输送带式）输送器向饲槽送料。输送器长度为饲槽长度的1/2，输送器的装料斗设在饲槽全长的中心线处。

工作时，由饲料调制室送来的饲料经料斗不断落在输送器上，输送器在输送饲料的同时沿着铁轨向着图1—3左方移动，输送器上的饲料不断地卸在右半段的下方饲槽中，待输送器到达饲槽的尽头时，通过返回行程开关，输送器自动做反向运动，同时输送带本身也反转，开始对左半段饲槽分配饲料。穿梭式喂料机的优点是适应性广，工作安全、可靠，可用于拴养奶牛舍、隔栏散养奶牛舍和围栏育肥牛舍。

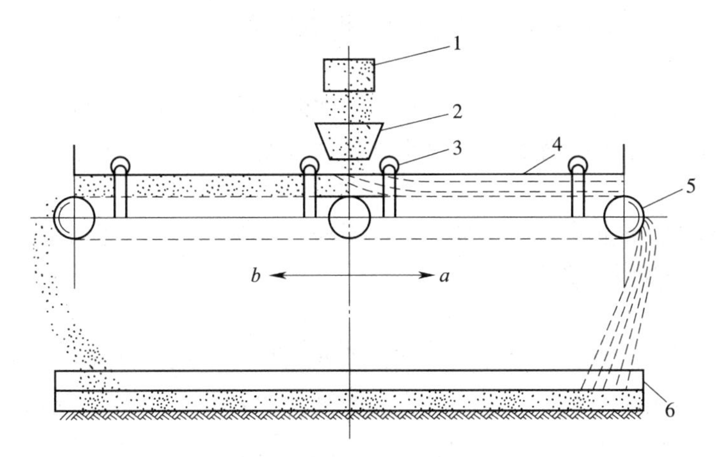

图1—3　穿梭式喂料装置

1—输料机出口　2—装料斗　3—输送器行走轮　4—铁轨　5—输送器　6—饲槽

3）螺旋输送器式喂料机。它常作为设在运动场或围场饲喂点的一种饲料分配设备。螺旋输送器沿饲槽推送和分配饲料，先向离料斗最近的一端饲槽装料，并依次向前。直至饲槽最远端装满后由一端的料位开关切断电动机电路。螺旋输送器两侧装有防止奶牛碰及螺旋叶片的垂直护板。螺旋输送器和护板一起用螺杆安装在饲槽的框架上，转动框架上的螺杆，可使螺旋输送器与护板一起在框架上升降，借以调整护板与饲槽底的间隙，从而改变饲喂量。直径为 180 mm 的螺旋输送器输送距离 36 m 所需的功率为 2.25 kW。

（2）移动式湿拌料饲喂设备。移动式湿拌料饲喂设备即机动喂料车，有牛用和猪用的两种。

1）牛用机动喂料车。用拖拉机牵引喂料车，直接将饲料运到牛舍或围场分配饲料。较先进的喂料车内还装有电子计量器、混合器和饲料分配器等设备，将精料、青贮饲料、干草等饲料按一定比例配合，然后加水进行混拌，混拌均匀后到牛舍投喂到牛的饲槽内。目前进行推广的全混合日粮饲喂方式（TMR）就采用了这种喂料车，适合大规模奶牛饲养场和肉牛饲养场。混合器由料箱内的两个大直径螺旋和一根带搅拌叶板的轴组成，通过拖拉机的动力输出轴驱动，带输送器的卸料槽运输时可以折起，卸料时可用液压控制的插门控制喂料量。

2）猪用机动喂料车。用于湿拌料的猪用机动喂料车结构比较简单，它由料箱、倾斜螺旋输送器和传动部分等组成。传动部分中设有离合器，以控制料箱的排料。这种喂料车只用于敞开式猪舍。

二、家畜养殖场供水设备

在家畜养殖场中，生产、生活需要大量的水，考虑到消防需要，也必须贮备一定数量的水。因此，供水是一项重要的工作。采用机械设备供水，不仅能保证畜禽养殖场的需水量，并能提高生产效率，降低生产成本。

1. 供水系统

目前我国大多数家畜养殖场采用压力式供水系统。它由水源、水泵、水塔（或气压罐）、水管网、用水设备等组成。

水泵把低处的水抽送至水塔的贮水箱内。因贮水箱有一定的高度，故箱内的水具有一定的压力，在压力作用下水沿水管网送到各用水点，经水龙头或自动饮水器供水。

2. 水泵

水泵是一种抽送液体并增加液体能量的机械，水泵是供水系统中的主要机械设备，它分为离心泵、深井泵、潜水泵等。

3. 饮水器

家畜养殖场采用饮水器，既能满足家畜饮水的生理要求，有利于家畜的生长发育，又可以节省劳力，降低水耗，减少传染疾病的机会，常用的饮水器有槽式、真空式、吊塔式、鸭嘴式、乳头式和杯式等几种。

（1）槽式饮水器。槽式饮水器是一种最普通的饮水设备，可用于猪、牛、羊等动物的饮水。用于猪、牛、羊等动物的饮水槽可用石头、钢板、橡胶等制成，在舍外或舍内使用。槽式饮水器结构简单，价格低廉，供水可靠，但饮水器的水容易污染，易传染疾病，蒸发量大，水槽要定期清洗，长流水式饮水槽的耗水量大。

水槽的断面有各种形状，常用的有 V 形和 U 形，可用镀锌薄钢板或塑料制成，两端有水堵，中间有接头，连接时要用胶密封。

（2）鸭嘴式饮水器。鸭嘴式饮水器可供仔猪、育成猪、育肥猪、种猪等饮水使用。鸭嘴式饮水器的特点是水流出缓慢，供水充足，符合猪的饮水要求，工作可靠，不漏水，不浪费水，目前在各类养猪场应用很广泛。9SZY 型猪用鸭嘴式饮水器（见图 1—4）由阀体、鸭嘴、阀杆、胶垫、弹簧、卡簧、滤网等组成。

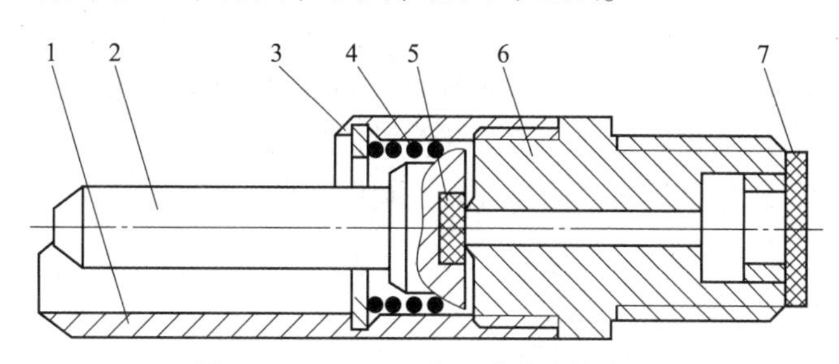

图 1—4　9SZY 型猪用鸭嘴式饮水器

1—鸭嘴　2—阀杆　3—卡簧　4—弹簧　5—胶垫　6—阀体　7—滤网

阀体为圆柱形，末端有螺纹，拧装在水管上。阀杆大端有密封胶垫，弹簧将它紧压在阀体上，使出水孔封闭而不漏水。猪饮水时，将鸭嘴含入嘴内，挤压阀杆使其倾斜，阀杆端部的密封胶垫偏离阀体的出水孔，水则经滤网从出水口流出，沿鸭嘴流入猪的嘴内。鸭嘴式饮水器的材质有铸铜和不锈钢两种，内部的弹簧用不锈钢丝制成。

（3）乳头式饮水器。这种饮水器的构造简单，水中异物通过能力强。它的安装角度即饮水器轴线与地面的夹角以 90°为宜，安装的高度与鸭嘴式饮水器相同。

猪用乳头式饮水器（见图 1—5）由阀体、阀杆和钢球组成。阀体根部有螺纹，拧装在水管上。钢球与阀杆靠自重和管内水压落下，与阀体形成两道密封环带而不漏水。猪饮水时，用嘴触动阀杆，阀杆向上移动并顶起钢球，水则通过钢球与阀体之间、阀杆与阀体之间的间隙流出，供猪只饮用。为避免杂质进入饮水器中，造成钢球、阀杆与阀体密封不严，在饮水器阀体根部设有塑料滤网，以保证饮水器工作可靠。

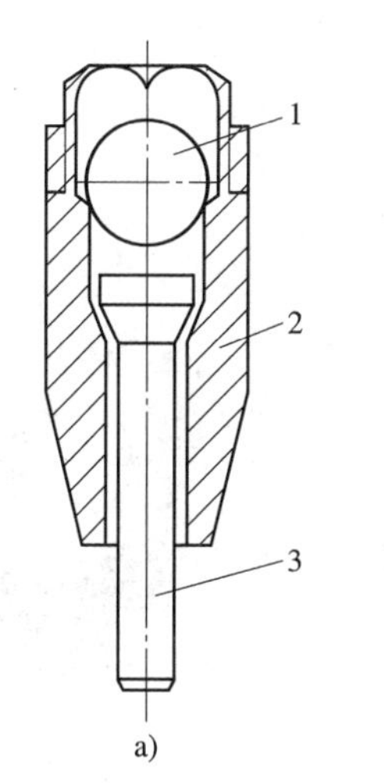

a）

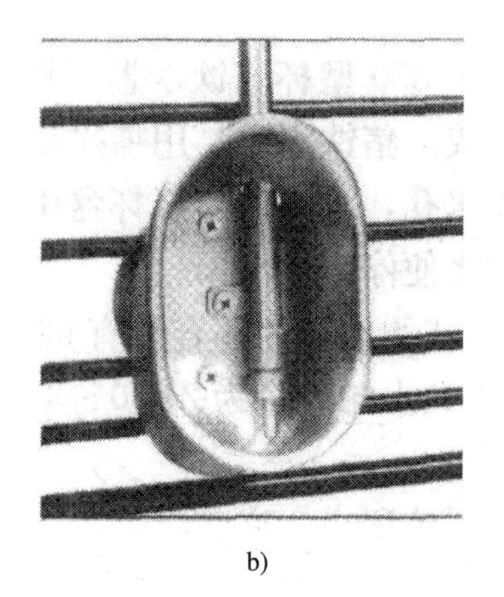

b）

图 1—5　猪用乳头式饮水器

a）结构　b）外形

1—钢球　2—阀体　3—阀杆

在乳头式饮水器外加一接水盆，猪可以喝水盆里的水，没水时触动乳头喝水，减少水的浪费。

使用这种饮水器时，主管水压不得大于 20 kPa，若水压过大，猪只饮水会被呛着。每只饮水器的流量为 2 000 ~ 3 500 mL/min，可供 10 ~ 15 头猪饮水。

（4）杯式饮水器

1）猪用 9SZB330 型杯式饮水器（见图 1—6）。它由阀座、阀杆、杯盆、触板、支架等组成。猪饮水时，用嘴拱动触板，使阀杆偏斜，阀杆上的密封圈偏离阀体上的出水孔，水则流出至杯盆中，供猪饮用。当猪离开后，阀杆靠水压和弹簧复位，水便停止流出。

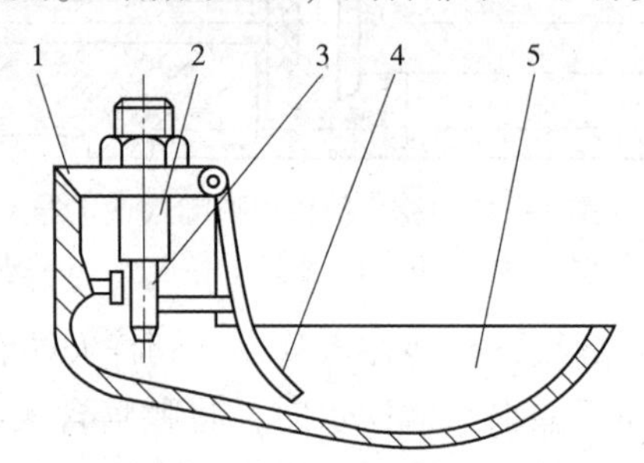

图 1—6　猪用 9SZB330 型杯式饮水器

1—支架　2—阀座　3—阀杆　4—触板　5—杯盆

9SZB 型杯式饮水器的杯容量有 330 mL 和 350 mL 两种规格。要求工作水压为 70 ~ 400 kPa，水的流量为 2 000 ~ 3 000 mL/min。每只饮水杯可供 10 ~ 15 头猪饮水。

这种饮水器体积小，出水量充足，出水稳定，密封性能好，不射流，杯盆浅，清洗方便，能满足各种猪只的饮水要求，特别适用于仔猪饮水。

2）牛用杯式饮水器。牛用杯式饮水器分为无阀式和有阀式两种。无阀杯式饮水器（见图 1—7a）由杯盆、压板、软导管、压紧销和弹簧等组成。当牛只不饮水时，弹簧

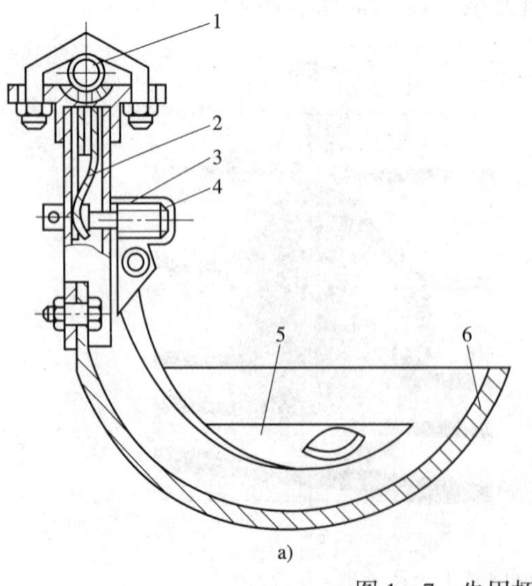

a)

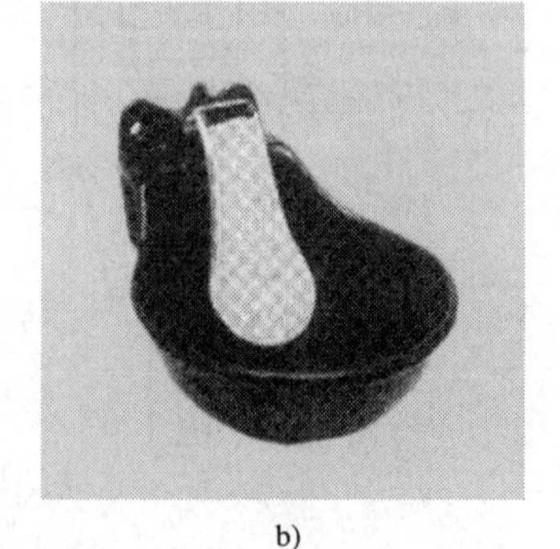

b)

图 1—7　牛用杯式饮水器

a）无阀杯式饮水器　b）有阀杯式饮水器

1—水管　2—软导管　3—压紧销　4—弹簧　5—压板　6—杯盆

的张力通过压紧销将软导管挤压，水不能流入杯盆；当牛只饮水时，用嘴触动压板，利用杠杆作用将弹簧压缩并拉动压紧销，使其不挤压软导管，水便流入杯盆，供牛只饮用。这种无阀杯式饮水器的弹簧小，在水上工作，弹簧不易生锈失效，比弹簧在水中工作的老式杯式饮水器工作可靠。每只饮水杯可供两头牛饮水。有阀牛用杯式饮水器（见图 1—7b）的原理与猪用杯式饮水器相同。

3）羊用杯式饮水器。羊用杯式饮水器（见图 1—8）采用玻璃钢或高强度塑料制成。羊饮水时触动杯内的阀杆，水从阀杆处流入杯中，供羊饮水；不饮水时弹簧使阀杆关闭，停止出水。

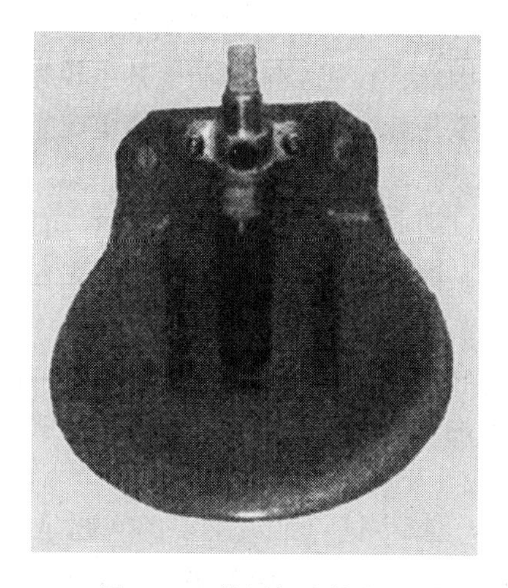

图 1—8　羊用杯式饮水器

三、幼畜的饲养

幼畜培育的好坏直接关系到家畜饲养的成败，幼畜的饲养包括喂乳、开食和补饲三个阶段，掌握三个阶段的饲喂技术对培育健康家畜意义重大。犊牛和羔羊属于幼龄反刍家畜，哺乳期与仔猪消化机能相似。犊牛靠人工挤奶后喂乳，而羔羊和仔猪是直接哺乳母畜的乳汁，因此饲养上有所不同。

1. 乳用犊牛生长发育特点

按照奶牛生长阶段划分，犊牛是指出生后到 6 月龄的小牛。犊牛的生长发育对将来成年奶牛的产量有很大影响。犊牛饲养的最终目标是培育有发展潜力的育成母牛，确保在不发生难产的情况下尽早产犊，形成生产能力，大大降低成本，并有一个较长的可利用周期，获得更多的利润。

犊牛是奶牛一生中生长发育最快、最易患病、死亡率最高的阶段。犊牛在这一时期的消化机能还不完善，对外界适应能力差，且营养来源从血液、奶汁到草料的过程变化很大。犊牛的发育又与以后形成好的奶牛体型，提高采食粗饲料的能力以及成年后的产奶水平和繁殖性能密切相关。犊牛生长发育速度很快，增重部分主要是蛋白质，但其中水分含量较大，应合理饲养犊牛，保证犊牛达到 500 ~ 800 g 的日增重。

（1）出生犊牛喂初乳。犊牛日粮通常有初乳、常乳或代乳品、犊牛料三种。初乳是母牛产犊后5~7天内所分泌的乳，与常乳相比，初乳有许多突出的特点，对新生犊牛具有特殊意义，根据规定的时间和喂量正确饲喂初乳，对保证新生犊牛的健康非常重要。

1）初乳的饲喂时间。犊牛应在出生后1 h内吃到初乳，而且越早越好。

2）初乳的喂量及饲喂方法。第一次初乳的喂量应为1.5~2.0 kg，不能太多，以免引起消化紊乱，以后可随犊牛食欲的增加而逐渐加量，出生的当天（生后24 h内）饲喂3~4次初乳，一般初乳日喂量为犊牛体重的1/10~1/8。然后每天饲喂3次，连续饲喂4~5天后，犊牛可以逐渐转喂正常牛奶。

初乳哺喂的方法可采用装有橡胶奶嘴的奶壶饲喂，犊牛惯于抬头伸颈吮吸母牛的乳头，是其生物本能的反应，因此，以奶壶哺喂初生犊牛较为适宜。目前，奶牛场限于设备条件多用奶桶喂给初乳。欲使犊牛出生后习惯从桶里吮奶，常需进行调教。最简单的调教方法是将洗净的中指、食指蘸些奶，让犊牛吮吸，然后逐渐将手指放入装有牛奶的桶内，使犊牛在吮吸手指的同时吮取桶内的初乳，经3~4次训练以后，犊牛即可习惯桶饮，但瘦弱的犊牛需经较长时间的耐心调教。喂奶设备每次使用后应清洗干净，以最大限度地降低细菌的繁殖及疾病传播的危险。

挤出的初乳应立即哺喂犊牛，如奶温下降，需经水浴加温至38~40℃再喂，饲喂过凉的初乳是造成犊牛下痢的重要原因；相反，如奶温过高，则易因过度刺激而发生口炎、胃肠炎等或犊牛拒食。

（2）哺乳期犊牛的饲养。犊牛饲养中最主要的问题是哺育方法和断奶。采用什么样的方法对犊牛进行哺育，何时断奶，怎样断奶是犊牛饲养的核心问题。一般的原则是初乳期为4~7天，饲喂初乳，日喂量为体重的1/10~1/8，日喂3次；初乳期过后，转为常乳饲喂，日喂量为犊牛体重的1/10左右，日喂2次。目前大多哺乳期为2个月左右，哺乳量约为300 kg。比较先进的奶牛场，哺乳期为45~60天，哺乳量为200~250 kg，并注意定时、定温、定量。初乳期过后开始训练犊牛采食固体饲料，根据采食情况逐渐降低犊牛喂奶量，当犊牛精饲料采食量达到1.5 kg时即可断奶。

1）犊牛哺育方法。乳用犊牛一般采用人工哺乳方法。人工哺乳既可人为地控制犊牛的哺乳量，又可较精确地记录母牛的产奶量，同时可避免母子之间传染病的相互传播。人工哺乳又可分为全乳充裕哺育法、全乳限量哺育法和脱脂乳哺育法等。

犊牛喂奶的奶温应为38~40℃，并定时、定量，喂奶速度一定要慢，每次喂奶时间应在1 min以上，以避免喂奶过快而造成部分乳汁流入瘤网胃，引起消化不良。喂犊牛的奶必须新鲜，品质良好；凡患有乳房炎及传染性流产的母牛乳，一律不得用来喂犊牛。

2）植物性饲料的补饲。犊牛生后1周即可训练采食精料，生后10天左右训练采食干草。训练犊牛采食精饲料（开食料）时也可用大麦、豆饼等精料磨成细粉，并加入少量食盐拌匀。每日15~25 g，用开水冲成糊粥，混入牛奶中饮喂或抹在犊牛口腔处，教其采食，几天后即可将精料拌成干湿状放在奶桶内或饲槽里让犊牛自由舔食。少喂多餐，做到卫生、新鲜，喂量逐渐增加，至1月龄时每天可采食1 kg左右甚至更多。刚开始训练犊牛吃干草时，可在草架上添加一些柔软、优质的干草让犊牛自由舔食，为了让犊牛尽快习惯采食干草，也可在干草上洒些盐水。喂量逐渐增加，但在犊牛没能采食1 kg混合精料以前，干草喂量应适当控制，以免影响混合精料的采食。青贮饲料由于酸度大，过早饲喂青贮饲料将影响瘤胃微生物区系的正常建立。同时，青贮饲料蛋白质含量低，水分含量较高，过早饲喂也会影响犊牛营养的摄入。所以犊牛一般从2月龄开始训练采食青贮，但在1岁以内青贮料的喂量不能超过干物质的1/3。

为了使犊牛能够适应断奶后的饲养条件，断奶前2周应逐渐增加精、粗饲料的喂量，减少奶量供应。每天喂奶的次数可由3次改为2次，然后再改为1次。在临断奶时，还可喂给掺温水的牛奶，先按1∶1的比例，以后逐渐增加掺水量，最后全部用温水来代替牛奶。

2. 肉用犊牛的饲养

犊牛培育要求是死亡率较低，即达到成活率95%。犊牛具有生长发育快、瘤胃功能不健全、抵抗能力差等特点，犊牛培育有一定的技术难度，因此，养好犊牛是肉牛生产中关键的环节。犊牛通常是随母牛自然哺乳，6月龄断奶。自然哺乳的前半期（90日龄前），犊牛的日增重达到0.571 kg；在后半期，犊牛可自觅草料，逐渐代替母乳，减少对母乳的依赖程度，日增重应达0.7～1 kg。为了促进犊牛瘤胃的发育，可用犊牛哺饲栏。

（1）初生犊牛的饲喂。初生犊牛喂初乳，在出生后0.5～1 h内让犊牛吃上母牛的初乳。如果母、犊分离，采用人工哺乳，第一次初乳量不可低于2 kg，日喂量为体重的1/6，每日分3～5次哺喂，冷凉初乳要用水浴加温至35～38℃。人工哺乳应用带奶嘴的奶壶喂，使犊牛产生吸吮反射，避免呛着和吸进肺部。犊牛吃完初乳后，应用干净的毛巾擦干其嘴角，避免滋生细菌。

（2）常乳期的哺喂和补饲。犊牛出生后一直跟随母牛哺乳、采食和放牧。犊牛的哺乳期应根据犊牛的品种、发育状况、农户（牛场）的饲养水平等具体情况来确定。如精料条件较差，哺乳期可定为4～6个月；如精料条件较好，哺乳期可缩短为3～5个月；如果采用代乳粉和补饲犊牛料，哺乳期则为2～4个月。

犊牛逐渐由吃奶过渡到采食料草。随哺乳犊牛的生长发育、日龄增加，每天需要的养分增加，而母牛产后2～3个月产奶量逐渐减少，出现单靠母乳不能满足犊牛养分需要的矛盾。为了促进瘤胃的发育，在犊牛哺乳期应用“开食料”和优质青草或干草进行补饲。

1）补料时间。为了促进犊牛瘤胃发育，提倡早期补料。一般于生后第一周可以随母牛舔料，第二周可试着补些精料或使用开食料、犊牛料补饲，第二、三周补给优质干草，自由采食（通常将干草放入草架内，防止采食污草），也可在饲料中加些切碎的多汁饲料，2～3月龄以后可喂秸秆或青贮饲料。

2）补饲方法。每天补喂1～2次，补喂一次时在下午或黄昏进行，补喂两次时早、晚各喂1次。开始时，按1∶10的比例用水做成稀料喂给犊牛，也可在一开始就饲喂湿拌料，混合精料与水的比例为1∶(2.0～2.5)，以后逐渐改为固态湿拌料。补饲饲料量随日龄增加而逐步增加，尽可能使犊牛多采食。生后一周开始补饲些玉米、豆饼、麦麸，如果犊牛不吃，可将饲料抹在犊牛嘴的四周，经2～3天，反复几次，犊牛便可适应采食。10 日龄左右供给优质犊牛料或开食料，以后逐步加入胡萝卜（或萝卜）、甘薯、甜菜等多汁饲料。根据母乳多少和犊牛的体重来确定喂量，2 月龄日喂混合料 0.2 ~ 0.3 kg；3 月龄日喂混合料 0.3 ~ 0.8 kg；4 月龄增加到 0.8 ~ 1.2 kg；5 月龄为 1.2 ~ 1.5 kg；6 月龄为 1.5 ~ 2 kg。

3）犊牛的饮水。饮水要方便，水质要清洁，放牧时严禁喂沟泡脏水和污染的水，每天饮水 3 ~ 4 次；犊牛在舍饲期要饮温水，水槽要定期刷洗，舍饲期每天饮水 3 次，不能强迫犊牛多饮水。

3. 羔羊的饲养

羔羊出生后应尽早吃到初乳。初乳中含有丰富的蛋白质（17% ~ 23%）、脂肪（9% ~ 16%）、矿物质等营养物质和抗体，对增强羔羊体质、抵抗疾病和排出胎粪具有重要的作用。

在羔羊 1 月龄内，要确保双羔和弱羔能吃到奶。对初生孤羔、缺奶羔羊和多胎羔羊，在保证吃到初乳的基础上，应找保姆羊寄养或人工哺乳，可用山羊奶、绵羊奶、牛奶、奶粉和代乳品等。人工哺乳务必做到清洁卫生，定时、定量和定温（35 ~ 39℃），哺乳工具用奶瓶或饮奶槽，但要定期消毒，保持清洁；否则易患消化道疾病。对初生弱羔、初产母羊或护仔行为不强的母羊所产羔羊，需人工辅助羔羊吃乳。母羊和初生羔羊一般要共同生活 7 天左右，才有利于初生羔羊吮吸初乳和建立母子感情。羔羊 10 日龄就可以开始训练吃草料，以刺激消化器官的发育。在圈内安装羔羊补饲栏（仅能让羔羊进去），让羔羊自由采食，少给勤添，待全部羔羊都会吃料后，再改为定时、定量补料，每只日补喂精料 50 ~ 100 g。羔羊生后 7 ~ 20 天内，晚上母仔应在一起饲养，白天羔羊留在羊舍内，母羊在羊舍附近草场上放牧，中午回羊舍喂一次奶。为了便于“对奶”，可在母体、仔体侧编上相同的临时编号，每天母羊放牧回来，必须仔细地对奶。羔羊 20 日龄后，可随母羊一起放牧。

羔羊 1 月龄后，逐渐转变为以采食为主，除哺乳、放牧采食外，可补给一定量的草料。饲料要多样化，最好有玉米、豆类、麦麸和优质干草等优质饲料。胡萝卜切碎，最好与精料混合饲喂羔羊，饲喂甜菜每天 50 g，否则会引起腹泻，继发胃肠病。羊舍内设自动饮水器或水槽，放置矿物质等舔砖、盐槽，也可在精料中混入1.5% ~ 2.0% 的食盐或 2.5% ~ 3.0% 的矿物质饲喂。

4. 仔猪的饲养

（1）喂乳。喂乳之前先固定乳头，使仔猪吃足初乳。刚出生的仔猪四肢无力，行动不灵活，往往不能及时找到乳头。同时，有些强壮的仔猪专抢乳汁多的乳头（前、中部乳头），使一些弱小仔猪只能占乳汁少的乳头，甚至吃不到乳汁。因此，必须进行人工辅助，让仔猪尽快吃到初乳，特别是让弱小仔猪尽快吃足初乳（固定于前、中部乳头），以便从初乳中获得营养和抗体，使其恢复体温，增强体质。人工固定乳头时，最简单的方法是抓两头，即把一窝中最强和最弱的仔猪控制好，强制强壮仔猪吃后部乳头的奶，而将弱小仔猪固定到前部乳头上吃奶，对一些不大不小、不强不弱的仔猪由其自行固定于中部乳头吃奶。

（2）开食。仔猪从吃母乳过渡到吃饲料称为诱食、开食或诱饲。一般要求在仔猪生后 7 日龄左右开食。将少量颗粒饲料撒在栏内地板上让仔猪在有兴趣时开始采食，最好放在小的、不易被拱翻、清洁的食槽中。食槽应放在显眼、离水源远、不易被母猪接触的地方。每天应分 5 ~ 7 次提供少量的、干净的、新鲜的补饲料。同时提供清洁、充足的饮水。当食欲增加时应增加饲喂量，循序渐进增加。

（3）补饲。仔猪补充参考喂量见表 1—1。

表 1—1　　仔猪补充参考喂量

日龄	头日饲喂料量（g）
5 ~ 10	20
11 ~ 15	50
16 ~ 20	75
21 ~ 25	100
26 ~ 30	150
31 ~ 35	200

四、家畜的饲养技术规程

1. 奶牛饲养技术规程

（1）犊牛的饲养管理

1）犊牛哺乳期（0 ~ 60 日龄）

①饲养。犊牛饲喂必须做到“五定”，即定质、定时、定量、定温、定人，每次喂完奶后擦干嘴部。新生犊牛出生后必须尽快吃到初乳，并应持续饲喂初乳 3 天以上；一周以后开始补饲，以促进瘤胃发育。

②饮水。应保证犊牛有充足、新鲜、清洁卫生的饮水，冬季饮温水。每头每天饮水量平均为 5 ~ 8 kg。

③卫生。应做到“四勤”，即勤打扫、勤换垫草、勤观察、勤消毒。犊牛的生活环境要求清洁、干燥、宽敞、阳光充足、冬暖夏凉。哺乳期犊牛应做到一牛一栏单独饲养，犊牛转出后应及时更换犊牛栏褥草并彻底消毒。犊牛舍每周消毒一次，运动场每 15 天消毒一次。

④去角。犊牛出生后，在 20 ~ 30 天去角（用电烙铁或药物去角）。

⑤去副乳头。在犊牛 6 月龄内进行，最佳时间在 2 ~ 6 周，最好避开夏季。先清洗、消毒副乳头周围，再轻拉副乳头，沿着基部剪除副乳头，用 2% 碘酒消毒。

2）犊牛断奶期（断奶 ~ 6 月龄）

①饲养。犊牛的营养来源主要依靠精饲料供给。随着月龄的增长，逐渐增加优质粗饲料的喂量，选择优质干草供犊牛自由采食。干物质采食量逐步达到每头每天 4.5 kg。

②管理。断奶后犊牛按月龄体重分群散放饲养，自由采食。应保证充足、新鲜、清洁卫生的饮水，冬季饮温水。保持犊牛圈舍清洁卫生、干燥，定期消毒，预防疾病发生。

（2）育成牛饲养管理（7 ~ 15 月龄）

①饲喂。日粮以粗饲料为主，每头每天饲喂混合精料 2～2.5 kg。日粮蛋白质水平达到 13%～14%；选用中等质量的干草，培养耐粗饲性能，增进瘤胃机能。干物质采食量每头每天应逐步达到 8 kg，日增重为 0.77～0.82 kg。

②管理。适宜采取散放饲养、分群管理。保证充足、新鲜的饲料供给，非 TMR 日粮饲喂时，注意精饲料投放的均匀度。应保证充足、新鲜、清洁卫生的饮水。应定期监测体尺、体重指标，及时调整日粮结构，以确保 17 月龄前达到参配体重（≥380 kg），保持适宜体况。同时注意观察发情，做好发情记录，以便适时配种。

（3）青年牛饲养管理

①饲喂。16～18 月龄的日粮以中等质量的粗饲料为主，混合精料每头每天饲喂 2.5 kg，日粮蛋白质水平达到 12%，日粮干物质采食量每头每天控制在 11～12 kg。19 月龄～预产前 60 天的混合精料饲喂量每头每天为 2.5～3 kg，日粮粗蛋白质水平为 12%～13%。预产前 60 天～预产前 21 天的日粮干物质采食量每头每天控制在 10～11 kg，以中等质量的粗饲料为主，日粮粗蛋白质水平为 14%，混合精料每头每天 3 kg。预产前 21 天～分娩采用干奶后期饲养方式，日粮干物质采食量每头每天控制在 10～11 kg，日粮粗蛋白质水平为 14.5%，混合精料每头每天 4.5 kg 左右。

②管理。应做好发情鉴定、配种、妊娠检查等工作并做好记录。应根据体膘状况和胎儿发育阶段合理控制精料饲喂量，防止过肥或过瘦。应注意观察乳腺发育，保持圈舍、产房干燥和清洁，严格执行消毒程序。注意观察牛只临产症状，以自然分娩为主，掌握适时、适度的助产方法。

（4）成年母牛各阶段的饲养

①干奶前期（停奶～产前 21 天）。饲养时日粮应以中等质量粗饲料为主，日粮干物质采食量占体重的 2%～2.5%，粗蛋白质水平为 12%～13%，精粗比以 30∶70 为宜。混合精料每头每天 2.5～3 kg。管理过程中，停奶前 10 天应进行妊娠检查和隐性乳房炎检测，确定怀孕和乳房正常后方可进行停奶。配合停奶应调整日粮，逐渐减少精料供给量。停奶时采用快速停奶法，最后一次将奶挤净，用消毒液将乳头消毒后，注入专用干奶药，转入干奶牛群，并注意观察乳房变化。此阶段饲养管理的目的是调节奶牛体况，维持胎儿发育，使乳腺及机体得以休整，为下一个泌乳期做准备。可根据个体不同体况，增减精料饲喂量。

②干奶后期（产前 21 天～分娩）。饲养时日粮应以优质干草为主，日粮干物质采食量应占体重的 2.5%～3%，粗蛋白质水平为 13%，可适当降低日粮中钙的水平，添加阴离子盐产品，促进泌乳后日粮钙的吸收和代谢，不补喂食盐。

此阶段为围产前期，应防止生殖道和乳腺感染以及代谢病的发生，做好产前的一切准备工作。产房和产床应保持清洁、干燥，每天消毒，随时注意观察牛只状况。产前 7 天开始药浴乳头，每天 2 次，不能试挤。

③泌乳早期（分娩～产后 21 天）。饲养时应注意产前、产后日粮转换，分娩后视食欲、消化、恶露、乳房状况，每头每天增加 0.5 kg 精饲料，自由采食干草。提高日粮钙水平，每千克日粮干物质含钙 0.6%，磷 0.3%，精粗比以 40∶60 为宜。采用 TMR 方式饲喂日粮时，应按泌乳牛日粮配方供给，并根据食欲状况逐渐增加饲喂量。

④泌乳盛期（产后 21 天 ~ 100 天）。饲养时日粮干物质采食量应从占体重的 2.5% ~3.0% 逐渐增加到 3.5% 以上。粗蛋白质水平为 16% ~18%，钙为 0.7%，磷为 0.45%。精粗比由 40∶60 逐渐过渡到 60∶40。应多饲喂优质干草，对体重降低严重的牛适当补充脂肪类饲料（如全棉籽、膨化大豆等），并多补充维生素 A、D、E 和微量元素，饲喂小苏打等缓冲剂以保证瘤胃内环境平衡。应适当增加饲喂次数，运动场采食槽应有充足补充料和舔砖供应。

⑤泌乳中期（产后 101 ~200 天）。饲养时日粮干物质采食量应占体重的 3.0% ~3.5%，粗蛋白质水平为 13%，钙为 0.6%，磷为 0.35%，精粗比以 40∶60 为宜。

此阶段产奶量渐减（月下降幅度为 5% ~7%），精料可相应渐减，尽量延长奶牛的泌乳高峰。此阶段为奶牛能量正平衡，奶牛体况恢复，日增重为 0.25 ~0.5 kg。

⑥泌乳后期（产后 201 天 ~ 停奶）。饲养时日粮干物质应占体重的 3.0% ~3.2%，粗蛋白质水平为 12%，钙为 0.6%，磷为 0.35%，精粗比以 30∶70 为宜。调控好精料比例，防止奶牛过肥。

2. 种羊饲养管理技术规范

（1）饲养原则

1）种羊的饲养方式以舍饲为主。

2）种羊的饲料应以粗、青饲料（青干草、青草、青贮）为主。粗、青饲料营养不足部分再由精饲料进行补充，不同类别的羊只（群）要区别对待，成年羊以干草、青草为主，精料作为补充；羔羊以精料为主，青草、干草作为补充。

3）饲料要进行适当的调制，精饲料最好磨碎成直径 0.3 cm 左右的颗粒；禾本科、豆科干草要铡短。饲料的一般饲喂顺序：先喂干草，再喂青草、精料，最后喂多汁饲料。饲喂方法要注意少添、勤添，分次饲喂，每天喂干草 2 ~3 次，青草 2 次，精料 2 次。

4）精饲料要合理搭配，做到营养丰富，适口性好，力求全价，多样化，特别要注意粗蛋白质、矿物质和维生素 A、D、E 的供给。

5）饲草饲料的更换要逐渐进行，让羊有一个适应过程，要换饲料时，前 3 天更换 1/3，后 3 天增长 2/3，最后 3 天逐步换完，放牧与舍饲过渡时要有 7 天左右的过渡时间。

6）严禁饲喂霉烂饲料、冰冻饲料，及时清除饲料中的铁钉、塑料等。

7）保证羊只的充足、清洁饮水，冬季水温不得低于 5℃，夏季饮水不得长时间曝晒。

8）每年应对饲喂种羊的各种饲草饲料的营养成分进行一次测定，并按照种羊的饲养标准相应调整精饲料的配方。

9）调制禾本科饲草应在抽穗时期收割；调制豆科或其他饲草应在盛花期收割，青干草的水分含量应在 15% 以下，呈绿色，茎枝柔软，叶片多。

10）制作青贮饲料的玉米应在蜡熟期收割，制成的青贮饲料应呈黄绿色，有酒香味，成年公羊青贮饲料的喂量每天为 2 ~2.5 kg，成年母羊的喂量每天为 1.5 ~2.0 kg，6 月龄前的羔羊不能饲喂青贮草。块根类的饲料喂前须洗净、切碎。

(2) 各类羊群的饲养技术规程

1) 种公羊的饲养

①对种公羊的要求是体质结实，保持中、上等的膘情，性欲旺盛，精液品质好，在饲养、管理中根据羊的配种期和非配种期的不同，给不同的饲料。

②种公羊的日粮要求多样化，营养全面且易于消化，适口性好，体积小，保证充足的蛋白质、矿物质及维生素 A、D、E，无机盐及充足的清洁饮水，以保证旺盛的性欲和优良的精液品质。

③非配种期除放牧外，每只公羊每天补给 1 ~ 1.5 kg 青干草，2 kg 青贮玉米，0.4 kg 精饲料，在配种前 1 个月应按照配种期的营养需要进行饲养。配种期每天每只种公羊补喂 1 ~ 1.5 kg 青干草，2 kg 青贮玉米，0.5 ~ 0.7 kg 精饲料，有条件可以补给 0.5 kg 胡萝卜，另根据种公羊的采精次数加喂 2 ~ 4 枚鸡蛋。

④种公羊每天有足够的运动时间，非配种期每天的运动时间不能少于 2 h；配种期的运动时间每天不少于 3 h，运动时间冬、春季可选择在中午天气暖和时进行，夏、秋季选择在天气比较凉爽时进行，运动时远离母羊群，严禁驱打羊只，保持安静的环境，防止公羊发怒。

⑤定期测定种公羊的体重、射精量和精液品质，灵活掌握配种频率。

⑥配种前 1 个月采集精液及进行品质检查，精液密度低的增加蛋白质饲料喂量。精子活力较差的种公羊适当增大运动量，以促进精液品质的提高。

⑦配种结束后先不减精饲料的饲喂量，增加放牧时间，15 天后逐渐开始减少精饲料的饲喂量，逐渐过渡到非配种期饲养。

2) 繁殖母羊的饲养

①怀孕前期（3.5 个月以前）的饲养。只要母羊保持健康的体况即可，日采食干物质约 1.4 kg。要注意饲料的多样性供给，营养水平增加 10%。忌用霉烂变质的饲草料。怀孕后期（3.5 个月以前）的母羊，因胎儿增长加快和母羊本身营养物质贮备的需要，其营养物质的需要比孕前期大大增加，消化能的需要在前期基础上增加 50%，粗蛋白质应增加一倍。为此，要注意供给蛋白质含量高的豆科饲草料和必需的矿物质饲料。补给体积小、营养价值高的优质干草和精饲料，并注意蛋白质、钙、磷和维生素 A、D、E 的补充。钙磷比例为 2∶1。日采食青草、干草和作物秸秆 3 kg，精饲料 0.3 kg。年产两胎的母羊应全年补饲，产双羔和三羔的母羊每只再增加 0.2 ~ 0.3 kg 精饲料。

②产前、产后母羊的饲养。绵羊的怀孕期为 150 天左右，在母羊产前 10 天左右应做好接羔、育羔的一切准备工作。绵羊产羔大多在冬、春季，羊舍保暖是提高羔羊成活率的关键措施之一。产羔舍应确保无贼风、无过堂风并铺以柔软垫草，保持清洁卫生。应单独设立临时产房，并将临产前的母羊单独圈养在其中。当母羊有明显分娩症状时，应有人守候在母羊跟前接产，并让其自然分娩。如遇难产，应将手臂用来苏尔严格消毒后进行助产，但不能过于惊动母羊，如遇难产可找专业人员处理。羔羊产出后，用干布或柔软的干草擦干净其口鼻部和身上的黏液，然后用剪刀在离脐孔 4 cm 左右的位置剪断脐带并用碘酒消毒，在未剪之前将脐带内的血液向腹内挤一下，再用拇指和食指捏一下剪的部位。经断脐等处理后的羔羊应放在母羊乳头处，帮助羔羊尽早吃上初乳。在羔

羊吃初乳前，应用温水擦洗干净母羊乳房，挤开奶眼，辅助羔羊哺乳。产羔完毕，给母羊饮用掺入麸皮和食盐的温水或者面汤。

③哺乳期母羊的饲养。绵羊哺乳期主要处在冬、春季，除了要特别注意羊舍的保暖之外，对哺乳期母羊应有足够数量的优质青草、干草及胡萝卜类的多汁饲料。对哺乳后期的母羊，还应视情况每只羊补给 0. 3 kg 精饲料。

④断奶后至配种前母羊的饲养。羔羊一般于 3. 5 ~4 月断奶，断奶后的母羊应及时转入空怀和青年母羊群进行饲养，以便尽早恢复体质，利于下一次配种繁殖。母羊断乳后的饲养与其他空怀或青年羊基本相同，只要供给充足的青饲草和作物秸秆即可达到恢复体质的目的；对于体质过差者，可补给少量精饲料，即可使体质得到较快恢复。

3）哺乳母羊的饲养

①母羊产前 1 h 和产后都要饮温水，第一次饮水不宜过多，切忌产后饮冷水，多喂优质干草和易消化饲料。

②母羊产后 2 个月是母羊饲养的关键时期，也是羔羊通过母乳培育的关键时期，应加大饲料的饲喂量，多喂多汁饲料和青贮饲料。

③羔羊断奶前一周，减少母羊的多汁饲料、青贮饲料和精饲料喂量，防止发生乳房炎。

4）育成羊的饲养

①对育成羊以舍饲为主，加强营养和培育管理，促进体格发育，使其在性成熟时达到规定的体重要求。

②日粮以青、粗饲料为主，对刚断奶的羔羊至少要补饲一个月的精饲料，饲喂量每天每只羔羊 0. 3 kg 左右，同时要加强运动，防止营养过剩，影响种用价值。

③育成公羊、母羊应合理分群，每月测定一次体重、体尺，按培育目标及时调整饲养方案。

④在育成过程中及时将繁育器官发育不良、不宜作种用的个体从培育群中淘汰出去。

⑤初配年龄：母羊体重达到成年羊体重的 70%（即 1 周岁）时初配，公羊在 1 ~1. 5 岁时开始采精和配种。

5）哺乳羔羊的饲养

①对哺乳羔羊的饲养要精心、细致，以提高羔羊的成活率并培育出体质健壮、发育良好的羔羊为目的。

②尽早让刚出生的羔羊吃足、吃饱初乳，引导母羊添羔羊，2 周龄前羔羊完全依靠母乳维持，羔羊哺乳每昼夜不少于 6 次。

③10 ~15 日龄起，羔羊开始训练采食豆科青干草和切碎的胡萝卜等，20 日龄起开始训练采食精饲料，1 月龄前每只羔羊补饲精饲料 25 ~50 g，食盐 1 ~2 g，骨粉 3 ~5 g，青干草自由采食。

④对弱羔、孤羔应采取人工哺乳，可用牛（羊）奶，必须加温消毒，做到定温、定时、定量饲喂。

⑤羔羊产后 1 周内最容易发生羔羊痢疾，应十分注意哺乳、饮水及圈舍的卫生，细

心观察羔羊的食欲、精神、粪便状况，发现异常及时处理。

⑥羔羊的抵抗能力弱，体温调节能力差，要注意羔羊保温，常换垫草，防潮湿，保持圈舍清洁、干燥，注意脐部消毒，防止感染。

⑦羔羊一般 3 月龄断奶，断奶应逐渐进行。

⑧羔羊的培育要做到“三早”（早喂初乳、早开食、早断奶），“三查”（查食欲、查精神、查粪便），提高成活率，减少发病死亡率。

3. 猪的饲养技术规程

（1）后备公猪的饲养管理

1）应饲喂专用的后备公猪饲粮。

2）保育期结束至体重 90 kg 前可自由采食，体重 90 kg 后应限制饲喂，控制脂肪的沉积，防止公猪过肥。

3）后备公猪在性成熟前可合群饲养，但应保证个体间采食均匀。达到性成熟后应单圈或单栏饲养，以防互相爬跨，造成肢蹄、阴茎等的损伤。

4）后备公猪应保持适度的运动。

5）后备公猪在正式利用前应进行配种调教或采精训练。配种调教或采精训练宜在早晚凉爽时间、空腹进行。

6）后备公猪在正式利用前应检查精液品质。

（2）种公猪的饲养管理与利用

1）种公猪应饲喂专用的饲粮。

2）种公猪应限制饲喂，并根据年龄、体重和配种或采精任务的轻重进行适当调整。

3）种公猪宜单栏饲养，应特别注意避免公猪相遇。

4）种公猪应适当运动，每天的运动量不少于 1 000 m。

5）应经常刷拭种公猪的皮肤，对不良的蹄形要进行修整，必要时将犬牙锯掉。

6）应定期称重。正在生长的青年公猪体重应逐渐增加，但不能过肥；成年公猪应保持体重稳定，保持种用体况。

7）如遇高温时应特别注意采取加强通风、喷雾等防暑降温措施。

8）应定期检查种公猪的精液品质。人工授精用种公猪每次采精后都要检查精液品质，实行本交的种公猪每 10 天要检查 1 次精液品质。

9）青年公猪每 3 天采精 1 次，成年公猪可隔日采精 1 次。

（3）后备母猪的饲养管理

1）应饲喂专用的后备母猪饲粮。

2）保育期结束至体重 90 kg 前可自由采食，体重 90 kg 至配种前 2 周应限制饲喂，饲喂量为自由采食量的 80% 左右。

3）后备母猪预期配种前 2 周应增加约 30% 的饲喂量，实行催情补饲。

4）后备母猪多为群养，每群以 4 ~ 6 头为宜。

5）后备母猪应适当运动。

6）应定期对后备母猪称量体重和测量体尺，活体测定背膘厚，确保后备母猪的体重、体况适宜。

7）后备母猪达6月龄后，应利用转圈、公猪诱情等方法促进其发情，并仔细观察、准确记录初次发情的时间和表现。

（4）经产待配母猪的饲养管理

1）经产母猪在断乳后应适当增加饲喂量，以达到催情补饲的目的。

2）待配母猪可单栏饲养，也可小群（4～6头）饲养，合群饲养时应注意防止争斗造成的损伤。

3）断奶3天后，每天用试情公猪与待配母猪隔栏接触2次，每次15～20 min，促进母猪的发情和排卵。

4）经产母猪一般集中在断奶后的4～7天发情，应做好发情鉴定并适时输精配种。

（5）妊娠母猪的饲养管理

1）妊娠母猪应饲喂专用的妊娠母猪饲粮。

2）严格控制妊娠初期（配种～妊娠28天）的饲喂量，以减少胚胎的早期死亡，建议根据母猪的体重控制日饲喂量为1.8～2.0 kg。初产母猪继续饲喂育成阶段的饲粮。

3）妊娠中期（妊娠29～84天）的日饲喂量为2.5 kg左右，可根据母猪的体况、体重适当调整饲喂量，体况差的增加饲喂量，过肥的母猪减少饲喂量。此阶段结束后应力求使母猪达到适宜的繁殖体况。

4）妊娠后期（妊娠85～111天）应增加饲喂量，以满足快速增长的胎儿和母猪体增重对养分的需要。建议此阶段的日饲喂量应增加至2.8～3.2 kg。

5）分娩前期（妊娠112天～分娩）逐渐减少饲喂量，有利于分娩。分娩前2～3天开始逐渐减少饲喂量，分娩当天至少应饲喂1.8 kg饲粮，否则易使母猪患胃溃疡和便秘。

6）控制青年母猪整个妊娠期的体增重为35～45 kg，成年母猪整个妊娠期的体增重为30～40 kg。

7）严禁饲喂霉变、腐败变质、冰冻、受污染的饲料。

8）优质的青、粗饲料对母猪的繁殖有益，有条件时可适当补充。

9）应保持妊娠母猪舍的温度和湿度适宜、空气清新、安静。应特别注意做好高温季节的防暑降温工作，防止高温引起胚胎死亡；冬季应做好防寒保温工作。

10）妊娠母猪宜采用单栏饲养，也可进行小群饲养。小群饲养时，妊娠前期应将配种期相近、体重大小和强弱相近的4～6头母猪饲养在同一圈栏内，妊娠后期则一圈饲养2～3头。

11）严禁对妊娠母猪粗暴鞭打、强行驱赶或让其跨沟等。

（6）哺乳母猪的饲养管理

1）应在预产期前5～7天将母猪转入经过彻底清洗、消毒、干燥的分娩舍，并要求分娩舍温度和湿度适宜、空气清新、安静。母猪转入前要进行淋浴，至少要对猪体进行清洗。

2）哺乳母猪应饲喂专用的饲粮。

3）泌乳初期（产后第1周）应逐渐增加饲喂量，每天增加饲喂量0.5～1.0 kg。

4）泌乳旺期（产后7天～断奶）应自由采食并最大限度地提高母猪的采食量，以提高母猪的泌乳量。

5）哺乳母猪应日喂4～6次，并尽量使各次饲喂间隔均匀。

6）应持续提供充足、清洁的饮水。

7）特别注意做好高温季节的防暑降温工作，降低高温对哺乳母猪采食量和泌乳量的影响。

（7）哺乳仔猪的饲养管理

1）应保证仔猪吃足初乳，仔猪初次哺乳前应挤掉几滴乳汁。

2）应采用人工辅助的方法，在仔猪生后2～3天内固定乳头吸乳。固定乳头的原则是将弱小的仔猪固定在前边的几对乳头，将初生体重较大的仔猪固定在后面的几对乳头。

3）通过设置保温箱等措施为仔猪提供适宜的温度。仔猪最适宜的环境温度：0～3日龄为30～32℃，3～7日龄为28～30℃，以后每周约降1℃直至25℃。

4）应通过设置母猪限位栏、仔猪防压架等措施，避免母猪踩、压死仔猪。

5）应及时进行寄养或并窝。实行寄养或并窝时，仔猪的出生日期应尽量接近，不要超过3天；被寄养的仔猪一定要吃到初乳，否则不易成活；养母必须是泌乳量高、哺育能力强、性情温顺的母猪。

6）应在仔猪生后3～4天通过肌肉注射的方式补铁150～200 mg。

7）在缺硒地区，应在仔猪生后3～5天肌肉注射0.1%亚硒酸钠维生素E溶液0.5 mL，14～21天时再注射1 mL。

8）从生后3天起为仔猪提供清洁的饮水。补水的最好方式是设置自动饮水碗，且应注意水压适宜；也可用水槽补水，但应保持水槽卫生，冬季应供给温水。

9）应在仔猪生后7天左右开始训练仔猪吃料，以刺激仔猪消化道的发育。开食料应营养丰富、适口性好、容易消化。要保证仔猪在28日龄断奶前至少吃入500 g开食料。

10）用作肥育的公仔猪可在7～15日龄去势。

（8）保育仔猪的饲养管理

1）应在仔猪转入前对保育猪舍及饲养用具等进行彻底的清洗、消毒、干燥。

2）仔猪断乳后应继续饲喂开食料1～2周，以避免换料应激，并设法提高仔猪的采食量。

3）断乳1～2周后逐渐过渡到饲喂保育仔猪料，自由采食。

4）要保证供给充足的清洁饮水。

5）要保证保育仔猪的猪舍温度和湿度适宜，控制刚转入仔猪的保育舍温度为25～27℃，以后每周降低1℃，保证保育舍清洁、空气清新。

（9）生长肥育猪的饲养管理

1）应在猪只转入前对生长肥育猪舍及饲养用具等进行彻底的清洗、消毒、干燥。

2）应按体重、性别进行合理组群，要求同一性别、体重差异在5 kg以内的个体编入同一群，每群以10～20头为宜，且组群后要相对固定。

3）应做好调教工作，使猪只养成在固定地点排泄、趴卧、采食的习惯。

4）应保持猪舍温暖（18～22℃）、干燥、空气清新、光照适宜。

5）应根据生长肥育阶段饲喂相应的饲粮。饲粮可以调制成干粉料、湿拌料或颗粒料饲喂。

6）生长肥育猪可全期采用自由采食的饲喂方法，也可采用前敞后限的饲喂方法。

7）要保证供给猪只充足清洁的饮水。

8）应根据猪只的增重速度、饲料利用率、屠宰率、胴体品质和猪肉市场的供求状况等进行综合分析，确定适宜的出栏体重。大型肉用型猪种的适宜出栏体重一般应为110～130 kg。

9）严格执行《饲料添加剂安全使用规范》（中华人民共和国农业部公告第1224号），确保猪肉产品安全。

10）肉猪上市前应经兽医卫生检验部门检疫并出具检疫证明，严禁病猪、疫区的猪只出栏上市。

单元测试题

一、名词解释

1. 青贮饲料 2. 配合饲料 3. 青饲料 4. 饲料添加剂 5. 粗饲料 6. 精料补充料 7. 全价配合饲料 8. 预混合饲料

二、填空题（请将正确答案填在横线空白处）

1. 青绿饲料包括______、______、______、______、________、________。

2. 能量饲料包括 ________、__________、__________、__________。

3. 干物质中粗纤维含量小于18%、粗蛋白质含量小于20%的饲料称为________。

4. 为了进行科学的饲养管理，将奶牛泌乳期划分为____________、____________、__________和__________4个不同的阶段。

5. 蛋白质饲料一般包括____________、____________、____________等植物饲料和__________、__________、__________、__________等动物饲料。

6. 生长肥育猪舍适宜温度为________。

三、选择题

1. 尿素在动物生产中的应用属于________饲料。
   A. 能量饲料　B. 蛋白质饲料　C. 维生素　D. 微量元素

2. 下列不属于动物蛋白饲料的是（　）。
   A. 豆粕　B. 蚕蛹　C. 肉粉　D. 鱼粉

3. 按国际饲料分类法将饲料分为________大类。
   A. 3　B. 8　C. 12　D. 20

4. 蛋氨酸属于__________类物质。
   A. 矿物元素　B. 维生素　C. 必需氨基酸　D. 纤维素物质

5. 精料补充料主要用于下列家畜中的________。

A. 奶牛　　　B. 猪　　　C. 马　　　D. 羊

四、简答题

1. 简述哺乳期犊牛的饲养要点。
2. 简述哺乳仔猪的饲养要点。
3. 饲料的种类有哪些?
4. 简述泌乳期奶牛饲养规程。
5. 简述羔羊饲养规程。
6. 简述妊娠母猪的饲养规程。

单元测试题答案

一、名词解释

1. 青贮饲料：是指以天然新鲜青绿植物性饲料为原料，在厌氧条件下，经过以乳酸菌为主的微生物发酵后调制成的饲料，具有青绿多汁的特点。

2. 配合饲料：是指按照动物的不同生长阶段、不同生理要求、不同生产用途的营养需要和饲料的营养价值把多种单一饲料以一定比例按规定的工艺流程均匀混合而产生出的营养价值全面的、能满足动物各种实际需求的饲料。

3. 青饲料：天然水分含量为60%及60%以上的新鲜饲草及以放牧形式饲喂的人工种植牧草、草地牧草等，还包括一些树叶类以及非淀粉质的块根、块茎类及瓜果类。

4. 饲料添加剂：为保证或改善饲料品质，防止质量下降，促进动物生长繁殖，保障动物健康而掺入饲料中的少量或微量物质。

5. 粗饲料：干草类（包括牧草）、农副产品类（包括荚、壳、藤、蔓、秸、秧）及干物质中粗纤维含量为18%及18%以上的糟渣类、树叶类和添加剂及其他类。

6. 精料补充料：由能量饲料、蛋白质饲料、矿物质饲料及添加剂组成。为草食动物配制生产，不单独构成饲料，主要用于补充采食饲料不足的那一部分营养。

7. 全价配合饲料：又称完全（配合）饲料，理论上讲，完全饲料应是根据动物的品种、生长阶段和生产水平对各种营养成分的需要量和不同动物消化生理的特点，把多种饲料原料和添加成分按照规定的加工工艺制成的均匀一致、营养价值完全的饲料产品。其所含的营养成分在种类和数量上均能很好地满足畜禽的需要，达到一定的生产水平。实际生产中，由于科学技术水平等方面的限制。不少完全饲料并没有达到营养上的“全价”。

8. 预混合饲料：它是指用一种或几种添加剂（如微量元素、维生素、氨基酸、抗生素等）加上一定数量的载体或稀释剂，经充分混合而成的均匀混合物。根据构成预混料的原料类别或种类，又分为微量元素预混料、维生素预混料和复合添加剂预混料。预混料既可供饲养家畜生产者用来配制家畜饲粮，又可供饲料厂生产浓缩饲料和全价配合饲料。

二、填空题

1. 天然饲草　人工栽培饲草　青饲作物　叶菜类　水生类　树叶类

2. 禾本科种子　谷实类加工副产品　块根、块茎及瓜类　油脂类
3. 能量饲料
4. 泌乳前期　泌乳中期　泌乳后期　干乳期
5. 豆类籽实　饼粕类　粮食加工副产品　鱼粉　肉粉　血粉　羽毛粉
6. 18～22℃

三、选择题

1. B　2. A　3. B　4. C　5. A

四、简答题（略）

家畜的日常管理

家畜饲养管理是指家畜养殖生产劳动过程的组织和管理，包括家畜饲养的生产准备、畜舍环境调控及生产阶段管理等。

第一节　家畜的畜舍及用具设施卫生

→ 了解畜舍及设施卫生知识

→ 掌握畜舍生产用具及设备的使用知识

一、畜舍及设施卫生

环境是动物赖以生存的物质基础，同家畜品种、饲料和疾病一样，是影响畜牧生产水平的主要因素。我国地域辽阔，气候类型多样，无论南方还是北方绝大多数地区都存在家畜生存环境不适应其要求的矛盾。为使畜禽遗传力得以充分发挥，获取最高的生产效率，必须对畜舍环境加以改善和控制，即改善和控制畜舍小气候条件。

畜舍的外墙、屋顶、门窗和地面构成了畜舍的外壳，称为畜舍的外围护结构。畜舍依靠外围护结构不同程度地与外界隔绝，形成不同于舍外气候的畜舍小气候。畜舍小气候状况不仅取决于外围护结构的保温、隔热性能，还取决于畜舍的通风、采光、给排水等设计是否合理；同时还应采取小气候调节设备来对畜舍环境进行人为控制。畜舍环境改善与控制的宗旨是为家畜创造适宜的环境条件，提高生产效率，提高经济效益。

二、畜舍的基本结构

畜舍的主要结构包括基础、墙、屋顶、地面、门窗等。根据主要结构的形式和材料不同，可分为砖结构、木结构、钢筋混凝土结构和混合结构。

1. 基础和地基

基础是畜舍地面以下承受畜舍的各种荷载并将其传给地基的构件。它的作用是将畜舍本身质量及舍内固定在地面和墙上的设备、屋顶积雪等全部荷载传给地基。墙和整个畜舍的坚固与稳定状况取决于基础。故基础应具备坚固、耐久、抗机械作用能力及防潮、抗震、抗冻能力。用作基础的材料除机制砖外，还有碎砖三合土、灰土、毛石等。

北方地区在膨胀土层修建畜舍时，应将基础埋置在土层最大冻结深度以下。基础受潮是引起墙壁潮湿及舍内湿度大的原因之一，故应注意基础防潮、防水。基础的防潮层设在基础墙的顶部，舍内地坪以下 60 mm。舍内地坪以下尽量避免埋置在地下水中。

地基是基础下面承受荷载的土层，有天然地基和人工地基之分。总荷载较小的简易畜舍或小型畜舍可直接建在天然地基上。常用的天然地基有沙砾、碎石、岩性土层以及有足够厚度且不受地下水冲刷的砂质土层。畜舍一般应尽量选用天然地基。

2. 墙

墙是基础以上露出地面的、将畜舍与外部空间隔开的外围护结构，是畜舍的主要结构。舍内的湿度、通风、采光也要通过墙上的窗户来调节。因此，墙对畜舍舍内温度、湿度状况的保持和畜舍稳定性起着重要作用。

墙体必须具备以下特点：坚固、耐久、抗震、耐水、防火、抗冻；结构简单，便于清扫、消毒；同时应有良好的保温与隔热性能。墙体的保温、隔热能力取决于所采用建筑材料的特性与厚度。常用的墙体材料主要有砖、石、土、混凝土等。

3. 屋顶和天棚

屋顶和天棚是畜舍顶部的承重构件和围护构件，其主要作用是承重、保温隔热和防太阳辐射以及雨、雪。它由支承结构（屋架）和屋面组成。支承结构承受着畜舍顶部包括自重在内的全部荷载，并将其传给墙或柱；屋面起围护作用，可以抵御降水和风沙的侵袭，以及隔绝太阳辐射等。屋顶除了要求防水、保温、承重外，还要求不透气、光滑、耐久、耐火、结构轻便、简单、造价低廉。

天棚又名顶棚、天花板，是将畜舍与屋顶下空间隔开的结构。天棚的功能主要在于加强畜舍冬季的保温和夏季的防热，同时也有利于通风换气。天棚必须具备保温、隔热、不透水、不透气、坚固、耐久、防潮、耐火、光滑、结构轻便、简单的特点。无论在寒冷的北方或炎热的南方，都需要在天棚上铺设足够厚度的保温层（或隔热层）。常用的天棚材料有胶合板、矿棉吸音板等，在农村常常可见到草泥、芦苇、草席等简易天棚。

4. 地面

地面也叫地平，是指单层房舍的地表构造部分，多层房舍的水平分隔层称为楼面。有些家畜直接在畜舍地面上生活（包括躺卧休息、睡眠、排泄），所以畜舍地面也叫畜床。

地面要求如下：

（1）坚实、致密、平坦、有弹性，畜舍地面的基本要求是不硬、不滑。

（2）有利于消毒排污。

（3）保温、不冷、不渗水、不潮湿。

（4）经济适用。畜舍一般采用混凝土地面，它除了保温性能差外，其他性能均较好。

5. 门和窗

畜舍门有外门与内门之分，舍内分间的门和畜舍附属建筑通向舍内的门叫作内门，畜舍通向舍外的门叫作外门。畜舍门应向外开，门上不应有尖锐突出物，不应有门槛、台阶。但为了防止雨水、雪水淌入舍内，畜舍地面应高出舍外 20 ~ 30 cm。舍内外以坡道相联系。

畜舍窗户有木窗、钢窗和铝合金窗，形式多为外开平开窗，也可用悬窗。一般原则如下：在保证采光系数要求的前提下尽量少设窗户，以能保证夏季通风为宜。在畜舍建筑中也有采用密闭畜舍的，即无窗畜舍，目的是更有效地控制畜舍环境；但前提是必须保证可靠的人工照明和通风换气系统，要有充足、可靠的电源。

三、畜舍生产用具和设备种类

1. 牛舍的设备

（1）乳牛的喂饲设备包括饲料的装运、输送和分配设备。

（2）输送设备。乳牛的喂饲设备可分为固定式喂饲设备和移动式喂饲车。

（3）牛舍内使用的饮水器常为杯式饮水器。根据控制水流出的阀门结构，又分为弹簧阀门式和配重阀门式两种。

（4）牛舍清粪设备。一般用人工清粪和传统粪尿沟排水。对散放饲养的可用铲车清粪。

（5）挤奶设备

1）提桶式挤奶装置。它由挤奶桶、挤奶器、真空泵等部分组成。

2）管道式挤奶装置。该装置由挤奶器、牛奶输送管、真空管、真空泵、洗涤配液装置和电子节拍器组成。

2. 羊场的主要设施

（1）饲槽。主要用于饲喂精料、颗粒料、青贮饲料、青草或干草。根据建造方式可分为固定式和移动式两种。

1）固定式长条形饲槽。是指依墙或在场中央用砖头、水泥等砌成的一行或几行长条形固定式饲槽。双列对头羊舍内的饲槽可建于中间走道两侧，而双列对尾羊舍的饲槽则设在靠窗户走道一侧。单列式羊舍的饲槽应建在靠墙的走道一侧。设计要求上宽下窄，槽底呈半圆形，大致规格为槽内宽 23 ~ 25 cm，深 14 ~ 15 cm。槽长依羊只数量而定，一般可按每只大羊 30 cm，每只羔羊 20 cm 计。另外，可在饲槽的一边（站羊的一边）砌成可使羊头进入的带孔砖墙，或用木板、铁杆等做成带孔的栅栏。孔的大小依据羊有角与无角可安装活动的栏孔，大小可以调节。防止羊只践踩饲槽，确保饲槽内饲料的卫生。

2）移动式长条形饲槽。移动式长条形饲槽（见图 2—1）主要用于冬春舍饲期妊娠母羊、泌乳母羊、羔羊、育成羊和病弱羊的补饲。常用厚木板钉成或镀锌铁皮制成，制作简单，搬动方便，尺寸可大可小，视补饲羊只的多少而定。为防羊只践踩或踏翻饲槽，可在饲槽两端安装临时性的能随时装拆的固定架。

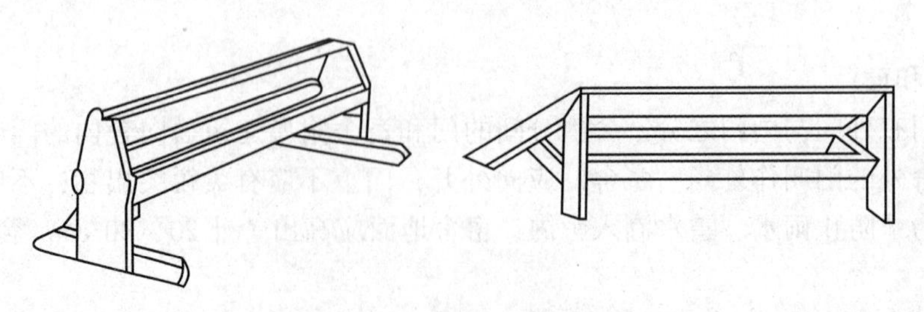

图 2—1　移动式长条形饲槽

（2）草架。草架是用于饲喂粗饲料和青绿饲料的专用设备。添设草架总的要求是不使羊只采食时相互干扰，防止羊践踏饲草或粪尿污染。草架的形式有靠墙固定的单面草架和安放在饲喂场的双面草架，其形状有三角形、U 形、长方形等，如图 2—2 所示。草架隔栅间距为 10 ~ 15 cm，有时为了让羊头伸入栅内采食，可放宽至 15 ~ 20 cm。草架的长度按成年羊每只 30 ~ 50 cm、羔羊 20 ~ 30 cm 计算。制作材料为木材、钢筋。舍饲时可在运动场内用砖石、水泥砌槽，用钢筋制作栅栏，兼作饲草、饲料两用槽。

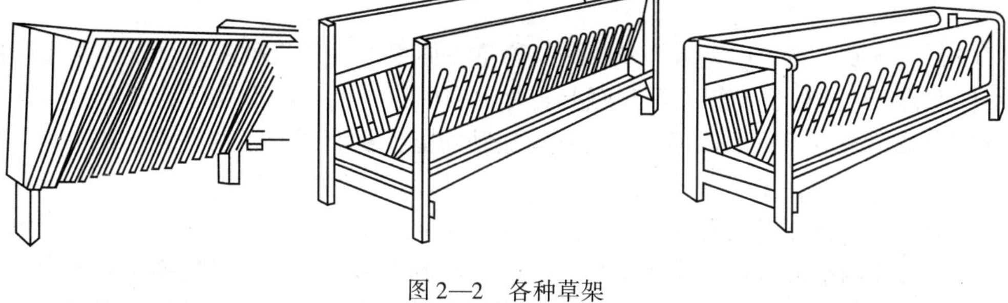

图 2—2　各种草架

（3）盐槽。给羊群供给盐和其他矿物质时，如果不在室内或混在饲料中饲喂，为防止在舍外被雨淋潮化，可设一有顶盐槽，任羊随时舔食。

（4）栅栏。其种类有母仔栏、羔羊补饲栏、分群栏、活动围栏等。可用木条、木板、钢筋、铁丝网等材料制成，一般高 1 m，长度不等。栏的两侧或四角装有挂钩和插销，折叠式围栏中间以铰链相连。

1）活动母仔栏。为便于母羊产羔和羔羊吃奶，应在羊舍一角用栅栏将母仔围在一起。可用几块各长 1.2 m 或 1.6 m、高 1 m 的栅栏或栅板做成折叠式围栏，如图 2—3 所示。一个羊舍内可隔出若干小栏，每栏供一只母羊及其羔羊使用。

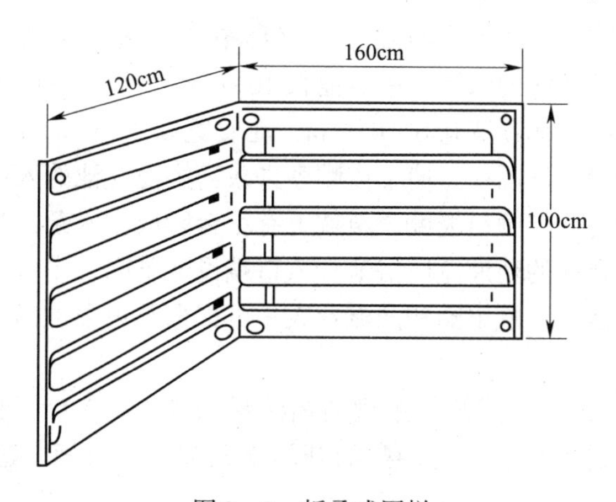

图 2—3　折叠式围栏

2）羔羊补饲栏。用于羔羊的补饲。将栅栏、栅板或网栏在羊舍、补饲场内靠墙围成小栏，栏上设有小门，羔羊能自由进出，而母羊不能进入，这种补饲栏一般用木板制成，板间距离为15 cm，补饲栏的大小要依羔羊数量多少而定。

3）分群栏。分群栏供羊分群、鉴定、防疫、驱虫、称重、打号等生产技术性活动中用。分群栏可在适当地点修筑，用栅栏临时连接而成。在羊群的入口处为喇叭形，中部为一窄长的通道，通道的宽度比羊体稍宽，羊在通道内只能成单行前进，沿通道一侧或两侧，可视需要设置若干个小圈，圈门的宽度相同，由此门的开关方向决定羊只的去路，利用这一设备，就可以把羊群分成所需要的若干小群。

4）活动围栏。活动栏可供随时分隔羊群用。用若干活动围栏可围成圆形、方形或长方形活动羊圈，适用于放牧羊群的管理。也可以用活动围栏临时间隔为母仔小圈、中圈等。

（5）磅秤及羊笼。用于活羊和产品的称重。如果经常成批称重，可以购买专用的家畜称重装置。这种装置的称重台面上装有钢围栏，一次可称重几只到几十只羊。较先进的还采用了电子称重传感器，具有防振动功能，更利于家畜的称重。如果为了解饲养管理情况，掌握羊只生长发育动态，可采用新型的数字式电子秤，这种秤精度高，读数直观，秤上可安置长约1.4 m、宽0.6 m、高1.2 m的长方形竹、木或钢筋制羊笼，羊笼两端安置进、出活动门，这样，再利用多用途栅栏围成连接到羊舍的分群栏，把安置羊笼的地秤置于分群栏的通道入口处，可减少抓羊时的劳动强度，方便称量羊只体重。

（6）草棚。为储备干草或农作物秸秆，供羊冬、春季补饲，可建成半开放式的双坡式草棚，四周的墙用砖砌成，屋顶用石棉瓦覆盖，这种草棚防雨、防潮的效果较好。草堆下面应用钢筋架或木材等物垫起，不使草堆直接接触地面，草堆与地面之间应有通风孔，这样能防止饲草霉变，减少浪费。

（7）药浴设备。为了防治疥癣等外寄生虫病，每年要定期给羊群药浴。没有淋药装置或流动式药浴设备的羊场，应在不对人畜、水源、环境造成污染的地点建药浴池。

1）大型药浴池。可供大型羊场或养羊较集中的地区药浴用。药浴池可用水泥、砖、石等材料砌成狭长而深的水沟。一般池长10～12 m，深1.0～1.2 m，以装完药液后不致淹没羊头部为准，池顶宽0.6～0.8 m，池底宽0.4～0.6 m，以羊能通过而不能转身为准。入口处设漏斗型围栏，使羊依顺序进入药浴池。池的入口端为陡坡，以便羊只迅速入池。出口端有一定倾斜坡度，斜坡上有小台阶或横木条，为台阶式缓坡，以便浴后羊只攀登及身上余存的药液流回浴池。入口端设贮羊圈，出口设滴流台，以使浴后羊身上多余药液流回池内。贮羊圈和滴流台大小可根据羊只数量确定，而且必须用水泥浇筑地面。

2）小型药浴槽、浴桶或浴缸。小型浴槽液量约为1 400 L，可同时将两只成年羊（或小羊3～4只）一起药浴，并可用门的开闭来调节入浴时间。这种类型适宜小型羊场使用。

3）帆布药浴池。帆布药浴池用防水性能良好的帆布加工制成。药浴池为直角梯形，上边长3.0 m、下边长2.0 m、深1.2 m、宽0.7 m，外侧固定套环，安装前按浴池的大小形状挖一土坑，然后放入帆布药浴池，四边的套环用铁钉固定，加入药液即可进行工作。用后洗净，晒干，以后再用。这种设备体小、轻便，可以循环使用。

（8）青贮设备

1）青贮塔。青贮塔分为全塔式和半塔式，一般是采用砖、石、水泥、玻璃钢等修建的永久性建筑，长久耐用，便于机械化操作。青贮塔的高度一般为直径的2.5～3.5倍。塔的高度应根据条件而定，一般全塔式高6～16 m，直径为4～6 m；半塔式埋在地下深3～3.5 m，地上部分高4～6 m。青贮塔塔基必须坚实；塔壁有足够的强度，表面光滑，不透气，不透水；塔顶用不透水、不透气的绝缘材料制成，其上有一个可密闭的装料口。一般青贮塔建在距离畜舍较近处，并在朝畜舍方向的塔壁由下而上每隔1～2 m的地方留一个窗口，便于取料。原料由机械吹入塔顶落下，饲料由塔底层取料口取出。青贮塔的优点是封闭严实，原料下沉紧密，发酵充分，青贮质量较高；青贮塔饲料经久耐用，占地小，贮料损失小，机械化程度高。但建筑费用昂贵，适合比较大型的畜牧养殖场采用。

2）青贮窖。青贮窖有地下式和半地下式两种。地下式青贮窖适用于地下水位低和土质坚实的地区，半地下式的青贮窖适用于地下水位较高或土质较差的地区。青贮窖的大小和形状应以青贮原料多少、饲喂时间长短、家畜数量来决定。原料少时可以做成圆形窖，原料多时宜做成长方形窖。青贮窖壁要光滑、坚实、不透水、上下垂直，侧壁呈现坡形，外有排水沟或安装排水管，圆形青贮窖窖底呈锅底状。同样容积的窖，四壁面积越小，储藏损失越小。一般地下式青贮窖中圆形窖直径为2.5～3.5 m，深3～4 m；青贮壕为长方形，宽3.0～3.5 m，深3～4 m，长度不一。青贮窖结构简单，成本低，易推广，但窖中易积水而引起青贮饲料霉烂，故必须注意周围排水。

3）青贮袋。青贮袋青贮法是一种比较先进的青贮方法。是用特殊的塑料薄膜做成袋子后装填青贮饲料，优点是节省投资，塑料袋只要保存好，可以连续使用；其次是贮存损失小，贮存地点灵活，可推广利用。这种塑料大袋长度可达数米，如有一种厚0.2 mm、直径为2.4 m、长度为60 m的聚乙烯薄膜圆筒袋，可根据需要剪切成不同长度的袋子。小型袋宽一般为50 cm，长80～120 cm，每袋装40～50 kg。大型“袋式青贮”技术是将苜蓿、玉米秸秆、高粱等饲草切碎后，采用袋式灌装机械将饲草高密度地装入由塑料拉伸膜制成的专用青贮袋，在厌氧条件下完成青贮，可青贮含水率高达60%～65%的饲草。一个33 m长的青贮袋可灌装近100 t饲草。灌装机灌装速度可高达60～90 t/h。

3. 实行机械喂料的猪场应配备的设备

（1）饲料运输车、贮料塔、饲料输送机、计量料箱、饲料车、食槽等。

（2）饮水设备。主要指自动饮水器，包括鸭嘴式、乳头式和杯式三种。

（3）猪舍机械清粪设备。包括清粪车、链式刮板清粪装置、牵引式刮板清粪装置。

（4）水冲清粪系统。猪场常用的水冲清粪形式有水冲流送式、截流阀式、沉淀闸门式和自流式。

第二节 畜舍环境控制

→ 熟悉家畜生产用具及设备种类
→ 掌握家畜环境卫生知识

一、家畜环境卫生

影响家畜生长和健康的重要环境因素为温度、湿度、风速、有害微生物浓度、有害气体浓度、灰尘浓度。

1. 控制舍内温度

应保证幼畜舍足够温暖。家畜对温度的需求是随着年龄的增长而降低的，养殖户应制订逐渐降温的计划或办法，更要按照规定严格实施。肉牛的适宜温度为10～15℃，奶牛为10～16℃，猪为20～23℃，羊为10～20℃。

2. 搞好湿度调节

相对湿度为50%～80%的空气环境为动物合适的湿度环境，其中空气相对湿度为60%～70%时对动物最为适宜。相对湿度高于85%时为高湿环境，低于40%时为低湿环境。不管是高湿环境还是低湿环境，都对动物健康有不良影响。

3. 合理的饲养密度

饲养密度是否合理不仅与家畜的发育状况有关，还与一些疾病有密切的关系；密度因气候不同而变化，夏季应尽可能地小，冬季可稍大一些。

4. 改善舍内通风

由于每栋畜舍的大小、饲养密度各不相同，所需的气流类型也不相同。搞好通风要做到对风扇和通风口能随意控制。要防止贼风，因为贼风易引起应激。即便在最热的天气，也要对风速加以控制。寒冷季节尽量减小风速，高温季节要尽量加大风速。在寒冷季节，往往畜舍的通风量不足，导致舍内有害气体、灰尘、有害微生物增加，影响畜群的健康，严重的可暴发疾病。因此，寒冷季节也必须保证一定的通风量。当人在畜舍不感觉憋气、熏眼时，畜舍的空气大致符合要求，否则就必须加大通风量。

5. 畜舍的彻底清洗和消毒

清洗和消毒可大幅降低有害微生物的浓度，大幅减少疾病的发生。"全进全出"是控制疾病传播非常有用的措施。"全进全出"技术要求在一栋畜舍的家畜全部出栏后，彻底清洗，彻底消毒，彻底干燥，然后再放进健康的家畜。要求产房、幼畜培育舍、育肥舍实行"全进全出"。

二、畜舍环境控制设备的使用

为使畜舍内的环境更好地满足家畜的需求，需采用一定的设备和设施对舍内的环境进行控制，这些设施和设备主要包括采暖设备、降温设备、通风设备和清洗消毒设备。

1. 畜舍的采暖设备

成年家畜由于其自身产热量高，临界温度低，故一般不用采暖。但幼畜（雏鸡、仔猪等）由于其产热量低，体温调节能力差，临界温度又高，即便在我国江南地区也必须采暖。

畜舍的采暖分集中采暖和局部采暖两种方式。集中采暖是指由一个集中的热源（锅炉房或其他热源）将热水、蒸汽或预热后的空气，通过管道输送到舍内或舍内的散热器。局部采暖则由火炉（包括火墙、地龙等）、电热器、保温伞、红外线灯等就地产生热能，供给一个或几个畜栏。

（1）水暖系统。以水为热媒，经锅炉加温、加压的热水通过管道循环，输送到舍内的散热器，为家畜提供所需温度。散热器设于畜床地面隔热层和防水层之间、蓄热层中时为地面采暖热垫，散热器挂于壁面为直接加热空气采暖。

（2）热风采暖。利用热源将空气加热，通过管道将加热后的空气送入畜舍。热风采暖系统通常由热源和送风管道构成。热源有电热、燃油和燃气等种类。

（3）局部采暖加热器。形式较多，主要用于猪舍和鸡舍，鸡舍的局部采暖设备主要是育雏伞和育雏笼。猪的局部采暖多用于仔猪的保温，其设备由保温箱和加热器两部分组成。

保温箱通常用水泥、木板或玻璃钢制成。其外形尺寸（长、宽和高）一般为1 000 mm × 600 mm × 600 mm，供一窝仔猪使用。猪场中常用的加热器有远红外加热器、红外线灯和电热保温板等。

2. 畜舍的降温设备

适合畜舍采用的经济有效的降温措施是蒸发降温，即利用水蒸发时吸热的原理来降低空气温度或增加畜体的散热。蒸发降温在干热地区使用效果更好，在湿热地区效果有限。畜牧场常用的蒸发降温设备有湿帘风机降温系统、喷雾降温系统、间歇喷淋降温系统和滴水降温系统。

（1）湿帘（或湿垫）风机降温系统。该系统由湿帘（或湿垫）、风机、循环水路与控制装置组成。具有设备简单、成本低廉、降温效果好、运行经济等特点，比较适合高温、干燥地区。

湿帘风机降温系统是目前最成熟的蒸发降温系统，如图 2—4 所示。

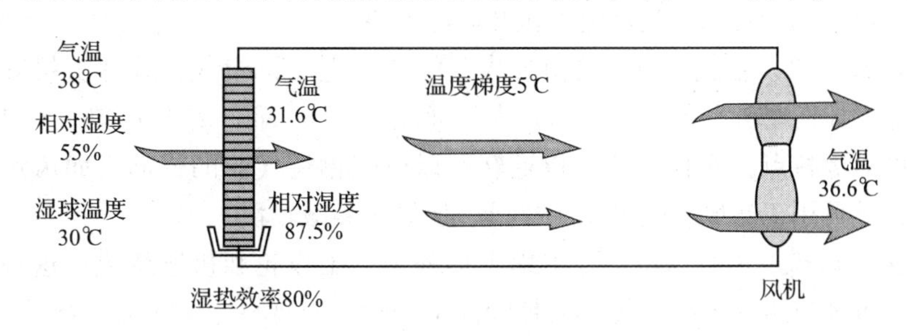

图 2—4　蒸发降温系统

湿帘风机降温系统的工作过程：水泵将水箱中的水经过上水管送至喷水管中，喷水管把水喷向上方的反水板，从反水板上流下的水再经过特制的疏水湿帘确保水均匀地淋湿整个降温湿帘墙，剩余的水经过集水槽和回水管又流回水箱中。湿帘安装在畜舍的进气口上，当空气通过湿帘进入畜舍时，由于湿帘表面水分的蒸发而使进入畜舍的空气温度降低。

（2）喷雾降温系统。如图 2—5 所示，喷雾降温系统用高压水泵通过喷头将水喷成雾滴，雾滴在空气中迅速汽化而吸收舍内热量使舍温降低。常用的喷雾降温系统主要由水箱、水泵、过滤器、喷头、管路及控制装置组成，该系统设备简单，效果显著，但易导致舍内湿度提高。

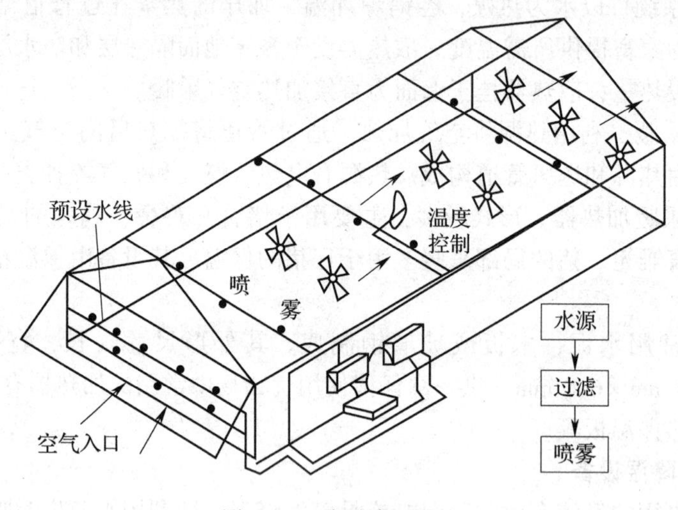

图 2—5　喷雾降温系统

（3）间歇喷淋降温系统。主要用于猪舍和牛舍。喷淋降温就是用喷头将水直接喷在家畜的体表，通过水在皮肤表面的蒸发带走体热，使家畜感到凉爽。该系统由电磁阀、喷头、水管和控制器等组成。

（4）滴水降温系统。主要用于猪舍。滴水降温系统的组成与喷淋降温系统相似，只是将喷头换成滴水器。滴水器应安装在猪只肩颈部上方 30 cm 处。

3. 畜舍的通风设备

畜舍通风所用设备主要是轴流风机和离心风机。

（1）轴流风机。轴流风机主要由外壳、叶片和电动机组成，叶片直接安装在电动机的转轴上。风向与轴平行，具有风量大、耗能少、噪声低、结构简单、安装与维修方便、运行可靠等特点，而且叶片可以逆转，以改变输送气流的方向，而风量和风压不变。因此，既可用于送风，也可用于排风，但风压衰减较快。

（2）离心风机。离心风机主要由蜗牛形外壳、工作轮和机座组成。这种风机工作时，空气从进风口进入风机，旋转的带叶片工作轮形成离心力将其压入外壳，然后再沿着外壳经出风口送入通风管中。离心风机不具逆转性，但产生的压力较大，多用于畜舍热风和冷风输送。

4. 畜舍的清洗、消毒设施

为做好畜牧场的卫生防疫工作，保证家畜健康，畜牧场必须有完善的清洗、消毒设施。这些设施包括人员、车辆的清洗消毒设施和舍内环境的清洗、消毒设施。

畜牧场常用的场内清洗消毒设施有高压清洗机和火焰消毒器。

（1）高压清洗机。可产生 6 ~ 7 MPa 的水压，用于畜牧场内用具、地面、畜栏等的清洗，进水管如与盛消毒液的容器相连，还可进行畜舍的消毒。

（2）火焰消毒器。利用煤油燃烧产生的高温火焰对畜舍设备及建筑物表面进行烧扫，以达到彻底消毒的目的。火焰消毒器的杀菌率可达 97%，一般用药物消毒后再用火焰消毒器消毒，可达到畜牧场防疫的要求，而且消毒后的设备和物体表面干燥。若只用药物消毒，杀菌率一般仅达 84%，达不到规定的必须在 93% 以上的要求。

第三节　家畜的生产阶段管理

- 熟悉家畜体尺测量知识
- 掌握母畜发情、妊娠及临产表现知识
- 掌握挤奶、剪毛及抓绒技能
- 掌握生产记录内容的填写知识

一、家畜体尺测量

体尺即家畜某一部位的长或宽的度量，它不仅能反映机体某一部位和整体的大小，而且能反映各部位及整体的发育情况。经常测量体尺，可以了解各部位及整体的生长发育情况，估计内部器官的发育是否正常良好，从而检验饲养管理等技术措施，制定改进的方案。

1. 测量工具

体尺测量工具主要有测杖、卷尺、磅秤、圆形测定器和测角计。

2. 牛体尺测量

牛体尺的测量位置很多，如图 2—6 所示。究竟需要测定哪些项目，依据测量目的而定。例如，估测牛的活重时只需测量体斜长、体直长和胸围三个部位；为了检查牛在生产条件下的生长发育情况，测量部位可由 5 个（鬐甲高、体斜长、胸围、胸宽、管围）至 8 个（另加尻高、胸深、腰角宽）；而在研究牛的生长发育规律时，测量的部位可大大增多，例如，在牛的育种登记簿上规定的测量部位为 13 ~ 15 个（另加头长、额大宽、背高、十字部高、尻长、髋宽及坐骨端宽）。

（1）牛主要部位测量方法

1）体高。又称鬐甲高，为鬐甲最高点到地面的垂直距离。用测杖测量。

2）体直长。肩甲前缘（肱骨突）与坐骨结节间的水平距离。用测杖测量。

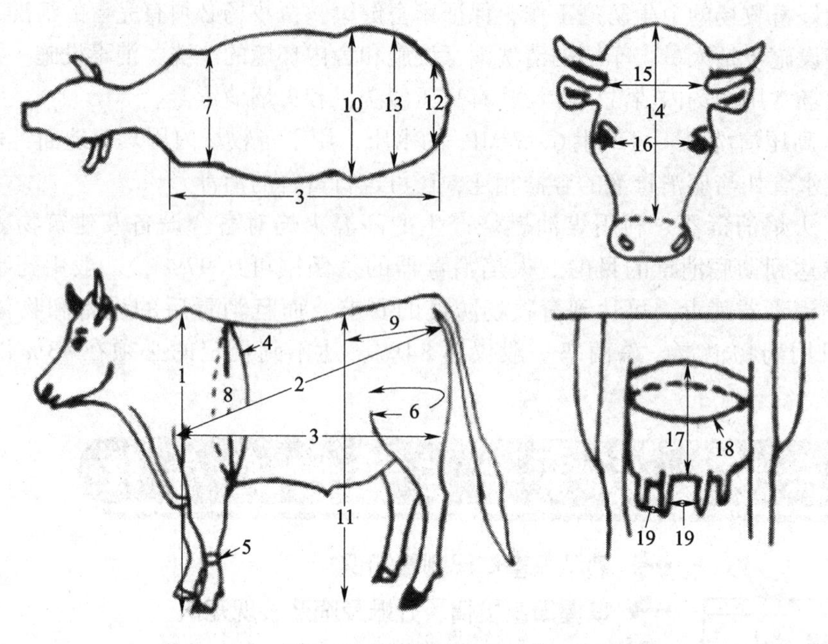

图 2—6 牛体尺测量位置

1—体高 2—体斜长 3—体直长 4—胸围 5—管围 6—后腿围 7—胸深 8—胸宽 9—尻长 10—腰角宽 11—腰高 12—坐骨端宽 13—髋宽 14—头长 15—额角宽 16—额大宽 17—后乳房深 18—乳房围 19—乳头间距

3）体斜长。由肩端（即肱骨突）前端至同侧坐骨结节后缘间的距离。若用于表示家畜体长，则用测杖量取两点间的最短距离；若用来估测家畜的体重，则用卷尺量取，须注明。

4）管围。前肢掌骨上 1/3 处（最细处）的周径。用卷尺测量。

5）胸深。沿着肩胛骨后角，从鬐甲至胸骨间的垂直距离。用测杖或圆形测定器测量。

6）胸宽。沿两肩胛后缘量胸部最宽的距离。用测杖或圆形测定器测量。

7）胸围。肩胛骨后缘处体躯的垂直周径，其松紧度以能插入食指和中指自由滑动为准。用卷尺测定。

8）腰角宽。内腰角外缘间的距离。用测杖或圆形测定器测量。

9）背高。最后一个背椎骨结节垂直到地面的距离。用测杖测量。

10）腰高。又称十字部高，为两腰角连线的中央至地面的垂直距离。用测杖测量。

11）臀端宽。又称坐骨端宽，两坐骨结节外缘间的距离。用圆形测定器测量。

12）臀端高。又称坐骨结节高，即坐骨结节最后隆突至地面的垂直距离。用测杖测量。

13）臀高。又称荐高、尻高，为荐骨最高点到地面的垂直距离。用测杖测量。

14）臀长。又称尻长，为腰角前缘至坐骨结节后缘间的距离。用测杖或圆形测定器测量。

15）髋宽。两臀角外缘的最宽距离。用圆形测定器测量。

16）后腿围。从右臀角外缘处沿水平方向（通过尾的内侧）量到左臀角的外缘。用卷尺测量。

17）头长。由枕骨脊至鼻镜间的距离。用圆形测定器或卷尺测量。

18）额大宽：两眼眶最远点的距离。用圆形测定器或测杖测量。

19）乳房围：乳房最大的周径。用卷尺测量。

20）乳房深度：后乳房基部至后乳头基部的距离。

21）乳头间距：分前后乳头间距和左右乳头间距。

（2）牛的体重估计。无论大、小牛都以直接称重为准。称重时间应在早晨饲喂前进行，为准确起见，可连称2~3天，取其平均数。如限于条件不能直接称重时，可根据体尺测量的有关数据，用公式计算来估计体重。

$$乳用牛体重 = 胸围^2 \times 体斜长 \times 90$$

式中，体重单位为千克（kg），胸围和体斜长单位为米（m）。

$$乳肉兼用牛体重 = 胸围^2 \times 体斜长/11\ 111$$

式中，体重单位为千克（kg），胸围和体斜长单位为厘米（cm）。

3. 羊体称重及体尺测量

羊的体尺和体重都是衡量羊生长发育的主要指标，测定羊体尺和体重是绵山羊育种中一项主要实际技术。体重是检查饲养管理好坏的主要依据，一般在早晨空腹情况下进行称量，测量工具一般多采用地磅，没有地磅的采用移动磅秤。称重的具体项目包括羔羊的初生重、断奶重、周岁羊重等不同生理状态、不同年龄体重。体尺是掌握羊各部位生长发育状况的主要依据，体尺测量用的仪器有测杖、卷尺、圆形测定器等。测量时，助手将被测羊牵引到一个平地并保定被测羊，使其成自然站立状态后进行测定。体尺测定项目要根据育种需要而确定，一般可以包括体高、体斜长、胸围等。体重数据单位为千克，体尺数据单位为厘米。体尺测量除了乳房以外，测定方法同牛体尺。

4. 猪的体尺测量

体重称量一般用来随时掌握猪的生长发育情况。磅秤、电子秤、杆秤等均可使用。应注意称量时不要使猪只受伤。也可以做一个与猪圈门大小一样的铁笼，一面开口，然后放在磅秤上。打开圈门把开口面对准猪圈，在铁笼里放几片菜叶诱导猪自己跑进去，迅速过磅。这样猪不会因受到惊吓而影响生长。大猪无称重条件时可进行估测。

体重估测时首先要量出猪的体长和胸围，具体方法如下。

（1）体长。从两耳根中点连线的中部起，用卷尺沿背脊量到尾根的第一自然轮纹为止，站立姿势正常（四肢直立，领下线与胸下线处于同一水平线），用左手把卷尺端点固定在枕寰关节上，右手拉开卷尺固定在背中线的任何一点，然后左手替换右手所定的位置，而右手再拉紧皮尺直至尾根处，即量出体长。

（2）胸围。在肩胛骨后缘用卷尺测量胸部的垂直周径，松紧度以卷尺自然贴紧毛

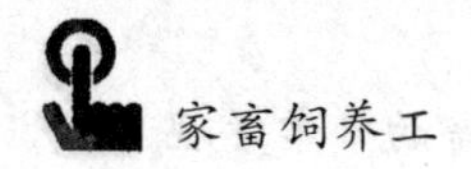

皮为宜。

（3）体重。用胸围测量数值代入公式计算体重。此方法只能测量猪的大概的体重，不能算出精确的体重，数值仅供实际生产参考。

体重（kg）=胸围（cm）×体长（cm）/系数

注：猪营养状况良好的系数用142，营养状况中等的系数用156，营养状况不良的系数用162。

二、母畜发情、妊娠及临产表现

1. 母牛的发情、妊娠及临产

（1）母牛的发情。外部观察法是对母牛进行发情鉴定最常用的一种方法。该方法主要是根据母牛的外部表现来判断其发情程度，确定配种时间。母牛发情时，往往表现不安，时常哞叫，食欲减退，尿频，甩尾，阴道流出透明的条状黏液，明显地黏附在尾上或臀部，最显著的特征是发情母牛爬跨其他母牛。当爬跨即将停止或停止不久，阴门开始收缩时为配种（输精）适期。从行为上看，一般认为，母牛发情开始后11~18 h输精受胎率最高；从黏液上区别：当黏液由稀薄透明转为黏稠微混浊状，且用手指蘸取黏液，当拇指和食指间的黏液可牵拉6~8次不断时即可配种；生产实践通常是母牛早上接受爬跨，下午输精，若次日早晨仍接受爬跨应再输精1次；下午或傍晚接受爬跨，可推迟到次日早晨输精，但应注意个体差异。

（2）母牛的妊娠。外部观察法：母牛配种后，如已妊娠，表现不再发情，行动谨慎，食欲增加，被毛光亮，膘情逐渐转好。经产牛妊娠5个月后腹围增大，泌乳量显著下降，脉搏、呼吸频率增加。妊娠6~7个月时，用听诊器可听到胎儿的心跳，一般母牛的心跳为75~85次，而胎儿的心跳为112~150次。初产母牛到妊娠4~5个月后，乳房、乳头逐渐增大，7~8个月后膨大更加明显。

（3）母牛的临产征兆

1）乳房膨大。产前半个月左右，乳房开始膨大，到产前2~3天，乳房明显膨大，可从前两个乳头挤出淡黄色黏稠的液体，当能挤出乳白色的初乳时，分娩可在1~2天内发生。

2）外阴部肿胀。约在分娩前1周开始，阴唇逐渐肿胀、柔软、皱褶展平。由于封闭子宫颈口的子宫栓溶化，在分娩前1~2天呈透明的索状物从阴道流出，垂于阴门外。

3）骨盆韧带松弛。临产前几天，由于骨盆腔内血管的血流量增多，毛细血管壁扩张，部分血浆渗出血管壁，浸润周围组织，因此骨盆部韧带软化，臀部有塌陷现象。在分娩前1~2天，骨盆韧带已完全软化，尾根两侧肌肉明显塌陷，使骨盆腔在分娩时增大。

4）体温变化。母牛产前1周的体温比正常体温高0.5~1℃，但到分娩前12 h左右，体温又下降0.4~1.2℃。

5）行为发生改变。临产前子宫颈开始扩张，腹部发生阵痛，引起母牛行为发生改变。当母牛表现不安，时起时卧，频频排尿，头向腹部回顾，表明母牛即将分娩。

2. 母羊的发情、妊娠及临产

（1）发情。发情是指母羊在性成熟以后所表现出的一种具有周期性变化的生理现象。母羊在发情时兴奋不安，食欲减退，反刍停止，外阴部及阴道充血、肿胀、松弛，并有黏液排出，主动接近公羊，并强烈地摇动尾部，在公羊爬跨或追逐时站立不动，个别发情母羊甚至会爬跨其他母羊。老年羊发情时表现较明显，青年羊表现不明显，初配母羊甚至拒绝公羊爬跨。山羊发情时性表现明显。

（2）妊娠。绵羊、山羊从受精到分娩这一时期称为怀孕期或妊娠期，约为 150 天左右。

母羊受孕后，在孕激素的制约下发情周期停止，不再有发情征状表现，性情变得较为温顺。同时，甲状腺活动逐渐增强，孕羊的采食量增加，食欲增强，营养状况得到改善，毛色变得光亮、润泽；在生产中，有经验的牧工常用触诊法检测母羊是否妊娠。检查时让母羊自然站立，然后用两只手以抬抱方式在腹壁前后滑动，抬抱的部位是乳房的前上方，用手触摸是否有胚胎胞块，有胚胎胞块说明怀孕；母羊怀孕后，阴道黏膜由空怀时的淡粉红色变为苍白色，但用开膣器打开阴道后，很短时间内即由白色又变成粉红色，空怀母羊黏膜始终为粉红色。孕羊的阴道黏液呈透明状，而且量很少，因此也很浓稠，能在手指间牵成线。相反，如果黏液量多、稀薄、颜色灰白的母羊为未孕；孕羊子宫颈紧闭，色泽苍白，并有糨糊状的黏块堵塞在子宫颈口。

（3）临产。妊娠母羊将发育成熟的胎儿和胎盘从子宫中排出体外的生理过程称为分娩或产羔。

母羊临近分娩时，精神状态显得不安，常站立墙角处，喜欢离群，放牧时易掉队，用蹄刨地，起卧不安，排尿次数增多，不断回顾腹部，食欲减退，停止反刍，不时鸣叫；乳房开始胀大，乳头硬挺并能挤出黄色的初乳；阴门较平时明显肿胀变大，且不紧闭，并不时有浓稠黏液流出；盆韧带变得柔软、松弛，肷窝明显下陷，臀部肌肉也有塌陷。由于韧带松弛，荐骨活动性增大，用手握住尾根向上抬感觉荐骨后端能上下移动。有这些征状表现的母羊应留在产房，不要出牧。

3. 母猪的发情、妊娠及临产

（1）发情。母猪成熟后，卵巢中规律性地进行着卵泡成熟和排卵过程，并有周期性地重演。人们把这次发情排卵到下次发情排卵的这段时间称为性周期或发情周期。猪的发情周期约为 21 天，发情持续期因品种、年龄的差异而有所不同，最长的可达 7 天，最短的只有半天，平均约为 5 天。一个发情周期大致分为四个阶段，即发情前期、发情期、发情后期和休情期。

1）发情前期。这是性周期的开始阶段。此阶段母猪卵巢中的卵泡加速生长，生殖腺体活动加强，分泌物增加，生殖道上皮细胞增生，外阴部肿胀且阴道黏膜由浅红变深红，出现神经症状，如东张西望，早起晚睡，在圈里不安地走来走去，追人追猪，食欲下降。但不接受公猪爬跨。

2）发情期。这是性周期的高潮阶段。发情前期所表现的各种变化更为明显。卵巢中卵泡成熟并排卵。生殖道活动加强，分泌物增加，子宫颈松弛，外阴部肿胀到高峰，充血发红，阴道黏膜颜色呈深红色。追找公猪，精神发呆，站立不动，接受公猪爬跨并允许交配。

3）发情后期。排出的卵细胞未受精，进入发情后期阶段。此时期母猪性欲减退，有时仍走动不安，爬跨其他母猪，但拒绝公猪爬跨和交配，阴户开始紧缩，用手触摸背部有回避反应。

4）休情期。继发情之后，性器官的生理活动处于相对静止期，黄体逐渐萎缩。新的卵泡开始发育，逐步过渡到下一个性周期。

（2）妊娠。妊娠诊断是猪群繁殖工作中的一项重要技术措施，对该项技术的研究和在实践中的应用颇受重视。妊娠诊断的方法主要有外表观察法、仪器诊断法、化学测定法、激素诊断法和活组织检查法五种。初级饲养工要求学会用外表观察法鉴定妊娠。

一般来说，母猪配种后，经过一个发情周期（18～25天）未表现发情或至6周后再观察一次，若仍无发情表现，即说明已经妊娠。其外部表现如下：疲倦，贪睡不想动，性情温顺，动作稳，食量增加，上膘快，皮毛发亮、紧贴身，尾巴下垂很自然，阴户缩成一条线。所以，配种后观察是否重新发情，已成为判断妊娠最简易、最常用的方法。但是，配种后不再发情的母猪并不一定都已妊娠，有的母猪发情有延迟现象；有的母猪卵子受精后，胚胎在发育中早期死亡或被吸收而造成长期不再发情。所以，根据配种后是否发情来判断妊娠会有误差。

（3）临产表现。母猪产前3～5天外阴红肿松弛呈紫红色，有黏液流出，尾根两侧下陷；乳房胀大，光泽发红、发亮（初产母猪尤其明显），两侧乳头粗长，外伸明显呈八字形，产前一两天，前面的乳头能挤出乳汁，最后一对乳头能挤出浓稠乳汁时，母猪将在2 h左右分娩。

母猪产前6～12 h，常出现叼草作窝现象，无草可叼窝时，也会用嘴拱地，前蹄扒地呈作窝状，母猪紧张不安，时起时卧，突然停食，频频排粪尿，且量少，当阴部流出稀薄的带血黏液时，说明母猪已“破水”，即将在0.5 h产仔。在生产实践中，常以母猪叼草作窝，最后一对乳头挤出浓稠的乳汁并呈喷射状射出作为判断母猪即将产仔的主要征状。

三、挤奶技术

1. 奶牛挤奶技术

挤奶分为手工挤奶和机器挤奶两种，采用手工挤奶或机械挤奶哪种方式为好不能轻易下结论。如果劳动力比较便宜，或者农场比较小，采用手工挤奶是比较适宜的。

（1）手工挤奶。手工挤奶也叫人工挤奶，就是在牛舍内工人以热水洗牛乳房后立即用手在5 min内挤尽4个乳区的牛乳。人工挤奶效率低，工人劳动强度大，容易对牛奶造成污染，优点是容易发现乳房的异常情况并及时处理。在产房中初乳的挤出仍要使用手工挤奶，同时在牧区牧户或奶牛养殖头数较少的农户可采用手工挤奶。

1）手工挤奶方法。手工挤奶有两种方法，即拳握法和滑榨法。

①拳握法。先用拇指与食指握紧乳头上端，使乳头乳池中的奶不能向上回流，然后中指、无名指和小指顺序依次握紧乳头，使乳头乳池中的乳由乳头孔排出，如图2—7所示。适用于乳头较长的奶牛。

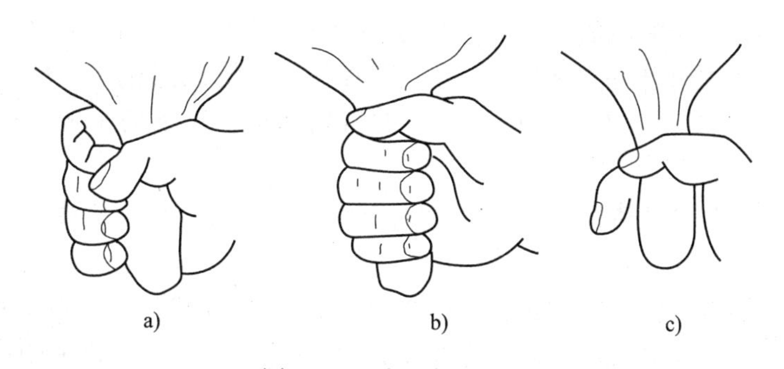

图 2—7　手工挤奶手法

a）正确的手法　b）理想的手法　c）不好的手法

②滑榨法。先用拇指、食指和中指捏紧乳头基部，然后向下滑动，使乳头乳池中的奶由乳头孔排出。适用于乳头较短的母牛。滑榨法易对乳头皮肤造成伤害，因此，如果乳头长度允许应尽量用拳握法挤奶。

2）手工挤奶过程

①手工挤奶时，把牛的后腿捆住，否则奶桶很可能被牛踢翻，另外，奶桶一定要夹在挤奶员的两腿之间。通常工人坐在一个特制的挤奶凳上坐在牛的右侧。避免用头或肩碰牛的肋腹，预防桶里掉进污物和毛发等。

②仔细清洗乳房，检查头把奶。

③当前乳区的奶将全部挤空时，挤奶工就应开始挤后乳区的奶。当 4 个乳区都挤空到相同程度时，就应回过头来再挤前两个乳区，有时用特殊手法用拇指和食指将乳房中的奶挤压下来，挤出最后部分奶，然后，以相同的方式再挤两个后乳区。

④在接近挤完奶时再次按摩乳房，然后将奶挤净，最后将乳头擦干，药浴乳头（挤完奶后 45 s 内进行最为适宜，以浸入半个以上的乳头为好。药液现配现用，用后弃掉。药浴主要药品为 0.50% ~1% 碘伏或 4% 次氯酸钠，0.30% ~0.50% 洗必泰，0.20% 过氧乙酸）。

（2）机器挤奶。机器挤奶大幅度地提高了劳动效率，改善了奶品的卫生状况，降低了工人的劳动强度。挤奶机的操作过程如下：

1）打开电闸，接通电源，使电动机转动。调节真空压力表，脉动器的搏动频率一般调到 50 ~60 次/min。

2）挤奶前先以热水（50 ~55℃）擦洗和按摩乳房。

3）先从每个乳区挤出头 3 把奶置于黑色的检查平板或带滤网的黑色检查板上，检查是否有奶块，并观察奶颜色的变化，判断该乳区的健康状况。

4）当排乳反射形成后，要尽快套上奶杯实施挤奶（要求从挤头 3 把奶到套奶杯在 1 min 内完成），套杯的顺序是从左手对面的乳区（后乳区）开始顺时针方向依次套杯。

5）在挤奶过程中，可通过挤乳器上的透明玻璃管观察乳流情况，如无乳流通过时，关闭通往奶爪的真空。

6）轻轻取下挤奶杯，卸下奶杯后应立即用药液浸乳头。清洗、消毒挤奶杯，为下一头牛挤奶。全部挤奶完成后，将所有的奶杯组装在清洗托上，将奶水分离器上的清洗开关及自动排水开关打开（严格按产品说明书操作），进行清洗操作。

（3）挤奶注意事项。不论采用什么样的挤奶方法，以下的一般规律应遵守和注意。

1）挤奶人员必须身体健康，搞好个人卫生，工作服要干净，手要洗净，剪好指甲，以免对奶造成污染，对乳房造成损伤。

2）挤奶要定时、定人、定环境，使母牛形成良好的条件反射。挤奶是牛和挤奶员相互配合的工作，挤奶环境要安静，操作要温和，善待奶牛；否则影响排乳反射。

3）挤奶环境要清洁，挤奶前牛体特别是后躯要清洁，以免对奶造成污染。

4）挤奶前应用温水擦洗乳房，使乳房受到按摩和刺激，引起排乳反射。

5）挤奶时第1～3把奶中含细菌较多，要弃去不要，对于病牛、使用药物治疗的牛、患乳房炎的牛的牛奶不能作为商品奶出售，不能与正常奶混合。

6）尽量轻轻地拉动乳头，使奶流量快而均匀，使牛产生舒适感。

7）挤奶时密切注意乳房情况，及时发现乳房和牛奶的异常。

8）迅速进行挤奶，中途不要停顿，争取在排乳反射结束前将奶挤完。

9）在接近挤奶完成时再次按摩乳房，然后将奶挤净，最后将乳头擦干。

10）挤奶机械应注意保持良好的工作状态，管道及盛奶器具应认真清洗、消毒。

2. 奶山羊挤奶技术

（1）手工挤奶。手工挤奶方法有双手拳握式（挤压法）和滑榨法，以双手拳握式为佳。

1）挤奶前准备工作。产后第一次挤奶要洗净母羊后躯的血痂、污垢，剪去乳房上的长毛。挤奶时要用45～50℃的温热毛巾擦洗乳房，然后将毛巾拧干再进行擦干。随后进行按摩乳房。

挤奶前充分按摩乳房，给予适当的刺激，可促使母羊迅速排乳。

按摩的方法有三种：一是用两手托住乳房，左右对揉，由上而下依次进行，每次揉3～4遍；二是用手指捻转刺激乳头，时间不超过1 min，刺激不要过度，以免造成疼痛；三是顶撞按摩法，即模仿羔羊吃奶顶撞乳房的动作，两手松握两个乳头基部，向上顶撞2～3次，然后挤奶。这三种按摩方法可依次连续进行，但一般不要超过3 min；否则将会错过最适宜的挤奶时间，引起不良后果，如产奶量减少等。

2）挤奶方法

①双手拳握式。又称挤压法，是广泛采用的一种人工挤奶方法。是先用拇指和食指合拢卡住乳头基部，堵住乳头腔与乳池间的孔，以防乳汁回流，位置不动，然后轻巧而有力地依次将中指、无名指、小指向手心收压，促使乳汁排出。每握紧挤一次奶后，拇指和食指立即放松，然后再重新握紧，如此有节律地一握一松反复进行。

②滑榨法。对于个别乳头短小、无法挤压的，可采用滑榨法，即用拇指和食指捏住乳头，由上向下滑动，挤出乳汁。

挤奶时两手同时握住两个乳头，一挤一松，交替进行。动作要轻巧、敏捷、准确，用力均匀，使羊感到轻松。每天挤奶2～3次为宜，挤奶速度为80～120次/min。

3）挤奶时的注意事项

①挤奶前必须把羊床、羊体和挤奶室打扫干净。尤其是乳头和乳房必须清洗和擦拭干净。挤奶和盛奶容器必须严格清洗、消毒。挤奶室要保持安静，严禁打骂羊只。

②人工挤奶时，挤奶员应健康无病，勤剪指甲，洗净双手，工作服和挤奶用具必须经常保持干净。挤奶桶最好是带盖的小桶。

③乳房接受刺激后的45 s左右，脑垂体即分泌催产素，该激素的作用仅能持续5～6 min，所以，擦洗乳房后应立即挤奶，不得拖延。

④每次挤奶时应将最先挤出的一把奶弃去，以减少细菌含量，保证鲜奶质量。

⑤严格执行挤奶时间与挤奶程序，以形成良好的条件反射。

⑥患乳房炎或有病的羊最后挤奶，其乳汁不可食用，擦洗乳房的毛巾与健康羊不可混用。

⑦检查乳房。挤奶时应细心检查乳房情况，如果发现乳头干裂、破伤或乳房发炎、红肿、热痛，奶中混有血丝或絮状物时，应及时治疗。为防止乳房炎，每次挤完奶后可选用消毒液（1%碘液、0.5%～1%洗必泰或4%次氯酸钠等溶液）浸泡乳头。

（2）机器挤奶。在大型奶山羊场，为了节省劳力，提高工作效率，主要采用机械化挤奶。

机器挤奶操作流程一般为定时挤奶（羊只进入清洁而安静的挤奶台）；冲洗并擦干乳房；检查乳汁；戴好挤奶杯并开始挤奶（擦洗后1 min内）；按摩乳房并给集乳器上施加一些张力；乳房萎缩，奶流停止时轻巧而迅速地取掉乳杯；用消毒液浸泡乳头，放出挤完奶的羊只，清洗用具及挤奶间。

机器挤奶时每天挤奶次数、注意事项同人工挤奶相似。此外，在机械挤奶时奶杯要妥帖地套在乳头上，防止空气吸入及奶杯上涌。同时，调准奶杯位置，使奶杯均匀分布在乳房底部，并略微前倾，可用挂钩来校正奶杯位置。下奶最慢乳区的羊奶挤完后，及时移去奶杯。

四、家畜生产记录内容及填写

1. 记录内容

家畜生产必须记录，记录是安排工作日程和制订计划的依据，也可以评价管理工作。记录内容包括系谱记录、生产记录、繁殖记录等。

（1）系谱记录。家畜一出生就开始记录，内容包括个体编号、性别、出生重、出生日期、父本号、母本号。在系谱卡上还有毛色和父本、母本的生产性能（体重和体尺，奶牛有产奶量、乳脂率、胎次）和等级。

（2）生产记录。生产记录包括增重、饲料消耗、产奶量、销售、死亡记录等，制定相应的记录表格。

（3）繁殖记录。繁殖记录包括配种、产羔（仔）、妊娠检查、预产期记录等，各场根据自己的情况制定记录表格。

2. 生产记录表的填写

（1）生产记录表（按变动记录）

1）圈舍号。填写家畜饲养的圈、舍、栏的编号或名称。不分圈、舍、栏的此栏不填。

2）时间。填写出生、调入、调出和死淘的时间。

3）变动情况（数量）。填写出生、调入、调出和死淘的数量。调入的需要在备注栏注明动物检疫合格证编号，并将检疫证明原件粘贴在记录背面。调出的需要在备注栏注明详细的去向。死亡的需要在备注栏注明死亡和淘汰原因。奶牛场“出生”一栏填写产奶量（千克），备注栏填写奶价。

4）存栏数。填写存栏总量，为上次存栏数和变动数量之和。此表按变动记录，无变动不需要按日填写。

（2）消毒记录表

1）时间。填写实施消毒时间。

2）消毒场所。填写圈舍、人员出入通道和附属设施等场所。

3）消毒药名称。填写消毒药的化学名称。

4）用药剂量。填写消毒药的使用量和使用浓度。

5）消毒方法。填写熏蒸、喷洒、浸泡、焚烧等。

（3）免疫记录表

1）时间。填写实施免疫的时间。

2）圈舍号。填写动物饲养的圈、舍、栏的编号或名称。不分圈、舍、栏的此栏不填。

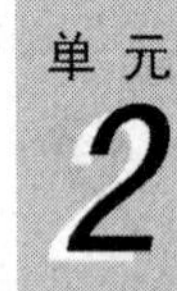

3）批号。填写疫苗的批号。

4）数量。填写同批次免疫家畜的数量，单位为头、只。

5）免疫方法。填写免疫的具体方法，如喷雾、饮水、滴鼻、点眼、注射部位等方法。

6）备注。记录本次免疫中未免疫动物的耳标号。

（4）诊疗记录表

1）家畜标识编码。填写15位家畜标识编码中的标识顺序号，按批次统一填写。猪、牛、羊以外的家畜养殖场此栏不填。

2）圈舍号。填写动物饲养的圈、舍、栏的编号或名称。不分圈、舍、栏的此栏不填。

3）诊疗人员。填写做出诊断结果的单位，如××动物疫病预防控制中心。执业兽医填写执业兽医姓名。

4）用药名称。填写使用药物的名称。

5）用药方法。填写药物使用的具体方法，如口服、肌肉注射、静脉注射等。

（5）防疫检测记录表

1）圈舍号。

2）检测项目。填写具体的内容，如布氏杆菌病检测、口蹄疫免疫抗体检测。

3）检测单位。填写实施检测的单位名称，如××动物疫病预防控制中心。企业自行检测的填写自检。企业委托社会检测机构检测的填写受委托机构名称。

4）检测结果。填写具体的检测结果，如阴性、阳性、抗体效价数等。

5）处理情况。填写针对检测结果对家畜采取的处理方法。如针对结核病检测阳性牛的处理情况，可填写为对阳性牛全部予以扑杀。针对抗体效价低于正常保护水平的，可填写为对家畜进行重新免疫。

（6）病死家畜无害化处理记录表

1）日期。填写病死家畜无害化处理的日期。

2）数量。填写同批次处理的病死家畜的数量，单位为头、只。

3）处理和死亡原因。填写实施无害化处理的原因，如染疫、正常死亡、死亡原因不明等。

4）填写15位家畜标识编码中的标识顺序号，按批次统一填写。猪、牛、羊以外的家畜养殖场此栏不填。

5）处理方法。填写国家标准《畜禽病害肉尸及其产品无害化处理规程》（GB 165448—1996）规定的无害化处理方法。

6）处理单位。委托无害化处理场实施无害化处理的填写处理单位名称，由本场实施无害化处理的由实施无害化处理的人员签字。

3. 牛的生产记录内容

（1）育种与繁殖记录。奶牛谱系记录；奶牛配种日志；奶牛繁殖和产犊记录。

（2）奶牛进场和出场记录

1）奶牛死亡、淘汰、出售记录。

2）牛群异动台账。

（3）饲料、兽药使用记录

1）饲料入库和使用记录。

2）疾病和处方记录。

3）兽药使用和休药期记录。

（4）防疫与保健记录

1）奶牛检测和疫苗注射记录。

2）隐性乳房炎监测记录。

3）奶牛产后监控卡。

4）牛场消毒记录。

（5）生鲜牛乳生产和收购记录

1）挤奶设备保养及维修记录。

2）生鲜牛乳生产记录。

3）生鲜牛乳检测记录。

4）生鲜牛乳贮存记录。

5）挤奶、贮存、运输等设施和设备清洗、消毒记录。

6）生鲜牛乳运输与销售记录。

4. 羊的生产记录与整理

羊的生产记录的种类较多，如羊群变动记录、疫病防控记录、生长发育记录、剪毛量（抓绒）记录、羊配种记录、羊产羔记录、羊群补饲饲料消耗记录、种羊卡片、个体鉴定记录、种公羊精液品质检查及利用记录等。不同性质的羊场、不同羊群、不同生产目的的记录资料不尽相同。具体操作时，应根据具体生产情况、生产需要灵活调整，可以增加部分项目，也可以减少一些项目，但生产记录应力求准确、全面，并及时整理和分析。

5. 猪的生产记录

常见生产记录表格有免疫记录表、生产周报表、配种记录表、饲养管理记录表、饲料购入记录表、饲料月报表、药品领用记录表、药品月报表等。

（1）免疫记录表。包括圈舍号、免疫日期、猪只种类、疫苗种类、批号、产地、使用剂量、使用方法、免疫头数及免疫技术员等。

（2）生产周报表。包括转入、转出、出售、死亡、配种、返情、淘汰、流产、存栏等指标。

（3）配种记录表。包括母畜耳号、与配公畜耳号、配种日期、预产期、妊娠诊断日期、返情日期、配种员等。

（4）饲养管理记录表。包括日期、圈舍号、饲养员、种类、数量、转入及转出、耗料、药费、饲养员等。

（5）饲料购入记录表。包括日期、名称、规格、数量、生产日期、生产批号、生产厂家、收货人等。

（6）饲料月报表。包括饲料名称、上月库存、购入量、本月库存、本月消耗量。

（7）药品领用记录表。包括领用时间、药品名称、数量、领用人、负责人。

（8）药品月报表。包括药品名称、上月库存量、本月购入量、本月消耗量。

第四节 家畜产品的鉴定及分级保管

→ 掌握鲜乳的卫生知识
→ 掌握羊毛、羊绒分级保管知识

一、乳品的感官鉴定

1. 牛奶的感官鉴定

正常牛乳呈乳白色或稍带微黄色，其组织状态呈均匀的胶态液体，无沉淀，无凝块，无肉眼可见杂质和其他异物。滋味和气味具有新鲜牛乳固有的香味，无其他异味。

2. 生鲜奶储存方法

（1）过滤。刚挤下的牛奶必须用多层（3～4层）纱布或过滤器进行过滤，以除去牛奶中的污物及减少细菌数目。纱布或过滤器（滤纸为一次性）每次用后应立即清洗、消毒，干燥后存放备用。

（2）冷却。奶牛的体温为39℃，新挤出的牛奶经传送到达收集桶时的温度比奶牛体温大约低了3℃。为有效抑制微生物的繁殖速度，延长牛奶保存时间，过滤后的牛奶需快速冷却到4.4℃以下。常用方法有水池冷却法、冷排法、热交换器冷却法、制冷式奶罐冷却法。

（3）运输。包括奶桶运输和奶罐车运输。

3. 羊奶的感官鉴定

新鲜羊奶是呈乳白色的均匀胶态流体，具有羊奶固有的香味，味道浓厚、油香，如色泽异常，呈红色、绿色或明显黄色，有粪尿味、霉味、臭味等，不得食用；新鲜羊奶应无沉淀、无凝块、无杂质，否则为不新鲜或不清洁乳。山羊奶含有一种特殊的气味——膻味，在通常情况下不易闻出，一般在加热或饮用时可感觉出来，在持续保存后会更加强烈。

二、羊毛和羊绒的分级保管

1. 羊毛的分级

各类羊毛的技术要求见表2—1。

表2—1　　各类羊毛的技术要求

执行标准	羊毛分类	技术要求
国家标准试行	国产细毛羊	（1）品质特征及油汗与一等相同，细度在60支以上，长度在80 cm及以上的细毛羊，其品质比差为124%。单独包装 （2）周岁羊（第一次剪毛）细羊毛，毛丛顶部发干，顶端有锥形毛嘴，羊毛细度、长度的均匀度较差，允许有死毛。种公羊的羊毛细度允许不粗于58支 （3）细羊毛按长度分等，须有60%及以上符合本等级规定 （4）年剪毛两次的地区，细羊毛长度不足4 cm的与秋毛、伏毛均按标准级的50%以下计价。在西南三省按标准级的40%以下计价，具体价格由省、自治区自定 （5）细羊毛的头毛、腿毛、尾毛不分等级，单独包装。按标准级的40%计价
国家标准试行	改良细毛羊	一等：全部为自然白色，改良形态明显的基本同质毛。毛丛主要由细绒毛和少量粗绒毛或两型毛组成。羊毛细度和长度的均匀程度以及弯曲、油汗、外观形态均比细羊毛差。毛丛较开张，顶端有小毛嘴，允许含有微量干毛、死毛。符合上述要求和实物标准的羊毛应占套毛面积或散毛质量的70%及以上。品质比差为100% 二等：由带毛辫和不带毛辫的白色异质毛构成。较细的毛丛由绒毛、两型毛和少量的粗毛组成，毛丛中有交叉毛和少量干毛、死毛；较粗的毛丛由绒毛、两型毛、粗毛组成，干毛、死毛较多。外观上已具有明显的改良特征，但仍未脱离土种毛的形态，与土种毛比较，绒毛和两型毛比例增加，油汗增多。符合上述要求和实物标准的羊毛应占套毛面积或散毛质量的30%以上。品质比差为91%

续表

执行标准	羊毛分类	技 术 要 求
国家标准 试行	国产 半细毛羊	（1）品质特征、细度和油汗与一等相同，长度在 10 cm 及以上的单位统一半细羊毛，其品质比差为 124%。单独包装 （2）羊毛细度低于 46 支的同质纯种羊毛，暂按此标准分等，周岁（第一次剪毛）半细毛羊，毛嘴顶部发干，顶端有圆锥形毛嘴。羊毛细度、长度的均匀度较差，允许有胎毛 （3）半细毛按长度分等，须有 60% 及以上符合本等级规定 （4）年剪两次毛的地区，半细毛的长度不足 4 cm 的与秋毛、伏毛均按标准级的 50% 以下计价，西南三省按标准级的 40% 以下计价，具体价格由省、自治区自定 （5）半细毛的头毛、腿毛、尾毛不分等级，单独包装，按标准级的 40% 计价
国家标准 试行	改良 半细羊毛	一等：全部为自然白色，改良形态明显的基本同质毛。毛丛主要由粗绒毛和两型毛组成。在细度和长度的均匀度上以及弯曲、油汗、外观形态比半细毛差。允许含有微量干毛、死毛。符合上述要求和实物标准的羊毛应占套毛面积和散毛质量的 70% 及以上。品质比差为 100% 二等：具有改良特征的白色异质毛。较细的毛丛由粗绒毛、两型毛和部分粗毛所组成，毛丛顶部呈毛辫状，含有少量干毛、死毛；较粗的毛丛由粗绒毛、两型毛、粗毛所组成，干毛、死较多，毛丛顶部呈长毛辫，与土种毛相比，毛丛基部绒毛较多，油汗有所增加，在毛丛底部出现不太明显的弯曲。符合上述要求和实物标准的羊毛应占套毛面积或散毛质量的 30% 以上。品质比差为 91% 其他一些规定与改良细羊毛同

2. 山羊绒的分类分级

（1）品质要求。以手抖净货为标准，白、青、紫三色绒分开。白绒为纯白色绒毛，青绒为白绒里带有色毛，紫绒为深紫或浅紫。

（2）等级规格

1）一等。纤维细长，色泽光亮，手感柔软，可带少量活皮肤，含绒量为 80%，含短散毛 20%。

2）二等。纤维粗短，光泽差，含绒量和短散毛各占 50%，或带有块状活皮肤和不易分开的薄膘、短绒、高皮绒。

（3）等级比差。一等为 100%，二等为 85%。

（4）品种比差。活羊抓绒为 100%，活羊拔绒为 90%，牛皮抓绒为 80%，熟皮抓绒、灰退绒、干退绒为 50%，套毛为 70% 以下，按质计价。

（5）色泽比差。紫绒为 100%，青绒为 110%，白绒为 120%。

注意：①一、二等绒内所含的短散毛如超过规定含量的，其超过部分按杂质论；②对于含皮肤较多而质量仍够一等标准的绒，收购时应酌情扣分，不予降等。

山羊毛由于经济价值低，故分级标准也很简单，主要按毛色和长度划分等级。

3. 羊毛和羊绒的保管

羊毛和羊绒富有弹性，剪毛或抓绒之后要进行分级、打包入库。包装须以便于管理、储存和运输，且保证其品质不受影响为原则。包装须使用通风、透气的材料，严禁使用草袋或丙纶袋，以免混入杂质。有条件的地方应采取机器打包，以便缩小体积，利于运输和保管。如人工打包时，也要尽力压实、包严。打好的毛、绒包，在其一端或一侧加上标签，注明产品名称、产地、颜色、型号等级、毛重、净重、包号、交货单位等。标志的字迹须醒目、清晰、持久。

羊毛和羊绒的剪毛、分级、包装、检验、贮存和运输条件等都是影响羊毛质量的重要因素。羊毛和羊绒易受到霉变、虫蛾的侵袭，造成变质和损害，因此在保管时要十分注意。羊绒和羊毛不宜露天存放，必须在干燥、通风的库房内储存，羊毛、羊绒包不得与地面直接接触，不得被污染，不可排列太紧，以便空气流通。潮湿羊毛必须单独包装并及时晾晒。入库羊绒和羊毛必须保持干燥，暂时露天存放的必须严密苫盖，并用楞木垫高。

羊绒和羊毛存放地都要保持清洁，要及时清除石灰、碱、化肥等对羊毛和羊绒有害的物品，更不要与有害物品一起存放；定期检查仓库建筑，发现损坏要及时修缮，以防因漏雨淋湿羊毛，万一受到雨淋时，必须尽快拆包晾晒，以免变质；经常检查羊绒和羊毛的情况，发现温度、湿度增高时，应立即开包晾晒；要定期喷洒杀虫剂，以防生虫；对已生虫的羊绒和羊毛应立即隔离存放，并开包剔除被衣蛾、虫蚀的羊毛和羊绒，喷洒药剂。

单元测试题

一、名词解释

1. 体斜长 2. 胸围 3. 人工哺乳 4. 初乳

二、填空题（请将正确答案填在横线空白处）

1. 羊舍里的有害气体主要有________、________、________、一氧化碳、甲烷等。

2. 影响猪生长和健康的重要环境因素为__________、__________、__________、________、有害气体浓度、灰尘浓度。

3. 畜舍环境控制设备包括________、________、________、________。

4. 手工挤奶方法分为________和________。

5. 猪的发情周期约为________天。

6. 畜舍顶棚的主要功能为________和________。

7. 猪舍的适宜温度为________，羊舍的适宜温度为________。

三、简答题

1. 简述奶牛挤奶注意事项。

2. 简述母牛的临产征兆。

3. 简述哺乳仔猪的管理要点。

4. 简述生鲜乳的储存方法。

单元测试题答案

一、名词解释（略）

二、填空题

1. 氨　硫化氢　二氧化碳
2. 温度　湿度　风速　有害微生物浓度
3. 采暖设备　降温设备　通风设备　清洗消毒设备
4. 拳握式(挤压法)　滑榨法
5. 21
6. 冬季保温　夏季防热
7. 20～23℃　10～20℃

三、简答题（略）

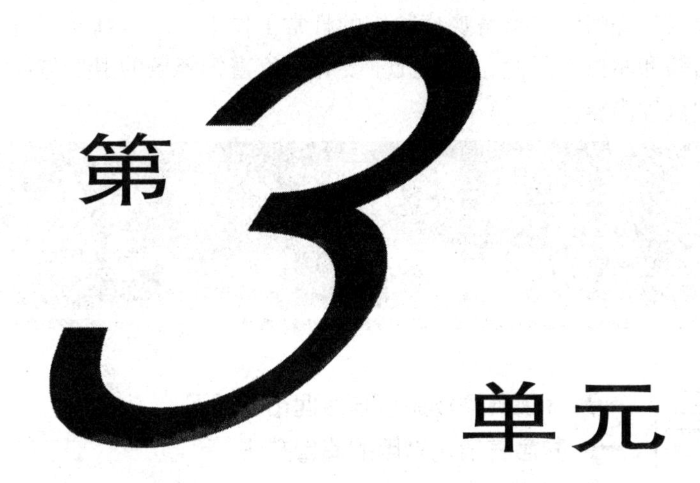

家畜疫病防治

随着现代养殖业的发展，养殖规模化、集约化程度不断提高，家畜疫病防控技术已成为高效养殖家畜成败的关键。只有坚持预防为主的方针，搞好环境卫生，做好防疫检疫工作，坚持定期驱虫等多项综合性防治措施，才能健全家畜疾病防控体系，有效防控疾病。消毒是贯彻“预防为主”方针的一项重要措施，养殖场如何进行日常消毒？随着养殖业规模化、工厂化的发展，大量家畜粪便及废弃物增加而集中，如何科学、合理处理及利用畜粪及废弃物？在家畜疾病防控的日常工作中，如何判断家畜是否发病？如何进行投药、给药和驱虫？因此，本单元主要介绍家畜饲养场的卫生与消毒、疫病的诊断以及给药和驱虫等内容。

第一节 家畜养殖场的建筑布局及环境控制

→ 了解养殖场建筑与合理布局知识
→ 熟悉养殖场常用的消毒方法
→ 掌握养殖场废弃物处理方法

一、养殖场场址的选择

养殖场选择场址时，首先要根据国家畜牧生产管理部门出台的畜牧业区划，结合当地的资源条件以及将要饲养的家畜品种特点进行全面考虑，在可持续发展畜牧业和生态农业的前提下进行选址，理想的养殖场选址不仅关系到场区小气候状况、兽医防疫要求，也关系到养殖场的生产经营以及养殖场和周围环境的关系。如有几处场地可供选择，应反复比较再做出决定。选择场址要考虑自然条件。

1. 地势

地势是指养殖场的高低起伏状况。养殖场要求地势高且干燥，高出历史洪水线，最好有2%～3%的缓坡，排水良好，但坡度不能超过25%。地下水位应在2 m以下。在低洼潮湿地建场不利于家畜的体热调节和肢蹄健康，而有利于病原微生物和寄生虫的生存，造成畜禽频繁发病，并严重影响建筑物的使用寿命。在山区建场，宜选择在南向阳面坡地，能避免冬季北风的侵袭。

2. 地形

地形是指场地形状、大小和地物（如场地上的房屋、树木、河流、沟坎等）。要求地形开阔、整齐，地形整齐便于合理布置养殖场建筑物和各种设施，并有利于充分利用场地。地形狭长，建筑物布局势必拉大距离，使道路、管线加长，并给场内运输和管理造成不便。地形不规则或边角太多，则会使建筑物布局凌乱，且边角部分无法利用。

二、养殖场场地规划和建筑物布局

1. 养殖场的场地规划

在选定的场地上，根据地形、地势和当地主风向，规划不同功能、建筑区，进行人流、物流、道路、绿化等设置，即为场地规划，如图3—1所示。根据场地规划方案和工艺设计要求，合理安排每栋建筑物及每种设施的位置和朝向，称为建筑物布局。养殖场的功能分区是否合理，各区建筑物布置是否得当，不仅直接影响基建投资、经营管理、生产的组织、生产效率和经济效益，而且影响场区小气候状况和兽医卫生水平。

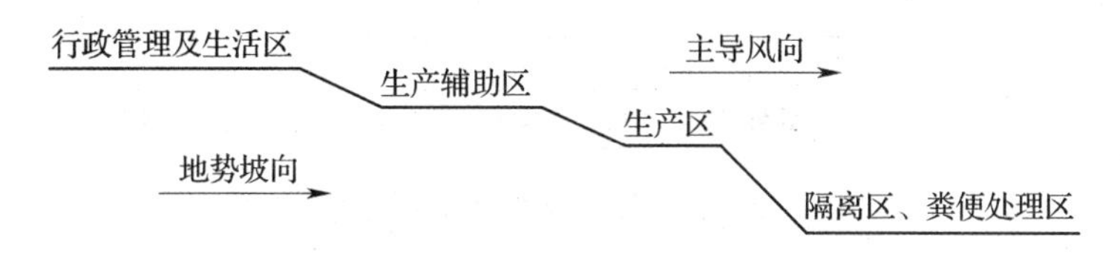

图3—1 按地势、风向分区规划

养殖场场区规划应根据生产功能一般分为行政管理及生活区、生产辅助区、生产区、隔离区及粪便处理区。分区规划时，首先应该考虑人的工作和生活集中场所的环境保护，使其尽量不受饲料粉尘、粪便气味和其他废物的污染，其次注意畜禽群的防疫卫生，尽量杜绝污染源对生产畜禽群环境污染的可能性。不同分区之间还应有一定隔离设施。养殖场各分区规划应按地势和风向安排。

（1）行政管理及生活区。职工生活区应占全场的上风向和地势较高的地段。行政管理区包括各种办公室、接待室、会议室、资料室、职工宿舍、值班室、传达室、更衣消毒间及围墙大门等，是行政办公和生产管理及生活的必要设施，因行政办公室主要用于牧场经营管理和对外联系，应设在与外界联系方便、靠近大门内侧的位置。

（2）生产辅助区。主要由饲料库或饲料加工间、成品库、车库、配电室、发电机房、水塔、锅炉等设施组成。

（3）生产区。是养殖场的核心，包括各种畜舍。规模化经营的牧场应划分种畜、幼畜、商品畜等畜舍，并应将价值较高和抗病力较弱的种畜、幼畜放在生产区上风向。同时，生产区还要根据家畜的特点设置人工授精室、挤奶间等。

（4）隔离区。此区是养殖场病畜、废弃物处理区域。包括病畜隔离舍、尸体剖检和处理设施、粪污处理及储存设施等，是卫生防疫和环境保护工作的重点，应设在全场下风处和地势最低处。隔离区的粪尿污物出场时宜单独设道路；生产区通往隔离区也有专用的通道。

2. 建筑物的合理布局（见图3—2）

在确定了养殖场的功能分区后，建筑物的合理布局可以根据确定的生产工艺、生产环节在各区和区内建筑之间建立最佳生产联系。

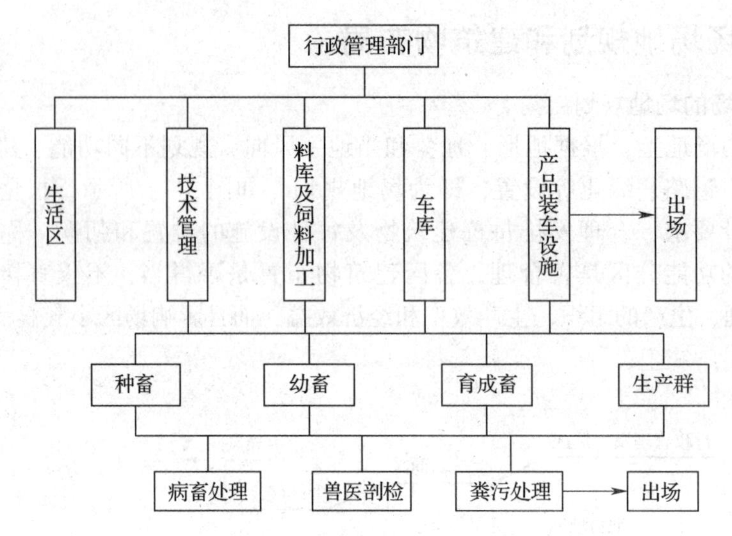

图 3—2　养殖场建筑和设计的功能关系

养殖场建筑布局要根据现场条件，因地制宜地合理安排。一般来说，畜舍应平行整齐排列，四栋以内宜呈单列布置，单列布置使场区的净道、污道明确，适合小规模养殖场。超过四栋时呈双列布置或多列布置，双列式净道居中，污道在畜舍两边。多列式净道、污道可以净道—污道—净道—污道的形式设置。

三、消毒的种类及方法

1. 消毒的种类

（1）预防性消毒。是指尚未发生动物疫病时，结合日常饲养管理工作对圈舍场地、用具和饮水等进行定期消毒，以达到预防一般传染病的目的。

（2）疫源地消毒。是指对存在或曾经存在传染病传染源的场舍、用具、场地和饮水等进行的消毒。其目的是杀灭或清除传染源。疫源地消毒又分为以下两种：

1）即时消毒。在发生传染病时，为了及时消灭刚从病畜、禽体内排出的病原体（细菌、病毒），而对患传染病的圈舍、用具等采取的消毒措施。

2）终末消毒。是指在病畜、禽解除隔离、痊愈或死亡后，为了消灭疫区内可能残留的病原体所进行的全面、彻底的大消毒。

2. 消毒的方法

（1）物理消毒法。是指使用物理因素杀灭或清除病原微生物及其他有害微生物的方法。常用的物理消毒法有火焰的灼烧和烘烤、煮沸消毒、蒸汽消毒、机械消毒等。在实际工作中，生产器皿（如手术器械、输精器械等）常采用煮沸或蒸汽消毒，一些入口更衣室用紫外线灯对进场人员进行 5 min 消毒。

（2）化学消毒法。是指使用化学消毒剂进行消毒的方法。理想的化学消毒剂应具备的条件包括：杀菌谱广，有效浓度低；作用速度快，性质稳定；易溶于水，可在低温下使用；不易受有机物、酸碱及其他物理、化学因素的影响，对物品无腐蚀性；无色、无味、无臭，消毒后易于除去残留药物；毒性低，不易燃烧、爆炸；使用无危险性；价廉和使用方便。化学消毒药物主要包括醇类、酚类、醛类、醚类、酸类、碱类、盐类、酯类等。

（3）生物消毒法。是指利用微生物间的抑制作用或用杀菌性植物进行消毒的方法。常用的是发酵消毒法。如用于污染的粪便的无害化处理，在粪便的堆积过程中，利用粪便中的微生物发酵产热来达到消毒的目的。

四、养殖场的消毒措施

1. 养殖场的卫生与消毒

（1）加强环境卫生。要加强环境卫生工作，圈舍、运动场及用具等应保持清洁、干燥；及时清除粪便及污物，并堆积发酵；防止饲草、饲料霉变；保证饮水安全；注意消灭蚊、蝇、鼠等。

（2）畜舍及运动场消毒。圈舍除保持干燥、通风、冬暖夏凉外，平时还应做好消毒。一般分为两个步骤，第一步进行彻底清扫，地面、墙壁和顶棚必须保持清洁卫生。第二步用消毒液喷洒消毒。用化学消毒液消毒时，消毒液的用量一般以圈舍内每平方米面积用 1 L 药液计算。常用的消毒药有 10% ~20% 石灰乳、10% 漂白粉溶液、0.5% ~1.0% 菌毒敌（同类产品有农福、农富、菌毒灭等）、0.5% ~1.0% 二氯异氰尿酸钠（以此药为主要成分的商品消毒剂有“强力消毒灵”“灭菌净”和“抗威毒”等）、0.5% 过氧乙酸等。

消毒方法是将消毒液盛于喷雾器内，先喷洒地面，然后喷墙壁，再喷天花板，最后打开门窗通风换气，保持畜体体表和圈舍干燥。密闭羊圈舍，每批家畜出栏后要彻底清扫畜舍，可采用福尔马林、高锰酸钾熏蒸消毒 12 ~24 h，然后开窗通风 24 h。福尔马林的用量为每立方米空间用 25 ~50 mL，与等量水一起加热蒸发，无热源时，也可加入高锰酸钾（每立方米用 30 g），即可产生高热蒸发。

一般情况下，家畜舍可在春秋各进行一次消毒；产房在分娩前进行一次消毒，以后进行多次消毒；在家畜疾病多发期，畜舍及运动场应每周消毒一次，整个畜舍可用毒菌杀、百毒杀等消毒。在病畜舍、隔离舍门口要放置浸有消毒液的草垫或消毒池，消毒液可用 2% ~4% 氢氧化钠、1% 菌毒敌（对病毒性疾病），或用 10% 克辽林溶液（对其他疾病）等。

（3）地面土壤消毒。地面土壤用 10% 漂白粉溶液、20% 石灰乳等进行消毒。停放过病死家畜尸体的场所要严格进行消毒，首先用上述漂白粉澄清液喷洒地面，然后将表层土壤掘起 30 cm 左右，撒上干漂白粉，并与土混合，将此表土妥善运出掩埋。在一般传染病污染的地面土壤，可先将地面翻一下，深度约为 30 cm，在翻地的同时撒上干漂白粉（约每平方米 0.5 kg），然后压平。在牧区，一般用自然净化作用来消除病原体；如污染面积小，可用化学消毒药消毒。

（4）养殖场用具消毒。定期对分娩栏、料槽、草架、饲料车等家畜养殖场用具进行消毒。可用 4% 来苏尔溶液或 0.01% 新洁尔灭溶液等浸泡或喷洒消毒。水槽和食槽应经常清洗、消毒，有的也可用火焰消毒。

（5）污水消毒。最常用的方法是将污水引入污水处理池，加入化学药品（如漂白粉或其他氯制剂）进行消毒，用量视污水量而定，一般1 L污水用2～5 g漂白粉。

（6）粪便消毒。羊的粪便消毒方法有高温干燥消毒法、生物热消毒法等。最常用的是生物热消毒法。即在距羊场100～200 m以外的地方设一粪场，进行堆肥处理。

（7）对养殖场工作人员及车辆的消毒。对进入养殖畜舍（生产区）的工作人员必须严格进行消毒处理。饲养人员进出生产区必须在消毒室消毒，更换已消过毒的工作服、工作帽方可进入生产区。饲养人员的工作服必须保持清洁卫生，定期洗涤。人员通道内地面及畜舍门前设置脚踏消毒槽或消毒垫，进行鞋底消毒，最好每周更换1～2次。进入生产区的人员必须走专用消毒通道。通道出、入口应设置紫外线灯或汽化喷雾消毒装置。人员进入通道前先开启消毒装置，人员进入后，应在通道内稍停，能有效地阻断外来人员携带的各种病原微生物。禁止一切外来车辆进入生产区，进入场区的外来车辆必须经过大门下置满消毒液的消毒池，对轮胎进行消毒，车体可用2%氢氧化钠或0.1%过氧乙酸等进行喷雾消毒后方可进入。

2. 消毒效果影响因素

（1）浓度与温度。通常消毒药的浓度越高，杀菌力也越强，但随着浓度的增高，其毒性也会增大，且浓度达到一定程度后效力不再增高。杀菌力与温度成正比，当温度升高时，应缩短时间或降低浓度。大部分消毒液在0℃时失效，在寒冷季节药液温度一般控制在30～45℃；炎热季节应在20～30℃，可起到防暑降温作用；熏蒸消毒舍提高到20℃以上才能取得较好的效果。

（2）作用时间。一般而言，消毒药与病原微生物接触并作用的时间越长，其消毒效果就越好，但对畜体的刺激性也会增大。若作用时间太短，往往达不到消毒的目的。在实际使用过程中，要根据消毒药的特性、消毒对象和环境状况来确定具体消毒时间。

（3）环境中有机物。环境中存在大量粪、尿、血、炎性渗出物等时，会阻碍消毒药与病原微生物的接触；同时，这些有机物还会中和、吸附部分药物，使消毒作用减弱。因此，在消毒前应做好清除工作。试验证明，清扫、高压冲洗和药物消毒分别可消除40%、30%和20%～30%的细菌。只有彻底清扫后消毒，才能保证有较好的效果。

（4）消毒剂的正确使用。要注意根据场内不同的消毒对象和消毒要求选择适合本场使用的消毒药。消毒药应选择广谱、高效、低毒、不损害被消毒物品、无残留、性质稳定、使用方便和价廉易得的。在此基础上，根据疫病流行特点、病原种类、消毒对象、品种、日龄、体质状况和季节等，制定合理的消毒程序，有针对性地选用消毒液。带体消毒要选择低毒、低刺激的。

多种消毒剂配合使用时，不得任意将两种不同的消毒药混合使用，避免药物之间相互拮抗或毒性增大。如卤素类、阳离子表面活性剂类消毒药应避免与强还原剂及酸性物质接触，阳离子表面活性剂类消毒药勿与阴离子表面活性剂类消毒药配伍。酚类和碱类不能同时使用。甲醛和三羟甲硝甲烷配合具有缓释、长效的特点。

消毒剂使用时要现用现配，按照说明书规定的用量配制，避免随意增加或降低药物浓度。配药最好选用洁净水，含有杂质的水会降低药效。配好的消毒药应尽可能在短时间内一次用完，放置时间过长会导致药液浓度降低或完全失效。同时，根据不同消毒药物的作用、特性、成分、原理，按一定的时间交替使用，以防止病原微生物产生耐药性，降低消毒效果。

（5）消毒方法。消毒剂的用法有刷洗、涂抹、浸泡、喷洒和熏蒸等，使用时要根据消毒对象的性质选用合适的消毒方式，同时也应结合其他消毒方法，才能取得理想的效果。例如，对小件玻璃用具、工作衣物等消毒时，煮沸比较好；对畜、禽舍内空气消毒时，适合采用喷雾和熏蒸的方式。因此，在选择消毒方法时要注意根据被消毒物的种类、性质等具体情况选择适宜的消毒方法，有时还要两种或两种以上消毒方法混合使用，才会达到理想的消毒效果。

目前常用的喷雾消毒器一般选用高压动力喷雾器、背负或手提喷雾器，喷嘴直径以80~12 μm为佳。雾滴过大，在空气中下降速度太快，起不到消毒空气的作用，还会导致喷雾不均匀和圈舍潮湿；雾滴过细，则易被畜、禽吸入，引起肺水肿、呼吸困难等呼吸道疾病。有条件的还可选用电动喷雾器，可以随时调节雾滴大小及流量。

使用喷雾器消毒时，先将喷雾器清洗干净，配好药液，从畜、禽圈舍一端开始消毒，边喷雾边向另一端慢慢移动。喷雾时将喷头举高，喷嘴向上喷出雾滴。雾滴在空气中缓缓下降，除与空气中的病原微生物接触外，还可与空气中的尘埃结合，起到杀菌、除尘、净化空气、减少臭味的作用。地面、墙壁、顶棚都要喷上药液，以距畜体60~80 cm喷雾为佳。喷雾药量可按10~50 mL/m^3计算。

五、养殖场粪便及废弃物的处理

随着舍饲养殖的发展和规模化、工厂化的崛起，大量家畜粪便及废弃物增加而集中。如不加科学合理利用，不仅会污染人们生活的环境，还会严重污染养殖场，危害到畜群的安全。家畜粪便是氮、磷、钾含量丰富的优质有机肥，若经过无害化处理并加以科学合理利用，则可成为宝贵的资源。在现代化高效养殖生产体系中，畜粪积肥、粪便无害化处理是农牧业有机结合、良性循环的重要环节。

1. 堆肥处理

高温堆肥是粪便无害化处理及营养化处理最为简便和有效的手段。家畜粪便的直接堆肥处理技术简便、易行，堆制成本低，对于养殖专业户来说，便于推广应用。

（1）堆肥处理技术。从卫生观点和保持肥效等方面看，堆肥发酵后再利用比使用生粪要好。堆肥的优点是技术和设施简单，施用方便，无臭味；同时，在堆制过程中，由于有机物的好氧降解，堆内温度持续15~30天达50~70℃，可杀死绝大部分病原微生物、寄生虫卵和杂草种子，而且腐熟的堆肥属迟效料，牧草及作物使用安全。

（2）堆肥的方法

1）场地。选择水泥地或铺有塑料膜的地面，也可在水泥槽中堆肥。

2）堆积体积。将家畜粪便堆成长条状，高不超过2 m，宽不超过3 m，长度视场地大小和粪便多少而定。

3）堆积方法。先比较疏松地堆积一层，待堆温达到60～70℃时，保持3～5天，或待堆温自然稍降后，将粪堆压实，再堆积一层新鲜粪便，如此层层堆积到1.5～2 m为止，用泥浆或塑料膜密封。

4）中途翻堆。为保证堆肥质量，含水量超过75%时应中途翻堆，含水量低于60%时，最好加水满足一定水分，有利于发酵处理效果。

5）启用。密封2个月或3～6个月，待肥堆溶液的电导率小于0.2 s/cm时启用。

短时发酵处理要及时启用的，可在肥料堆中竖插、横插或留适当数量的通气孔。在经济发达地区，多采用堆肥舍、堆肥槽、堆肥塔、堆肥盘等进行堆肥。优点是腐熟快，臭气少，可连续生产。

2. 制作液体圈肥

方法是将生的粪尿混合物置于贮留罐内经过搅拌，通过微生物的分解作用变成腐熟的液体肥料。这种肥料对作物是安全的。在配备有机械喷灌设备的地区，液体粪肥较为适应。

3. 制成沼气

沼气是有机物质在厌氧环境中，在一定温度、湿度、酸碱度、碳氮比条件下，通过微生物发酵作用而产生的一种可燃气体。由于这种气体最初是在沼泽中发现的，所以称为沼气，其主要成分是甲烷。

第二节　家畜疫病预防

- 熟悉家畜疾病临床表现知识
- 掌握家畜的投药和驱虫知识
- 掌握温度计的使用方法

一、病畜的临床表现

1. 病牛的临床表现

（1）精神异常。健康奶牛精神活泼，耳目灵敏，对周围环境反应敏感。病牛则表现精神沉郁或兴奋不安。

（2）食欲异常。食欲好坏是奶牛是否健康的重要标志。牛食欲的好坏依据牛采食的快慢、咀嚼是否有力及采食量来进行判定。由于饲料急变、环境因素、发情和配种期、强度应激（如注射疫苗、运输、高温环境、驱赶等）等原因也可引起牛暂时性食欲变化。

（3）消化异常

1）反刍异常。健康牛在采食后30～60 min出现反刍或倒沫，每次反刍时间持续40～50 min，每个食团咀嚼40～80次，一昼夜反刍9～12次，反刍时间6～8 h。反刍多采用俯卧位，占83%，站立反刍占17%。

2）嗳气行为异常。嗳气是反刍动物正常的生理现象，借助嗳气将瘤胃内发酵的气体排出体外。奶牛瘤胃微生物发酵产生大量的气体，一部分通过肠道排泄，另一部分通过食道排出，嗳气 2～3 min 一次，并且见左颈侧食管沟有气体移动，有时还能听到“咯喽”声。

3）瘤胃蠕动异常。健康牛左侧肷窝及皮肤随瘤胃的蠕动出现起伏现象。

（4）异食。异食又称异嗜或异嗜癖，指牛吃了不该吃的东西，如泥土、砖块、石灰、粪便和尿液等。

（5）异常站立。异常站立主要指牛站立姿势不正常，如悬蹄、不负重、两前肢外张、两后肢内收、四肢肌肉震颤等。

（6）步态姿势异常。健康牛步态稳健，灵活自如。发病时则表现为跛行、步态不稳、协调性差、起卧不安等反常姿势。

（7）起卧异常。正常情况下，牛卧地时前肢先跪，以降低高度，然后后躯卧地，牛站立时后躯抬高，后肢站立后前肢再站立。如果牛未按上述顺序起卧，易造成四肢的肌肉、韧带损伤或骨骼断裂等。

（8）尾巴变化。健康牛尾巴的运动虽没有固定频率，但却有一定的变化规律。天热比天冷摆动次数多、幅度大；行走和劳役时比站立静止时摆动次数多；采食时比不采食时摆动次数多；白天比夜晚摆动次数多。发育良好的健康奶牛，其尾巴粗细、长短适中，摆动灵活、有力且幅度较大。发育不良的病牛尾巴细小或弯曲，摆动不灵活，幅度较小。

（9）异常发情。牛正常发情周期为 18～24 天，发情周期变为 15 天以内或 30 大以上，或发情时间持续 1.5 天以上，称为异常发情。

（10）体温、呼吸、脉搏异常

1）体温测定对牛疾病的判定、治疗和预防有重要意义。牛的体温根据品种不同有一定差别，正常体温一般在 37.5～39.5℃之间，奶牛的正常体温在 38.5℃左右（直肠温度）。牛的体温，清晨低于中午，成年牛低于犊牛。测量体温时，把体温计水银柱甩到最低刻度以下，消毒后涂上润滑剂慢慢插于牛的肛门内并固定，3～5 min 后取出擦净读数。如果体温超过或低于正常范围就表示牛患病。

2）健康牛的呼吸次数为 15～30 次/min，呈平稳的胸腹式呼吸。病牛呈单一的胸式呼吸或腹式呼吸。

3）健康牛的脉搏一般是 50～80 次/min，犊牛为 72～100 次/min。一般用听诊器听牛的心跳，听诊前应该让牛安静或喘息平定，听诊的最佳部位是左胸壁肘头后方。多种环境因素和牛的状态（如运动、采食等）均可影响其脉搏。

（11）鼻镜异常。健康奶牛不管天气冷热和昼夜，鼻镜不断出现汗珠，且分布均匀，保持湿润。病牛则表现出鼻镜干燥、干裂、黏附饲草料。

（12）口腔及牛舌异常。健康奶牛口腔黏膜淡红，温度正常，无异味。病牛则口腔黏膜苍白或潮红黄染，流涎或干涩，温度忽高忽低，有恶臭味。健康奶牛舌苔红润、光滑，舌头伸缩强健有力，温度正常。病牛则舌苔多为黄、白或褐色，舌苔厚而粗糙，舌头伸缩无力，灵活度差，舌温非高即低。

（13）两耳、双眼异常。健康奶牛两耳扇动自然、灵活，经常摇动，手触温暖。病牛则低头垂耳，耳不摇动，耳根部非冷即热。健康牛双眼有神，视觉灵敏，反应迅速，眼结膜呈淡粉红色。病牛则两眼无神，反应迟钝，因病不同，眼结膜多有变化。

（14）分泌物异常。牛的分泌物主要分为鼻液、唾液、乳汁和泪腺分泌物等。鼻液正常时无色、透明、无味，异常时颜色发黄、黏稠、味臭，可能患有呼吸道感染和肺部炎症。唾液显碱性，pH 值为 7.5 左右。泪腺分泌物正常时清亮，异常时混浊、异味、黏稠。正常乳汁均匀、呈乳白色、有少许奶腥味，异常乳汁有颗粒、水解、异味等。

（15）排便异常。正常奶牛的粪便具有一定的形状和硬度，软而不稀，风干后硬而不坚，无异臭，排粪有规律。病牛排粪次数增多，粪便稀薄如水称为腹泻；排粪减少，粪便变硬，或表面附有黏液；排粪失禁；排粪时奶牛呈现痛苦、不安、弓背甚至呻吟、哞叫。奶牛尿液正常呈淡黄色、透明。如颜色变黄、变红、变混浊则就是生病的表现。

（16）被毛、皮肤异常。健康奶牛被毛光亮、整齐，富有弹性，不易脱落，皮肤颜色正常，无肿胀、溃烂、出血等。病牛会因疾病的不同使被毛和皮肤发生各种不同的变化。

若皮肤异常时主要检查皮肤的气味、温度、湿度、弹性、颜色、肿胀和发疹等，具体如下：

1）皮肤气味。牛患某些疾病时能发出特异气味。如尿毒症有尿臭味，牛酮病有烂苹果样的丙酮气味，皮肤坏疽有尸臭味等。

2）皮肤温度。测定牛皮肤的温度一般在牛的耳部、胸侧及四肢进行。以手指轻触皮肤或以手握着耳朵、四肢感觉其温度。其皮肤冰凉常见于大出血、长期腹泻、产后瘫痪、某些中毒及重症后期心血管机能严重衰竭时。皮肤全部发热常见于发热病，局部发热见于局部炎症。

3）皮肤湿度。健康牛皮肤干湿度适中。若全身出汗，见于剧痛性疾病或中暑等。局部出汗时常见于末梢神经损伤。全身出冷黏汗，见于内脏破裂。

4）皮肤弹性。健康的牛皮肤应是用手捏皱提起随后放开，皮肤迅速复原。若皮肤弹力减退或丧失，多见于营养障碍、大出血、严重脱水、慢性皮炎、湿疹等。临床把皮肤弹性作为判定脱水的指标之一。

（17）奶质及产奶量异常。奶质要符合国家食品药品管理条例，牛奶质量的国家标准如下：乳蛋白率≥2.95%、乳脂率≥3.1%、非脂乳固体≥8.1%、微生物≤50 万/mL。正常牛奶的色泽、滋味正常，牛奶风味良好。牛奶异常主要表现在奶水分离、油奶分离、结块、奶腥味、奶膻味、腥臭味、酸味、血奶等。产奶量异常主要表现为个体和群体产奶量减少，总奶量减少 5%～8% 属于产奶量异常。个体牛产奶量减少 10% 为产奶量异常。牛奶总产量下降主要表现在应激反应，如草料的突然更换、气候异常、疫苗接种、转群等，偶发缺少饮水、饲草料断顿和急性传染病疾病都能导致总产奶量异常。

2. 病羊的临床表现

（1）群体检查。临床诊断时，羊的数量较多，不可能逐一进行检查时应先做大群检查，从羊群中先挑选出病羊和可疑病羊，然后再对其进行个体检查。眼看、耳听、手摸、检温是对大群羊进行临床检查的主要方法，可以把大部分病羊从羊群中检查出来。

1）运动时检查。运动时检查是在羊群自然活动或人为驱赶活动时的检查，从不正常的动态中找出病羊。在羊群中首先观察羊的精神外貌和姿态步样。健康羊精神活泼，步态平稳，不离群，不掉队。而病羊多精神不振，沉郁或兴奋不安，行走缓慢、停止或异常（步态踉跄，跛行，前肢软弱或后肢麻痹，有时突然倒地发生痉挛等）。其次，观察羊的天然孔（口、鼻、眼等）及分泌物，健康羊鼻镜湿润，鼻孔、眼、嘴角干净；病羊鼻镜干燥，鼻孔流出分泌物，眼角流泪或附有脓性分泌物，嘴角流出唾液，发现这样的羊，应将其挑出做个体检查。

2）休息时检查。休息时检查是在羊群安静的情况下看和听，检查姿态和声音的异常。首先，有顺序地并尽可能地逐只观察羊的站立和躺卧姿态，健康羊常聚集在一起，多呈半侧卧姿势休息，同时进行反刍，当有人接近时常起身离去。病羊常独自呆立一侧，肌肉震颤及痉挛，或离群单卧，反刍减少或停止，有人接近也不动。其次，同运动时观察一样注意羊的天然孔、分泌物及呼吸状态等。最后，注意被毛状态，如发现被毛有脱落，无毛部位有痘疹以及听到磨牙、咳嗽或喷嚏声时，均应挑选出来检查。

3）采食及饮水时的检查。主要检查采食及饮水有异常的羊，是指在放牧、饲喂或饮水时对羊的食欲及采食、饮水状态进行观察。健康羊在放牧时多走在前头抢着吃；饮水时，多迅速奔向饮水处，争先喝水。病羊吃草时多落身后边，时吃时停，或离群停立不吃草；饮水时或不喝或暴饮，如发现这样的羊应挑选出来复查。

4）声音检查。健康羊发出洪亮而有节奏的声音；病羊叫声高低常有变化，不用听诊器可听到呼吸声、咳嗽声、肠音。

（2）个体检查。个体检查可通过看、嗅、摸、听综合起来加以分析，对羊只是否患病做出初步判断。

1）采食及反刍。食欲的好坏直接反映出羊全身及消化系统的健康状况，饮食废绝说明病情严重，若吃而不敢嚼，应查口腔和牙齿是否异常。食欲不振，多为羊患有热性病的表现。羊的采食、饮水减少或停止，首先要查看口腔是否有异物、口腔溃疡、舌头损伤等。病羊反刍减少或停止。健康羊通常鼻镜湿润、光滑、常有微细的水珠，饲喂后 0.5 h 开始出现反刍，每次反刍持续 30～40 min，每一食团嚼 50～70 次，每昼夜反刍 6～8 次。病羊鼻镜干燥、粗糙，反刍减少或停止，多因高热，严重的前胃及真胃肠道炎症，热性病初期常表现出饮欲增加。

2）膘情。一般患有急性炭疽、羊快疫、羊黑疫、羊猝狙、羊肠毒血症等的病羊身体仍可表现肥壮；患有慢性传染病和寄生虫病时病羊多表现瘦弱。

3）粪尿。主要检查其形状、硬度、色泽及附着物等。健康羊的粪呈椭圆形粒状且比较干硬，粪球表面光滑、无异味；补喂精料的良种羊的粪呈软软的团块状；羊小便清亮、无色或微带黄色，并有规律。病羊大小便不正常，大便或稀或硬，有时还粘在臀部，颜色区别于健康羊，偶尔有黏液、脓血或虫体等；小便色黄或带血。粪便过干，多为缺水和肠弛缓；过稀，多为肠机能亢进；如果羊粪有特殊臭味，常见于各种肠炎；若粪便内有大量黏液，则表明肠道有卡他性炎症；含有完整谷粒，表示消化不良；若患寄生虫病多出现软便，颜色异常，呈褐色或浅褐色。

4）体温。用手摸羊的耳朵、角的基部、皮肤或把手伸进羊嘴握住舌头，可以知道羊是否发烧。当然，最准确的方法是用体温表测量。给羊测体温时，先把体温表的水银柱甩至36℃以下，再涂上凡士林或水后慢慢插入肛门内（体温表的1/3留在肛门外），待2～3 min后取出体温表读数。羊的正常体温是38～40℃，平均为39.5℃，羔羊正常体温比成年羊稍高，肛门测量超过其正常体温0.5℃的是发病征兆。

5）姿势。观察羊只的行动姿态是否与平时一样，如果不同，就可能是患病的表现。健康羊姿态炯炯有神，行动活泼、平稳，当羊患病时常表现行动不稳或不愿行走，有些疾病还呈现特殊姿势，如破伤风表现为四肢僵直，患有脑包虫或羊鼻蝇的羊转圈、跛行。

6）被毛与皮肤。健康羊的被毛平整、有光泽、富有弹性、不易脱落；病羊的被毛常粗乱蓬松、失去光泽、质脆、易脱落。如羊螨病常表现被毛脱落和结痂，皮肤增厚，因蹭痒而擦伤。在检查皮肤时除注意皮肤的外观，还要注意有无水肿、炎性肿胀和外伤（患寄生虫病的羊颌下、胸前等部出现水肿）。

7）可视黏膜。健康羊眼结膜、鼻腔、口腔、阴道、肛门等黏膜呈粉红色，湿润、光滑。黏膜变为苍白，则为贫血征兆；黏膜潮红，多为体温升高，热性病所致；黏膜发黄，说明血液内胆红素增加，出现肝病、胆管阻塞或溶血性贫血等。羊如患焦虫病、肝片吸虫等，可视黏膜均呈现不同程度的黄染现象；当黏膜的颜色为紫红色（又称发绀）时，说明血液中的脱氧血红蛋白增加，是严重缺氧的征兆，常见于呼吸困难性疾病、中毒性疾病和某些疾病的垂危期。

8）呼吸。将耳朵贴在羊胸部肺区，可清晰地听到肺脏的呼吸音。健康羊每分钟呼吸10～20次，能听到间隔匀称、带“嘶嘶”声的肺呼吸音。病羊则发出“呼噜、呼噜”节奏不齐的拉风箱似的肺泡音。呼吸次数增多见于热性病、呼吸系统疾病、心脏衰弱、贫血、腹内压升高等。呼吸次数减少，主要见于某些中毒、代谢障碍、昏迷等疾病。

9）嗅。多指嗅闻分泌物、排泄物、呼出气体及口腔气味。羊患肺坏疽时，鼻液带有腐败性恶臭；患胃肠炎时，粪便腥臭或恶臭；消化不良时，呼气有酸臭味等。

10）头部观察。健康羊的听觉灵敏，眼睛有神、洁净湿润，对外界反应敏感。病羊对外界反应迟钝，头低耳垂，耳不摇动；眼睛无神，两眼下垂，有的则流泪，眼角有眼屎；鼻腔流出浆液性分泌物或黏稠性分泌物。

11）口舌。健康羊的舌呈粉红色且有光泽，转动灵活，舌苔正常；口腔黏膜为淡红色，用手摸感到暖手，口内无异臭。病羊舌干口燥，口内有黏液和异味，口腔时冷时热，黏膜淡白，流涎或潮红、干涩，有恶臭味；舌活动不灵，软绵无力，舌苔薄而色淡或舌苔厚而粗糙。

12）体表淋巴结。当羊发生结核病、伪结核病，羊链球菌病菌时，体表淋巴结往往肿大，其形状、硬度、温度、敏感性及活动等都会发生变化。

3. 病猪的临床表现

猪患病后一般表现为食欲下降或食欲不振，孤僻不合群，喜欢单独在光线暗的角落；被毛粗乱，无光泽，精神不振等。有体温升高或降低的，则表现为鼻吻黏膜干燥、发热或冰凉。体温正常与否反映着动物机体的健康状况。不同动物的正常体温不同，见表3—1。切不可以人体的温度来衡量猪体的正常温度，猪的体温是高于人体体温的，猪的正常体温为38~39.5℃（直肠温度）。不同年龄的猪体温略有差别，如刚出生的猪体温为39.0℃，哺乳仔猪为39.3℃，中猪为39.0℃，肥猪为38.8℃，妊娠母猪为38.7℃，公猪为38.4℃。一般傍晚猪的正常体温比上午猪的正常体温高0.5℃。

表3—1　常见动物的正常体温　℃

动物	正常体温	动物	正常体温
猪	38~39.5	鸡	40~42
羊	38~39.5	牛	37.5~39.5
猿、猴	38.3~38.9	狗	38.0~39.0
猫	38.0~39.5	兔	38.5~39.5

二、体温计的使用知识

测家畜的体温有助于了解其健康状况和机体当时散热的状况。数字体温计采用热敏电阻作为测温元件，测温准确、迅速，测温结果以数字形式直接显示出来。它适用于连续测量动物机体各部位（如口腔、肛门及皮肤各部分）的温度。

不同的温度计各有其优缺点，一般来说，市面所售体温计依材料种类来分，可分为下列几种：

1. 玻璃水银体温计

玻璃水银体温计（见图3—3）是最常见的体温计，依据方便不同部位测量，又可分为肛温表（身圆头粗）、腋温表（身扁头细）、口温计（身圆头细）三种。

在所有体温计种类中，这种体温计所测量出的体温是最准确的，但由于刻度过细，测量出来的体温不容易读数，同时也有容易被打破的缺点。

2. 电子数字显示体温计

电子体温计（见图3—4）是近十年来逐渐被广泛使用的新产品，是一种以数字显示的体温计，克服了玻璃水银体温计不易读数的缺点。电子体温计的形状只有一种，可以同时用来量肛温、腋温或口温。如果电池不受潮，可以测量一万次左右，使用时应避免重摔，以免电路受损而失灵。其不足之处在于示值准确度受电子元件及电池供电状况等因素的影响，不如玻璃体温计。

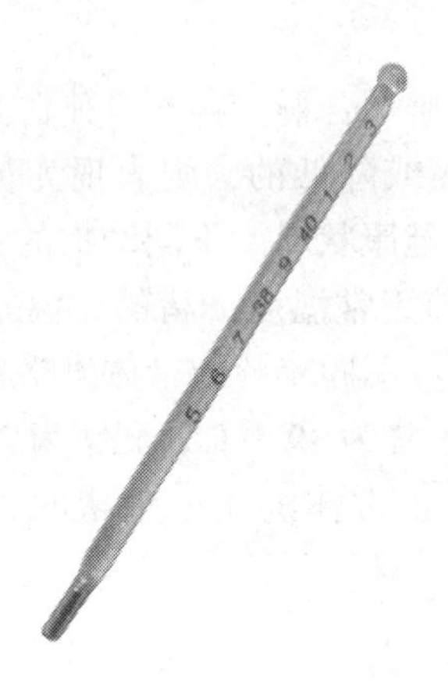

图 3—3　兽用玻璃水银体温计

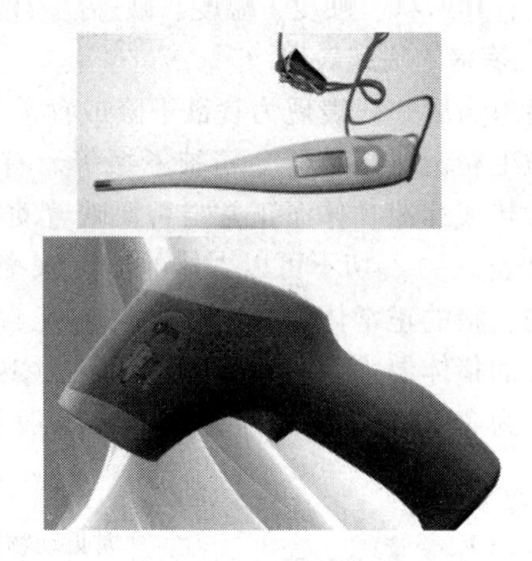

图 3—4　兽用电子体温计

兽用体温计与人体体温计不同，其最高温度值为 43℃，而人体体温计的最高温度值为 42℃。兽用体温计比人用体温计多了拴表杆，是为了固定在动物肛门内测量体温用的。兽用体温计与人用体温计不能混用。两者不能混用的主要原因有三个：一是两种体温计的计量不同，测量结果有误差；二是兽用体温计只有肛用一种，而人用的则有口用、腋用、肛用三种；三是产品的质量标准不同，兽用体温计质量标准低，安全性差。

为了正确测量体温，必须明确在不同部位测量体温是不同的。从医学的观点看，测量肛温是最精确的测温方法。

三、家畜常用给药方法

1. 牛的给药方法

牛的给药方法有多种，应根据病情、药物的性质、牛的体重选择适当的给药方法。常用给药方法有口服法、注射法、灌肠法和胃管法等。

（1）口服法。口服给药简便，适合大多数药物。常用的口服方法有灌服、饮水、混到饲料中喂服、舔服等。

当牛需服水剂型药物时，可将药液注入注射器或细口长颈的瓶中，使牛头呈水平，给药者右手拿药瓶，左手用食指、中指自牛右口角伸入口内，轻轻压迫舌头，牛口即张开；然后，另一只手把药瓶从口角送入，待瓶口伸到舌头中段时，倾斜药瓶使药液流出，并马上取出瓶子，任其吞咽，这样反复进行灌药，直到把药液灌完。

（2）注射法。注射给药的优点是吸收快而完全，药效出现快。不宜口服的药物大都可以注射给药。养殖场现常用一次性塑料注射器，随用随开封；若使用玻璃或金属注射器要彻底消毒灭菌，一般须在消毒锅内煮沸 30 min。注射器型号和针头可根据注射药液剂量、种类等进行选择。注射部位剪毛或用手拨开，涂5%的碘酊，再用75%的酒精棉球脱碘。注射器吸入药液后要直立推进注射器活塞，排出管内气泡，再用酒精棉球包住针头，准备注射。常用的注射方法有皮下注射、肌肉注射、静脉注射、静脉滴注、气管注射。

1）皮下注射。皮下注射是指把药液注射到牛的皮肤和肌肉之间，注射部位要选择皮肤疏松的地方，如颈部两侧和后肢股内侧等。注射时，先把注射部位的毛剪净或用手拨开，涂上碘酒，用左手捏起注射部位的皮肤，右手持注射器以倾斜40°角刺入皮下，如针头能左右自由活动即可注入药液。注射完毕拔出针头，在注射点上涂擦碘酒。凡易于溶解又无刺激性的药物及疫苗等，均可进行皮下注射。

2）肌肉注射。是指将药液注入肌肉比较多的部位，一般在颈部。注射时先涂碘酒消毒，再以左手拇指、食指呈“八字”形压住所要注射部位的肌肉，右手持注射器针头向肌肉内垂直刺入，即可缓慢注射。一般刺激性小、吸收缓慢的药液，如青霉素等，均可采用肌肉注射。注射完毕，用酒精棉球按压止血，在注射点上涂擦碘酒。

3）静脉注射或滴注。静脉注射是指将药液直接注射到静脉内，使药液随血流很快分布到全身，迅速发生药效。牛的注射部位是颈静脉。静脉注射时注射部位在颈静脉沟上1/3处。少量药物用注射器，大量药物可用吊瓶滴注。注射方法是将注射部位的毛剪净，涂上碘酒，先用左手按压静脉靠近心脏的一端，使其怒张，右手持注射器，将针头向上刺入静脉内，如有血液回流，则表示已插入静脉内，然后用右手推动活塞，将药液注入；药液注射完毕，左手用酒精棉球按压刺入孔防止出血，右手拔针，在注射处涂擦碘酒即可。如药液量大，也可使用静脉输入器滴注，其注射分两步进行：先将针头刺入静脉，再接上静脉输入器。凡输液（如生理盐水、葡萄糖溶液等）以及药物刺激性大，不宜皮下或肌肉注射的药物（如氯化钙等），多采用静脉注射。

4）气管注射。气管注射是将药液直接注入气管内。注射时，多取侧卧保定，且头高臀低；将针头穿过气管软骨环之间垂直刺入，摇动针头，若感觉针头确已进入气管，接上注射器，抽动活塞，见有气泡，即可将药液缓缓注入。如欲使药液流入两侧肺中，则应注射两次，第二次注射时，须将牛翻转，使其卧于另一侧。本法适用于治疗气管、支气管和肺部疾病，也常用于肺部驱虫。

（3）灌肠法。灌肠法是将药物配成液体，直接灌入牛的直肠内。先将牛直肠内的粪便清除，然后在橡皮管前端涂上凡士林并插入直肠内，把连接橡皮管的盛药容器提高到牛的背部以上。灌完药液后拔出橡皮管，用手压住肛门或拍打尾根部。灌肠的液体温度应与体温一致。

（4）胃管法。牛插入胃管的方法有两种，一是经鼻腔插入，二是经口腔插入。该法适用于灌服大量水剂及有刺激性的药液。患咽炎、咽喉炎和咳嗽严重的病牛不可用胃管灌药。

1）经鼻腔插入。先将胃管插入牛的鼻孔，沿下鼻道慢慢送入，到达咽部时，有阻挡感觉，待牛进行吞咽动作时乘机送入食道；如不吞咽，可轻轻来回抽动胃管，诱发其吞咽。胃管通过咽部后，如进入食道，继续深送会感到稍有阻力，这时要向胃管内用力吹气，或用橡皮球打气，如见左侧颈沟有起伏，表示胃管已进入食道。如胃管误入气管，多数牛会表现不安、咳嗽，继续深送，感觉毫无阻力，向胃管内吹气，左侧颈沟看不见波动，用手在左侧颈沟胸腔入口处摸不到胃管，同时，胃管末端有与呼吸一致的气流出现。如胃管已进入食道，继续深送即可到达胃内。此时从胃管内排出酸臭气体，将胃管放低时则流出胃内容物。

2）经口腔插入。先装好开口器，用绳固定在牛头部，将胃管穿过木质开口器的中间孔，沿上腭直插入咽部，借吞咽动作可顺利进入食道，继续深送，胃管即可到达胃内。胃管插入正确后，即可接上漏斗灌药。药液灌完后，再灌少量清水，然后取掉漏斗，用嘴对胃管吹气，或用橡皮球打气，使胃管内残留的液体完全入胃，用拇指堵住胃管管口，或折叠胃管，慢慢抽出。

2. 羊的给药方法

羊的给药方法有多种，应根据病情、药物的性质、羊的大小和头数选择适当的给药方法。常用给药方法有口服法、注射法和羊瘤胃穿刺注药法等。

（1）口服法。口服给药简便，适合大多数药物。常用的口服方法有灌服、饮水、混到饲料中喂服、舔服等。

1）自行采食法。为了预防或治疗羊的传染病和寄生虫病以及促进羊只发育、生长等，常常对羊群体施用药物，如对未断奶羔羊使用抗菌药（四环素族抗生素、磺胺类药、硝基呋喃类药等）、驱虫药（如硫苯咪唑等）、饲料添加剂、微生态制剂（如促菌生、调痢生等）等。大群用药前，最好先做小批的药物毒性及药效试验。常用给药方法有以下两种：

①混饲给药。是指将药物均匀混入饲料中，让羊吃料时能同时吃进药物。此法简便易行，适用于长期投药，不溶于水的药物用此法更为恰当。应用此法时要注意药物与饲料的混合必须均匀，并应准确掌握饲料中药物所占的比例；有些药适口性差，混饲给药时要少添多喂。当饲养羊只较少或患病羊只较少时，可将药物与精料混匀做成食团喂羊。

②混水给药。将药物溶解于水中，让羊只自由饮用。有些疫苗也可用此法投服。对因病不能吃食但还能饮水的羊，此法尤其适用。采用此法须注意根据羊可能饮水的量来计算药量与药液浓度。在给药前，一般应停止饮水半天，以保证每只羊都能饮到一定量的水，所用药物应易溶于水。有些药物在水中时间长了破坏变质，此时应限时饮用药液，以防止药物失效。

2）长颈瓶给药法（与牛相同）。

3）药板给药法。专用于给羊服用舔剂。将药物加少许水调成稠状，舔剂不流动，在口腔中不会向咽部滑动，因而不致发生误咽。给药时，用竹制或木制的药板，长约30 cm、宽约3 cm、厚约3 mm，表面须光滑且没有棱角，给药者站在羊的右侧，左手将开口器放入羊口中，右手持药板，用药板前部刮取药物，从右口角伸入口内到达舌根部，将药板翻转，轻轻按压，并向后抽出，把药抹在舌根部，待羊咽下后，再抹第二次，如此反复进行，直到把药给完。若直接喂服片剂药，直接将药片投入羊口中让其吞咽。

（2）注射法（与牛相同）。

（3）羊瘤胃穿刺注药法。当羊发生瘤胃臌气时可采用此法。穿刺部位在左肷窝中央臌气最高处。局部剪毛，用碘酒涂擦消毒，将皮肤稍向上移，然后将套管针或普通针头垂直或朝右侧肘头方向刺入皮肤及瘤胃壁，气体即从针头排出，然后用左手指压紧皮肤，右手拔出套管针或针头，穿刺孔用碘酒涂擦消毒。必要时可从套管针孔注入防腐剂。

此外，还可以经皮肤、黏膜给药，如刺种、皮肤局部涂擦、药浴、浇泼等。刺激性强的药不宜用于黏膜。

3. 猪的给药方法

（1）拌食给药。当猪患病还有食欲，且药物用量不大，又无刺激性和特殊气味时，可将药物直接混入食物或饮水中，让其自食、自饮。应该注意的是，要把药物拌入适口性好的食物中，并在给药前停喂一顿食物。此法适于发病初期应用，对拉稀、肠炎初期、寄生虫病等消化道疾病治疗效果较佳。

（2）口服给药。不管患病猪有无食欲，均可采用此法强制给药，多用于仔猪。将仔猪保定好，使其头部平伸，给药者左手抓住猪嘴，右手将盛有药物的小勺顺势沿舌面送入口腔，迅速把药倒在舌根部，让其自行吞咽。口服给药时，动作要轻缓，有耐性，切忌粗暴，谨防将药物灌入气管或肺中。凡刺激性小的药物均可采用此法。

（3）胃管投药。是指借助胃管将药物投入胃内，起到治疗疾病的作用。先准备好一条胃管（可用人用14号导尿管代替）和一开口器（用自制的纺锤状的木板，中间穿孔便于胃管通过）。投药时，保定好病猪，使其头部前伸，把开口器放入口内，此时动物会自动咬紧开口器，投药者只需用左手抓住猪嘴稍加用力，即可达到固定开口器的目的。同时用右手拿胃管，顺开口器中间孔插入口内，经口咽部缓慢送入食道内。此时应检验胃管是否确实在食道内（用薄薄的小纸片放在胃管口，如不随呼吸而动，则说明在食道内；若随呼吸而动，则可能在气管内，应拨出重新投插）。确认后，再将胃管插入一定深度，接上小漏斗，把药物倒入并抬高灌下。也可用注射器把药物吸入，再顺胃管注入胃内。灌完药后，捏住胃管口，缓缓拔出。此法仅适用于水剂、冲制的药物，若是片剂，应事先研成细末，溶于温开水中灌服。

（4）药液滴服。此法在拌食药物和口服给药不便的情况下采用，能及时挽救危重病猪的生命。把药物研成细末，溶于少许温开水中。混匀后，吸入注射器中，捉住猪使其竖起，用1根筷子分开病猪的牙齿，把药液呈滴状滴入其口内，滴几滴药物后松开筷子，使其吞咽下，然后再开口，再滴服，直至将药物全部滴入。

（5）注射给药。注射给药是一种常用的给药方法。注射给药常采用的有两种方法：一是肌肉注射。先将注射器煮沸消毒，冷却后套上针头吸入药物，排净空气，注射部位选择在丰满、厚实的颈部或无大血管通过的臂部及大腿外侧，局部消毒后，迅速将针头刺入，回抽活塞，无血液回流即可注射药物。注射完毕拔出针头，涂擦酒精棉球。注射前应由助手将病畜保定好，防止针头折断。二是腹腔注射。在治疗腹腔脏器疾病，并且在用药量较大的情况下采用。将病畜由助手提起两后肢，做倒提式保定，注射部位在耻骨前缘，腹正中线旁2～3 cm处，然后回抽活塞，如无血液或其他脏器内容物进入针管

(说明针头在腹腔内)，即可注射。注射完药物后拔出针头，将注射部位用5%碘酊消毒。

四、驱虫

1. 牛的驱虫

寄生虫病是牛临床上较为普遍的一种疾病，它不仅影响牛生长发育，降低饲养效益，而且还会给其他病原的侵入创造条件。

为了预防和治疗体内寄生虫病的蔓延，每年春秋两季要进行驱虫，以避免牛在轻度感染后进一步发展而造成严重危害。根据情况，某些寄生虫害严重地区在6—7月可增加一次驱虫。

驱虫后为防止污染环境，驱虫后的牛群在1~3天内应在指定牛舍或牧地饲养，防止排出的寄生虫及虫卵污染干净牧地，粪便可堆积发酵杀死虫卵，将栏舍彻底消毒。

常用驱虫药有左旋咪唑（驱除线虫）、吡喹酮（驱除绦虫和吸虫）、阿苯达唑、甲苯咪唑（驱除体内蠕虫）、伊维菌素（驱除体内线虫和多种体表寄生虫）等。阿苯达唑是一种广谱、高效、低毒的驱虫药，每千克体重用量为15 mg，对线虫、吸虫、绦虫等都有较好的治疗效果，是较理想的驱虫药物。

在实践中应根据本地区牛的寄生虫病的流行情况，选择合适的药物和给药时机及给药途径。根据不同药物的特点和牛的数量选用加入饲料或饮水中或直接口服给药、肌肉注射等方法。驱虫前要禁食，一般夜间不喂不饮，早晨空腹给药即可。药物治疗牛体内外各种寄生虫时，选用药物要准确，药物用量要精确。必须做驱虫试验，在确定药物安全、可靠和驱虫效果后，再进行大群驱虫。

2. 羊的驱虫和药浴

(1) 驱虫（与牛驱虫相同）。羔羊一般在8~9月龄开始驱虫，保护羔羊的正常生长发育。另外，由于断奶前后的羔羊受到营养应激，易受寄生虫的侵害，因此，此时要进行保护性驱虫。

(2) 药浴。药浴的目的是预防和治疗羊体外寄生虫病，如羊疥癣、羊虱等。药浴主要有池浴、淋浴和盆浴三种方式。

一般一年可进行两次药浴：一次是治疗性药浴，在春季剪毛后7~10天内进行；另一次是预防性药浴，在夏末秋初进行。对于冬季发病羊只，可选择暖和天气进行局部涂擦。

池浴时有人负责手持浴叉在池边照护，遇有背部、头部没有渗透的羊将其压入药液内1~2次，使其全身各部位都能彻底着药，但需注意羊只不得呛水，以免引起中毒。当有拥挤、互压现象时，及时拉开，以防药液呛入肺或淹死羊。如发现有被药水呛着的羊只，用浴叉把羊头部扶出水面，引导出池。羊在出浴池后停留一段时间，使羊身上多余的药液流回池内。药浴时，人站在浴池两边，控制羊只，使羊群依次进行药浴。

淋浴在特设的淋浴场进行。此方法的优点是容量大，速度快，但存在设备投资高的缺点。池浴和淋浴适用于有条件的羊场，对农区羊数较少的农户，可采取灵活的药浴方式，如盆浴等。

我国羊常用的药浴药液有0.1%~0.2%杀虫脒（氯苯脒）水溶液、0.5%敌百虫水溶液、0.05%辛硫磷乳油（100 kg 水加辛硫磷乳油 50 g）、30%的烯虫磷乳油、石硫合剂（也可用，其配法为生石灰 15 kg，硫黄粉末 25 kg，用水拌成糊状，加水 300 L，边煮边拌，直至煮沸呈浓茶色为止，弃去下面的沉渣，上清液便是母液，在母液内加 1 000 L 温水，即成药浴液）。

药浴时应选择晴朗、暖和、无风天气、日出后的上午进行，以便药浴后中午羊毛能干燥；药浴前，应先选用几只品质较差的羊只进行试浴，无中毒现象后，才可按计划组织药浴；对个别体弱羊和羔羊要人工帮助它通过药浴池；临药浴前羊停止放牧和喂料，药浴前 2～3 h 让羊充分饮水，以防止其口渴误饮药液；先浴健康羊，后浴病羊，有外伤的羊只暂不药浴，凡妊娠两个月以上的母羊应禁止药浴，以防流产；药浴持续时间，治疗一般为 2～3 min，预防为 1 min；药浴后在阴凉处休息 1～2 h 即可放牧，但如遇风雨应及时赶回羊舍，以防感冒；药浴期间，工作人员应戴口罩和橡皮手套，以防中毒；药浴结束后，药液不能任意倾倒，以防牲畜误食中毒。

3. 猪的驱虫

寄生虫分为体内寄生虫（如蛔虫、结节虫、鞭虫等）和体外寄生虫（如疥螨、血虱等），猪群感染寄生虫后不仅使体重下降、饲料转化效率低，严重时可导致猪只死亡，引起很大的经济损失，因此，猪场必须驱除体内外寄生虫，一般的驱虫程序如下：

（1）后备猪。外引猪进场后第 2 周驱体内外寄生虫一次；配种前驱体内外寄生虫一次。

（2）成年公猪。每半年驱体内外寄生虫一次。

（3）成年母猪。在临产前 2 周驱体内外寄生虫一次。

（4）新购仔猪。在进场后第 2 周驱体内外寄生虫一次。

（5）生长育成猪。9 周龄和 6 月龄各驱体内外寄生虫一次。

（6）引进种猪。使用前驱体内外寄生虫一次。

（7）猪舍与猪群驱虫消毒。每月对种公、母猪及后备猪喷雾驱体外寄生虫一次；产房进猪前空舍、空栏驱虫一次，临产母猪上产床前驱体外寄生虫一次；驱虫药物视猪群情况、药物性能、用药对象等灵活掌握。驱体内外寄生虫时一般采用帝诺玢、伊维菌素、阿维菌素等混饲连喂一周的方法；只驱体外寄生虫时一般采用杀螨灵、虱螨净、敌百虫等体外喷雾的方法。

单元测试题

一、名词解释

1. 预防性消毒　2. 混饲给药　3. 生物消毒法　4. 即时消毒　5. 终末消毒　6. 物理消毒法

二、填空题（请将正确答案填在横线空白处）

1. 养殖场的消毒方法有________、________、________。

2. 奶牛消化异常主要包括________、________、________。

3. 消毒效果影响因素包括________、________、________、环境中有机物和消毒剂的正确使用等。

4. 休息时检查是在羊群安静的情况下看和听，检查________和________的异常。

5. 健康羊通常鼻镜湿润、光滑，常有微细的水珠，饲喂后 0.5 h 开始出现反刍，反刍正常，病羊反刍________或________。

6. 健康羊的被毛平整、有光泽、富有弹性、不易脱落；病羊的被毛常________、失去光泽、质脆、易脱落。

7. 牛正常体温一般在________℃之间，奶牛的正常体温在________℃左右。

8. 正常乳汁为________、________、________，异常乳汁________、________、________等。

9. 为了预防体内寄生虫病的蔓延，每年在________两季要进行驱虫，以避免牛在轻度感染后进一步发展而造成严重危害。

10. 一般一年可进行两次药浴：一次是在________进行；另一次是在________进行。对于冬季发病羊只，可选择暖和天气进行________。

11. 用药的口服方法有________、________、饮水和舔服等。

三、简答题

1. 如何进行羊只体温测量？

2. 如何进行羊的群体性检查？

3. 猪患病后的临床表现有哪些？

4. 简述兽用体温计的分类和使用方法。

5. 病牛的临床表现如何？

6. 家畜给药方式有哪几种？

单元测试题答案

一、名词解释（略）

二、填空题

1. 物理消毒　化学消毒　生物消毒

2. 反刍异常　嗳气行为异常　瘤胃蠕动异常

3. 浓度与温度　消毒方法　作用时间

4. 姿态　声音

5. 减少　停止

6. 粗乱蓬松

7. 37.5 ~ 39.5　38.5

8. 均匀　呈乳白色　有少许奶腥味　有颗粒　水解　异味

9. 春秋

10. 春季剪毛后 7 ~ 10 天内　夏末秋初　局部涂擦

11. 灌服　混到饲料中喂服

三、简答题（略）

第二部分

中　　级

第4单元

家畜的营养需要特点及饲养

饲草、饲料是发展畜牧业的物质基础。饲料营养价值及利用率的高低，不仅取决于饲料本身的性质，很大程度上还取决于饲喂前的加工调制。只有了解和掌握不同饲料的性质和营养特点，根据家畜不同生长、生产阶段的营养需要，对饲草、饲料进行合理加工、科学配制，才能获得较好的饲喂效果，提高饲料消化率和利用率，降低生产成本，提高经济效益。本单元主要介绍牛、羊和猪的营养需要特点及常用饲料、饲草的加工调制技术。

第一节　家畜的营养需要与饲养

- 了解家畜所需营养种类
- 熟悉家畜常用饲料的营养特点
- 掌握常见饲料的调制技术

一、家畜的营养需要

营养需要也称营养需要量，是指家畜在最适宜环境条件下，正常、健康生长或达到理想生产成绩对各种营养物质种类和数量的最低要求，简称“需要”。营养需要量是一个群体平均值，不包括一切可能增加需要量而设定的保险系数。不同种类、性别、年龄、体重、生理状态、生产性能、环境条件等都会影响家畜对营养的需要。家畜所需要的营养包括蛋白质、脂肪和碳水化合物三大有机物必需养分。微量元素、维生素、氨基酸这些微量养分及非营养性的添加剂，可使家畜生产潜力得到最大发挥。

家畜营养需要变幅较大，主要受家畜生长潜力、年龄、体重、断奶日龄、饲粮原料组成、健康状况、环境条件等影响。

1. 能量

能量对于家畜的生命和生产活动是第一营养素。蛋白质、脂肪、碳水化合物均可提供，但主要来源是碳水化合物。科学合理地供应能量，能保证家畜健康，提高产肉、产毛和产奶量及产品品质。我国推荐的肉羊（新疆细毛羊羔羊舍饲）能量需要量见表4—1。

表4—1　中国建议的舍饲育肥新疆细毛羔羊每天代谢能量需要（MJ）

（中国绵羊营养需要量，1992）

日增重（g）	体重（kg）						
	20	25	30	35	40	45	50
50	6.49	7.53	8.58	9.63	10.67	11.72	12.77
100	7.32	8.63	9.83	11.06	12.23	13.43	14.63
150	8.37	9.72	11.08	12.43	13.78	15.13	16.49
200	9.31	10.82	12.33	13.83	15.33	16.84	18.35
250	10.26	11.92	13.57	15.23	16.89	18.55	20.20
300	11.20	13.01	14.82	16.63	18.44	20.25	22.06

肉牛生长育肥中对能量的需要，主要用于维持机体的生命活动和体脂、体蛋白质的合成。能量需要根据析因法确定，包括维持净能和增重净能两部分。不同国家采用不同的能量体系。我国肉牛饲养标准（2004）提出用维持净能、增重净能和肉牛能量单位（RND）来表示肉牛的能量需要。

用析因法可将不同生产阶段、生理阶段及生产水平时的净能需要量划分为维持和生产两部分。生产又可分为生长、繁殖和泌乳等。我国奶牛饲养标准中，采用奶牛能量单位（NND）来表示能量需要。1NND 相当于 1.0 kg 含脂率 4% 的标准乳的能量，或 3 138 kJ 的产奶净能为一个奶牛能量单位。

哺乳期仔猪的能量需要从母乳和补料中获得，母乳及补料提供的能量比例见表 4—2。随着仔猪日龄和体重的增加，母乳能量满足程度下降，差额部分由补料满足。为满足仔猪的能量需要，补料中能量浓度应为 14.64 MJ/kg，一般应在 13.81 ~ 15.06 MJ/kg。

表 4—2　　哺乳仔猪的能量需要及母乳供应量

项目	周龄							
	1	2	3	4	5	6	7	8
体重（kg）	2	3.4	5.0	6.8	8.5	10.8	13.2	16.0
日需量（kJ）	3.14	4.69	5.23	5.98	6.98	8.08	9.71	11.51
母乳供应量（%）	100	94	90	78	67	54	36	27
补料供应量（%）	—	6	10	22	33	46	64	73

NRC（1998）用代谢能（ME）计算猪的营养需要，生长猪总的 ME 需要为：

$$ME = ME_m + ME_{pr} + ME_f + MEH_c$$

其中，ME_m、ME_{pr}、ME_f 及 MEH_c 分别代表维持、蛋白质沉积、脂肪沉积和温度变化（低于最适温度下限）的 ME 的需要。

能量与蛋白质沉积间有一定比例关系，只有合理的能量蛋白比才能保证饲料的最佳效率。研究结果显示，随着能量进食量的提高，每天能量和蛋白质的沉积率呈线性提高，脂肪蛋白质比例呈曲线提高，并且这一结果明显受日粮蛋白质质量的影响。满足蛋白质水平的日粮其代谢能用于蛋白质和脂肪的沉积效率分别为 76% 和 78%；没有满足蛋白质水平的日粮其代谢能用于蛋白质和脂肪的沉积效率分别为 40% 和 89%。

2. 蛋白质与氨基酸

牛和羊所需蛋白质来自日粮过瘤胃蛋白质和瘤胃微生物蛋白质。反刍家畜所食日粮蛋白质中，一部分在瘤胃中被微生物降解（RDP）并合成微生物蛋白质（MCP）被消化、利用；另一部分日粮蛋白质未被瘤胃微生物分解而直接进入真胃成为过瘤胃蛋白（UDP）。与牛、羊能量需要一样，蛋白质需要也可分为生产需要与维持需要。

我国奶牛饲养标准中，维持的粗蛋白质为 $4.6W^{0.75}$ g，平均每产 1 kg 标准乳粗蛋白质需要量为 85 g，假如以体重 600 kg，日产 40 kg 标准乳的高产奶牛为例，其粗蛋白质需要量为：$4.6 \times 600^{0.75} + 40 \times 85 = 3\ 957.66$ g。

肉羊的蛋白质需要多数仍采用粗蛋白质体系。肉羊的蛋白质需要量大于一般的绵羊需要。一般早期断奶后的前三周，应供给高蛋白的饲粮，以后随着育肥时间的延长，可适当降低蛋白质含量，但不能低于12.5%。我国推荐的肉羊（新疆细毛羊羔羊舍饲）粗蛋白质需要量见表4—3。

表4—3　中国建议的新疆细毛羔羊舍饲育肥粗蛋白质需要量　g/（天·只）

日增重（g）	体重（kg）						
	20	25	30	35	40	45	50
50	84	93	102	111	114	125	139
100	111	121	132	141	148	152	159
150	141	150	161	171	170	179	186
200	158	168	178	187	183	192	198
250	171	180	189	198	192	198	206
300	183	191	200	207	204	210	215

由于仔猪胃肠道尚未发育成熟，供给易消化、生物学价值高的蛋白质饲料非常重要。根据仔猪体组织及猪乳中氨基酸含量并综合有关研究，提出了仔猪最佳氨基酸比例（理想蛋白质，见表4—4）。生产中，蛋白质的需要除考虑蛋白质水平外，还应考虑必需氨基酸的含量和比例。

表4—4　仔猪组织、母乳氨基酸组成及理想蛋白质

项目	氨基酸（g/100 gCP）		相对赖氨酸比值		理想蛋白质（%）	
	仔猪组织	母乳	仔猪组织	母乳	Baker（1993）	Fuller（1990）
赖氨酸	6.85	7.58	100	100	100	100
蛋+胱氨酸	3.10	3.29	45	43	60	63
精氨酸	1.80	1.73	26	23	42	—
苏氨酸	3.76	4.15	55	55	65	72
色氨酸	—	1.31	—	17	18	18
亮氨酸	7.11	8.56	104	113	100	110
异亮氨酸	3.58	4.11	52	54	60	55
组氨酸	2.63	2.76	39	36	32	—
苯丙氨酸	3.73	3.97	54	52	—	—
苯丙+酪氨酸	6.46	8.46	94	111	95	120
缬氨酸	4.79	5.35	70	71	68	75

家畜对蛋白质的需要实际上是对氨基酸的需要。蛋白质、氨基酸的需要以先确定可消化或可利用氨基酸（第一限制性氨基酸）为宜，然后根据理想蛋白氨基酸模式，可推算出其他氨基酸的需要。蛋白质的需要可采用综合法，通过生长试验确定；也可用析因法测定维持和生长（蛋白质沉积）蛋白质的需要。析因法估计蛋白质的需要表示

如下：

$$CP（g/天）=（CP_m+CP_g）/NPU$$

式中　CP——总的粗蛋白质需要；

CP_m——维持所需粗蛋白质；

CP_g——生长（沉积）所需粗蛋白质；

NPU——净蛋白质利用率。

根据各种家畜一定体重和日增重的净蛋白质（或氮）沉积量和维持所需，可估计粗蛋白质需要。氨基酸的需要同样用析因法先确定维持和沉积单个氨基酸的需要，一般是先求出第一限制性氨基酸即赖氨酸的需要，然后根据维持和沉积蛋白质的氨基酸模式推算出其他各种氨基酸的需要，维持加上沉积即为氨基酸的总需要量。一般表示为每日需要量，根据每日的采食量和DE或ME可折算成每千克饲料的百分含量。

3. 矿物质

奶牛对钙的需要受奶牛个体情况、生产状况等的影响。据测定，奶牛每日每100 kg体重维持需要的钙为6 g，每千克标准乳需要钙4.5 g。生长奶牛的钙维持需要为每100 kg体重6 g，每千克增重20g。产奶奶牛维持需要的磷为每100 kg体重4.5 g，每千克标准乳需要磷3 g。生长奶牛维持需要磷为每100 kg体重5 g，每千克增重13 g。奶牛补充钙、磷应注意其比例，钙、磷比例应在2∶1～1∶1的范围。奶牛钾的需要量为饲料干物质的0.8%，粗粮多时不会缺钾，在热应激下钾应增加到1.5%。奶牛日粮中需补充食盐来满足钠和氯的需要。奶牛的食盐供给量为每100 kg体重3 g，每产1 kg标准乳1.2 g。或在精料中加入1.0%～1.5%，或让其自由采食。每产1 kg奶需要供给镁0.07 g，或镁占日粮干物质的0.2%。为了有效利用非蛋白氮（NPN），必须补充硫。日粮中的氮硫比例应控制在10∶1～12∶1。硫占日粮干物质的0.1%或0.2%（喂尿素时）可满足奶牛需要。奶牛对铁的需要量为每千克干物质12.3～18 mg。高产奶牛对铜、碘、硒、钴的需要量分别为每千克干物质11 mg、0.44 mg、0.3 mg和10 mg。

肉羊饲料中的钙磷比一般为1.2∶1～1.5∶1。我国推荐的肉羊（新疆细毛羊羔羊舍饲）钙、磷、食盐需要量分别见表4—5、表4—6和表4—7。

表4—5　中国建议的新疆细毛羔羊舍饲育肥钙需要量　g/（天·只）

日增重（g）	体重（kg）						
	20	25	30	35	40	45	50
50	1.4	1.6	1.9	2.1	2.4	2.7	2.9
100	1.9	2.2	2.5	2.8	3.1	3.4	3.7
150	2.4	2.7	3.0	3.4	3.7	4.1	4.4
200	2.8	3.2	3.6	4.0	4.4	4.8	5.2
250	3.3	3.8	4.2	4.6	5.1	5.5	5.9
300	3.8	4.3	4.8	5.2	5.7	6.2	6.7

表4—6　　中国建议的新疆细毛羔羊舍饲育肥磷需要量　　g/（天·只）

日增重（g）	体重（kg）						
	20	25	30	35	40	45	50
50	1.4	1.6	1.8	2.1	2.3	2.5	2.7
100	1.8	2.0	2.2	2.5	2.7	2.9	3.2
150	2.1	2.4	2.6	2.9	3.2	3.4	3.7
200	2.4	2.7	3.0	3.3	3.6	3.9	4.2
250	2.8	3.1	3.4	3.7	4.1	4.4	4.7
300	3.1	3.4	3.8	4.1	4.5	4.9	5.2

表4—7　　中国建议的新疆细毛羔羊舍饲育肥食盐需要量　　g/（天·只）

食盐	体重（kg）						
	20	25	30	35	40	45	50
需要量	6	7	8	9	10	11	12

猪至少需要13种矿物质元素，其中常量矿物质主要有钙、磷、钠、氯和钾。

（1）钙与磷。NRC（1998）标准是最低需要量的估计值，是在适宜环境的舍饲条件下，以玉米—豆粕型饲粮为基础，各养分含量达平均值时的估计值，未加保险系数。因此，美国21家饲料公司和7所大学的营养学家推荐了高于NRC（1998）的钙、磷水平。许振英（1994）建议，5～20 kg仔猪钙、磷及有效磷需要量分别为0.90%、0.70%和0.35%。蒋宗勇（1995）建议，7～22 kg仔猪钙、磷及有效磷需要量分别为0.74%、0.58%和0.36%，钙与总磷比为1.21∶1，钙与有效磷比为1.94∶1。

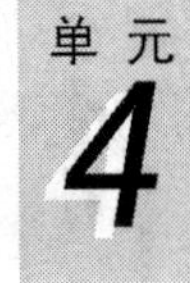

（2）钠、氯和钾的需要与电解质平衡。早期未考虑到电解质平衡因素，猪一般以食盐作为钠和氯的来源，在饲养标准中多以食盐方式表示钠和氯的需要量。Honeyfield（1985）对3周龄断奶仔猪的研究表明，饲粮含0.11%钠和0.1%氯时生长速度最佳。NRC（1998）猪饲养标准中，仔猪钠和氯的需要量较NRC（1988）显著提高，比例也发生了变化。Conbs等（1985）的试验表明，断奶仔猪钾的需要量与赖氨酸水平有关，钾有节约生长猪赖氨酸的作用（Mabydike，1980）。低赖氨酸水平时提高钾含量，可获得与足量赖氨酸水平相当的生产性能（Austic，1983）。

Mongin（1981）建议，用Na＋K－Cl来表示电解质平衡（dEB，单位：毫摩尔/升，mmol/L）。Haydon（1990）用生长猪的研究表明，饲粮中dEB值从100 mmol/L上升到250 mmol/L有利于猪体内酸碱平衡，特别在高温环境下得益更大。将dEB水平由－50 mmol/L提高到100 mmol/L、250 mmol/L和400 mmol/L可以提高回肠氮、干物质、能量和绝大部分氨基酸的表观消化率。

（3）铜。铜是许多酶的组成成分，与血红蛋白的合成和许多物质代谢有关，有利于铁的利用。仔猪对铜的需要量为5～6 mg/kg。

（4）铁。铁是血红蛋白的重要成分，也是肌红蛋白、运铁蛋白、子宫铁蛋白和乳铁蛋白的成分。哺乳仔猪每天需存留铁7～16 mg，以维持足够的血红蛋白和铁储量，而出生时体内有50 mg铁，每升猪乳平均仅含1 mg，因而，仅食母乳的仔猪很快发生缺铁性贫血，表现为生长缓慢，精神不振、被毛粗糙、皮肤皱褶、黏膜苍白，少数运动后呼吸困难或膈肌痉挛（噎病），血红蛋白水平低于8 g/100 mL全血（正常值为10 g/100 mL）。研究证明，出生后头3天的仔猪肌肉注射铁剂可防止发生缺铁性贫血。

（5）锌。锌是多种DNA和RNA合成酶和转运酶以及消化酶的组成成分，在蛋白质、碳水化合物与脂类代谢中具有重要作用。仔猪饲粮中锌需要量为80～100 mg/kg，植酸、植酸盐、钙、铜等影响锌的需要量。

（6）锰。锰是碳水化合物、脂类和蛋白质代谢有关酶的组成成分，也是硫酸软骨素合成的必需元素，与骨骼发育有关。仔猪饲粮中锰的需要量为3～40 mg/kg。

（7）碘。碘是甲状腺素的组成成分，可调节代谢速度。碘的需要量尚未完全确定，仔猪需要量为0.14～0.2 mg/kg。

（8）硒。硒是谷胱甘肽过氧化物酶的组成成分，缺硒会导致猪的白肌病。仔猪饲粮中硒需要量为0.3 mg/kg。

4. 维生素

NRC（1996）提出生长育肥牛维生素A的需要量为每千克干物质2 200IU/kgDE，妊娠母牛为2800IU，种公牛与泌乳牛为每千克干物质3 900IU。我国肉牛营养需要（2000）中维生素A的需要量与NRC的建议量相同。低纬度地区和舍饲肉牛，日粮中需补充维生素D。NRC（1996）和我国肉牛饲养标准（2000）均建议肉牛日粮中维生素D的需要量为每千克干物质275IU。NRC（1996）确定犊牛日粮中维生素E需要量为每千克干物质15～60IU。成年牛、羊瘤胃微生物合成的水溶性维生素可满足其生长发育的需要，日粮中一般不需要补充，但犊牛料中仍需要补充。NRC（2001）建议，犊牛代乳料每千克干物质中添加水溶性维生素：维生素B_1，6.5 mg；维生素B_2，6.5 mg；烟酸，10 mg；生物素，0.1 mg；泛酸，13 mg；叶酸，0.5 mg；维生素B_{12}，0.07 mg；胆碱，1 000 mg。

饲养标准中的维生素推荐量大多是防止维生素临床缺乏症的最低需要量。为满足猪的最佳生产性能或抗病能力，实践中都在饲粮里超量添加维生素。由于维生素本身的不稳定性和饲料中维生素状况的变异性，使得合理满足仔猪维生素的需要量难度增大。其影响因素主要包括日粮类型、日粮营养水平、饲料加工工艺、贮存时间与条件、仔猪生长遗传潜力、饲养方式、食欲和采食量、应激与疾病状况、药物的使用、体内维生素贮备等。

玉米豆粕型日粮最易缺乏或不足的维生素主要有维生素A、维生素D、维生素E、核黄素、烟酸、泛酸和维生素B_{12}。

多数国家推荐仔猪维生素A需要量为每kg饲粮1 718～2 380 IU；维生素D为每kg饲粮140～240 IU；维生素E为每kg饲粮8.5～16 IU；维生素K为每kg饲粮0.5～2.2 mg。

谷实或其副产品为基础的日粮，含有丰富的维生素B_1，日粮额外添加是为了提高安全系数。多数国家推荐仔猪维生素B_1需要量为每kg饲粮1.0～1.67 mg。动物性饲料及青绿饲料含维生素B_2较多，但饼粕类、谷实及其加工副产品中含量低。由于维生素B_2价格较低，饲粮中可超量添加。多数国家推荐仔猪维生素B_2需要量为每kg饲粮

2.78～4.0 mg；维生素 B_6需要量为每 kg 饲粮 1.5～2.78 mg。谷实类籽实及其副产品中尼克酸利用率极低，并且多种因素都可增加尼克酸的需要量，多数国家推荐仔猪尼克酸的需要量为每 kg 饲粮 12.5～24 mg。仔猪对泛酸需要量推荐为每 kg 饲粮 9～15 mg。猪日粮中有效生物素的推荐量为：早期断奶仔猪饲粮中需要 200 μg/kg，添加量为每 kg 饲粮100～150 μg；小猪饲粮中需要 150 μg/kg，添加量为每 kg 饲粮 50～100 μg；生长猪饲粮中需要 125 μg/kg，添加量为每 kg 饲粮 30～70 μg；育肥猪饲粮中需要 50 μg/kg，添加量为每 kg 饲粮0～50 μg。维生素 B_{12}只存在动物性饲料中，全植物性饲料必须添加维生素 B_{12}，其推荐量为每 kg 饲粮 10～24 μg。

二、常用饲料营养特点

1. 青绿饲料

青绿饲料是指水分含量大于或等于 60% 的野生或人工栽培的禾本科或豆科牧草和农作物植株。主要包括天然牧草、栽培牧草、青饲作物、叶菜类饲料、树枝树叶及水生植物等。营养丰富而且较全面，适口性好，消化率高，是家畜良好的饲料。

（1）营养特性

1）青绿饲料含水量高，适口性好。鲜嫩的青绿饲料水分含量一般比较高，陆生植物牧草的水分含量为 75%～90%。适口性好，营养丰富全面，消化率高，如肉用绵羊对青绿饲料有机物消化率可达 75% 以上。水分含量高使其他的营养素含量偏低，消化能在每千克 1 254 兆卡～2 508 兆卡。所以仅以青绿饲料作为家畜的日粮时，必须补充精饲料才能满足其能量需要。

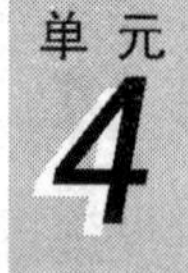

2）维生素含量丰富。每千克青绿饲料中，胡萝卜素的含量高达 50～80 mg，B 族维生素的含量也很丰富，还含有一定量的维生素 E、维生素 K 等。

3）富含蛋白质。青绿饲料中粗蛋白质的含量比禾本科籽实多，氨基酸组成也优于其他植物性饲料，含有多种必需氨基酸，以赖氨酸、色氨酸含量最高。

4）钙磷比例适宜。青绿饲料中矿物质占鲜重的 1.5%～2.5%，是矿物质营养的较好来源。一般钙为 0.4%～0.8%，磷为 0.2%～0.35%，比例适于家畜生长，特别是豆科牧草中钙的含量较高。尽管青绿饲料中各种矿物质含量因种类、土壤和施肥情况而各异，但是，一般来说，青绿饲料中各种矿物质元素基本满足牛、羊的营养需要。

（2）常用青绿饲料

1）青刈玉米。青刈玉米植株高大，生长迅速，产量高。青刈玉米具有柔软多汁、适口性好、营养丰富、无氮浸出物含量高、易消化等特点，青贮后可作为牛羊的优质饲料。

2）天然牧草及人工牧草。牧草种类很多，分豆科和禾本科两类。豆科牧草除紫花苜蓿外，还包括三叶草、小冠花、黄花苜蓿等。禾本科牧草包括黑麦草、无芒燕麦、芨芨草、芦苇、羊草等。

苜蓿是一种多年生开花植物，其中最著名的是作为牧草的紫花苜蓿，是我国重要的栽培牧草之一。苜蓿以“牧草之王”著称，不仅产量高，而且草质优良、适应性强，在初花期刈割最适宜。苜蓿营养价值高，如初花期干物质中粗蛋白质为 21.1%，且必需氨基酸组成较平衡，赖氨酸达1.34%，消化率可达78%，饲用效果良好，可作为牛羊的主要青绿饲料。

羊草又名碱草，是我国北方草原分布很广的一种优良多年生牧草。羊草适口性好、营养丰富，鲜草干物质含量为28.6%，粗蛋白为3.5%，蛋白品质良好。

3）青绿饲料的合理利用。青绿饲料是牛、羊不可缺乏的优良饲草，但干物质少，能量含量相对较低。牛、羊生长期可用青绿饲料作为唯一的饲料来源，但对育肥羊、妊娠母羊、哺乳母羊、种公羊要适量补充青干草、谷物饲料和蛋白质饲料等，这样才能满足营养需要，饲养效果才能更好。

青绿饲料的营养价值随着植物的生长而变化，一般来说，植物生长早期营养价值较高，但产量较低。生长后期，虽干物质产量增加，但由于纤维素含量增加，木质化程度提高，营养价值下降。不同品种、不同利用方法、不同利用对象情况下，青绿饲料最佳利用时间是不一样的，禾本科一般在孕穗期，豆科则在初花至盛花期，直接鲜喂适当提前，青贮利用和晒制干草可适当推迟。

青绿饲料特别是叶菜类饲料含有硝酸盐，若长时间堆放，发霉腐败，腐败菌能把硝酸盐还原为亚硝酸盐而具有毒性。青绿饲料一般不含氢氰酸，但有的青绿饲料，如玉米苗、高粱苗、南瓜蔓等含有氰苷，牛、羊采食后在瘤胃中会生成氢氰酸而有毒。有些适口性差、有异味的牧草，最好和其他牧草混合饲喂或调制。

青绿饲料能起到填充胃肠道的作用，使猪产生饱腹感，表现安静舒适，避免出现啃栏、假咀嚼等行为。青绿饲料中的粗纤维能促进胃肠道的蠕动和对粪便的排泄起到清洗剂的作用，促进微生物毒素的排泄，还可在消化道内与有害物质暂时结合，起到解毒的作用，保护猪体的健康。此外，粗纤维还能促进胆汁排出，利于防止胆囊和胆管结石及脂肪肝的发生。大部分青绿饲料具有清热解毒的功效，给猪补充后，有利于缓解夏季高温对猪场生产的不良影响，恢复生产性能。猪场里种植青绿饲料，通过猪—粪—土壤—青绿饲料—猪的生态循环，减少猪粪尿对猪场环境的影响，利于绿化环境，促进生态养猪的良性循环，同时还可以提高养猪经济效益。

猪属单胃、杂食、后消化道发酵家畜，只能在盲肠内消化少量粗纤维，对含粗纤维高的青绿饲料利用率较差，特别是含木质素高的青绿饲料利用率更差。因此，养猪一般选用营养物质易消化且含粗纤维低的青绿饲料，如紫云英、鲁梅克斯K－1杂交酸模、美国籽粒苋、紫花苜蓿、白三叶草、串叶松香草、黑麦草、杂交狼尾草、番薯茎叶、菊苣、苦荬菜、聚合草、牛皮菜、萝卜菜等。

2. 青贮饲料

青贮饲料是把青绿饲料切碎后，装入青贮设施，密封后经微生物发酵作用制成的一种具有特殊芳香气味、营养丰富的饲料。

青贮饲料制作方便，原料来源广，如苜蓿、全株玉米、野青草、花生藤、各种块根块茎等；青贮饲料能够保存青绿饲料90%左右原料成分，营养丰富，利于长期保存，同时，青贮饲料中由于大量乳酸菌的存在，菌体蛋白质含量比青贮前提高20%～30%，是反刍家畜优良的饲料来源；青贮饲料经过乳酸菌发酵后，气味酸香、柔软多汁、适口性好，各种营养成分的消化率也高。

在青贮饲料饲喂时，最好经过几天的饲喂训练，喂量应从小到大，和其他饲料配合饲喂，使之逐渐适应。同时注意妊娠羊要少喂青贮饲料，妊娠后期停止饲喂，冻结的要化开再喂，以防牛、羊流产。

3. 粗饲料

粗饲料来源广泛，数量大，主要包括干草类、秸秆类、农副产品类（壳、荚、秧、藤）等。粗饲料的特点是粗纤维含量高，占饲料干物质的18%以上，能量值相对较低。这类饲料的体积大、消化率低，但资源丰富，是牛、羊等草食家畜不可缺少的饲料种类。

（1）青干草。青干草是由青绿牧草或其他饲料作物刈割后经自然或人工干燥调制成的能够长期保存的饲草。优质的青干草颜色青绿、气味芳香、质地柔松、叶片脱落少，含有较多的蛋白质、胡萝卜素、维生素 D、维生素 E 及矿物质，是牛羊重要的基础饲料。

青干草粗纤维的含量为20%～30%，所含能量为玉米的30%～50%。粗蛋白含量豆科干草12%～20%，禾本科干草7%～10%。钙多磷少，含有一定量的B族维生素和丰富的维生素D。营养价值方面，干草比蒿秆和秕壳类好，豆科比禾本科好；绿色比黄色好，叶多的比叶少的好。

（2）秸秆。秸秆饲料是指农作物在籽实成熟并收获后的残余副产品，主要有稻草、大麦秸、小麦秸、玉米秸、燕麦秸、大豆秸、蚕豆秸、豌豆秸、花生秸、油菜秆、枯老苋菜秆等。

秸秆粗纤维含量高达25%～50%，木质素、半纤维素含量高，消化率低。秸秆中粗蛋白质含量低，除维生素D外，缺乏其他维生素，钙、磷尤其是磷的含量低。虽然秸秆是营养价值较低的粗饲料，但经过加工调制后，营养价值和适口性有所提高，仍是牛羊冬季补饲的主要饲料。

1）麦秸。麦秸包括大麦秸、小麦秸、燕麦秸等，主要是小麦秸。小麦秸粗纤维含量高，适口性差，营养价值低，是质量较差的粗饲料，但氨化后饲用价值明显提高。大麦秸蛋白质含量高于小麦秸，燕麦秸饲用价值最高。

2）玉米秸。玉米种植面积大，秸秆产量也最多。风干的玉米秸粗蛋白含量3.9%，粗脂肪含量0.9%，粗纤维含量37.7%，无氮浸出物含量48.0%，粗灰分含量9.5%。玉米秸秆外皮光滑，茎的上部和叶片营养价值高，牛羊喜爱采食。

3）谷草。谷草质地柔软，营养丰富，可消化粗蛋白较麦秸、稻草高。在禾谷类饲草中，谷草主要的用途是制备干草，供冬春季饲用。

4）豆秸。指豆科秸秆，一般粗蛋白含量5%～8%，豌豆秸和蚕豆秸蛋白质含量最多，品质较好。

5）甘薯秧。甘薯秧干物质中粗蛋白含量为8.8%，粗脂肪的含量为2.6%。甘薯秧质地柔软，适口性好，消化率高。

（3）农副产品

1）秕壳。秕壳是指农作物种子脱粒或清理种子时的残余副产品，如稻谷壳、麦壳等。与其同种作物的秸秆相比，秕壳的蛋白质和矿物质含量较高，而粗纤维含量较低。

禾谷类荚壳中，谷壳含蛋白质和无氮浸出物较多，粗纤维较低，营养价值仅次于豆荚。但秕壳的质地坚硬、粗糙，且含有较多泥砂，甚至有的秕壳还含有芒刺。因此，秕壳的适口性很差，大量饲喂很容易引起家畜消化道功能障碍，应该严格限制喂量。

2）荚壳。荚壳类饲料是指豆科作物种籽的外皮、荚皮，主要有大豆荚皮、蚕豆荚皮、豌豆荚皮和绿豆荚皮等。与秕壳类饲料相比，此类饲料的粗蛋白质含量和营养价值相对较高，对羊的适口性也较好。

4. 能量饲料

能量饲料是指干物质中粗纤维含量低于18%，粗蛋白含量低于20%的饲料，主要包括谷实类籽实、糠麸类、油脂等。

（1）谷实类。谷实类饲料主要有玉米、小麦、大麦、高粱等，这类饲料无氮浸出物（主要淀粉）含量较高，为60%～70%，是补充热能的主要来源；蛋白质含量相对较低，为9%～12%；含磷0.3%左右，钙0.1%左右；一般维生素B族和维生素E较多，维生素A、D缺乏。精料一般以谷实类饲料为主，并注意搭配蛋白质饲料，并补充钙和维生素A等。

1）玉米。玉米是生产中常用的能量饲料，分布广、产量高、种植面积大，是农区的主要粮食作物之一。玉米含粗纤维2%左右，无氮浸出物高达70%以上，消化能为14.6 MJ/kg以上。全玉米中有机物质的平均消化率可达86%，适口性好。但蛋白质含量低，赖氨酸、蛋氨酸、色氨酸和胱氨酸含量较低，矿物质和维生素含量不足。另外，亚油酸含量高，粉碎后易酸败变质。玉米脂肪含量高，多为不饱和脂肪酸。

2）高粱。高粱去壳后的营养成分略低于玉米，高粱粗脂肪含量较高，但所含蛋白质质量较差，氨基酸也不平衡，微量元素含量较低，且含有较多的单宁，会阻碍蛋白质和能量及矿物质的利用率，适口性也差。

3）小麦。小麦有效能值仅次于玉米，粗蛋白质含量在谷实类中最高，各种限制性氨基酸也高于玉米。小麦中锰、锌、铜、钙、磷也较玉米高，但钙磷不平衡，维生素A、D缺乏。小麦适口性好，但有高黏稠性和持水性，喂量过高可引起腹泻。小麦宜粗磨，以免糊口。

4）大麦。大麦有效能值不如玉米和高粱，与小麦相近，但是大麦蛋白质质量较好，赖氨酸含量比玉米、高粱高，粗纤维含量较高，影响能量的利用率。铁含量较高，钙、铜含量较低，整粒饲喂不易消化，所以应该破碎。

（2）加工副产品。主要是果实类的加工副产品，常用的有小麦麸、大麦麸、米糠、玉米皮等。

1）小麦麸。小麦麸俗称麸皮，是小麦磨粉工业的副产品。麦麸中粗纤维含量越多，消化率越低，营养价值和能量下降。一般粗纤维含量8.5%～12%，因而其有机物质的消化率低，粗蛋白质含量高达15.5%，赖氨酸含量较高，含有丰富的铁、锌、锰以及维生素E、烟酸和胆碱。具轻泻作用，不宜多喂。

2）米糠。米糠是糠麸类饲料中能值较高的饲料，粗蛋白含量约14%，但粗纤维、无氮浸出物甚低，维生素B族和维生素E含量高，且含有肌醇。钙（0.08%）、磷（1.6%）比例不平衡。铁、锌、锰、镁含量较高。米糠中的脂肪多属不饱和脂肪，不易贮存，易氧化而酸败。

5. 蛋白质饲料

干物质中粗纤维含量低于18%，粗蛋白含量高于20%的饲料称为蛋白质饲料，包括豆科籽实、饼粕类、糟渣类等。

（1）豆饼（粕）。豆饼（粕）是大豆压榨提油后的副产品，适口性好。富含蛋白质，干物质中粗蛋白质占40%～50%，高于大豆的蛋白质含量，豆饼所含的粗蛋白质低于豆粕5%左右。豆饼干物质中粗脂肪较高，为6%～8%，豆粕较低，为1%～3%。赖氨酸含量特别高，约占干物质的2.18%，蛋氨酸达0.59%，其他8种必需氨基酸也很丰富。豆饼的蛋白质消化率较高，约为82%，而且有芳香味，适口性好，为优质的蛋白质饲料。豆饼（粕）同其籽实一样，缺乏维生素A和D，但富含B族维生素，存在钙少磷多的缺点，在日粮中的添加量一般不超过20%。

（2）棉籽饼（粕）。棉籽饼（粕）含粗蛋白32%～37%，赖氨酸、蛋氨酸、胱氨酸含量较低，精氨酸含量较高；粗纤维含量较高，钙含量偏低，B族维生素较丰富，但含量变化大。棉籽饼（粕）含有有毒物质棉酚，但一般只要饲喂不过量（日粮用量不超过20%）就不会发生中毒。对含毒较高的棉籽饼（粕），要进行脱毒处理。

（3）菜籽饼（粕）。菜籽饼（粕）含粗蛋白36%～39%，矿物质和维生素比豆饼丰富，含磷较高，粗纤维在10%左右。菜籽饼（粕）含有芥子毒素，孕畜最好不喂；若不脱毒，只能限量饲喂，只有脱毒或减毒后才能提高饲喂比例；在日粮中的比例以不超过20%为宜。

（4）向日葵饼（粕）。去壳压榨或浸提的饼（粕）粗蛋白达45%左右，能量比其他饼（粕）低；带壳饼（粕）粗蛋白30%以上，粗纤维22%左右，营养价值与棉籽饼（粕）相近。

（5）糟渣类。是谷实及豆科籽实加工后的副产品，主要包括啤酒糟、酒精糟、豆腐渣等，这类饲料都含有较高的蛋白质，适当处理可以作为较好的蛋白质补充料。同时新鲜糟渣类饲料含水分多，比较适宜新鲜时饲喂。

1）啤酒糟。干啤酒糟粗蛋白质含量为22%～27%，粗纤维含量（15%）较高，矿物质、维生素含量丰富，无氮浸出物39%～43%。啤酒糟适口性好，过瘤胃蛋白质含量高，适用于饲喂牛羊。

2）酒精糟。以玉米酒精糟最多。经干燥处理后的脱水酒精糟蛋白含量为20%～25%，粗纤维含量为11%～20%，脂肪含量（3%～8%）较高。含有丰富的B族维生素，适口性好，是很好的过瘤胃蛋白质来源。

3）豆腐渣。豆腐渣中的蛋白质含量受加工的影响较大，干物质中粗蛋白含量为20%～30%，粗纤维和粗脂肪含量较高，维生素含量低。豆腐渣含水分很高，不容易加工干燥，一般鲜喂，是良好的多汁饲料。

（6）动物性蛋白饲料。动物性饲料一般指鱼类、肉类和乳制品加工的副产品以及其他家畜产品。常用的有鸡蛋、牛奶、羊奶、脱脂奶、肉粉、鱼粉、血粉、肉骨粉、蚕蛹、全乳和脱脂乳等。动物性蛋白饲料含高蛋白质，一般含蛋白质在50%以上，成本比较高。反刍家畜一般很少使用动物性蛋白饲料，但在牛、羊的泌乳、种公畜配种高峰期等阶段，可适当补充动物性饲料。

6. 多汁饲料

多汁饲料主要指胡萝卜、山芋、马铃薯、甜菜等块根块茎及瓜果类饲料，其特点是水分高达70%～95%，松脆可口，容易消化，有机物消化率为85%～90%。冬季在以秸秆、干草为主的家畜日粮中配合部分多汁饲料，能改善日粮适口性，提高饲料利用率。

多汁饲料的鲜样能量含量低，但是干物质中粗纤维少，折合能量相当于玉米、高粱等；粗蛋白含量低，但生物学价值很高；各种矿物质和维生素含量差别很大，一般缺钙、磷，富含钾。胡萝卜含有丰富的胡萝卜素，甘薯和马铃薯却缺乏各种维生素。

（1）胡萝卜。胡萝卜产量高，耐贮存，营养丰富。胡萝卜中的大部分营养物质是淀粉和糖类，因含有蔗糖和果糖，味甜多汁。每千克胡萝卜含胡萝卜素36 mg以上，含磷量为0.09%，高于一般多汁饲料。另外胡萝卜含有大量的钾盐、铁盐和磷盐等多种元素。而且，颜色越深，胡萝卜素和铁含量越高。胡萝卜是种公畜、繁殖母畜冬、春季重要的多汁饲料，有很好的调养作用。因熟食会使胡萝卜素、维生素C、维生素E遭到破坏，所以要生喂。

（2）甘薯。甘薯（又叫红薯、地瓜）产量高，粗纤维少，干物质含量可达25%～30%，其中85%为淀粉，蛋白质含量较少，能量含量居多汁饲料之首。甘薯含有一定量的维生素，但其他维生素和矿物质缺乏，使用时必须和其他饲料混合喂饲。甘薯怕冷，宜在13℃左右贮存。有黑斑病的甘薯有异味，且含毒性酮，易导致喘气病，严重的会引起死亡。

（3）马铃薯。含干物质约25%，主要成分是淀粉，占干物质的80%以上。鲜马铃薯中维生素C含量丰富，其他维生素缺乏，钙、磷及其他矿物质含量低。马铃薯耐储存，温度高时会发芽，在幼芽及绿色表皮中含有龙葵素，喂量过多可引起中毒。饲喂时应切除发芽部位并仔细选择，以防中毒。

（4）甜菜及甜菜渣。饲用甜菜产量高，含糖5%～11%，适于喂牛羊，但喂量不要过多，也不宜单一饲喂。糖用甜菜（含糖20%～22%）经榨汁制糖后剩余的残渣叫甜菜渣。甜菜渣中80%的粗纤维可以被羊消化，所以按干物质计算可看成羊的能量饲料。甜菜渣含钙、磷较多，且钙多于磷，比例优于其他多汁饲料。干的甜菜渣喂前应先用2～3倍重量的水浸泡，避免喂后在消化道内大量吸水引起膨胀致病。

7. 矿物质饲料

天然饲料中都含有矿物质元素，但存在成分不全、含量不一等问题。因此在舍饲繁殖母畜、种公畜和处于生长发育阶段的幼畜都要补充一些矿物质饲料，可补充日粮中矿物质不足。牛羊饲料中需要补充的矿物质饲料主要是食盐、钙和磷，其他微量元素作为添加剂补充。

（1）食盐。大多数植物饲料中钠和氯的含量均不足，相反含钾较多。为了使矿物质代谢平衡，必须在日粮中补饲食盐。食盐可补充机体所需要的钠和氯，除具有维持体液渗透压和酸碱平衡的作用外，还可促进唾液分泌，提高饲料适口性，增强食欲。一般在混合料中食盐所占的比例为0.8%～1.2%。

(2) 钙、磷矿物质饲料。钙、磷营养受钙磷供给水平、钙磷比例及饲料中维生素D水平及体重等因素影响。钙和磷缺乏，幼畜易出现佝偻病，成畜易出现软骨病，泌乳母畜易出现生产瘫痪等。

生产中常用的含钙的矿物质饲料有石粉、贝壳粉，它们的主要成分为碳酸钙。碳酸钙（饲料级）含钙量38.4%，含磷量0.02%；石粉含钙量35.8%，含磷量0.01%；贝壳粉含钙量32%~35%；蛋壳粉含钙量30%~40%，含磷量0.1%~0.4%。

生产中常用的含磷的矿物质饲料有磷酸氢钙、磷酸二氢钙、骨粉等，既含磷，也含钙。磷酸氢钙（无水）含钙量29.6%，含磷量22.8%；磷酸二氢钙含钙量15.9%，含磷量24.6%。骨粉是一种家畜来源的钙磷补充源，脱胶骨粉的钙在30%以上，磷在12%左右。另一类为蒸骨粉，钙含量在23%左右，磷11%左右。骨粉的钙磷比例比较平衡，利用率也高。新鲜蛋壳与贝壳应防止变质。磷酸盐同时含有氟，但含氟量一般不超过含磷量的1%，否则需要脱氟处理。

其他矿物质饲料，如沸石、麦饭石、膨润土、海泡石、滑石、方解石等广泛应用于畜牧业。这些物质除供给牛、羊所需的部分微量元素和超微量元素外，还具有独特的理化性质。

8. 添加剂饲料

(1) 营养性添加剂。包括微量元素添加剂、维生素添加剂、氨基酸添加剂和非蛋白氮添加剂（尿素等）。

目前生产中添加微量元素常用的是各种元素的无机盐类，如硫酸盐（硫酸锌、硫酸亚铁等）、氧化物（氧化锌）等。微量元素的添加量应按家畜的营养需要添加，一般不考虑饲料中的含量和可利用率。

常用的商品维生素添加剂可分为三类。一是纯制剂，是稳定性较好的维生素单一高纯度制剂，化合物含量在95%以上，如维生素B_1、维生素B_2、维生素B_6、叶酸、烟酸等；二是经包被处理的制剂，如维生素C；三是各种维生素预混合饲料。

饲料中添加尿素的目的是补充饲料中的蛋白质，可在青贮饲料或碱化处理秸秆时添加，也可用液氨处理秸秆或谷物饲料，能够显著提高秸秆的营养价值。

(2) 非营养性添加剂。主要包括生长促进剂、药用保健剂、饲料保藏剂和加工辅助剂等。目前牛、羊生产中常用的有以下几种：瘤胃素，常用的有莫能菌素，控制和提高瘤胃发酵效率，从而提高增重速度及饲料转化率，添加量一般为每千克日粮干物质中添加25~30 mg，实际应按日粮组成确定使用量，用时均匀地混在饲料中，最初喂量可低些，以后逐渐增加；杆菌肽锌，是抗菌促生长剂，羔羊用量每千克饲料中添加10~20 mg，用时均匀地混在饲料中；酶制剂，如饲料中添加纤维素酶，可提高羊对纤维素的分解能力，使纤维素得到充分利用。

三、配合饲料的分类

按饲料的组成划分，配合饲料主要有添加剂预混合饲料、浓缩饲料、精料混合料、全价配合饲料。

1. 添加剂预混合饲料

以数量不等的各种添加剂为原料，选择适当的载体，按规定量进行预混合。添加剂预混合饲料既是全价配合饲料生产厂的原料，也是添加剂生产厂的产品。根据构成预混合饲料的原料种类，冠以相应名称的添加剂预混合饲料，如微量元素预混合饲料、维生素预混合饲料或复合添加剂预混合饲料。无论哪类预混合饲料，均以能供给家畜适量的养分或保证家畜的健康、提高家畜的生产能力或有助于饲料的加工贮存为宗旨。添加剂预混合饲料在配合饲料中的比例很小，但作用很大，是保证饲料营养丰富、全面，增加饲料有效利用率的重要组成部分。

2. 浓缩饲料

由蛋白质饲料、矿物质饲料和添加剂预混合饲料按一定比例混合而成，供生产全价配合饲料之用。浓缩饲料中一般蛋白质含量占40% ~80%（其中动物性蛋白质为15% ~20%），矿物质饲料占15% ~20%，添加剂预混合饲料占5% ~10%。实际使用时建议的浓缩饲料比例：仔猪（15 ~35kg）30% ~45%，生长猪（35 ~60 kg）30%，育肥猪（60 kg以上）20% ~30%。反刍家畜蛋白质饲料中较多地使用棉籽饼、菜籽饼等植物蛋白质饲料。这些饼粕饲喂牛、羊等反刍家畜比较安全。根据牛、羊等反刍家畜的氮代谢特点，可用部分非蛋白氮物质代替一部分蛋白质饲料，这是解决蛋白质饲料缺乏、节省动植物蛋白质的有效方法之一。非蛋白氮主要是指尿素类饲料。由于反刍家畜特殊的营养物质代谢方式，在配制反刍家畜用的浓缩饲料时可不考虑饲料有效磷和氨基酸问题。

3. 精料混合料

精料混合料由能量饲料、蛋白质饲料和矿物质饲料组成，混合均匀并可直接饲喂，在营养上起着补充草料营养不足不全的作用。在反刍家畜饲料中，浓缩料和能量饲料按照一定比例混合则制成精料混合料。

由于断奶犊牛瘤胃生理特点，精饲料要兼顾营养和瘤胃发育的需要。精饲料的营养浓度要高，养分要全面、均衡，以蛋白质饲料为主。精饲料中的谷物不要研磨得过细，那样就失去刺激反刍的作用。喂量不能过高，要保证日粮中中性洗涤纤维含量不低于30%。同时，适当增加优质牧草的喂量，以促进瘤胃、网胃的发育。4月龄以前，精粗饲料比一般为1:(1 ~1.5)，4月龄以后，调整为1:(1.5 ~2)。

精料混合料虽然可以直接饲喂牛、羊，以补充草料营养不足，但精料混合料是一种半日粮型配合饲料，只吃精料混合料不能满足正常的生长与生产需要，还必须与一定的青饲料、粗饲料等混合，才能构成反刍家畜全日粮型配合饲料。因此，在制作牛羊精料混合料时，还要考虑不同生理阶段、不同日增重等营养需要，同时需了解不同季节和不同饲养条件下所使用的青饲料、粗饲料的营养价值。

4. 全价配合饲料

全价配合饲料由浓缩料和能量饲料按一定比例混合而成，其营养含量种类和数量完全满足家畜的营养需要。全价配合饲料除了要求其养分含量和加工质量满足家畜的需要外，饲料中霉菌、细菌及毒素也应符合其质量标准。饲养实践中可根据不同阶段选择相应阶段的全价配合饲料进行饲喂。

全价配合饲料中比例最大的为能量饲料，占总量的50%～75%，其次是蛋白质饲料，占总量的20%～30%，然后是矿物质饲料，一般≤5%，其他如氨基酸、维生素类和非营养性添加物质（保健药、着色剂、防霉剂等）一般≤0.5%。

由于反刍家畜全价配合饲料的特殊性（主要是青粗饲料），在饲养实践中，往往把精料混合料与青粗饲料分开饲喂，给饲养者带来一定麻烦。为饲养方便，避免饲料浪费、提高饲料转化效率，根据牛、羊不同生长阶段的营养需要，把混合饲料与粉碎的粗饲料按比例制成颗粒饲料，有利于饲料消化利用。

四、饲料的加工调制

饲料调制的目的是保证饲料的品质，减少营养损失，增加适口性，易于消化，便于采食，提高饲料营养价值和利用率。此外，对某些不能直接饲用的副产品，通过加工调制后可变成饲料，有利于增大饲料来源。

1. 青干草的加工调制

青干草的调制包括牧草适时刈割、干燥、储藏和加工等几个环节，成品干草含水量一般在15%以下。干草调制过程中应尽可能缩短干燥时间，减少由雨淋、露水浸湿造成的干草腐烂。

(1) 适时收割。青草收割的时间对青干草的营养价值影响颇大，应适时收割。调制青干草，必须在青草单位面积上营养物质产量最高、水分含量较少、便于调制时收割。一般豆科类牧草以开花初期到盛花期收割为最好；禾本科类牧草一般以抽穗初期至开花初期收割为宜。此时牧草体内养分较丰富而且平衡，产草量和营养物质总量均较高，而含水量显著下降。过早，干草品质较好，但产量低；过晚，如在开花结实后收割，产草量高，但品质下降。对反刍家畜而言，由于对木质素和纤维素的消化能力强，可适当偏晚一些收割。天然野草一般在秋季收割。

(2) 青干草的调制。收割后的青草脱水干燥的方法很多，但总体分为两种类型：自然干燥法和人工干燥法。自然干燥法是当前普遍采用的简单易行的方法。人工干燥的青草品质好，但需要一定的机械设备，投资大，成本较高，在我国目前情况下采用较少。

1) 自然干燥法

①地面干燥法。地面干燥（也叫田间干燥）应选择在晴朗的天气进行，将青草适时刈割以后，在原地或另选一地势高处将青草摊开暴晒，每隔数小时适当翻晒，使之凋萎。当估计含水量降至50%左右（半干），用搂草机或人工把草搂成垄，并且根据天气条件和牧草的含水量进行适时翻晒。当牧草的水分降至35%～40%时，这时牧草的叶片尚未脱落，用集草器或人工集成0.5～1m高的草堆。再经1～2天晾晒后，当水分含量降至15%左右（此时用手捏草已没有湿软的感觉，取一束草拧成麻花状，草秆不完全折断）时，就基本调制完成，即可堆垛贮藏。牧草全株的总含水量在35%以下时，牧草的叶子开始脱落，因此搂草和集草作业应该在牧草水分不低于35%时进行。地面干燥法不需要特殊设备，基本上用手工操作，一般农户均可使用，比较适合我国北方夏、秋季雨水较少的地区。

②草架干燥法。在牧草收割时，如遇到多雨季节和潮湿天气，用地面干燥法调制青干草不易成功，可以在专门制作的干草架上进行晾晒。干草架可以用树干或木棍搭成，也可采用铁丝为原料，可以是三角形的，也可以是长方形的。割下的牧草在田间晒至水分达40% ~50%或遇到雨天时，将草一层一层放置于草架上，放草时要由下而上逐层堆放，厚度不超过70 cm，离地面20 ~30 cm，保持蓬松，有一定斜度，利于采光和排水。草架干燥虽花费人力、物力，但制成的青干草品质较好，养分损失比地面干燥减少5% ~10%。该方法较适于南方或时逢雨季的地区。

③发酵干燥法。在晴天刈割青草后，将青草在地面平铺暴晒，当水分降至50%时分层堆积成3 ~5m高的草堆并逐层压实，表面用土或地膜覆盖，使草迅速发酵发热。经2 ~3天草垛内的温度可达60 ~70℃，打开草垛，随着发酵热量的散失，经风干或晒干，制成褐色干草，略具发酵的芳香酸味。如遇阴雨天气无法晾晒时，需堆放1 ~2个月方可完成，一旦无雨也可适时把草堆打开，晾晒干燥。褐色干草发酵过程中会造成营养物质的大量损失，其养分的消化率也随之降低。此法由于营养损失太多，一般仅在多雨天气晒制干草时采用。

2）人工干燥法。利用人工干燥可以减少牧草自然干燥过程中营养的损失，使牧草保存较高的营养价值。人工干燥法有常温鼓风干燥法、低温烘干法和高温快速干燥法。其优点是干燥时间短，养分损失小，可调制出优质的青干草，也可进行大规模工厂化生产，但其设备投资及能耗较高。

①常温通风干燥法。牧草的干燥可以在室外露天堆储场或干草棚中进行，堆储场和干草棚都设置大功率鼓风机若干台。刈割压扁后的青草，经堆垛后，通过草堆中设置的栅栏通风道，用鼓风机强制吹入空气，完成干燥。

②低温烘干法。低温烘干需要建造饲料作物干燥室、空气预热锅炉，设置鼓风机和牧草传送设备；将空气加热到50 ~70℃或120 ~150℃，鼓入干燥室；利用热气流经数小时完成干燥。浅箱式干燥机日加工能力为2 000 ~3 000 kg干草，传送带式干燥机每小时加工200 ~1 000 kg干草。

③高温快速干燥法。高温快速干燥法是将切碎的牧草置于牧草烘干机内，通过高温空气，使牧草迅速干燥，干燥时间的长短由烘干机的型号决定。有的烘干机入口温度为75 ~260℃，出口温度25 ~1 160℃；有的烘干机入口温度为420 ~1 160℃，出口温度60 ~260℃。含水量80% ~85%的新鲜牧草在烘干机内数分钟可使水分下降5% ~10%，对牧草的营养物质含量及消化率几乎无影响。

3）其他加速干燥的方法。牧草干燥时间的长短，实际上取决于茎秆干燥所需时间。所以加快茎的干燥速度可以加快牧草的整个干燥过程，同时可减少因茎叶干燥时间不一致造成的叶片脱落。因此，在收割时常使用牧草收割压扁机压裂牧草的茎秆。

上述各种干燥方法均有其优缺点，在生产实际操作中，应根据具体情况采用不同的干燥方法。

（3）青干草品质的感官鉴定

1）颜色和气味。优质青干草颜色较绿，一般绿色越深，其营养物质损失越少，所含的可溶性营养物质、胡萝卜素及其他维生素也越多。褐色、黄色或黑色的青干草质量较差。优良的青干草一般都具有较浓郁的芳香味。这种香味能刺激家畜的食欲，增强适口性，如果有霉烂及焦灼的气味，则品质低劣。

2）叶量的多少。叶片比茎秆含有更多的非结构性碳水化合物（糖类和淀粉）和粗蛋白质，所以，青干草中叶量的多少是确定干草品质的重要指标，叶量越多，营养价值越高，茎叶比一般随植株的成熟而增加。

3）牧草适时刈割。牧草刈割时期是影响干草品质的主要因素。初花期或初花期以前刈割的牧草，干草中含有花蕾，未结籽实的枝条较多，茎秆柔软，适口性好，品质较佳。

4）病虫害的感染情况。病害和虫害的发生较为严重时，会损失大量的叶片，降低质量。杂草含量较高，特别是含有有毒有害杂草时，不仅会降低质量，还会影响畜禽的健康状况，一般不宜饲喂家畜。

2. 青贮技术

（1）常见青贮类型。青贮是提高饲草的利用价值、扩大饲料来源和调整饲草供应时期的一种经济有效的方法。青贮饲料的原料来源广泛，包括禾本科牧草、豆科牧草、玉米、燕麦、作物秸秆、农业副产品等。

1）玉米青贮。青贮玉米饲料是指专门用于青贮的玉米品种，在乳熟期收割，茎、叶、果穗一起切碎调制的青贮饲料。这种青贮饲料营养价值高，每千克相当于0.4 kg优质干草。每千克青贮玉米中，含粗蛋白质20 g，其中可消化蛋白质12.04 g。维生素含量丰富，矿物质含量丰富，适口性强。青贮玉米含糖量高，制成的优质青贮饲料具有酸甜、清香味，且酸度适中（pH4.2）。

2）玉米秸青贮。玉米籽实成熟后，先将籽实收获，秸秆进行青贮的饲料，称为玉米秸青贮饲料。选择成熟期适当的品种，保证籽实成熟时秸秆上有一定数量的绿叶；晚熟玉米品种要在籽实不减产或少量减产的最佳时期收获，降霜前进行青贮，使秸秆中保留较多的营养物质。

3）牧草青贮。牧草不仅可晒制干草，而且可制作成青贮饲料。常用的青贮牧草有苜蓿、三叶草、无芒雀麦、老芒麦、披碱草、红豆草、草木樨等。但豆科牧草不宜单独青贮，因为豆科牧草蛋白质含量较高而糖分含量较低，满足不了乳酸菌对糖分的需要，单独青贮时容易腐烂变质。

4）秧蔓、叶菜类青贮。这类青贮原料主要有甘薯秧、花生秧、瓜秧、甜菜叶、甘蓝叶等，其中花生秧、瓜秧含水量较低。制作青贮饲料时，甘薯秧及叶菜类含水率一般为80%~90%，割后应晾晒2~3天，以降低水分。

5）混合青贮。混合青贮是指两种或两种以上青贮原料混合在一起制作的青贮。可以根据当地牧草种类和数量选择不同的饲草饲料进行混合青贮。如可将水分含量偏低（如披碱草、老芒麦），而糖分含量稍高的禾本科牧草与水分含量稍高的豆科牧草（如苜蓿、三叶草）混合青贮；也可将高水分青贮原料与干饲料混合青贮。

6）半干青贮。半干青贮也叫低水分青贮或黄贮，半干青贮要求原料含水率降到45%~50%时进行。因含水量较低，干物质相对较多，具有较多的营养物质。优质的半干青贮呈湿润状态，深绿色，有清香味，结构完好，适于人工种植牧草和草食家畜饲养水平较高的地方应用。

7）添加剂青贮。添加剂青贮也称作特种青贮，是在一般青贮原料中加入某种添加剂，使青贮饲料完善营养、促进消化、防止腐败，优化贮存环境而制成优质青贮饲料的贮存技术，如添加发酵促进剂（乳酸菌、高碳水化合物原料、淀粉酶、纤维素酶等）。由于加入的添加剂数量很少，故务必要与青贮饲料混合均匀，否则会影响青贮饲料的质量。

（2）青贮制作要求。青贮是一项短期、集中、一次性的工作。青贮类型很多，但制作方法大同小异。青贮窖应选择在地势高、干燥、运输方便、便于喂饲取用的地方。根据不同条件选择青贮窖的类型，根据青贮规模确定青贮窖的大小。

一般情况下，要求青贮原料的含水量为65%～70%，但质地粗硬的原料含水量要求高些，应达到70%～75%，而幼嫩、细软原料含水量可适当低些，以60%～65%为宜。取切短的青贮原料用手抓挤后慢慢松开，若原料团展开缓慢，指缝见水不滴，手掌沾满水为含水量适宜；指缝成串滴水则含水量偏高；指缝不见水滴，手掌有干的部位则含水量偏低。原料含水量过高时，可晾晒蒸发或添加一些干物质（如秸秆粉、糠麸、草粉等），把含水率调到标准水分；原料含水量过低时，可在装窖时适当洒些清水补充至适宜的含水量；水分含量过高或过低的原料，相互混合调节至合适的含水量。

饲料青贮的含糖量因原料品种不同而要求不同，青贮中以干物质计含糖量不应少于10%～15%。最适宜温度是25～30℃，温度过高或过低，都会妨碍乳酸菌的生长繁殖，影响青贮质量。装填时必须压实，排除空气，顶部封严，防止透气，促进乳酸菌迅速繁殖，抑制需氧菌的生长繁殖。

（3）青贮操作技术

1）收割。要掌握好青贮原料的刈割时间，及时收割。如玉米全株青贮适宜在乳熟期收割；玉米秸青贮在果实成熟时立即收割；一般豆科类牧草及野草在开花初期收割；禾本科类牧草一般在抽穗初期至开花初期收割；甘薯秧在霜前或收薯期收割。收割的原料要及时运至青贮地点，以防在田间时间过长水分蒸发而造成营养损失。

2）原料的切碎。通常禾本科牧草及一些豆科牧草（苜蓿、三叶草等），茎秆柔软，切碎长度应为3～4 cm。玉米秸、沙打旺、红豆草等茎秆较粗硬的牧草，切碎长度应为1～2 cm。切碎有利于装窖时踩实、压紧，较好地排出空气，沉降均匀，营养损失少。同时，切碎时汁液流出，有利于乳酸菌的生长，加速青贮过程。

3）青贮饲料装贮。切碎后的原料应立即装窖。若使用土窖，四周应铺垫塑料薄膜，以防接触泥土被污染或养分被泥土吸收。装贮饲料时要逐层平铺，逐层压实，通常每装30～50 cm的原料就要立即用机械反复压实或人工踩实，尤其是边缘及角落踩得越实越好。压得越实，空气排出越彻底。青贮原料装填过程尽量短时间、一次性完成，如果一次不能装满全窖，可在原料上面盖上一层塑料薄膜，次日继续装窖。一般小型窖应在一天完成，中型窖2～3天，大型窖3～4天。窖装满后，顶部必须装成拱形，要求高出窖沿30～40 cm，以防因原料下沉造成凹陷裂缝，使雨水流入窖内。

4）封窖。青贮原料装满压实后，必须尽快密封窖顶。封窖的目的是让青贮原料压紧、封严，使空气和水不能进入。封盖一般用塑料薄膜，四周压严，上面再压上30 cm

左右的沙土。封顶后要经常查看窖顶变化，发现裂缝或凹坑应及时补救处理，防止透气漏水。

(4) 青贮饲料的开窖及使用。封窖后经6周左右时间便能完成发酵过程，即可开窖饲用。饲喂时应注意从一头开窖，开窖面的大小可根据用量多少而定，不宜过大；开窖后，首先除去霉层或泥土，逐层取喂，保持取用表面平整，不要松动深层的饲料；按需要量多少取料，随用随取，不要存放过夜；取后要封好，以防空气进入；开窖后要连续使用，如果停止取用，青贮面接触空气过久，就会发生霉变。为了保持青贮饲料新鲜卫生，有条件的可在窖口搭一些活动凉棚，以免日晒雨淋，影响青贮饲料质量。

青贮饲料开始饲喂时饲喂量要少些，待适应后再按需要量饲喂；饲喂中不能用青贮饲料代替全部饲料，应与秸秆或干草搭配使用，一般每天用量占所需干物质的1/3左右；青贮饲料有轻泻作用，妊娠母畜喂量不宜过多，在产前产后10天左右不喂青贮，以防发生流产或泻肚。

3. 秸秆的加工调制

(1) 物理处理

1) 切短。切短是调制秸秆、青干草等粗饲料最简便又最重要的方法。切短增加了秸秆与瘤胃微生物接触面积，利于微生物发酵。切短后可以减少咀嚼料时的能量消耗，减少饲料的浪费，便于与其他饲料混合利用，增加采食量。但不宜切得太短，过短不利于咀嚼和反刍，一般干草和秸秆可切短至2~3 cm长。

2) 粉碎。粗饲料粉碎可提高饲料利用率和便于混拌精饲料。粗饲料切断粉碎处理虽会使羊的消化率有所下降，但秸秆等粗饲料经粉碎后，在羊日粮中占有适当比例可以提高采食率，采食量可增加20%~30%，采食量增加会弥补消化率略有下降的不足，使羊总的可消化养分的摄入量增加，生产性能提高。但粉碎的细度不应太细，以便咀嚼和反刍。

3) 浸泡。浸泡是我国常用的一种秸秆调制方法，即秸秆铡短或粉碎后，用水或淡盐水浸湿，拌上少量精料再喂。或用1%淡盐水与等重量的秸秆充分搅拌后，放入容器内或在水泥地面上堆放，用塑料薄膜覆盖，放置后使其自然软化，可明显提高适口性和采食量。用此种方法调制的饲料，水分不能过大，应按用量处理，一次性喂完。

4) 揉搓。为适应反刍家畜对粗饲料利用的特点，利用揉搓机将秸秆揉搓成丝条状，尤其适于玉米秸的揉搓。秸秆揉搓不仅可提高适口性，也提高了饲料利用率，是当前秸秆饲料利用比较理想的加工方法。

5) 秸秆碾青。在青草收割之后，将青草与麦秸等秸秆分层平摊于场面，用石磙或镇压器碾压，青草汁液流出被秸秆吸收，然后疏松暴晒。这样既可缩短青草干燥的时间，减少了养分的损失，又可提高秸秆的营养价值和利用率。

6) 热喷。热喷是近年来采用的一项新技术。热喷饲料能改善牛羊瘤胃微生物环境，提高牛羊的采食量和生长速度。

7) 制成颗粒或压块。将粗饲料粉碎后用机器直接压制成颗粒饲料，或与草粉、精料、维生素和矿物质添加剂等混合均匀直接压制成全价颗粒饲料。压块，是指将秸秆饲料先经切断或揉碎，而后经特定机械压制而成的高密度块。颗粒饲料可保持混合饲料中各组成部分的均质性，有效减少饲料的浪费，提高饲料的适口性和消化率。

（2）化学处理

1）秸秆的氨化技术。秸秆氨化是经济简便而又实用的秸秆处理方法之一。秸秆氨化常用的氨源有氨水、液氨、尿素和碳酸氢铵等，其中以液氨氨化和尿素氨化效果较好。

秸秆氨化后变得柔软、蓬松并带有香味，适口性有了很大的改善，提高了牛羊对秸秆的采食量。秸秆经氨化处理后，粗蛋白含量可提高4%～6%，消化率提高20%左右。氨是一种抗霉菌的保存剂，氨化处理可杀死秸秆中的一些虫卵和病菌，减少疾病发生，氨化秸秆是牛羊的良好粗饲料。该种方法简单易行，成本低廉，不污染环境，对各种农作物秸秆都可进行处理。

①氨化池（窖）法

a. 将氨化池（窖）打扫干净，秸秆切成1～2 cm。每100 kg干秸秆取3～5 kg尿素，溶于30～50 kg水中制备成溶液（具体用水量应根据秸秆含水量而定，原则上使氨化秸秆的含水量达到30%～40%）。使用碳酸氢铵时每100 kg干秸秆需8～12 kg，若使用20%的氨水需12～20 kg。

b. 将切好的秸秆逐层平铺装入氨化池中，每层20 cm左右，层层喷洒尿素溶液（做到秸秆全部放入池中，尿素溶液也用完），逐层压实，尤其是边缘及角落踩得越实越好。窖装满后，顶部必须装成拱形，以防因原料下沉造成凹陷裂缝，使雨水流入窖内。

c. 密封。一般用塑料薄膜，四周压严，上面再压上30 cm左右的沙土。封顶后要经常查看窖顶变化，发现裂缝或凹坑，应及时补救处理，防止透气漏水。经常检查封闭情况，绝不可泄漏氨气或进水。

d. 开窖放氨。氨化秸秆处理时间与季节、温度有关，如环境温度保持在20℃以上时，可氨化15天左右，所以春季一般氨化15～20天，夏季7～10天，冬季45～50天。因此氨化秸秆应在收割后不久趁气温高时进行最好。准确的氨化时间要以氨化秸秆的气味和颜色判定，一般原料呈深黄色、有氨味、柔软并有香味时即可开窖放氨。

②堆垛法。选择地势高、干燥且平整的向阳地块。将地皮铲平，铺上一层塑料薄膜，薄膜四周留出70 cm左右，中间逐层平铺切短的秸秆，每层20 cm左右，层层喷洒尿素溶液，逐层压实，直到垛顶，最后覆盖塑料罩膜，并使四边留有70 cm左右的条边，将罩膜和底膜的余边折叠在一起，从边缘向里卷好，用土压紧、封严，使其不漏气。

③氨化秸秆饲料的感官鉴定。感官鉴定主要是根据氨化秸秆饲料的颜色、软硬度、气味等来鉴定秸秆的好坏。氨化好的秸秆，质地变软，颜色呈现棕黄色或浅褐色，释放余氨后气味糊香。如果秸秆变为白色、灰色，甚至发黑、发熟、结块，并有腐烂味，说明秸秆已经霉变，不能再饲喂。如果秸秆的颜色跟氨化前一样，质地较坚硬，没有氨味，说明没有氨化好。

④氨化秸秆的使用。氨化好的秸秆，若暂不饲用，可不开封。氨化秸秆在垛中、窖中或其他容器内可保存很长时间，只要不漏气，就不会腐败。氨化秸秆成熟后，饲用时

要充分放走余氨，取料后要放置1~2天后再饲喂，切不可不放尽余氨就饲喂，以防止中毒。逐渐饲喂，初期喂时要采用由少到多，少给勤添或拌料等方法，逐渐适应，一般氨化秸秆用量可占日粮的60%~80%。另外，因氨化秸秆养分不全，饲喂氨化秸秆的同时，应补充适量青贮料、干牧草、青绿料，在混合料中加少量饼粕类，以确保含氮物的有效利用。

2）秸秆的碱化技术。用碱处理秸秆主要是改善秸秆饲料适口性，提高秸秆饲料采食量和消化率，也是一种简单易行、成本较低的秸秆处理方法。秸秆饲料碱化处理使用的化学试剂有氢氧化钠、氢氧化钙、石灰水等，从处理效果和实用性看，目前在生产实践中用得较多的有氢氧化钠和石灰水两种。

①氢氧化钠碱化。氢氧化钠处理效果较好，反应迅速，牛羊对秸秆的采食量和消化率提高明显；缺点是处理成本相对较高、方法烦琐，粗蛋白含量没有改变，且污染环境的风险较大。碱化处理排出的废水容易导致土壤板结，不利于环境保护，因此碱化处理将逐渐被氨化处理所取代。

a. 喷洒碱水堆放发酵处理。使用占秸秆重量4%~5%的氢氧化钠，配制成25%~45%溶液，喷洒在铡碎的秸秆上（或每100 kg秸秆用1.5%的氢氧化钠溶液30 kg），充分搅拌均匀，立即把湿润的秸秆入窖堆积保存，也可压制成颗粒饲料。此法无须水冲洗，不会造成干物质损失，氢氧化钠全部参加反应，无残留，绝大多数秸秆呈中性，经贮存后即可用于饲喂。此法处理后秸秆消化率一般可提高12%~15%。

b. 浸蘸处理法。将秸秆浸入1.5%氢氧化钠溶液30~60min，然后取出再贮存，放置4~5天，即可直接饲喂，有机物消化率增加20%~25%。

②石灰碱化法。石灰处理秸秆所获饲料，效果虽然不及氢氧化钠处理的好，且秸秆易发霉，但因石灰来源广，成本低，污染小，且钙对家畜也有益，故可使用，但使用时要注意钙磷平衡，补充磷酸盐。如果再加入1%的氨，能抑制霉菌生长，可以防止秸秆发霉。

a. 石灰乳碱化法。先将45 kg生石灰溶于2 000 kg水中，调制成石灰乳（即氢氧化钙微粒在水中形成的悬浮液），再将秸秆浸入石灰乳中3~5 min。随之把秸秆捞出放在水泥地上晾干，经24 h后即可饲喂家畜。捞出的秸秆不必用水冲洗。石灰乳可以继续使用1~2次，为了增加秸秆的适口性，可在石灰乳中加入0.5%的食盐。在生产中，为了简化操作程序，可采用喷淋法，即在水泥地上铺上切碎的秸秆，用石灰乳喷洒数次，然后堆放，经软化1~2天后即可饲喂家畜。

b. 生石灰碱化法。每100 kg切碎秸秆加入3~6 kg生石灰，搅拌均匀，加水适量使秸秆浸透，保持潮湿状态3~4昼夜使秸秆软化，取出即可饲喂。

③碱化秸秆的使用。初期喂时要采用由少到多，少给勤添或拌料等方法，使牛羊逐渐适应。饲喂时要把碱化秸秆与其他饲料混合饲喂，一般碱化秸秆用量可占日粮的20%~40%。

（3）秸秆微贮技术。秸秆微贮是在农作物秸秆中加入微生物高效活性菌种（秸秆发酵活干菌），放入密封的容器（如水泥青贮窖、土窖）中贮藏，经一定的发酵过程，使农作物秸秆变成具有酸香味、草食家畜喜食的饲料。其原理是秸秆在微贮过程中，在适宜的温度和厌氧环境下，秸秆发酵活干菌将大量的纤维素类物质转化为糖类，糖类又经有机酸发酵菌转化为乳酸和挥发性脂肪酸，增加了秸秆的柔软性和膨胀度，使 pH 值降到 4.5 ~5.0，抑制了丁酸菌、腐败菌等有害菌的繁殖，使秸秆能长期保存。秸秆微贮主要针对含水量较低的麦秸、稻草以及半黄或黄干玉米秸、高粱秸等不宜青贮的秸秆。

1）秸秆微贮饲料的特点。微贮秸秆与氨化秸秆相比具有成本低、效益高等优点。同等条件下饲养牛羊的效果优于或相当于秸秆氨化饲料。秸秆微贮改善了秸秆的营养价值，增加了适口性，提高了牛羊的采食量和消化率。此外，秸秆微贮饲料来源广，麦秸、稻草、黄玉米秸、干秸秆、青秸秆等都可作为微贮的原料，可随取随喂，无须晾晒，无毒害作用，安全可靠，可长期饲喂。

2）微贮方法。秸秆微贮饲料的制作除需进行菌种的复活和菌液配制外，其他方法和尿素秸秆氨化制作方法基本相同。下面以一种秸秆发酵活干菌为例，介绍秸秆微贮的步骤和方法。

①菌种复活。秸秆发酵活干菌每袋 3 g，可调制干秸秆（麦秸、稻草、玉米秸）1 t，或青秸秆 2 t。在处理秸秆前，先将菌剂倒入 2 kg 水中充分溶解，有条件的情况下，可在水中加白糖 20 g，溶解后再加入菌剂，然后常温下放置 1 ~2 h，使菌复活。复活好的菌剂一定要当天用完，不可隔夜使用，最好随配随用。

②菌液的配制。将复活好的菌剂倒入充分溶解的 0.8% ~1% 食盐水中拌匀。1 000 kg 秸秆发酵活干菌 3 g，食盐 8 ~10 kg，清水 1 000 ~1 200 kg。秸秆微贮饲料的含水量为 60% ~70% 最理想。

③秸秆铡（揉、粉）碎。麦秸、稻草比较柔软，可用铡草机铡碎，养羊用 3 ~5 cm，养牛用 3 ~5 cm。玉米秸较粗硬，可加工成丝条状，以提高利用率及适口性。

④秸秆入窖。在窖底铺放 20 ~30 cm 厚的秸秆，均匀喷洒菌液。喷洒后及时踩实，尤其注意窖的四周及角落处，如此重复，直至高出窖口 30 ~40 cm 时再封口。

⑤封窖。秸秆装满充分压实后，在最上层均匀洒上食盐粉，盖上塑料薄膜。食盐用量每平方米 250 g，其目的是确保微贮饲料上部不发生霉烂，盖上塑料膜后，在上面覆 20 ~30 cm 厚的稻草或麦秸，覆土 15 ~20 cm，密封。密封的目的是隔绝空气与秸秆接触，保证微贮窖内呈厌氧状态。

⑥提高微贮饲料的质量。在装窖时根据秸秆原料，每 1 000 kg 秸秆可加 1 ~3 kg 大麦粉或玉米粉、麸皮等，每铺一层秸秆撒一层料，为发酵初期菌种的繁殖提供一定的营养物质。

⑦秸秆微贮后的管理 。秸秆微贮后，窖池内贮料会慢慢下沉，应及时盖上使之高出地面，并在周围挖好排水沟。经常检查是否漏水、漏气，发现问题要及时排除。

3）秸秆微贮饲料的品质感官鉴别。发酵完成后可根据微贮饲料的外部特征，从色泽、气味和质地上进行感官评定，确定微贮饲料质量好坏后再使用。

①色泽。优质微贮青玉米秸秆色泽呈橄榄绿，稻草、麦秸呈金黄褐色。如果变成褐色和墨绿色则质量低劣。

②气味。优质秸秆微贮饲料具有醇香味和果香气味，并具有弱酸味。若有强酸味，

表明醋酸较多，这是由于水分过多和高温发酵造成。若有腐臭味，则不能饲喂，这是由于压实程度不够和密封不严，有害微生物发酵所致。

③质地。优质微贮饲料拿到手里感到很松散，且质地柔软湿润。若拿到手里发黏，或者黏在一起，说明贮料开始霉烂；有的虽然松散，但干燥粗硬，也属于不良饲料。

4）微贮饲料的使用。秸秆微贮饲料，一般需在窖内21～30天后才能取喂，冬季则需要更长时间。初期喂时要采用由少到多，逐渐适应，逐渐增加到正常饲喂量。每天每只羊饲喂量为1～3 kg；取料时要从一角开始，从上到下逐段取用；每次取出量应以当天能喂完为宜；每次取料后必须立即将口封严，以免雨水浸入引起微贮饲料变质，这一点与青贮饲料取用相同；每次投喂微贮饲料时，要求槽内清洁；冬季冻结的微贮饲料应加热化开后再用，霉变的农作物秸秆不宜制作微贮饲料。微贮饲料由于在制作时加入了食盐，这部分食盐应在饲喂家畜的日粮中扣除。

第二节 饲喂技术

→ 了解家畜饲料及饮水的质量要求
→ 熟悉家畜不同阶段的饲喂要点
→ 掌握家畜的饲喂技术

一、饲料和饮用水的质量要求

1. 饲料的感官检验

饲料的感官检查是通过人的味觉、嗅觉、触觉、视觉等，进行饲料原料或配合料的检查。视觉观察原料或辅料的形状、粒度、色泽、霉变、虫蛀、结块或杂质等；嗅觉鉴别原料或辅料具有的特殊气味；味觉是通过舌舔或牙咬来检查原料或辅料的味道、硬度及口感等；触觉是用手指头捻取原料或辅料，通过感触来判定其水分、硬度、黏稠性等。

不同的饲料原料或配合料有其特定的颜色、形态、颗粒大小、气味、硬度、含水量。但一般来说优质的饲料原料或配合料应该颜色、形态、颗粒大小均匀一致，无腐烂霉变，无异味，含水量适中。

2. 饮用水要求

家畜饮用水通常为自来水公司供应的自来水或深井水，又称原水，其质量必须符合国家标准GB 5749—2006《生活饮用水卫生标准》。控制饮用水卫生与安全的指标包括四大类：微生物学指标、水的感官性状和一般化学指标、毒理学指标和放射性指标。微生物学指标要求饮用水不应含有已知致病微生物，也不应有人畜排泄物污染的指示菌。我国《生活饮用水卫生标准》中规定的指示菌是总大肠菌群，另外，还规定了游离余氯的指标。我国自来水厂普遍采用加氯消毒的方法，当饮用水中游离余氯达到一定浓度后，接触一段时间就可以杀灭水中细菌和病毒。感官性状不良的水，会使人产生厌恶感和不安全感。我国的饮用水标准规定，饮用水的色度不应超过 15 度，即一般饮用者不应察觉水有颜色，而且也应无异常的气味和味道，水呈透明状，不浑浊，也无用肉眼可以看到的异物。和饮用水感官性状有关的化学指标包括总硬度、铁、锰、铜、锌、挥发酚类、阴离子合成洗涤剂、硫酸盐、氯化物和溶解性总固体。这些指标都能影响水的外观、颜色和味道，因此规定了最高允许限值。在我国《生活饮用水卫生标准》中，共选择 15 项化学物质指标，包括氟化物、氯化物、砷、硒、汞、镉、铬（六价）、铅、银、硝酸盐、氯仿、四氯化碳、苯并（a）芘、滴滴涕、六六六。这些物质的限值都是依据毒理学研究和人群流行病学调查所获得的资料而制定的。人类某些实践活动可能使环境中的天然辐射强度有所增高，特别是随着核能的发展和同位素新技术的应用，很可能产生放射性物质对环境的污染问题。

二、家畜的饲喂

1. 牛的饲喂

（1）犊牛的饲养。犊牛是指出生至断奶阶段的牛，也有指 6 个月以内的小牛。犊牛的生理机能处于急剧变化的阶段，抵抗力差，死亡率高，是最难饲养的阶段。同时，该阶段也是一生中相对生长强度最大的阶段，可塑性大，营养水平和饲养管理方式关系到日后乳用特征的形成和产奶潜力的发挥。

在正常的饲养条件下，犊牛生后体重增加迅速，一般以日均增重 500 ~ 600 g 为宜。母牛妊娠期饲养管理不良，胎儿生长发育受阻，则初生犊牛的体高普遍矮小。出生以后如果饲养方式不当，导致犊牛过肥（日增重 900 g 以上）或生长发育受阻（日增重 500 g 以下），则很难培育出乳用特征明显、健康高产的奶牛。

1）犊牛的生理特性及消化特点。新生期犊牛胃容积很小，机能不发达。瘤胃、网胃和瓣胃的容积都很小，仅占 30%，而且机能不完善。皱胃发达，约占胃总容积的 70%。从出生到 2 周龄，犊牛的瘤胃没有任何消化功能，皱胃是参与消化的唯一的活跃胃区。犊牛在吮乳时，体内产生一种条件反射，会使食管沟闭合，形成管状结构，使牛奶或液体由口经食管沟直接进入皱胃进行消化。此时，犊牛的食物消化方式与单胃家畜相似，其营养物质主要是在皱胃和小肠内消化吸收。

大量研究表明，1 ~ 2 周龄的犊牛几乎不反刍，3 周龄以后开始反刍，随之瘤胃迅速发育。犊牛初生时，瘤胃容积很小，网胃也只占胃总容积的近 1/3，10 ~ 12 周龄时占 67%，4 月龄时占 80%，1.5 岁时占 85%，基本完成反刍胃的发育。瘤胃的发育对犊牛、育成牛、成母牛的饲养具有特殊的意义。

2）初生犊牛的饲养。犊牛出生后 5 ~ 7 天为初生期，犊牛出生后最初几天，组织器官尚未完全发育，对外界不良环境抵抗力很弱，适应力很差。消化道黏膜容易被细菌穿过，皮肤保护机能不强。神经系统反应性不足，易受各种病菌的侵袭而引起疾病，甚至死亡。通常有 60% ~ 70% 发病在犊牛出生后第一周。此时犊牛的日粮就是母牛的初乳，是犊牛不可代替的天然食物。给新生犊牛饲喂初乳是增强犊牛健康和提高犊牛成活率的重要措施之一。

母牛产犊后 5 天内分泌的乳叫初乳。严格来说，母牛分娩后第一次挤出的乳叫初乳，第二次至第八次（即分娩后 4 天）所产的乳称为过渡乳，因为这一时期的乳组成成分逐渐接近正常全乳。初乳与过渡乳、常乳组成成分的比较见表 4—8。

表 4—8　初乳与过渡乳、常乳组成成分的比较

（美国威斯康星大学贝比考克奶牛发展国际研究所）

组成	挤奶次数					
	1	2	3	4	5	11
	初乳	过渡乳				常乳
总固体（%）	23.9	17.9	14.1	13.9	13.6	12.5
脂肪（%）	6.7	5.4	3.9	3.7	3.5	3.5
蛋白质（%）	14.0	8.4	5.1	4.2	4.1	3.2
抗体（%）	6.0	4.2	2.4	0.2	0.1	0.09
乳糖（%）	2.7	3.9	4.4	4.6	4.7	4.9
矿物质（%）	1.11	0.95	0.87	0.82	0.81	0.74
维生素 A（μg/100 mL）	295.0	—	113.0	—	74.0	34.0

由于胎盘的特殊结构，母牛血液中的免疫球蛋白不能透过胎盘传给犊牛，初生犊牛没有任何抗病力，只有依靠从初乳中得到免疫球蛋白，而获得被动性免疫。据研究，初乳中的免疫球蛋白只有未经消化状态透过肠壁被犊牛吸收入血后才具有免疫作用。初生犊牛第一次吃初乳其免疫球蛋白的吸收率最高，随着消化功能的建立，肠壁上皮细胞收缩，免疫球蛋白的通透性开始下降，出生后 24 h，抗体吸收几乎停止。也就是说，在此期间如不能吃到足够的初乳，对犊牛的健康就会造成严重的威胁。

犊牛出生后 30 min 内喂初乳 1.5～2.0 kg，日喂 2～3 次。初乳每次的饲喂量不能超过犊牛的胃容积（犊牛的胃容积等于体重的 5%），每日的饲喂量一般为体重的 8%～10%。

每头母牛分娩后所产初乳量约 100 kg，而每头犊牛初乳喂量为 30 kg 左右，其余初乳经冷藏或发酵，用于饲喂犊牛具有很好的保健作用。水浴加热至体温水平（39℃），使用干净的奶瓶饲喂。

冷藏：每一份 2 kg，装入塑料袋中，保存于冷冻室，饲喂时用温水解冻。

发酵：将初乳装在干净的塑料桶里或干净的镀锡奶罐里，在 10～24℃ 放置自然发酵而成。一般发酵 2～3 天 pH 值降至 4.0～4.5 时即可饲用，发酵初乳呈淡黄白色，酸香味。常温下可保存 2 周左右，在 0～5℃ 条件下可保存 6～7 周。喂时应每千克酸乳加 0.5 g 碳酸氢钠，以改善其适口性。

3）哺乳犊牛的饲养。哺乳期犊牛的食物除常乳外还有代乳品和犊牛开食料。

代乳品，也称人工乳，是一种以乳业副产品（如脱脂乳、乳清粉等）为主，添加高比例的家畜油脂等多种原料组成的粉末状商品饲料。代乳品的使用除了节约鲜奶、降低成本外，尚有补充全乳某些营养成分不足的特点。

犊牛开食料是根据犊牛营养需要而配制的一种适口性强、易消化、营养丰富，专用于犊牛断奶前后的混合精料。它的作用是促使犊牛由以吃奶或代乳品为主向完全采食植

物性饲料过渡。

①饲喂常乳。犊牛经过5天的初乳期之后，即可开始饲喂常乳，进入常乳期饲养。传统上犊牛哺乳期为6个月，喂奶量为800～1 000 kg。但根据目前我国奶牛的饲养管理水平，采用哺乳期2～3个月，哺乳量250～300 kg较为可行。

犊牛出生后，5～7天开始哺喂常乳，用奶桶喂，每日3次，与母牛挤奶时间安排基本一致。断奶前每日的饲喂量一般为体重的8%～10%。目前，有很多企业采用每日2次喂奶，效果也很好。无论是2次还是3次饲喂，一经采用不要随意改变。为了确保犊牛消化良好，食欲旺盛，应坚持“三定”原则：定时、定量、定温。

犊牛15日龄时逐渐过渡到代乳粉，应用4～5天时间循序渐进由母乳过渡到代乳粉，以免造成犊牛消化不良，食欲不振和腹泻。使用代乳品饲喂犊牛要格外小心，选用代乳品要考虑厂家的信誉、产品的化学分析结果以及产品的组成成分这几方面。代乳品中应当含的各种成分见表4—9。4～5周龄的犊牛才能够完全消化淀粉，因而饲喂4周龄以下犊牛的代乳品中不应当含有淀粉成分。4周龄以下犊牛饲喂含有淀粉的代乳品可能导致严重腹泻。因此，应当根据犊牛的年龄选择适当的代乳品饲喂。使用时应当根据产品说明来稀释代乳品。大多数情况是1份代乳品与7份温水混合后饲喂犊牛。含水太高（稀释过度）会影响营养物质的吸收并使生长速度减慢；含水太低（浓度太高）可能会引起腹泻。

表4—9　　代乳品中应当含的各种成分（NRC，1989）

营养成分	浓度	营养成分	浓度
		微量元素	
可代谢能量（兆卡/kg）	3.78	铁（Fe）（mg/kg）	100.0
粗蛋白（%）	22.0	钴（Co）（mg/kg）	0.10
粗脂肪，最低（%）	10.0	铜（Cu）（mg/kg）	10.0
常量元素		锰（Mn）（mg/kg）	40.0
钙（Ca）（%）	0.70	锌（Zn）（mg/kg）	40.0
磷（P）（%）	0.60	碘（I）（mg/kg）	0.25
镁（Mg）（%）	0.07	硒（Se）（mg/kg）	0.30
钾（K）（%）	0.65	维生素	
钠（Na）（%）	0.10	维生素A（国际单位/kg）	3 800.0
氯（Cl）（%）	0.20	维生素D（国际单位/kg）	600.0
硫（S）（%）	0.29	维生素E（国际单位/kg）	40.0

②添加补料。牛奶虽然是犊牛最好的饲料，但是只用牛奶培育犊牛，不仅消化器官生长停滞，还阻碍消化系统的机能和腺体功能。因此，需要早期训练犊牛吃植物性饲料，一般犊牛生后1周，即开始训练采食精料，生后10天左右训练采食干草。训练犊牛采食精料时，喂完奶后将少量犊牛料涂抹在犊牛鼻镜或嘴唇上或撒少许于奶桶上任其舔食，使犊牛形成采食精料的习惯，3～4天后，即可将精料投放在食槽内，让其自由采食。另外，第2周开始在牛栏的草架内添入优质干草，为了让犊牛尽快采食干草，在哺乳期内自始至终都应供给犊牛新鲜清洁的饮水，以用自动饮水器为最理想。

为满足犊牛的营养需要，起始精料应当含有18%的粗蛋白，其中的可消化营养物质占75%~80%，而且要添加维生素A、维生素D和维生素E。为增加适口性，应当添加一定量的糖蜜。下面为几组犊牛起始精料的配方：a. 玉米25%、高粱10%、小麦麸10%、豆饼20%、亚麻籽饼10%、鱼粉10%、优质苜蓿草粉5%、糖蜜5%、维生素+矿物质5%。b. 玉米40%、燕麦25%、豆饼23%、优质苜蓿草粉4%、糖蜜8%。饲喂方案可参照表4—10。

表4—10　**哺乳期犊牛全期奶量及精料量**

日龄阶段（天）	喂奶量（kg/日）	阶段总量（kg）	开食料（kg/日）	阶段总量（kg）	干草量（kg/日）	阶段总量（kg）
0~7	6	42	0.0	0.0	0	0
8~15	7	56	0.1	0.8	0	0
16~35	9	180	0.25	5.0	0.10	2.0
36~50	5	75	0.60	9.0	0.25	3.75
51~60	3	30	1.00	10.0	0.45	4.5
合计		383		24.8		10.25

③犊牛早期断奶。为促进瘤胃及乳腺的发育，降低犊牛培育成本，减轻劳动强度，采用犊牛早期断奶。早期断奶哺乳期为28~56天，最长不超过60天，哺乳量低于100 kg，最多不超过150 kg，犊牛早期断奶要满足以下条件：a. 犊牛身体健康，食欲旺盛；b. 连续3天以上，开食料的采食量超过0.7 kg；c. 连续3天以上，日增重超过0.5 kg。早期断奶技术的核心，就是必须提供犊牛优质的代乳品和犊牛料。

4）断奶犊牛的饲养。断奶犊牛一般指从断奶到6月龄阶段的犊牛。犊牛生长到2~3个月，即可断奶。

随着犊牛的成长，其消化系统和营养需要也在逐步改变。当犊牛两个月龄断奶时，它的瘤胃很小，尚未得到充分发育，胃壁也很薄，便于吸收由瘤胃发酵而产生的大量乙酸、丙酸和丁酸。此外，瘤胃也尚不能够容纳足够的粗饲料来满足生长需要。由于犊牛不断生长，发育中的瘤胃体积也不断增加，犊牛的营养需要也在不断发生变化，此时应加以注意，不断满足其对蛋白质、能量、矿物质和维生素的需要。

犊牛断奶后，继续饲喂断奶前的开食料和生长料，饲喂开食料不少于两周，此后饲喂促进生长的日粮，且日粮中要求含有较高比例的蛋白质，含量应为16%~20%，一直喂至6月龄。长时间蛋白质不足，将导致后备牛体格较小，生产性能降低。

随着犊牛月龄增长，逐渐增加优质粗饲料喂量，选择优质干草与苜蓿供犊牛自由采食，要确保优质、含蛋白量高、无霉菌、饲料要切碎、叶片多、茎秆少。6月龄前的犊牛，其日粮中的粗饲料的主要功能仅仅是促使瘤胃发育。这阶段的犊牛，最好不喂发酵过的粗料，如青贮等，只有当犊牛达到6月龄时，才少量喂给。由于犊牛的瘤胃比较小，尚未发育，瘤胃微生物正在建立，对于干物质含量低、纤维含量高的发酵饲草不易于消化，同时也难以吸收短链的脂肪酸，因此，犊牛应选择干物质含量高的饲料来弥补采食量小的缺点。日粮中应含有足够的精饲料，一方面满足犊牛的能量需要，另一方面也为犊牛提供瘤胃上皮组织发育所需的乙酸和丁酸。

断奶期是犊牛从以哺乳为主，逐渐转到全部采食精料和饲草的过渡时期。这对犊牛来说是一个很大的改变，必须精心饲喂，为保证犊牛顺利成长为育成牛奠定基础。同时，要做好断奶犊牛过渡期（从断奶到4月龄）的饲养管理，减少由于断奶、日粮变化及气候环境造成的应激。

由于断奶犊牛瘤胃生理特点，精饲料要兼顾营养和瘤胃发育的需要。精饲料的营养浓度要高，营养要全面、均衡，以蛋白质饲料为主。精饲料中的谷物不要研磨过细，那样就失去刺激反刍的作用。喂量不能过高，要保证日粮中中性洗涤纤维含量不低于30%。同时，适当增加优质牧草的喂量，以促进瘤网胃的发育。4月龄以前，精粗饲料比一般为1∶1～1∶1.5，4月龄以后，调整为1∶1.5～1∶2。

下面介绍几组犊牛料配合精料配方：

4～6月龄犊牛配合精料配方：①玉米粉15%、脱壳燕麦粉34%、麸皮19.8%、向日葵或亚麻饼粉20%、饲用酵母5%、菜籽粕4%、石粉1.7%、食盐0.5%。②饲用燕麦粉50%、饲用大麦粉29%、麸皮6%、亚麻饼粕5%、苜蓿草粉5%、饲用酵母1%、菜籽粕1%、食盐1%、磷酸钙2%。③优质苜蓿草粉颗粒料20%、玉米粉37%、麸皮20%、豆粕10%、糖蜜10%、磷酸钙2%、微量元素1%。

（2）育成牛及青年牛饲养。育成牛和青年牛是指断乳后至第一次产犊前这个阶段的母牛，又叫后备母牛或小母牛。育成母牛7～12月龄前是性成熟期。在此期间，性器官和第二性征发育很快，体躯向高度和长度方向急剧生长。同时，其前胃已相当发育，容积扩大1倍左右。育成牛在12月龄以后，其扁平骨长势最快。牛体的体宽、体深、胸围及腹围变化最大，其消化器官也更加扩大。在母牛的一生中，此阶段是生长发育最旺盛的时期，应按其不同的生长阶段，供应相应需要量的营养物质，以保证育成牛正常发育，能适时配种。若饲养管理不当，则会导致生长发育停滞，延迟配种及影响一生的生产性能。

1）7～12月龄。这一阶段是育成牛发育最快的时期，发育正常的育成牛12月龄体重可达280～300 kg。在此期间精饲料每头每天可供给2～2.5 kg，青贮每头每天10～15 kg，干草2～2.5 kg。日粮营养需要：奶牛能量单位（NND）12～13个，干物质（DM）5～7 kg，粗蛋白（CP）600～650 g，钙（Ca）30～32 g，磷（P）20～22 g。

2）13～18月龄。这一时期育成牛体重应达400～420 kg。在此阶段，消化器官更加扩大，为了促进消化器官的生长，日粮应以粗饲料和多汁饲料为主，比例约占日粮总量75%，其余的25%为混合精料，以补充能量和蛋白质的不足。如粗饲料品质优良，可少喂精料。在此期间精料喂量每头每天为2.5～3.0 kg，青贮每头每天为15～20 kg，干草为2.5～3.0 kg。日粮营养需要：奶牛能量单位（NND）13～15个，干物质（DM）6.0～7.0 kg，粗蛋白（CP）640～720 g，钙（Ca）35～38 g，磷（P）24～25 g，见表4—11。

表 4—11　7～18 月龄育成牛的饲养方案　kg／（头·日）

月龄（月）	精料（kg）	玉米青贮（kg）	干草（kg）	期末体重（kg）
7～8	2.0	10.8	0.5	193.0
9～10	2.3	11.0	1.4	232.0
11～12	2.5	12.0	2.0	276.0
13～14	2.5	12.0	3.0	317.0
15～16	2.5	12.0	4.0	352.0
17～18	2.5	13.5	4.5	400.0

3）19～24 月龄。这时将要进行配种或已配种受胎。生长缓慢下来，体躯向宽、深发展，容易储积过多的脂肪。因此，在此时期应以品质优良的干草、青草、青贮饲料、块根类作为基本饲料，少喂精料。但是，到了妊娠后期，由于胎儿生长发育迅速，则需要补充一定的精饲料，每天 3.0～3.5 kg。

4）青年初孕牛。怀孕后的牛为青年初孕牛，对其要加强饲养，但不要喂得过肥，以防发生难产。这个阶段的牛要转入成年母牛群中，按干奶牛营养标准饲养。在分娩前 2～3 个月需要加强营养，这是由于此时胎儿迅速增大需要营养，同时，准备泌乳也需要增加营养，尤其是对维生素 A、钙、磷的贮备。初孕牛到分娩前 2～3 个月，胎儿日益长大，胃受压，从而使瘤胃容积变小，采食量减少，这时应多喂一些易于消化和营养含量高的粗饲料。根据初孕牛的体况，每日可补喂维生素、钙、磷丰富的配合饲料 1～2 kg。这个时期的初孕牛体况不得过肥，以看不到肋骨较为理想。发育受阻的初孕牛，混合料喂量可增加到 3～4 kg。这个阶段的混合料，应以谷类为主，以蛋白质少，能量高为宜，见表 4—12。分娩前蛋白质喂量过多，初孕牛的乳房容易出现硬结。

表 4—12　头胎母牛产犊前数月的饲养方案　kg／（头·日）

月龄（月）	精料（kg）	玉米青贮（kg）	干草（kg）	期末体重（kg）
19	2.5	15.0	2.5	402.0
20	2.5	17.0	2.5	426.0
21	4.5	10.0	3.0	450.0
22	4.5	11.0	3.0	477.0
23	4.5	5.0	3.5	507.0
24	4.5	5.0	6.0	537.0

（3）成年母牛的饲养。成年母牛在不同的阶段其生理上的变化很大。在干奶后期（围产前期）由于胎儿和子宫的急剧生长，压迫消化道，干物质进食量显著降低。同时，分娩前血液中雌激素和皮质醇浓度上升也影响母牛食欲，产前 7～10 天奶牛的食欲降低 20%～40%，所以，要饲喂营养浓度较高的饲料。

在泌乳前期（围产后期），母牛产后消化机能较弱，体能消耗较大。此时，要以恢复消化机能为饲养方向，饲喂易消化的干草和精料。

在泌乳盛期时，产乳高峰与采食量高峰的不同步性（产后 4～6 周出现产乳高峰，但饲料的采食量高峰出现于产后 10～12 周），必然引起能量及其他营养的负平衡。所以，应加强饲养，尽可能地减少体脂的动员和产乳量下降。

泌乳中、后期采食量达到高峰，食欲良好，饲料转化率也较高。因此，应抓住这个特点，让其多吃干草，适当补充精料，把产乳量和乳脂率维持在较高水平。泌乳中期日粮的精粗比可控制在40:60。

1）干奶牛的饲养。干奶牛是指从停奶到产犊的经产牛和妊娠7个月以上到产犊的初孕牛。妊娠母牛在产犊前有一段停止泌乳的时期，称为干乳期。干乳期限的长短根据母牛的胎次、膘情、产奶量和泌乳期的长短决定。一般为60天，变动范围是45～75天。

干乳期的长短，依每头母牛的具体情况而定，凡是初产母牛、早配牛、体弱牛、老年牛、高产牛（6～7 t/年）以及牧场饲料条件恶劣的母牛，需要较长的干乳期（60～75天）。一般体质强壮、产乳量低、营养状况较好的母牛，干乳期可缩短为30～45天。

母牛在干乳后7～10天，乳房内乳汁已被乳房所吸收，乳房已萎缩时，就可逐渐增加精料和多汁饲料，5～7天内达到妊娠干乳牛的饲料标准。干乳母牛的饲养可分为干乳前期和干乳后期。从干乳期开始到产犊前2～3周为干乳前期；产犊前2～3周至分娩期是干乳后期。

①干乳前期的饲养。对营养状况不良的高产母牛，要进行较丰富的饲养，提高其营养水平，使它在产前具有中上等体况，即体重比产乳盛期要提高10%～15%。对营养良好的干乳母牛，从干乳期到产前最后几周，一般只给优质粗料即可。对营养不良的干乳母牛，在泌乳以前，除给优质粗料以外，还要饲喂几千克精饲料，以提高其营养水平，一般可按每天产乳10～15 kg的饲养标准饲喂，日给8～10 kg优质干草和15～20 kg多汁饲料、精料3～4 kg。粗料及多汁饲料不宜喂得过多，以免引起早产。既要照顾到营养价值的全面性，又不能把牛喂得过肥，达到中上等体况即可。

②干乳后期的饲养。干乳后期要逐渐加料，每天增精料0.45 kg，直到每100 kg体重精料1～1.5 kg为止。逐渐加入精料的目的是使瘤胃及其微生物逐渐适应日粮中的精料，并使奶牛适当增重。这样，奶牛分娩后能量供应迅速增加而不会发生瘤胃酸中毒或其他消化性障碍。产前4～7天，如乳房过度肿大，要减少或停止精料和多汁饲料。产前2～3天，日粮中应加入小麦麸等轻泻饲料，防止便秘。

③干奶期注意事项。为预防发生第四胃变位，干奶牛日粮中要用2～3 cm长的干草。干奶期应喂高能低钙日粮，可预防产后瘫痪。

干奶牛日粮总营养水平如在维持基础上加3～5 kg标准水平的营养用配合日粮饲养时，可保持干奶期平均日增重0.35～0.5 kg，这对于发挥下一胎产奶量的遗传潜力，预防营养代谢病，如酮病、肥胖综合征、消化机能障碍和第四胃变位、瘤胃角化不全等均有明显的效果。

2）泌乳牛的饲养

①泌乳初期：指产犊后开始到产后70天。在此阶段，奶牛的干物质进食量因食欲未完全恢复而比泌乳后期还低15%。因此此阶段应注意饲料的适口性和饲料的品质。最高日产奶量一般出现在产后4～8周，最高干物质则在产后10～14周，因而出现了泌乳初期母牛体内能量的负平衡。

此期产奶量可占整个泌乳期的50%左右。所以，此阶段是发挥泌乳母牛泌乳潜力，夺取高产的重要时期。奶牛产犊后的饲养原则取决于奶牛的生理特点。奶牛产犊后失水较多，食欲较差，生殖系统处于恢复期，为了保证奶牛的正常泌乳，应采取合理的饲养措施：a. 供给清洁而充足的饮水。b. 喂给优质的青粗饲料，任其自由采食。c. 精饲料的喂量，一般根据奶牛的健康状况、食欲而定。当奶牛食欲旺盛、泌乳潜力大、产奶量高时，适当多加；若奶牛食欲不好，不能勉强。此期饲养的目的是使奶牛能安全大量采食，尽早满足泌乳需要，尽可能减少负平衡，为高产稳产创造条件。d. 采取“引导”饲养法。随着产乳量的增加而增加精料喂量：日产乳 20 kg 给 7 ~ 8. 5 kg，日产乳 30 kg 给 8. 5 ~ 10 kg，日产乳 40 kg 给 10 ~ 12 kg。精料量应控制在每产 3 kg 常乳投给 1 kg 精料。但增料不宜过快，防止消化不良，每天或隔天增喂 0. 5 ~ 1 kg 为宜，还要注意保证优质青粗饲料和多汁饲料的供应，否则单靠增加精饲料会破坏奶牛的消化代谢，带来不良后果。当产奶量不再增加时，应将多余的料降下来，使奶料平衡为止。规模化奶牛场每 3 天测 1 次产奶量，每 10 天测 1 次乳脂率，用来指导生产。

每日精料量分 3 次喂给，一般每次投精料量不超过 3 kg，并应与粗料拌好后再喂。当泌乳牛日粮中精料过多，其粗纤维为 13% ~ 14. 5% 时，为了保持瘤胃的正常环境和消化机能，防止乳脂含量下降，应另加氧化镁和碳酸氢钠。这些物质对瘤胃内容物的酸度有缓冲作用，称作缓冲剂。碳酸氢钠为精料的 1% ~ 1. 5%，氧化镁为精料的 0. 5% ~ 0. 8%。

②泌乳中期：此阶段为母牛产后 71 ~ 140 天，有人称为泌乳平稳期。高产牛此阶段泌乳曲线稳定或每个月小于 6% 速度下降，一般生产牛降幅为 10% 左右。此期的泌乳量相对平稳，奶牛的泌乳高峰已过，干物质进食量进入高峰期，体重开始恢复。在此阶段，奶牛所获养分除满足维持和产奶需要外，还有多余的养分用于恢复产后失去的体重。若奶牛获多余养分很平衡，子宫恢复正常，则奶牛可正常发情，故此阶段喂给全价饲料非常重要。此阶段可按维持加产奶牛的需要进行全价日粮饲养，可不考虑体重变化问题。对于日产奶量高于 35 kg 的高产奶牛，均应添加缓冲剂。夏季还应加氯化钾或脂肪粉（含有脂肪 80%，乳糖、酪蛋白、淀粉、水分各 5%，另有抗氧化剂），利于高产奶牛抗热应激。夏季为防止炎热对母牛食欲的影响，可在凌晨 3—5 时日出之前、气温最低之时饲喂 1 次，以提高进食量，防止泌乳旺盛的母牛发生动用体脂产奶的现象。

③泌乳后期：泌乳的最后 5 个月是泌乳后期，此时奶牛已经进入妊娠中后期。在泌乳中后期，奶牛在生理上发生一系列变化，如雌激素的分泌、性周期恢复、出现发情、配种受孕，所以对营养的需要包括维持、泌乳、修补体组织、胎儿生长和妊娠沉积养分等。因此，在泌乳中后期泌乳量开始逐渐下降，到泌乳后期泌乳量每月下降 10% ~ 20%。这段时间饲养应根据奶牛体重和泌乳量按饲养标准喂给，每周或每两周按产奶量的下降情况调整精料喂量一次。日产乳 30 kg 给 7 ~ 8 kg，日产乳 20 kg 给 6. 5 ~ 7. 5 kg，日产乳 15 kg 给 6 ~ 7 kg。泌乳初期减去的 35 ~ 50 kg 体重，要尽量在泌乳中期和后期恢复。同时应注意奶牛的膘情，凡早期失重多者或瘦弱者，应使日粮营养浓度略高于维持和产奶的需要，使奶牛体况及早得到恢复，这对奶牛健康和高产稳产都有好处。但不能把奶牛养得过肥，否则影响奶牛的生产力。

在预计停奶以前要进行一次直肠检查，最后确定一下是否妊娠，以便及时停奶。禁止喂带冰或发霉变质饲料，注意母牛保胎，防止机械性流产，如防止猛烈驱赶母牛，防止通过狭窄通道互相拥挤，防止滑倒。

（4）育肥牛的饲养。育肥的目的是获得优质的牛肉，并取得最大的经济效益。所谓育肥，就是必须使日粮营养水平高于维持和正常生长发育所需要的营养，获得较高的日增重，缩短育肥期，使多余的营养在使肌肉生长的同时沉积尽可能多的脂肪，达到育肥的目的。对于幼龄牛，其日粮营养水平应高于维持和正常生长发育的营养需要。对于成年牛，只需高于营养需要即可。

不同品种的牛，在育肥期对营养的需要量是有差别的。以去势幼龄牛为例，乳用品种牛所需的营养物质比肉用品种牛要高出10%～20%。不同生长阶段的牛，其生长发育的重点不同。幼龄牛以肌肉、骨骼和内脏为生长重点，所以饲料中蛋白质含量应高一些。成年牛主要是沉积脂肪，所以饲料中能量应高一些。由于二者增重成分不同，单位增重所需的营养量以幼龄牛最少，成年牛最多。当脂肪沉积到一定程度后，成年牛的生活力降低，食欲减退，饲料转化率降低，日增重减少，必须及时出栏，以免浪费饲料。公牛在丰富的饲养条件下增重快，每单位增重平均消耗饲料几乎较母牛省10%以上，阉牛则介于公母牛之间，阉牛在饲养水平高的时候较公牛易于沉积脂肪，达到“雪花”肉。

目前常见的肉牛的育肥方式有犊牛育肥、架子牛育肥和成年牛育肥三种，其中犊牛育肥又包括白牛肉的生产和小牛肉的生产。

1）白牛肉生产。白牛肉是指以牛乳或代乳料为饲料饲养犊牛至3月龄左右屠宰获得的牛肉。它与小牛肉（指以精料为主饲养至5～10月龄屠宰产出的牛肉）、大牛肉（指以精粗料搭配养育至12月龄以上青年或成年牛屠宰产出的牛肉）相比具有营养价值高、肉色浅淡、肉味鲜美、肉质细嫩等特点。蛋白质比一般牛肉高63%，脂肪低95%。白牛肉较优质高档牛肉更符合消费者健康、营养的需要，其价格要比一般牛肉高出8～10倍。

生产白牛肉应选择那些优良的肉用牛、兼用牛、乳用牛或高代杂种牛所生公犊，要求犊牛的初生重为38～45 kg，身体健壮，生长发育快，日增重在0.7 kg左右，消化吸收机能要好。最好选择公犊，因为公犊的生长发育一般要快于母犊。

犊牛初生后7天内必须喂足初乳。7天以后实行人工哺乳，每天喂3次，饮水3～4次，乳温要求38～40℃，不喂草料，以保持用单胃（牛的皱胃，又称真胃）消化。采用代乳料或人工乳喂养，配制时应尽量模拟牛乳的营养成分，特别是氨基酸的组成、能量的供给等都要适应犊牛的消化生理特点和要求。用全乳饲养犊牛每增重1 kg约需要消耗10 kg左右的牛奶，而用代乳料人工饲养犊牛每增重1 kg约需要13 kg左右的代乳料。

由于用新鲜牛奶来饲喂牛犊生产白牛肉不是太经济，所以近年来人们趋向于用代乳料来生产白牛肉。

2）小牛肉生产。小牛肉生产是指犊牛出生后饲养6～8个月，在特殊的饲养条件下育肥至250～350 kg屠宰所生产的牛肉。其肉质细嫩多汁，呈淡粉红色。小牛肉风味独特，价格昂贵。

奶公犊具有生长快、育肥成本低的优势，在我国目前条件下，选择黑白花奶公犊生产优质小牛肉是适宜的。选作育肥用的公犊，要求初生体重大，在40 kg以上，健康无病，头方嘴大，前管围粗壮，蹄大坚实。有条件的地方可以选择西门塔尔牛或其他国外肉牛品种与我国优良地方品种杂交所产的杂种公犊进行小牛肉的生产。

出生后至1月龄，用代乳料饲喂，每头每日3～5 kg。代乳料内脱脂乳粉（干）60%～70%、乳清粉15%～20%、猪油15%～20%、玉米粉5%～10%，另加矿物质和维生素配成。如果鲜奶便宜，第一个月可以喂鲜奶。代乳料也可由脱脂乳粉60%～80%、鱼粉5%～10%、豆饼5%～10%和油脂组成。

第二个月饲喂的人工乳中可省去奶粉，选用植物性饲料为主的日粮。配方为：玉米55%、鱼粉5%、大豆饼38%、维生素与矿物质混合物2%。

第三个月喂的人工乳配方为：鱼粉5%～10%、玉米或高粱40%～50%、亚麻饼20%～30%、麸皮5%～10%、油脂5%～10%。

人工乳具体喂料计划如下：1周龄时，代乳料0.3 kg，水3 kg；2周龄时，代乳料0.6 kg，水6 kg；3～4周龄时，代乳料0.9～1.1 kg，水10 kg；2月龄时人工乳1.6～2 kg，水11～12 kg；3月龄时，人工乳3 kg，水15～16 kg。

饲喂时的乳温，半月龄内为38℃，其他月龄为30～35℃，温度过低，犊牛易腹泻。3个月内饲养是关键，必须特别小心。以后时期即用精料（玉米、大麦、豆饼为主）育肥，同时也可加一定量青贮或优质干草。各阶段日粮配方如下：

① 幼犊期的日粮配方

青贮玉米10 kg，干草3～5 kg，配合精料2 kg。

配合精料组成：玉米68%，熟豆饼28%，磷酸氢钙1%，食盐1‰，添加剂1.5%，多种维生素0.5%。

②育肥前期的日粮配方

青贮玉米15 kg，干草5～6 kg，配合精料3 kg。

配合精料组成：玉米7 8%，熟豆饼18%，磷酸氢钙1%，食盐1%，添加剂1.5%，其他0.5%。

③育肥后期的日粮配方

青贮玉米18 kg，干草6～8 kg，配合精料4 kg。

配合精料组成：玉米88%，熟豆饼8%，磷酸氢钙1%，食盐1%，添加剂1.5%，多种维生素0.5%。

3）架子牛的育肥

①育肥架子牛的选择。根据肉牛的生长规律，架子牛育肥应选择在2岁以内，最迟不超过3岁的牛，这个阶段的牛能适合不同的饲养管理，生长发育快，饲料转化率高，易于生产出优质牛肉。3～4岁的牛生长发育已近停止，只能沉积一些脂肪改善肉质。不同的品种，增重速度不一样。供育肥的牛以专门的肉用品种为好，也可以选择肉用杂交改良的品种。在同样的饲养条件下，性别不同的牛生长速度也不相同，公牛生长最快，阉牛次之，母牛最慢。

② 架子牛的育肥阶段

育肥前期（也叫过渡饲养期或过渡驱虫期）：大约 15 天。这一时期主要是让牛熟悉新环境，适应新的草料条件，消除运输过程中产成的应激反应等。环境要保持安静，干燥，防止惊吓。开始以品质较好的粗料为主，每天每头补饲精料 500 g，与粗饲料拌匀后饲喂。随着牛体力的恢复，逐渐增加精料到 2 kg。精料、粗料的比例为 30∶70，日粮蛋白质水平 12% 左右为佳。效果好时可以出现补偿生长。这一时期的日增重可达 800 ~ 1 000 g。另外，在此阶段进行必需的体内外寄生虫的驱虫工作，对于食欲不好的架子牛还要进行健胃工作，完成过渡饲养期。

育肥中期：需 45 ~ 75 天。这时架子牛的干物质采食量应逐渐达到体重的 2.2% ~ 2.5%，达到 8 kg，日粮蛋白质水平为 12%，精粗料比例为 60∶40。精料配方为：70% 的玉米，20% 的棉仁饼或其他饼类，10% 的麸皮，另外每头每天要饲喂 30 g 的食盐。在此阶段，肉牛的每日增重可以达到 1.3 kg。这一时期主要是让牛逐步适应精料型日粮，防止发生瘤胃鼓气、腹泻和瘤胃酸中毒等疾病。不要把时间拖得太长，防止精粗料比例相近的情况出现，以避免淀粉和纤维素之间的相互作用而降低消化率。

育肥后期：30 ~ 80 天。这时干物质水平应为体重的 2.2% ~ 2.4%，每天采食干物质的量达到 10 kg。日粮蛋白质水平为 10%，日粮精粗料比例为 70∶30。精料配方为：85% 的玉米，10% 的饼粕类饲料，5% 的麸皮。此外，每头每天要饲喂 20 g 左右的食盐。这一时期的日增重可达 1 200 ~ 1 500 g，粗料自由采食。这个时期应增加饲喂次数，一日 3 次，尽量让牛能够采食大量精料。

③架子牛的饲喂方法。对进行育肥的架子牛在固定的时间饲喂 2 ~ 3 次，每次饲喂 1.5 ~ 2 h。按照每头育肥牛应供给的营养所确定的饲料量来饲喂，不可随意增减。一般的饲喂顺序为先粗后精，即先喂干草或玉米秸秆，后喂精料，然后再让牛饮水。冬季时每天在喂后各饮水 1 次，夏季天气炎热，为满足牛对水的需要，除按冬季的饮水次数外，再增加 1 次夜间饮水。

④架子牛的管理技术要点

首先，做好育肥前的准备，在架子牛进入育肥舍以前要对牛进行称重。然后按体重、品种和年龄及营养状况将牛分成几组，并对每头牛进行编号。

其次，保持牛圈清洁卫生，定期打扫，定期消毒。

第三，绝不给牛饲喂发霉变质的饲料，饮水要清洁，水温要适宜。

第四，加强牛圈冬季的保暖防寒，夏季一定要注意防暑、防潮等。肉牛最适宜的温度是 7 ~ 27℃，为了提高冬季与夏季架子牛的育肥效果，牛舍必须冬暖夏凉。冬季要进行舍内饲养，舍内温度要保持在 5℃以上。夏季可采取牛舍内安装电风扇或用凉水喷洒地面的方法降温。

第五，做好疾病防疫，圈舍周围保持安静，尽量减少应激。

第六，对牛只每天进行刷拭，每天至少两次，每次至少 5 min 以上。

第七，育肥牛要采取短拴系的方式，这样可以减少牛只的运动，一般来说拴系长度为 60 cm 左右。

第八，要对育肥的架子牛定期进行称重，一般是每月称重 1 次，以便了解牛的增重情况。根据牛的增重情况，分析饲养效果，以便调整日粮，达到最佳的育肥效果。

第九，要做好各项记录。具体包括健康记录、生产性能记录，以及饲料消耗记录。根据记录分析其育肥效果和经济效益，并针对出现的问题采取适当的措施。

第十，合理把握牛只的出栏时间。一般来说，架子牛经过 90 ~ 120 天的育肥，体重达到 450 kg 以上时就要出栏。

4）成年牛育肥。成年牛的育肥也称菜牛育肥，指肉用母牛、淘汰乳用母牛及老弱残黄牛等。成年牛来源复杂，年龄不一，一般出肉量较大，但牛肉脂肪含量高，肉质较差，屠宰率低，饲料报酬、育肥的效率均较 2 岁以下的牛差很多。成年牛育肥的目的是提高屠宰率，改善肉的品质。成年牛育肥一般只适用于在非专业性饲养场进行，育肥期限为 3 个月左右。育肥时要求按体重、品种和牛只体况将牛群分为若干组进行。

成年牛的育肥应采取高能饲料进行短期强度育肥。日粮为酒糟 15 ~ 20 kg，豆饼类 0.5 kg，玉米 4 kg，骨粉 50 g，食盐 50 g，添加剂 50 g 等。如果没有酒糟，可以把混合精料提高到日喂 7 kg，其配比为玉米占到 40% ~ 50%，麸皮 30%，其余为棉籽饼或菜籽饼等饼粕类饲料。青贮玉米应大量利用，日喂量可以达到 30 kg。

管理方面，对体况差的牛先要进行健胃，提高食欲和消化机能，以免影响育肥效果；采用舍饲拴系饲养，绳拴短至 35 ~ 40 cm 即可；育肥牛应密集排列在舍内，以减少牛的活动；保持育肥场地环境的安静和牛舍的清洁干净，通风良好；不能喂发霉、变质、冰凉的饲料。

2. 羊的饲喂

(1) 种公羊的饲喂。种公羊对提高羊群的生产性能和繁育育种关系重大。为了获取大量的优质精液，必须加强对种公羊的饲养。除与其他羊分开饲养外，还要给予全价饲料，精心饲喂，常年保持健壮的体况，力求常年保持旺盛的性欲和配种能力，射精量大，精液品质良好。

种公羊的日粮应营养全面，适口性好，易消化，保持较高的能量、蛋白水平和充足的钙磷，同时满足维生素及微量元素的需要。这样才能保证种公羊有旺盛的性欲和较强的精子活力。种公羊的平时日粮应以青绿多汁饲料、优质青干草、混合精料等搭配构成。在枯草期，应储备较充足的青贮饲料。青绿多汁饲料有胡萝卜、甜菜和青贮等；青干草有苜蓿草、三叶草、羊草、青燕麦草等优质的青干草；混合精料由玉米、麸皮、高粱、大麦、黑豆、豆饼等构成。

种公羊应常年保持中等膘情，不能过肥。种公羊在非配种期，虽然没有配种任务，但仍不能忽视饲养管理工作，加强运动，有条件时要进行放牧，为配种期奠定基础。种公羊在非配种期以恢复和保持其良好的种用状况为目的，应供应充足的能量、蛋白质、维生素和矿物质。

在我国北方寒冷地区，种公羊多于 9 月至 11 月配种，到 12 月中旬结束，配种期较长，体力和营养消耗很大。配种期过后，精饲料喂给量不减，增加放牧或运动时间，经过一段时间后再适量减少精饲料，逐渐过渡到非配种期饲养标准。在冬季，种公羊要保持较高的营养水平，既有利于保持体况，又能保证其安全过冬。做到青绿多汁饲料、优质青干草、混合精料等合理搭配。混合精料的用料不少于 0.5 ~ 1 kg，优质干草 2 ~ 3 kg。夏季以放牧为主，适当补加精料。在我国南方一些地区，羊的繁殖季节多表现为春、秋两季，部分母羊可全年发情配种。因此，对种公羊全年均衡饲养尤为重要。除每天坚持适当的运动外，还应按饲养标准补饲优质青干草和混合精料等。

种公羊配种期饲养分配种预备期（配种前 1 ~ 1.5 个月）和配种期两个阶段。种公羊在配种预备期就应增加营养，在基本饲养管理的基础上，逐渐增加精料的饲养量，并增加蛋白质饲料的比例，按配种标准喂量 60% ~ 70% 给予，逐渐增加到配种期的日粮给量。配种期的公羊神经处于兴奋状态，经常心神不定，不安心采食，这个时期的管理要特别精心，要起早睡晚，少给勤添，多次饲喂。饲料品质要好，必要时可补给一些鱼粉、鸡蛋、牛奶，以补配种时期大量的营养消耗。配种期如蛋白质数量不足，品质不良，会影响公羊配种性能、精液品质和母羊受胎率。配种期每日饲料定额大致为：混合精料一般 1.0 ~ 1.5 kg，胡萝卜、青贮饲料或其他多汁饲料 1.0 ~ 1.5 kg，优质干草自由采食，动物性蛋白质饲料（鱼粉、鸡蛋）、食盐等适量。草料每天分 2 ~ 3 次饲喂，饮水每天 3 ~ 4 次。每日放牧或运动时间约 6 h。配好的精料要均匀地撒在食槽内，要经常观察种公羊食欲好坏，以便及时调整饲料，判别种公羊的健康状况。

（2）繁殖母羊的饲喂。繁殖母羊是羊群正常发展的基础。为充分发挥繁殖母羊的生产力，应给予良好的饲喂，以完成配种、妊娠、哺乳等任务。繁殖母羊的饲喂分为空怀期、妊娠期和哺乳期三个阶段。

1）空怀期的饲养。空怀期是指母羊在羔羊断奶到配种前的恢复阶段。这一阶段的营养状况对母羊的发情、配种、受胎以及以后的胎儿发育都有很大影响。由于各地产羔季节安排的不同，母羊的空怀期长短各异。如在年产羔一次的情况下，母羊的空怀期一般为 5 ~ 7 个月。在这期间为配种做好准备，合理搭配营养，使配种前达到中等以上膘情。在配种前 1 ~ 1.5 个月实行短期优饲，加强营养，提高饲草供给量；采用优质牧地放牧、延长放牧时间等方法加强放牧，并采用适时喂盐，满足饮水等措施突击抓膘。对体质较弱的繁殖母羊，除放牧外，每日补喂混合饲料 0.1 ~ 0.2 kg，这样具有明显的催情效果，保持羊群有较高的营养水平，使羊群发情整齐，便于管理。

2）妊娠期饲养。母羊妊娠期一般分为妊娠前期（约 3 个月）和妊娠后期（约 2 个月）。

①妊娠前期。妊娠前期因胎儿发育较慢，所需营养与空怀期基本相同，饲养的主要任务是维护母羊处于配种时的体况。母羊妊娠 1 个月，一般放牧或给予足够的青草，适量补饲即可满足需要。母羊妊娠 2 个月后，应逐渐增加精料的补给量，每天补喂 2 ~ 3 次，每次 50 ~ 100 g，青年羊可适当增加补给量。

②妊娠后期。妊娠后期胎儿生长很快，所增重量占羔羊初生重的 90%，营养物质的需要量明显增加。因此，这一阶段需要给母羊提供营养充足、全价的饲草料。如果缺乏营养，胎儿发育不良，母羊产后缺奶，羔羊成活率低。因此，对冬春产羔的一般母羊，根据放牧母羊采食情况，每只羊每天可补饲混合精料 0.3 ~ 0.5 kg，青贮饲料 1 ~ 1.5 kg 及适量的优质干草、食盐、骨粉等。妊娠后期的肉羊，一般日补饲精料 0.5 ~ 0.8 kg、优质干草 1.5 ~ 2.0 kg、青贮饲料 1.0 ~ 2.0 kg。对产秋羔的母羊，应根据羊的品种和体况适当补饲混合精料和食盐、骨粉等。适当控制每次喂给饲草的总容积，补喂饲草和精料应少喂勤添，以防一次性喂量过多压迫胎儿。

③哺乳期饲养。母羊哺乳期可分为哺乳前期（1.5～2个月）和哺乳后期（1.5～2个月）。

母羊的补饲重点应在哺乳前期。哺乳前期是繁殖母羊营养需要最多的时期，要比妊娠后期提高10%～20%。在哺乳前期，母乳是羔羊主要的营养物质来源，尤其是出生后15～20天内，几乎是唯一的营养物质。为满足羔羊快速生长发育的需要，必须提高母羊的营养水平，提高泌乳量。因此，要增加混合精料的补给量，合理搭配优质草料。对于体况较好的母羊，产后1～3天内，要少喂精料，甚至不喂，以喂优质干草为主，以防消化不良或发生乳房炎。3日后逐渐增加精料的饲喂量，同时给母羊饲喂优质青干草和青绿多汁饲料。

哺乳母羊补饲量应根据母羊体况及哺乳的羔羊数而定。一般产单羔的母羊每天补饲精料0.5～0.7 kg，双羔母羊还要适当增加补饲量。为调节母羊的消化机能，促进恶露排出，可喂少量轻泻性饲料（如在温水中加入少量麦麸皮）。可在近距离草场放牧，晚出早归，使放牧、奶羔两不误，同时保证饮水。

哺乳后期母羊泌乳力下降，加之羔羊已逐步具有了采食植物性饲料的能力，依赖母乳程度减少，此阶段母乳仅能满足羔羊5%～10%的营养。泌乳后期应逐渐减少对母羊的补饲，其饲养方式与空怀母羊相同。但对体况下降明显的瘦弱母羊，应加强营养，使母羊在下一个配种期来临时保持良好的状况。

（3）育成羊的饲喂。育成羊是指断奶后到第一次配种的公、母羊，多在8～18月龄。由于品种、饲养方式、日粮营养水平、断奶时间和饲养环境存在差异，育成期的范围也有很大差异。

育成期的羊只是从消化机能不健全发育到健全和完善，生长发育达到性成熟，再到体成熟。绵羊的性成熟年龄在4个月至10个月，有第一次发情和排卵，体重是成年羊的40%～60%。在整个育成阶段，羊只生长发育较快，营养物质需要量大，如果营养不良，就会影响生长发育，造成个头小、体重轻、四肢高、胸窄、躯干偏小。同时，还会使体质变弱，被毛稀疏，性成熟和体成熟推迟，不能按时配种，影响生产性能，甚至失去种用价值。可以说，育成羊是羊群的未来，应加强育成羊培育，提高羊群质量。

育成羊的弱羊应分离出来，尽早补充富含营养、易于消化的饲料饲草，并随时注意大群中体况跟不上的羊只，及早隔离出来，给予特殊的照顾。根据增重情况，调整饲养方案。断奶时不要同时断精料。在断奶组群放牧后，仍需要补喂一段时间的饲草料。补饲量要根据牧草能否满足生长需要而定。夏季青草期应以放牧为主，安排较好的草场，并结合少量补饲。放牧时要注意训练头羊，控制好羊群，不要养成好游走、挑好草的不良习惯。育成羊与成年羊相比，合群性差，放牧过程中，要随时注意羊只走向，避免部分育成羊合小群走失。放牧距离不可过远。在冬、春季节，除放牧采食外，应适当补饲干草、青贮饲料、块根块茎饲料、食盐等。补饲量应根据品种和各地的具体条件而定。

（4）羔羊的饲喂。出生至断奶（一般为3～4个月龄）阶段的羊叫羔羊。羔羊饲养重点是如何提高成活率，并根据生产需要培育体型良好的羔羊。

1）吃足初乳。羔羊出生后1～3天内，一定要让羔羊吃上初乳。初乳中含有丰富的蛋白质（17%～23%）、脂肪（9%～16%）、矿物质、维生素等营养物质和抗体，对增强羔羊体质、抵抗疾病和排出胎粪具有重要的作用。据研究，初生羔羊不吃初乳，将导致生产性能下降，死亡率增加。

羔羊出生后即检查母羊的乳房，挤去最初几滴乳汁。仔细观察泌乳和哺乳情况。一般初生羔羊出生 30 min 后能自行站立并寻找母乳吃，不需人工哺乳。羔羊吃初乳时，母羊常嗅或拱羔羊的尾根部，以辨认自己的孩子，增加母子亲和力，羔羊则不断地摇尾巴。弱羔、初产母羊母性差、母羊乳头短小、母羊乳房下垂严重、母羊产后有病，常使羔羊吃不足初乳，表现为被毛蓬松、肚子扁、弓腰鸣叫等，这就需要人工辅助哺乳。先把母羊保定住，将羔羊放到乳房前，人工帮助找到乳头，让羔认奶，反复多次帮助羔羊吮乳，几次之后羔羊就能自己吃奶了。

安排好羔羊吃奶时间。母羊产后至少 3 ~ 7 日内母仔应在产羔室生活，一方面可让羔羊随时哺乳；另一方面可促使母仔亲和、相认。对于有条件的羊场，母仔最好一起舍饲 15 ~ 20 天，这段时间羔羊吃奶次数多。有在附近草场放牧条件的羊场，1 周后母羊可外出放牧，白天返回 3 ~ 4 次给羔羊哺乳，夜间母子合群自由哺乳。一般 1 个月龄内的羔羊，以哺乳为主，1 个月龄后逐渐减少哺乳次数，逐渐以采食为主。

2）寄养。如遇母羊一胎多羔而奶水不足，或母羊产后患病及死亡，应及早找单羔、死羔的母羊作为保姆羊代为哺乳。寄养时，一般要求两只母羊的分娩日期比较接近，最好相差不过 3 天，羔羊个体体重大小不宜相差过大；保姆羊要性情温顺，泌乳量高，母性好，身体健壮，具有代哺能力；最好能在代哺羔羊生后 3 天内完成寄养，使羔羊能吃到保姆羊的初乳。刚开始时要人工帮助对奶，把保姆羊的奶头对准羔羊的嘴，轻轻挤进嘴巴里几滴奶，或用手指蘸几滴奶抹在羔羊口内，引起羔羊食欲，再直接让羔羊吸吮保姆羊乳头，经过几次之后保姆羊就能认仔哺乳。

3）人工哺乳。羔羊的人工哺乳就是选用牛奶、羊奶、奶粉或代乳粉喂养缺奶的羔羊。人工哺乳费工、费时，仅适于饲养量较少的羊场。喂羔羊的牛奶、羊奶尽量用新鲜奶或消毒奶，奶越新鲜，其味道及营养成分越好，病菌及杂质越少。用奶粉喂羔羊时，应该先用少量温开水把奶粉溶开，然后再加热，防止兑好的奶粉中起疙瘩。有条件时再加些鱼肝油、胡萝卜汁、多种维生素等。用豆浆、米汤、豆面等自制食物喂羔羊时，应添加少量食盐及骨粉，有条件的再添加些蛋黄、鱼肝油、胡萝卜汁等。人工哺乳的关键是掌握好温度、喂量、浓度、卫生消毒。

①温度。人工乳温度高，容易伤害羔羊，或发生便秘；温度低，容易发生消化不良、拉稀、膨胀等。一般冬季 1 月龄以内的羔羊，人工乳的温度应等于或略高于母羊体温（38 ~ 40℃），夏季温度可以略低些。随着羔羊月龄的增长，人工乳的温度可适当降低。

②喂量。羔羊人工哺乳的喂量应适中，切忌过多或过少，一般掌握在七八成饱的程度。具体喂量应根据羔羊体格健壮程度确定，初生羔羊全天喂量相当于初生重的 1/5，羔羊健康、食欲良好时，以后每隔 1 周应比上周喂量增加 1/4 ~ 1/3；如是消化不良，应减少喂量，加大饮水，采取些相应的治疗措施。喂代乳品、粥、汤时，喂量应低于喂奶量的标准，尤其是最初几天内，先少给，适应后再加量。初生羔羊每天应喂 6 次，每隔 3 ~ 5 h 喂 1 次，夜间睡眠时可延长时间或减少次数。10 天以后每天喂 4 ~ 5 次，每隔

5～6 h喂1次。20天以后羔羊即可食草料，每天喂奶次数可减少到3～4次。

③浓度。用奶粉或代乳粉喂羔羊时，要注意浓度。如用奶粉泡制的乳汁，其浓度应与羊奶差不多，即1份奶粉加7份水。开始用少量开水冲溶奶粉，然后加入温水，调好温度，搅拌均匀。要注意观察羔羊的粪尿，特别是人工哺乳第1周要注意观察。如果羔羊尿多，羊舍潮湿，说明乳太稀；尿少，粪呈油黑色，黏而臭，量多，说明乳汁太稠要作适当调整。人工乳浓度在羔羊前期应浓些，羔羊大些后可适当稀些。

④卫生消毒。初生羔羊体质较弱，适应能力差，对疾病的抵抗力弱。因此，搞好人工哺乳过程的卫生消毒对羔羊的健康成长非常必要。首先，喂养人员在喂奶前要洗净双手，平时不接触病羊，尽量减少或避免接触致病因素。出现病羔及时隔离，由专人管理。迫不得已病羔和健康羔都由一个人管理时，应先喂好羔，再喂病羔，并且喂完后马上洗净消毒手臂，脱下衣服，开水冲洗消毒处理。其次，羔羊所食奶粉、水、草料等都应注意卫生。奶粉、粥、汤等在喂前应煮沸。最后，喂奶器械必须严格消毒。奶瓶应保持清洁卫生，喂完即冲洗干净，病羔的奶瓶在喂完后要用高锰酸钾、84消毒液等消毒，再用清水冲洗干净。

4）训练开食，加强补饲。补饲可以锻炼羔羊胃肠的消化机能和促进消化器官生长发育，使羔羊获得更完全的营养物质，增强羔羊体质，提高成活率。一般羔羊7～10日龄，就开始训练吃草料。在圈内安装羔羊补饲栏（仅羔羊能进入），让羔羊自由采食，少给勤添。待羔羊都会吃料后，再定时、定量补饲。每天补混合精料50～100 g。为了尽快让羔羊吃料，可把玉米粉、豆饼粉、麸皮等煮粥或炒香用开水拌湿放在补料槽内，引导羔羊舔食，对不肯吃的，可将料涂到羔羊的嘴内，让它自己嚼，反复数次就会吃料。羔羊20日龄后，可随母羊放牧。羔羊1个月龄后逐渐以采食为主，除哺乳、放牧外，可补给一定量的草料。羔羊舍内要设足够的水槽和盐槽，在精料中添加0.5%～1.0%的食盐或2.5%～3.0%的矿物质，同时保证充足的饮水。2月龄以后的羔羊，随着母羊泌乳力逐渐下降，羔羊瘤胃发育及机能逐渐完善，因此饲养的重点可转入羔羊补饲，每日补混合精料200～250 g，自由采食青干草或优质牧草。

3. 猪的饲喂

（1）仔猪的饲喂

1）传统的仔猪断奶。仔猪断奶日龄，关系到整个猪群的饲养管理、工艺流程和母猪群的繁殖效率。过去传统的饲养法仔猪生下来到停止吃奶的时间大概是45～60天，这种方法现在基本上已经没人再用。

2）仔猪早期断奶技术。早期断奶是指3～5周龄断奶的仔猪。断奶越早对仔猪打击越大，断奶后恢复时间越长。3周龄断奶，仔猪恢复到断奶体重的时间需10～14天，4周龄断奶需9～10天，5周龄断奶需5～8天。3～5周龄的仔猪，已过了母猪的泌乳高峰期，大约采食母猪泌乳总量的60%，从母乳中获得一定的营养物质，自身免疫能力亦逐步增强。由于早期补料仔猪已能采食饲料，仔猪对外界环境变化的适应能力增强，这时断奶仔猪完全可以独立生活。母猪产后子宫恢复大约需要20天，3周龄前断奶母猪子宫还未完全恢复，即使断奶后母猪发情，受胎率也不高，胎胚死亡增加，每窝产仔头数减少。从母猪体况分析，仔猪3～5周龄断奶好。生产实践表明，我国南方地区4周龄，北方地区5周龄断奶为宜。

3）仔猪的消化生理及饲喂要点。仔猪消化器官不发达，消化机能不完善。仔猪出生时胃内仅有凝乳酶，胃蛋白酶很少。由于胃底腺不发育，缺乏游离盐酸，胃蛋白酶没有活性，不能很好地消化蛋白质，特别是植物性蛋白质。这时只有肠腺和胰腺发育比较完善，胰蛋白酶、肠淀粉酶和乳糖酶活性较高，食物主要是在小肠内消化，所以，初生仔猪只能吃奶而不能利用植物性饲料。仔猪缺乏先天免疫力，容易得病，自身也不能产生抗体。只有吃初乳以后，靠初乳把母体的抗体传递给仔猪，以后过渡到自身产生抗体而获得免疫力。初生仔猪大脑皮层发育不够健全，调节体温能力差，仔猪体内贮存能量少，遇寒冷血糖很快降低，如不及时吃到母乳很难成活。

仔猪在断奶前吃料很少，此时饲料以甜味为主，21～42天由于仔猪胃酸呈酸性，所以饲料以酸味为主；42～60天胃酸呈中性，所以饲料要求不酸不甜。

仔猪阶段的生理消化特点除了胃肠重量轻、容积小，酶系发育不完善，胃肠酸性低且缺乏游离盐酸，胃肠运动机能微弱，胃排空速度快外，断奶可能是猪的一生中最大的应激。断奶面临着生理、心理和环境三方面的应激。仔猪由吃奶到吃饲料需要一个适应过程，一般要用1周时间。这段时间，如果饲养管理不当，仔猪会出现一系列的问题，比如体重不增反降、腹泻、水肿等。

根据仔猪的营养消化生理特点和饲养管理情况，通常将仔猪的饲养划分为哺乳阶段（教槽期）、断奶过渡阶段（饲料适应期）和保育阶段（快速生长期）。每个时期都有相适应的阶段全价配合饲料。而在这三个阶段中，断奶过渡阶段尤为关键。生产实际中，一般在仔猪出生后7天开始饲喂教槽料，在断奶后（通常21～28天断奶），继续饲喂教槽料7～10天，以顺利完成由母乳过渡到全价饲料，随后，再逐渐更换为保育料。所以在仔猪阶段饲喂了两种饲粮，这是目前生产实际中常用的划分方法。也有采取三阶段饲粮的方法，划分更为细致，在教槽料和断奶仔猪料间增加了可饲喂1周左右的过渡料，这种饲养方法仅在少数较大规模且管理科学规范的养猪场使用。

（2）母猪的饲喂

1）母猪各生产阶段消化生理和营养需要特点。对于后备母猪的饲养要求是能正常生长发育，保持不肥不瘦的种用体况。适当的营养水平是后备母猪生长发育的基本保证，过高、过低都会造成不良影响。日粮中的营养水平和营养物质含量应根据后备母猪生长阶段不同而异。要注意能量和蛋白质的比例，特别要满足矿物质、维生素和必需氨基酸的供给，切忌用大量的能量饲料饲喂，防止后备母猪过肥影响种用价值。后备母猪的饲喂目标是使210日龄猪群体重达到120 kg，能在第二或第三发情期配种，并且具有18～20 mm的P2点背膘厚度。后备母猪太瘦的话，其繁殖力就会很低，断奶后发情就会延迟；后备母猪过肥，其繁殖力也会很低，并且容易发生难产。

母猪妊娠后由于妊娠代谢加强，消化粗纤维的能力较强，饲粮中青粗饲料搭配可以多些。饲粮的营养水平在满足胎儿生长需要的前提下，母猪适度增长即可。妊娠期间的营养水平不宜过高，过高会降低饲料利用率，不合算，也容易使母猪过肥，导致胚胎死亡率增加而减少产仔个数。体况过肥会影响下一个繁殖周期，能停止发情，因此一般在妊娠以后都适当降低其营养水平。相反，如果营养不足，不仅影响产仔数和初生重，而且影响哺乳期的乳性能。其营养水平控制在消化能 10.88 ~ 11.28 MJ/kg，粗蛋白13% ~14%，赖氨酸0.6%，钙0.7% ~0.8%，磷0.55% ~ 0.65%，每天每头采食量可以控制在1.5 kg以内。

泌乳期的饲喂目标是使母猪产生足够的奶水以哺育仔猪，并要防止体重减轻过多以保证断奶后能尽快发情和配种。泌乳期每天的营养需要包括维持需要和泌乳需要。泌乳量在哺乳期开始时比较少，大约在分娩后 3 周时达到高峰。泌乳期的需要量主要取决于哺乳仔猪的数量。哺乳期间需要大量的能量，按照目前泌乳母猪日粮能量水平，消化能为13.6 MJ/kg，平均采食量 5 kg 左右，母猪的能量摄入不能满足产奶的需要，而必须动用体内的储备，这种能量相对缺乏在整个泌乳期都是存在的。添加脂肪是提高饲粮能量的有效措施，而且还可以增加脂肪酸的含量。脂肪的适宜添加量为2% ~3%，添加过多，饲料容易变质而且增加饲料的成本。哺乳母猪对蛋白质的需求较高，粗蛋白含量可达到18%，蛋白质原料应选择优质豆粕、膨化大豆或进口鱼粉等。赖氨酸是哺乳母猪的第一限制性氨基酸。试验表明，当赖氨酸水平从0.75% 提高至0.90% 时，随着赖氨酸摄入量的增加，每窝仔猪增重提高，母猪体重损失减少。所以新版 NRC 推荐的赖氨酸需要量为 0.97%。夏季母猪日粮中添加一定量的维生素 C （150 ~300 mg/kg）可减缓高热应激症。钙、磷是骨骼的主要组成成分。钙、磷比例恰当的钙含量在0.8% ~1.0%，磷为0.7% ~0.8%，有效磷0.45%，为提高植酸磷的吸收利用率可在日粮中添加植酸酶。

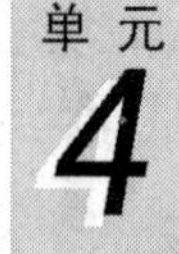

空怀母猪的饲料配方要根据母猪的体况灵活掌握，主要取决于哺乳期的饲养状况及断奶时母猪的体况，使母猪既不太瘦也不过肥，断奶后尽快发情配种，缩短发情时间间隔，从而发挥其最佳的生产性能。生产上，空怀期母猪的饲养通常作为哺乳期母猪饲养的延续。如果哺乳期母猪饲养管理得当、无疾病，膘情也适中，大多数在断奶后 1 周内就可正常发情配种，但在实际生产中常会有多种因素造成断奶母猪不能及时发情，如有的母猪是因哺乳期奶少、带仔少、食欲好，贪睡，断奶时膘情过好；有的猪却因带仔多、哺乳期长、采食少、营养不良等，造成母猪断奶时失重过大，膘情过差。为促进断奶母猪的尽快发情排卵，缩短断奶至发情时间间隔，生产中需给予短期的饲喂调整。对于膘情较好的，断奶前几天仍分泌相当多乳汁的母猪，为防止断奶后母猪患乳房炎，促使断奶母猪干奶，在母猪断奶前和断奶后各3天减少精料的饲喂量，可多补给一些青粗饲料。3天后膘情仍过好的母猪，应继续减料，可日喂 1.8 ~2.0 kg 精料，控制膘情，催其发情，对膘情一般的母猪则开始加料催情。对于断奶时膘情差的母猪，通常不会因饲喂问题发生乳房炎，所以在断奶前和断奶后几天就不必减料饲喂，断奶后就可以开始适当加料催情，避免母猪因过瘦而推迟发情。给断奶空怀母猪的短期优饲催情，一方面要增加母猪的采食量，每日饲喂配合饲料2.2 ~3.5 kg，日喂2 ~3 次，潮拌生喂；另一方面是提高配合饲料营养水平，断奶空怀母猪生产营养需要推荐一般高于 NRC 的标准。

2）母猪的饲喂技术（见表4—13）。出于繁殖性能的考虑，后备母猪一般在 30 kg，最迟 60 kg（目前对大部分瘦肉型后备母猪来讲，要求在45 kg 时），就要与育肥猪分开饲养。如果继续饲喂育肥猪料，则可能体况过肥，背膘过厚，母猪过早发情（体重未达到120 kg），从而影响以后繁殖性能的发挥，降低母猪的生产率，因此需要进行限饲。

对刚配种至怀孕前期（妊娠85～90天）的母猪来讲，需要保持一定的体型，过肥或者过瘦都影响生产。此阶段如果营养浓度过高，会导致早期胚胎死亡。母猪体况过肥易导致胎儿过大，难产率上升，产后采食量差，奶水不好，断奶后不发情等问题，所以也需要严格限制采食量。因此从营养需要的角度来说，后备母猪和母猪怀孕前期可以使用同一配方的饲料，称为怀孕母猪料。这种料实际上非常重要，但也是猪场最易忽视的饲料。

表4—13　　母猪饲喂方案　　kg

猪类型	阶段	饲喂方式	饲料种类	饲喂量	
				4—10月份	11—3月份
后备母猪	100 kg或7月龄内	自由采食	小猪料		
	100～120 kg	限饲	妊娠料	1.8～2	2～2.25
	120 kg～配种当日	限饲	妊娠料	2.25～3	2.25～3
妊娠母猪	配种第2～25天	限饲	妊娠料	1.4～1.7	1.7～2
	26～84天	限饲	妊娠料	1.7～2.25	2.25～2.5
	85～110天	限饲	哺乳料	2.5	3
	产前3天	限饲	哺乳料	每天减0.6左右	
哺乳母猪	产后7天	限饲	哺乳料	每天加0.7左右	
	8天～断奶当日	自由采食	哺乳料		
	断奶至发情	限饲	妊娠料	3～4	3～4

根据妊娠期的母猪体内生理规律及多年的研究，能量供给大致应保持在每日每头进食消化能20～27 MJ/kg。前期能量过高会增加母猪体脂含量，降低母猪泌乳期的采食量，推迟断奶到发情的间隔时间，能量过低会减少窝产仔数，所以前期就在此基础上增加10% 的能量；而妊娠后期是胎儿快速发育及母猪合成代谢旺盛的时期，所以妊娠后期的能量就在前期的基础上再增加50% 的消化能。粗纤维容积大，吸湿性强，使母猪有饱足感，还有刺激消化道黏膜和促进胃肠蠕动的作用，所以为了保持妊娠母猪正常的消化功能，日粮中含有少量的粗纤维也是必要的。妊娠母猪由于人为限制其活动，如果日粮粗纤维不足，则会使食物通过消化道的时间延长，不利于消化。试验表明，妊娠母猪日粮中添加25% 左右的优质草粉可保证良好的消化功能。高纤维日粮可提高窝产仔数、断奶仔猪数和断奶重，还能极显著降低母猪的活动量。

为保证胚胎在母体内正常发育，给妊娠母猪提供较合理的营养，提高初生仔猪的品质，可根据母猪的年龄、膘情和胚胎生长发育规律，采用以下三种方式：第一，前后两期法。这种方式较适合于配种时较瘦弱的母猪，把母猪的妊娠期分为前、中、后三期。前期1～40天，为快速恢复母猪的体力，可供给精料1.25 kg/（日·头）。中期40～90天，可降低到1 kg/（日·头），而适当增加一些青绿多汁料和粗饲料。后期90～114天，由于此时胎儿快速地生长和增重，需要较多营养，可将精料量提高到1.5 kg/（日·头）。第二，前粗后精法。这种方式主要适合于膘情较好的经产母猪。由于母猪膘情好，而前期胚胎发育较慢，故可按照一般的营养水平来饲喂。1～60 天每日供给精料 0.75 kg/头，60 天后可将精料量逐步提高到 1.25～1.5 kg/（日·头）。第三，逐步提高法。这种方式较适合于初产母猪和繁殖力高的母猪。初产母猪不仅要为胚胎发育提供必要的营养，还要维持自身的生长发育。而繁殖力高的母猪在妊娠后期不仅要供给胚胎较多的营养，还要为哺乳期的泌乳进行贮备。因此饲喂精料量应随孕期日期而增加。1～60 天每日供给 1.25 kg/头，60～90 天供给 1.5 kg/（日·头），90 天后可供给到 2 kg/（日·头）。

产前产后的饲喂要根据母猪的体况，给母猪增减喂料量，使母猪顺利地渡过哺乳期，使母猪在哺乳期有较好的生产体况，使仔猪获得较好的断奶重，同时也为下一个胎次的发情配种做好前期准备。母猪于产前 7 天进入产房，进入待产状态，此时的母猪饲喂程序应作相应的调整，这样有利于母猪产仔以及产后的正常哺乳。母猪进入产房后，日喂量从之前的 3.0～3.5 kg 减少，产前的第三天减少为 2.5～2.8 kg，产前第二天减少为 2 kg 左右，产前第一天减为 1.0～0.5 kg，日喂两次。此间要逐步过渡更换妊娠料为哺乳料。产前母猪的日粮中适当增加麸皮等具有轻泻性的饲料，产仔当天的母猪不喂料，只供给清洁的饮水，对瘦弱的母猪少减或不减，可适当增加电解多维。产后第一天饲喂一次，喂量为 0.5～1.0 kg；第二天饲喂 2 次，日喂量为 1.0～1.5 kg；第三天饲喂 3 次，日喂量增加至 2.5 kg；然后每天增加 0.5 kg，直至日喂量达到 5.0～7.0 kg。但有一点需要注意，对于哺乳仔猪数超过 10 头的母猪，日喂量可以达到 7.0 kg；对于哺乳仔猪数少的母猪应适当减少饲喂量。参考标准为：日饲喂量（kg）＝2.0＋0.4×哺乳仔猪数。防止母猪过于肥胖压死小猪，以及断奶后母猪长期不再发情，影响下一个胎次的生产，对于比较瘦弱的母猪采用自由采食的饲喂方法。总之，哺乳期间要尽可能保持母猪体重，控制在 10% 以内。

断奶空怀期一般每日喂 2 餐，定量饲喂，绝不能任其自由采食，以免引发各种病症。饲料的选择也不能突然改变，可在断奶后 3 天内，将哺乳料逐渐换成空怀料或大猪料，适量增加麸皮和多汁青饲料。

（3）育肥猪的饲喂

1）育肥猪消化生理和营养需要特点。根据育肥猪的生理特点和发育规律，按猪的体重将其生长过程划分为两个阶段，即生长期和育肥期。体重 20～60 kg 为生长期，此阶段猪的各组织、器官的生长发育不很完善。尤其是刚 20 kg 体重的猪，其消化系统的功能较弱，消化液中某些有效成分影响了营养物质的吸收和利用，并且此时胃的容积较小，神经系统和机体对外界环境的抵抗力也正处于逐步完善阶段。这个阶段主要是骨骼和肌肉的生长，脂肪的增长比较缓慢。体重 60 kg 出栏为育肥期，此阶段猪的各器官、系统的功能都逐渐完善，尤其是消化系统有了很大发展，对各种饲料的消化吸收能力都有很大改善。

生长育肥猪的经济效益主要是通过生长速度、饲料利用率和瘦肉率来体现的，因此，要根据生长育肥猪的营养需要配制合理的日粮，最大限度地提高瘦肉率和料肉比。为了获得最佳的育肥效果，不仅要满足蛋白质量的需求，还要考虑必需氨基酸之间的平衡和利用率。能量高使胴体品质降低，而适宜的蛋白质能够改善猪胴体品质，这就要求日粮具有适宜的能量蛋白比。由于猪是单胃杂食家畜，对饲料粗纤维的利用率很有限，研究表明，在一定条件下，随饲料粗纤维水平的提高，能量摄入减少，增重速度和饲料利用率降低。因此猪日粮粗纤维不宜过高，育肥期应低于8%。矿物质和维生素是猪正常生长和发育不可缺少的营养物质，长期过量或不足，将导致代谢紊乱，轻者增重减慢，严重的发生缺乏症或死亡。生长期为满足肌肉和骨骼的快速增长，要求能量、蛋白质、钙和磷的水平较高。此外，生长育肥猪生长速度随饲料粒度的改变而改变，减小饲料粉碎粒度可促进育肥猪生长。生长速度可提高1%～12%，饲料利用率得以改善，饲料利用率提高5%～12%。玉米粒度在100～400 μm之间，细度每减少100 μm，增长率提高3%。因此适当粉碎是提高生长育肥猪生长性能的有效途径。生长育肥猪饲料粉碎粒度在500～600 μm对生产性能和胃肠道功能影响不大，根据生长育肥猪的消化生理特点饲料颗粒应以500～600 μm为宜。

2）育肥猪的饲喂技术。生长育肥猪是指仔猪（35日龄）至肥猪出栏（120日龄）时间段，加强生长育肥猪的饲养管理，可以提高猪的出栏率以及养猪经济效益。

①仔猪由产房转入育成后（35日龄）喂7天乳猪料，然后添加小猪料，至转育肥。换料时要过渡7天，一定要注意逐渐撤换，不要突然全部撤换完，以防仔猪拉稀。

②饲喂方法。采取少喂勤添的方法，以吃饱不剩料为原则。一般每天喂5～6次，逐渐改为自由采食，但料槽内的料必须当日吃完，不准隔夜，使猪能吃上新鲜的饲料，特别是夏天，要防止饲料发霉变质。

③猪只必须按阶段饲养，刚进的仔猪日喂4次，饲养至90日龄或长到30 kg后，在7天内改喂中猪料，生长到60 kg后，改为大猪料。严格掌握换料方法（逐渐撤换），做到少给勤添，节约用料、合理用料、科学用料。如实填报各项数据。

育肥猪的给料标准：育肥猪采取定时定量的方法给料，即育肥前期、中期和后期3个阶段，每个阶段都有营养标准。注意每阶段换料一定要逐渐换完，当日喂多少取多少，不准剩料。育肥前期即育成转来15天以内，喂小猪料，转入7天内每天喂5～6次，少喂勤添，减少拉稀，一定要吃饱、总量要够，以保证生长需要。育肥中期即转来15～75天，共计喂60天，逐渐改为3次/天，喂中猪料，此阶段是猪只增重最快的阶段，也是效益最好的阶段。所以一定要喂饱，及时增加给料数量。育肥后期即最后阶段，由75～105天，共喂30天。

如果要想尽量加快育肥猪的日增重，尽量节约劳动力，可以采用自由采食法，缺点是脂肪沉积比较多，胴体的膘比较厚。如果想获得瘦肉率比较好的胴体品质，应采用定时定量饲喂法。所以如果在生长育肥前期采用自由采食法，在后期采用定时定量饲喂法，就可以既获得比较好的胴体品质，也可以获得较快的日增重。

（4）种公猪的饲喂

1）种公猪的营养需要特点。种公猪的饲养要保证其旺盛的性欲、结实的体质、高精液量和精液质量。日粮蛋白质的量和质对公猪精液的影响最明显，特别是日粮中的赖氨酸和蛋氨酸的水平。美国1998年版饲养标准除氨基酸外，完全借用妊娠母猪的标准，见表4—14。

表 4—14　　种公猪的能量、蛋白质及氨基酸饲养标准

国家	消化能（MJ）	代谢能（MJ）	粗蛋白	赖氨酸	蛋＋胱	色氨酸	苏氨酸	异亮氨酸	亮氨酸	苯丙＋酪	缬氨酸	组氨酸
美国（1998）	14.2	13.6	13.0%	0.60%	0.42%	0.12%	0.50%	0.35%	0.51%	0.57%	0.40%	0.35%

2）种公猪的饲喂技术。公猪的饲养主要根据公猪一年内配种任务的集中和分散情况，分别采取一贯加强饲养和配种季节加强饲养两种饲养方式。

一贯加强饲养适用于青年公猪、体况较瘦的公猪和全年配种猪场的公猪。青年公猪正处于生长发育阶段，机体各种组织还没有完全生长发育成熟。体况较瘦的公猪，需要马上恢复体况，只有一贯地连续地加强饲养，才能正常参加配种。全年配种猪场的公猪负担较大，需要的营养较多。

配种季节加强饲养适用于母猪季节性产仔的猪场中参加季节配种的公猪。应在配种开始前 1 个月逐步增加营养，并在配种季节保持较高的营养水平，配种季节过后，逐步降低营养水平，只供给公猪维持种用体况的营养需要量。

种公猪的饲料要少而精，不能喂给含有大量粗纤维的饲料或含有大量碳水化合物的饲料，更不能喂给含水量过多的稀饲料，以防公猪腹部下垂和体况过于肥胖而影响配种。最好采用生饲干喂，配给充足的清洁饮水（用自动饮水器饮水最佳）；也可饲喂湿拌料，料与水的比例为 1∶(0.3～1)，同时供给清洁饮水。种公猪应定时定量饲喂，一般每日喂 3 次为宜。夏季天气炎热时，早晚两次可适当延长饲喂时间。

单元测试题

一、名词解释

1. 青绿饲料　2. 青贮饲料　3. 青干草　4. 秸秆碱化　5. 秸秆微贮

二、填空题

1. 能量饲料主要包括______、糠麸类、油脂等。

2. 蛋白质饲料主要包括______、______、糟渣类等。

3. 精料混合料主要由______、______和矿物质饲料组成。

4. 青干草人工干燥法主要包括______、低温烘干法和______。

5. 半干青贮也叫黄贮，半干青贮要求原料含水率降到______时进行。

6. 一般情况下，要求青贮原料的含水量为______。

7. 氨化好的秸秆，质地变软，呈______或浅褐色。

8. 秸秆饲料碱化处理使用的化学试剂有氢氧化钠、氢氧化钙、石灰水等，从处理效果和实用性看，目前在生产实践中用得较多的是______和______。

9. 按饲料的组成划分，配合饲料主要有添加剂预混合饲料、浓缩饲料、______和______。

10．猪营养需要变幅________，主要受仔猪生长潜力、________、________、断奶日龄、________、________、环境条件等影响。

11．能量与蛋白质沉积间有一定______关系，只有合理的能量蛋白比才能保证饲料的______。

12．蛋白质的需要除考虑________外，还应考虑____________的含量和比例。

13．食母乳的仔猪很快发生________性贫血，表现为生长缓慢、精神不振、被毛粗糙、皮肤皱褶、黏膜苍白，少数运动后呼吸困难或膈肌痉挛（噎病），研究证明，出生后头3天的仔猪______________可防止发生__________。

14．饲养标准中的维生素推荐量大多是防止维生素临床缺乏症的__________。为满足猪的最佳生产性能或抗病能力，实践中都在饲粮里超量添加________。

15．日粮蛋白质的量和质对公猪______的影响最明显，特别是日粮中的______和______的水平。

16．仔猪阶段的生理消化特点除了胃肠重量__、容积小，酶系发育____，胃肠酸性低且缺乏______，胃肠运动机能微弱，胃排空速度__外，______可能是猪的一生中最大的应激。断奶面临着__________________三方面的应激。

二、简答题

1．简述仔猪的营养需要和饲料调制的特点。

2．后备母猪的饲喂要点是什么？

3．妊娠母猪的营养需要要点有哪些？

4．简述调制饲料的分类。

5．简述青干草的调制要点。

6．母猪各生产阶段的消化生理特点是什么？

7．简述种猪的饲喂技术。

8．简述青干草地面干燥方法。

9．简述青干草品质的感官鉴定内容。

10．简述青贮的操作步骤。

11．简述秸秆的氨化操作技术。

单元测试题答案

一、名词解释（略）

二、填空题

1．谷类籽实

2．鱼粉　豆类

3．能量饲料　蛋白质饲料

4．常温鼓风干燥法　高温快速干燥法

5．45%～50%

6．65%～70%

7. 棕黄色

8. 氢氧化钠　石灰水

9. 全价饲料　精料补充料

10. 较大　年龄　体重　饲料原料组成　健康状况

11. 比例　最佳效率

12. 蛋白质水平　必需氨基酸

13. 缺铁　肌肉注射铁剂　缺铁性贫血

14. 最低需要量　维生素

15. 精液　赖氨酸　蛋氨酸

16. 轻　不完善　游离盐酸　快　断奶　生理、心理、环境

三、简答题（略）

家畜的管理

第一节　生产准备

- 了解生产设备的工作原理
- 熟悉生产设备的操作及家畜对畜舍环境的要求
- 掌握家畜不同生产阶段的管理技术

一、生产设备的安装

1. 饮水设备要求

养殖场饮水设备应满足家畜（禽）充分和安全饮水；要求有满足全场养殖家畜饮水和其他用水需求的水储备，比如水塔、蓄水池。

建议配置高压调压器（水塔高于 10 m 时），加压设备（水压较低时），保育舍、分娩舍饮用水加热系统，过滤器系统等。

牛、羊多采用水槽方式供水。猪只采用饮水器饮水，管道水压要求为 0.1 ~4 bar。猪只所需的饮水器可直接安装在压力水管上（水量可调节）。饮水器的安装方法有托架或管夹固定的方式。一般的托架高度可调节，所有猪用饮水乳头的安装角度应水平向下 15°，安装高度为高出猪的脊背 10 ~25 cm 为宜。若猪只采用水槽饮水，要求水槽易清洁，并且有放水装置。

2. 自动喂料设备安装

包括料塔或储料仓系统应遵照供应商设备要求进行安全安装。要求坚固稳定，按照至少 2 ~3 天储备量配置；需进行密闭保温测试，避免雨雪水渗漏。

设立出气、进气口，可帮助饲料通风干燥，避免霉变。要求进料口运作正常，出料口出料畅顺。建议配置饲料承重系统。

饲料输送系统要求试运行时，绞龙和链条运行顺畅，拐角受力均匀，料管接头松紧合理，链条张紧合理；料位传感器灵敏，可自动停止供料；具有紧急关闭按钮；分布到每头定位栏饲槽或确定猪群喂料器，确定下料正常。

饲槽安装到位，易于清洁，坚固；注意边缘，不伤害家畜及操作的工人。

3. 环境调控设备的安装

环境调控设备应安装在猪舍距离风机较近的猪舍墙壁或操作间里，高度应方便操作按键，不妨碍工人进行其他工作，干燥通风，最好置于防尘、防水箱体内；线缆按照电工标准穿管布局，防火和防止员工触电；严格接地操作；数据采集尽量采用屏蔽线缆。安装防雷击装置。图 5—1 为某养殖场的部分控制设备安装布局。

二、生产设备工作原理

1. 饮水设备工作原理

乳头式饮水器因其便于防疫、节约用水等优点，在国内外广泛应用。猪、鸡用乳头

图 5—1　某养殖场的部分控制设备安装布局

式饮水器结构相似，工作原理也相似，但略有差别。猪用型通常由饮水器体、顶杆（阀杆）和钢球组成（见图 5—2、图 5—3）。平时，饮水器内的钢球靠自重及水管内的压力密封了水流出的孔道。猪饮水时，用嘴触动饮水器的“乳头”，由于阀杆向上运动而钢球被顶起，水由钢球与壳体之间的缝隙流出。用毕，钢球及阀杆靠自重下落，又自动封闭。

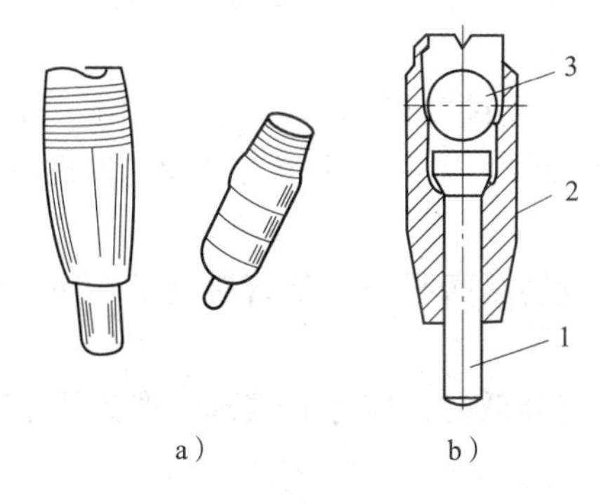

图 5—2　乳头式饮水器
a）外形　b）内部结构
1—阀杆　2—饮水器体　3—钢球

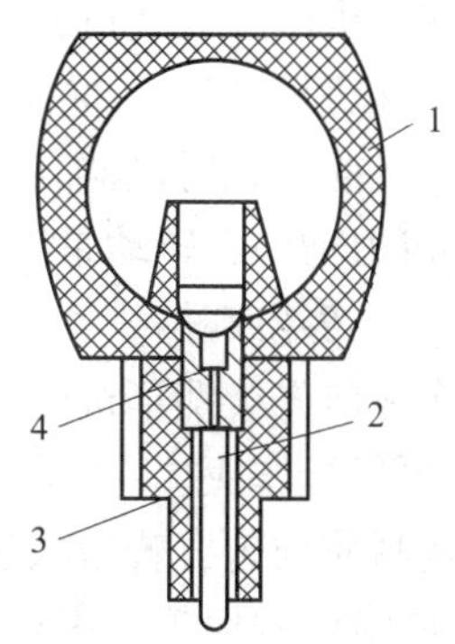

图 5—3　乳头式饮水器
1—尼龙水管　2—阀芯
3—阀体　4—阀座

鸭嘴式饮水器是猪用自动饮水器，结构图见图 5—4，常由饮水器体、阀杆、弹簧、胶垫或胶圈等部分组成。平时，在弹簧的作用下，阀杆压紧胶垫，从而严密封闭了水流出口。当猪饮水时，咬动阀杆，使阀杆偏斜，水通过密封垫的缝隙沿鸭嘴的尖端流入猪的口腔。猪不咬动阀杆时，弹簧使阀杆恢复正常位置，密封垫又将出水孔堵死停止供水。

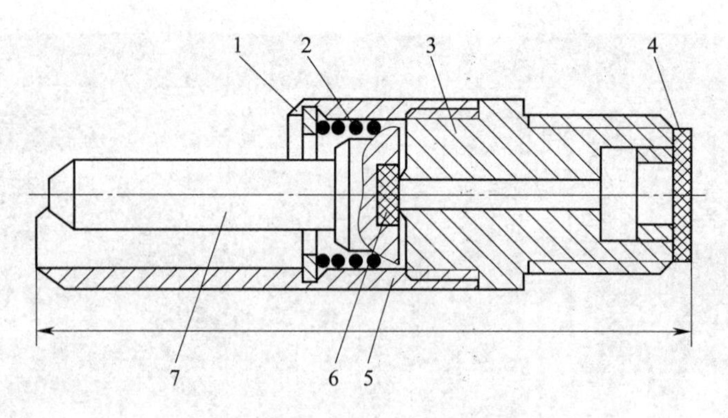

图5—4 鸭嘴式自动饮水器

1—卡簧 2—弹簧 3—饮水器体 4—滤阀 5—鸭嘴 6—胶垫 7—阀杆

2. 自动给料系统工作原理

高度集约化养猪舍内猪群密度很大，育肥猪只可达到0.8～0.9 m^2 1头，每栋舍饲养量可达1 000头以上。目前，现代化猪场的饲料自动给料系统的工作原理是，利用机械将舍外的全价配合饲料输送到舍内每头猪只料位，以期节省人工成本，减少饲喂应激，期望所有舍内猪只同时给料，且减少饲料抛洒，更加方便与清洁卫生等。

三、常见生产设备使用

1. 铡草机、粉碎机

（1）使用

1）铡草机应放置或固定在坚实、水平的地基上，运转时要稳，不能有大的振动。电源连接应稳固、牢靠，防水、防潮、防尘。

2）开机前要先对机器各部件做全面检查。在确认断电的情况下，用手扳动铡草机、粉碎机刀轴，看转动是否灵活，刀盘有无裂纹，紧固件是否有松动，发现故障隐患应及时排除、更换部件。

3）作业前先让铡草机空转一会儿，观察运转是否平稳，是否有异常响声，确认运转正常后再进行作业。

4）送料应均匀，若送入过多导致刀轴转速降低时，应停机清理。严禁用手直接推送物料，应借助木棍等向进料口推送。

5）加工饲料前，应清除料中的杂物，严防铁件、石块等硬物随料喂入，损坏刀盘。

6）作业中若发生堵草现象，应立即分离离合器并断电停机，排除故障。机器运转时严禁打开防护罩。

7）作业结束前先停止送料，待机器内物料全部排出后再分离离合器并切断电源，将机器内杂物清理干净。

（2）维护与保养

1）经常检查各紧固件有无松动，若有松动及时拧紧。

2）加强对轴承座、联轴器、传动箱的维护保养，定时加注或更换润滑油脂。

3）对切割间隙可调的铡草机，要根据作物茎秆的粗细合理调整切割间隙，保证铡草机正常工作。

4）发现刀片刃口磨钝时，应用油石刃磨。

5）每班作业完毕，应及时清除机器上的灰尘和污垢。每季作业结束后，应清除机器内杂物，在工作部件上涂上防锈油，置于室内通风干燥处。

2. 移动式挤奶机

移动式挤奶机结构紧凑，工作效率高，操作简单，维修方便，是小型奶牛场和个体养牛户理想的机械挤奶机具。

（1）挤奶机的使用

1）开机前，检查泵油、电源及各根橡胶管连接是否正确，然后将气管接到气开关上，听节拍声是否正常。

2）关闭气源总阀，开通电源，启动挤奶机真空泵，观察气压表是否正常（0.04～0.05 MPa），脉动器一般为60～80次/min。

3）盖好奶桶盖和真空罐闷盖，用15～20 kg清水对挤奶机进行挤奶前的清洗。

4）用消毒液对奶牛乳头进行消毒清洗，如春秋季节奶头过脏，可先用清水清洗，再用消毒液清洗，擦净牛的乳头，接着挤掉第一把奶后，将挤奶机移近牛侧，准备挤奶。

5）套上挤奶杯，如遇疾病、报废乳区，可用假乳头塞住挤奶杯口。左手握住四支奶杯管，并用右手指推集乳器下的真空开关，开始挤奶，这时候应观察集乳器中有无奶液流出，如有奶液流出，属正常。

6）当集乳器无奶液流出时，挤乳结束。取奶杯时，先关闭集乳器下的开关，四支奶杯会自行落下。清洗奶杯，重复以上程序，进行下一头牛的挤奶工作。

（2）挤奶机的维护与保养

1）每次使用前，检查各部件的连接是否正确。

2）套上挤奶杯前，用15～20 kg清水对挤奶机进行清洗。清洗完毕，检查负压和脉动器是否正常。

3）挤奶结束后，先用60～80℃热水对挤奶机清洗1次，再用碱液进行1次清洗（碱液配制可参考碱液说明书），用清水清洗2次。或用碱液清洗2～3班次后，再用酸性清洗液清洗1个班次，循环往复。

4）清洗结束后，要打开真空罐闷盖，用清洁毛巾将其内壁的水分擦掉，然后将奶桶放回原处，盖好奶桶盖。

5）定期清洗挤奶杯组、奶桶和橡胶奶管，以清除较难去除的污垢。

6）使用结束，将挤奶机外部和所有胶管擦洗干净，用塑料布盖住挤奶机。

3. 挤奶设备的检查

挤奶设备必须进行良好的维护保养才能有效工作。不能正确操作或不正常运转就会影响挤奶，伤害奶牛的乳房和乳头。

（1）挤奶设备每天检查

1）真空泵油量。真空泵油量应总是保持在要求的范围内。

2）集乳器进气孔清洁。如果集乳器进气孔堵塞，集乳器中的奶就不能顺利排出。这会导致掉杯，并且伤害乳房。

3）橡胶部件漏气。橡胶部件有任何磨损或漏气都应当更换。

4）真空表读数。套杯前与套杯后，真空表的读数应当相同。摘取杯组时真空会略微下降，但5 s内应上升到原位。

5）真空调节器放气声。真空调节器应当有明显的放气声，如没有说明真空储气量不够，应及时与专业工程师联系。

6）奶杯内衬、杯罩间无水。奶杯内衬和杯罩间如有水或奶，表明内衬有破损，应当更换。

（2）挤奶设备每周检查

1）脉动率与内衬收缩。检查脉动率与内衬收缩状况是否正常，可在机器运转状态下，将拇指伸入一个奶杯，其他3个奶杯堵住。每分钟按摩次数是脉动率。拇指应感觉到内衬的充分收缩。

2）奶泵止回阀。如止回阀膜片断裂，空气就会进入奶泵，必须有一个奶泵止回阀备用。

（3）挤奶设备每月检查

1）真空泵皮带松紧。用拇指按压皮带应有1.25 cm的张度。皮带磨损或损坏应当更换。更换或调节皮带后，应检查两个轮是否在一条直线上。

2）清洁脉动器。脉动器进气口需要特别清洁。有些进气口有过滤网，需要清洗或更换。脉动器加油需按供应商的要求进行。

3）清洁真空调节器和传感器。用一湿布擦净真空调节器的阀、座等（按照工程师的指导）。传感器过滤网可用皂液清洗，晾干后再装上。

4）奶水分离器和稳压罐浮球阀。应确保这些浮球阀工作正常，还要检查其密封情况，有磨损应立即更换。

5）冲洗真空管，清洁排泄阀，检查密封状况。这对提桶式挤奶机系统尤其重要。取温水加清洗剂（不能对管道有腐蚀性），用量不要超过稳压罐的容量，洗涤真空管并抽至稳压罐。最后用清水冲洗。

（4）专业技术工程师每年年检内容

每年挤奶设备工程师应对设备进行全面测试检查，这对确保设备正常运转十分重要。工程师建议修理或更换的部分应立即进行。测试检查后工程师应填写检查报告，留交牧场一份。除牧场正常的维护外，工程师应做以下检查（特殊设备除外）：

1）测量真空度。

2）测量真空储备量。

3）检查真空调节器。

4）测量脉动性能。

5）对系统全面检查，如清洗真空泵，更换奶泵膜片等。

检查中发现设备有任何问题，都应立即解决。

第二节 畜舍环境控制

- 了解畜舍环境控制常用设备的安装、调试和使用方法
- 掌握家畜对环境的要求

一、畜舍环境控制设施设备安装、调试和使用

根据饲养目的不同，畜舍可分为密闭式、开放式和半开放式。畜舍是家畜赖以生存的基础设施，它同饲料、品种、疫病一样，对家畜的生长、发育、繁殖有重要影响。只有在适宜的环境中家畜才能发挥遗传潜力，取得较好的经济效益。

1. 畜舍内环境控制常用设备

畜舍环境控制常用设备包括负压风机系统、进气口系统、加热保温设备、自动控制系统和报警系统。

2. 畜舍环境控制设备安装要求

应按照设计要求，合理安装畜舍环境控制设备。

配电柜：距离风机较近处畜舍墙壁，操作间不影响工人其他工作，便于应急开关风机以及其他环控设备，按照电工标准，线缆直径达标，地线需通；需要配置漏电装置，建议安装断电报警，缺项保护。

负压风机系统：均匀布局，紧固且平稳；电机接地；安装后要打开电源试机，防止电机倒转；要求百叶窗100%正常打开；注意安装高度（对于分娩舍、保育舍，风机距离屋檐下30 cm向下安装；其他大猪舍风机距地面30～40 cm处安装）；风机安装需要防护栏（防止猪只伤害）。

进气口系统：按照设计要求安装；对于侧墙进气口系统，要求统一高度，水平，墙内平齐；安装后要调试达标，100%打开/关闭。

水帘系统：坚固稳定；上下水系统测试达标，管道、上下框架黏结处等不漏水；水帘纸能布满水；过滤器需要安装到位；水帘泵注意漏电保护；建议安装防鼠网、防尘网；需要配置冲水维护阀门；需要自动补充水箱，且加盖。

加热保温设备：按照设计要求，遵照供应商要求安装；严格关注绝缘、接地、气体防漏、防火等作业。

报警系统：声光调试，符合电工安装标准。

3. 畜舍环境控制设备设施的使用

畜舍环境控制系统的正常使用，可按舍外环境分冬季、春秋季、夏季三个阶段。冬季阶段，畜舍加热保温是一个重要的考虑因素，但此时因湿度与有害气体（氨气、硫化氢、二氧化碳等）问题，也需要适当通风，因此此阶段的通风便为尽量保温状态下，维持标准健康空气和标准湿度的通风换气阶段。

根据舍内家畜需要，设定目标温度，低于目标温度（需要设置偏移量，以及适当减少加热器启动频率），自动启动加热器系统；高于目标温度+偏移量时，启动通风（降温）系统。根据舍内湿度情形，设定期望湿度值，当湿度高于期望值时，启动通风除湿。根据不同类型猪只需要，按照猪舍大小、猪舍湿度与有害气体状态，计算换气率，并实时变动，见表5—1。

表5—1　　猪场最小通风量表

猪的类型	体重范围（kg）	全网床/部分网床/水泥地板（m^3/h）
分娩母猪（带仔猪）	180	16.99/28.88/33.98
保育猪	5~14	1.70/2.72/3.40
保育猪	14~34	2.55/4.25/5.1
育肥猪	34~68	5.95/9.34/11.89
育肥猪	68~114	8.5/8.5/16.99
妊娠母猪	147	10.19/16.99/20.39
种公猪和待配母猪	180	11.89/20.39/23.78

国内目前猪舍内猪只饲养密度较小，且房舍较大，该表格中所建议的最小通风量仅供参考，可以根据猪舍内实际情况，增大20%甚至更多。

通风换气时，为了减少通风引起的温度下降，进气口系统（国外引进技术）的合理运作变得非常重要，设计及布局合理的进气口系统能够减少猪舍5%~30%的能量损失。图5—5为负压通风+侧墙进气口系统。

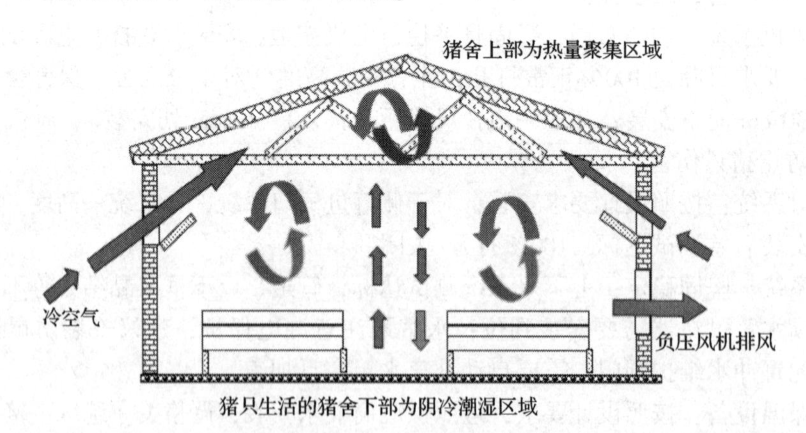

图5—5　负压通风+侧墙进气口系统

以上通风系统为2001年由国外引进，其原理为负压风机排风换气，舍外的新鲜湿冷空气由侧墙高处开出的倾斜向舍内屋顶的进气口以一定的速度喷射到猪舍中部，与舍内热量堆积区域空气交换，既达到换气的效果，又有效利用屋顶猪只用不到的热气。该通风方法，比传统换气法减少猪舍能量损耗5%~15%。图5—6为负压通风+吊顶进气口系统，能量损失减少15%~30%。

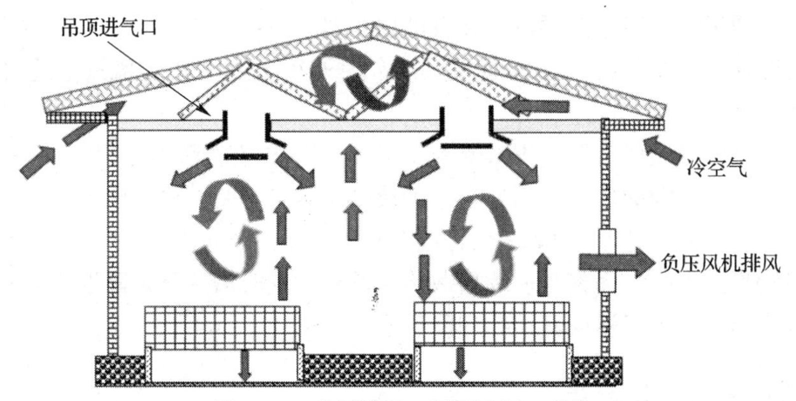

图 5—6　负压通风 + 吊顶进气口系统

以上通风方式为近期由国外引进，猪舍进行吊顶，设置吊顶进气口，当风机负压排风时，舍外空气由吊顶上部进入，与吊顶和屋脊之间的热空气混合后，由屋顶进气口沿吊顶滑动 3 ~5 m 后，与猪舍内空气置换，将废气排出舍外。近期美国的 air works 系统（图 5—7）及荷兰 vencomatic 公司等企业，将排出舍外的空气利用热交换器系统对进入猪舍的空气进行预热，能减少猪舍热量损失 30%。

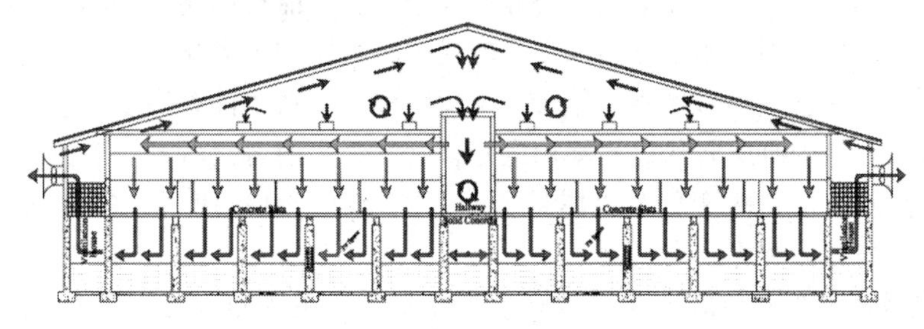

图 5—7　美国的 air works 系统

春秋季节，过渡型通风阶段。该季节昼夜温差较大，白天温度最高时会用到水帘降温系统，夜间最冷时会用到加热器系统，仍然需要用到侧墙或吊顶进气口系统。按照 GSI 集团和其他国外养猪专家，基本上按照猪舍温度，启动纵向风机一半以下，最小通风量风机常转以上，称为过渡型通风阶段（见表 5—2），此阶段不需要额外加温。此阶段根据舍内温度，逐级开启风机，并增加进气口数量，以符合猪只期望的负压值。

表 5—2　　过渡型通风阶段通风量

猪的类型	体重范围（kg）	通风量（m^3/h）
分娩母猪（带仔猪）	180	59. 46
保育猪	5 ~ 14	5. 95
保育猪	14 ~ 34	8. 5
育肥猪	34 ~ 68	16. 99
育肥猪	68 ~ 114	30. 58
妊娠母猪	147	33. 98
种公猪和待配母猪	180	40. 77

此阶段的通风量一般不需要设置在自动控制器上，而是作为一个参考数据来确定进气口的配置数量，以避免在过渡性通风时期舍内外负压过大造成猪只不适（相对性缺氧）。

夏季，最大经济通风阶段。进入夏季，昼夜温度均超过猪只期望温度，猪只需要高能量饲料来启动其自身的散热机制，根据国外多年养猪经验，设置猪舍纵向风机，启动风机，用一定的风速迅速带走猪只散发的热量。当纵向风机提供的风速达到一定数值后，感知温度不再下降，而猪只表现出散热不够时，这时需要其他降温方式如水帘降温系统、喷雾降温、滴水降温或其他物理降温系统。

二、畜舍环境卫生要求

环境广义上是指家畜周围空间中对其生存具有直接或间接影响的各种因素的总和。畜牧生产上所指的是狭义的环境，只包含对家畜生活和生产产生各种直接影响的有关因素，主要指家畜舍内环境，一般包括温度、湿度、气流、光照、灰尘和微生物、有害气体及噪声等。

1．温度

家畜的生产潜力，只有在一定的外界温度条件下才能得到充分发挥，温度过高或过低，都会使生产力下降，成本升高，甚至使机体的健康和生命受到影响。适宜温度的具体范围，取决于家畜种类、品种、年龄、生理阶段、饲料条件等许多因素。畜舍内的实际温度在适宜范围内有所起伏比始终稳定好，这是因为前者比后者易于控制，并可节省建筑成本；另外，适当的变化对机体是个良好的刺激，可以使家畜各个系统的机能活跃，有利于家畜健康和生产力的提高。

牛羊的圈舍多为开放式或半开放式。肉牛最适宜的温度是7～27℃，为了提高冬季与夏季架子牛的育肥效果，牛舍必须冬暖夏凉。冬季要进行舍内饲养，舍内温度要保持在5℃以上。夏季可用牛舍内安装电风扇或凉水喷洒地面的方法降温。奶牛最适合的温度范围是10～16℃。在此范围内，奶牛可以通过自身的体内调节（产热和散热平衡）机制，维持体温恒定，奶牛的产奶性能、繁殖性能以及健康状况没有明显的变化。对于耐热的娟姗牛和瘤牛，气温超过29℃与32℃时，产奶量才下降。牛对温度的要求见表5—3。

表5—3　　牛对温度的要求　　℃

类别	牛舍			饮水温度	
	最适宜温度	最低温度	最高温度	夏季	冬季
育肥牛	10～15	2	25	10～15	20～25
哺乳犊牛	12～15	6	27	20	20～25
一般牛	10～20	4	27	15～20	20
产期母牛	15	10	25	20	25

羊适宜的环境温度是 5～21℃，最适宜温度是 10～15℃，肉羊在此温度范围内生长生育和增重速度最快，饲料利用率最高，饲养成本低。羊产房的温度一般以 5～10℃为宜，达不到这个温度的产房，应添置取暖设备。产房的湿度不要过大，保持干燥和清洁卫生。羔羊棚舍适宜的环境温度以 0～5℃为宜。

猪对环境温度的高低非常敏感。低温对新生仔猪的危害最大，若裸露在 1℃环境中 2 h，便可冻僵、冻昏，甚至冻死。成年猪长时间在 -8℃的环境下会冻得不吃不喝，阵阵发抖；瘦弱的猪在 -5℃时就冻得站立不稳。寒冷对仔猪的间接影响更大。它是仔猪黄白痢和传染性胃肠炎等腹泻性疾病的主要诱因，还能应激呼吸道疾病的发生。试验表明，保育猪若生活在 12℃以下的环境中，其增重比对照组减缓 4.3%，饲料报酬降低 5%。在寒冷季节，成年猪舍温度要求不低于 10℃；保育猪舍应保持在 18℃为宜。2～3 周龄的仔猪需 26℃左右；而 1 周龄以内的仔猪则需 30℃的环境；保育箱内的温度还要更高一些。

春、秋季节昼夜的温差较大，可达 10℃以上，体弱的猪是不能适应的，易诱发各种疾病。因此，在这期间要求适时关、启门窗，减小昼夜的温差。

成年猪不耐热。当气温高于 28℃时，体重 75 kg 以上的大猪可能出现气喘现象；若超过 30℃，猪的采食量明显下降，饲料报酬降低，长势缓慢。当气温高于 35℃，又不采取任何防暑降温措施时，有的肥猪可能发生中暑，妊娠母猪可能引起流产，公猪的性欲下降，精液品质不良，并在 2～3 个月内都难以恢复。热应激可继发多种疾病。

猪舍内温度的高低取决于猪舍内热量的来源和散失的程度。在无取暖设备条件下，热量来源主要靠猪体散发和日光照射。热量散失的多少与猪舍的结构、建材、通风设备和管理等因素有关。在寒冷季节对哺乳仔猪舍和保育猪舍应添加增温、保温设施。在炎热的夏季，对成年猪要做好防暑降温工作，如加大通风，给以淋浴，加快热的散失，减少猪舍中猪的饲养密度，以降低舍内的热源。此项工作对妊娠母猪和种公猪尤为重要。

2. 湿度

湿度是指畜舍内空气中水分的多少，一般用相对湿度表示。高湿会增加羊舍内有害气体积存，危害羊群健康。相对湿度应保持在 50%～70%。肉牛生活的环境湿度应控制在 55%～75%。猪的适宜湿度范围为 65%～80%。

猪舍内的湿度过高影响猪的新陈代谢，是引起仔猪黄白痢的主要原因之一，还可诱发肌肉、关节方面的疾病。为了防止湿度过高，首先要减少猪舍内水汽的来源，少用或不用大量水冲刷猪圈，保持地面平整，避免积水。设置通风设备，经常开启门窗，以降低室内的湿度。

3. 通风

羊舍通风应以每分钟 0.5～0.7 m^3/只为宜。一般牛舍舍内气流速度以 0.2～0.3 m/s 为宜，气温超过 30℃的酷热天气，气流速度可提高到 0.9～1 m/s，以加快降温速度。

做好牛场的绿化，树叶表面水分的蒸发可吸收周围空气中的热量，从而使牛场气温降低，同时也会增加空气中的湿度，减低空气的透明度，减少到达地面的日光能。还有树木的遮阴作用，可使树木附近与周围的空气造成一定的温差。由于冷热空气的对流而产生轻微的风，可协助牛体热的散发。植林环境的气温较建筑物多的地方或空旷地带低

10% ~20%。树叶水分的蒸发，可使周围空气的相对湿度提高，较湿润的空气对奶牛的体温调节是非常有利的。在寒冷的冬季，由于树木的生命活动，可以向周围释放一定的热量。冬季树干表层的温度可保持在10℃，同时树木的挡风作用可以减弱低温气流的侵袭。因而，绿化的奶牛场要比不绿化的奶牛场暖和。一般平均气温可提高0.5 ~ 1.0℃。在干旱多风凉爽的春季，由于大风能将奶牛被毛吹起，使奶牛身体散热过多，容易造成奶牛感冒，导致奶牛产奶量下降。已进行绿化的奶牛场，由于树木枝干和气流产生摩擦和阻挡作用，可以减低气流速度，有利于阻止风沙的侵袭，使奶牛场内风速减弱，奶牛的健康不会受到影响，能保持稳定的产奶量。

规模化猪场由于猪只的密度大，猪舍的容积相对较小而密闭，猪舍内蓄积了大量二氧化碳、氨、硫化氢和尘埃。猪舍空气中有害气体的最大允许值为，二氧化碳$3\,000 \times 10^{-6}$，氨30×10^{-6}，硫化氢20×10^{-6}。空气污染超标往往发生在门窗紧闭的寒冷季节。猪若长时间生活在这种环境中，会刺激上呼吸道黏膜，引起炎症，猪易感染或激发呼吸道的疾病，如猪气喘、传染性胸膜肺炎、猪肺疫等。污浊的空气还可引起猪的应激综合征，表现为食欲下降、泌乳减少、狂躁不安、昏昏欲睡、咬尾嚼耳等现象。

消除或减少猪舍内的有害气体，除了注意通风换气外，还要搞好猪舍内的卫生管理，及时清除粪便、污水。训练猪到运动场或猪舍一隅排粪便的习惯。干燥是减少有害气体产生的主要措施，通风是消除有害气体的重要方法。当严寒季节保温与通风发生矛盾时，可向猪舍内定时喷过氧化物类的消毒剂，其释放出的氧能氧化空气中的硫化氢和氨，起到杀菌、除臭、降尘、净化空气的作用。

4. 光照

牛舍采用16 h光照、8 h黑暗，可使育肥肉牛采食量增加，日增重得到明显改善。一般情况下，牛舍的采光系数为1∶16，犊牛舍为1∶(10 ~14)。为了保持采光效果，窗户面积应接近于墙壁面积的1/4，以大些为佳。羊舍应有足够的光线，窗户面积一般占地面面积的1/15，窗应向阳，距地面1.5 m以上，南方气候高温、多雨、潮湿，门窗应大开为好，羊舍南面或南北两面可加修高0.9 ~1.0 m高的草墙，上半部敞开，以保证羊舍干燥通风。

光照对家畜有促进新陈代谢、加速骨骼生长，以及活化和增强免疫机能的作用。育肥猪对光照没有过多的要求，但光照对繁育母猪和仔猪有重要的作用。试验表明若将光照由10 lx增加到60 ~100 lx，其繁殖率能提高45% ~85%，新生仔猪的窝重增加0.7 ~ 1.6 kg，仔猪的育成率提高7.7% ~12.1%。哺乳母猪每天维持16 h的光照，可诱发母猪在断奶后早发情。为此要求母猪、仔猪和后备种猪每天保持14 ~18 h的50 ~100 lx的光照时间。

自然光照优于人工光照，因而在猪舍建筑上要根据不同类型猪的要求，给予不同的光照面积。同时也要注意减少冬季和夜间的过度散热和避免夏季阳光直射猪舍。

5. 卫生要求

养殖场环境既是家畜生活生产的场所，又是病原微生物存活的场所。加强养殖场环境清洁，净化周围环境，减少病原微生物滋生和传播的机会，是控制疾病发生的一项重要措施。对圈舍、活动场所及用具等，要经常保持清洁、干燥；粪便及污物做到及时清除，并进行无害化处理；防止饲草、饲料发霉变质，保持新鲜、清洁、干燥；保证饮水卫生等。厂区保持整洁，搞好畜舍内外环境卫生，消灭杂草，每半个月消毒1次，每季灭鼠1次。夏秋两季全场每周灭蚊蝇1次，注意人畜安全。

畜舍的彻底清洗和消毒可大幅降低有害微生物的浓度，大幅减少传染病的传播。“全进全出”是非常有效的控制传染病传播的措施，尤其对于猪场，要求每个猪场坚持。“全进全出”技术要求在一栋猪舍的猪全部出栏后，彻底清洗、彻底消毒、彻底干燥，然后再放进健康的猪。要求产房、仔猪培育舍、育肥猪舍实行“全进全出”，怀孕母猪舍可不实行。对于小规模猪场，可将猪舍建成独立小单元，每个小单元实行“全进全出”。对于购买仔猪育肥的养猪户，可将所有的猪全部出栏后彻底清洗、消毒，然后一次从一个母猪场购买一批仔猪育肥，全部出栏后空栏清洗消毒。不要出栏几头，又补进几头。需要注意，一个单元要全部出空，不留一头猪。当出栏时，出现个别小猪和病猪，也最好一同出栏，不留后患。如果实在太小，无法一起出栏，也不能留在单元内，可单独放在病号圈继续饲养到能出栏。

第三节　生产阶段的管理

→ 了解家畜各生产阶段的管理要求
→ 掌握家畜各生产阶段的管理措施

一、牛的管理

1. 分群饲养管理的原因及优点

不同年龄的后备母牛及不同泌乳阶段的成年母牛在日粮、营养需要和饲养管理方法方面是不一样的，所以不论是后备母牛还是成年母牛必须分群饲养管理。其优点如下：

（1）可根据不同牛群的生产水平和生理状态制定日粮营养水平，调整日粮精粗料比例，从而使日粮的配制更有针对性、更准确、更经济。如：高产奶牛群可采用高能、高蛋白的日粮，低产奶牛群可采用低能、低蛋白的日粮，对于低产奶牛群，可配制一些廉价的日粮，降低饲养成本。

（2）产奶量趋于一致的牛为一群，有利于挤奶厅的工作管理。

（3）生理阶段趋于一致的牛群，有利于牛群的发情鉴定和妊娠检查。

2. 分群

（1）后备母牛分群。后备母牛按生理发育阶段分群，一般可分为六个群体。

1）哺乳期犊牛（0~3月龄），此阶段是后备母牛发病率、死亡率最高的时期。

2）断奶期犊牛（4~6月龄），此阶段是生长发育最快的时期。

3）小育成牛（7~12月龄），此阶段是母牛性成熟时期，母牛的初情期发生在10~12月龄。

4）大育成牛（13～17月龄），此阶段是母牛体成熟时期，16～17月龄是母牛的初配期。

5）妊娠前期青年母牛（18～24月龄），此阶段是母牛初妊期，也是乳腺发育的重要时期。

6）妊娠后期青年母牛（25～27月龄），此阶段是母牛初产和泌乳的准备时期，是由后备母牛向成年母牛过渡的时期。

（2）成年母牛分群。成年母牛按泌乳阶段分群，一般可分为五个群体。

1）干乳期（60天），自停奶至分娩之前，此期对奶牛产后及乳房健康至关重要。

2）泌乳初期（15天），自分娩至产后第15天（产后半个月内），此期对奶牛的健康及以后的产奶量至关重要。

3）泌乳盛期，自分娩后第16天至第100天（产后3个月），产奶量占全泌乳期产奶量的45%～50%。

4）泌乳中期，自分娩后第101天至第200天（产后第4～7个月），产奶量占全泌乳期产奶量的30%左右。

5）泌乳后期，自分娩后第201天至停奶前一天（产后第7～10个月），产奶量占全泌乳期产奶量的20%～25%。

3. 分群饲养管理的原则

（1）分群管理，定位饲养。所谓分群管理，就是成年母牛按泌乳阶段分别集中管理，后备母牛按月龄分别集中管理。所谓定位饲养，是指无论成年母牛还是后备母牛都要固定床位饲养。

（2）固定饲喂程序，稳定饲料品种。无论是饲喂次数，还是精粗饲料的投喂顺序，应该固定，不要随意变更。饲料品种要保持稳定，饲料的品质要有保证，更换饲料时要有一周的过渡期（预饲期）。

（3）根据营养需要配制日粮，保证干物质进食量，保持能量和粗蛋白营养平衡。冬季日粮应适当增加能量饲料，夏季日粮应适当增加蛋白饲料。

（4）运动场内应设置补饲槽、水槽和盐槽，便于母牛下槽后自由采食粗饲料和饮水。夏季不喂发霉变质饲料，冬季不喂冰冻饲料，不饮冰凉水。

（5）稳定饲养人员，不要频繁变动。饲养人员要熟悉每头牛，要经常观察牛的精神状态和采食情况。

（6）严冬注意保暖，酷暑注意降温。气温低于－15℃时要采取保暖措施，气温高于26℃时要采取降温措施。

（7）保持牛舍内外及运动场清洁卫生。运动场粪便应及时清理，地面要做到夏季不积水，冬季不结冰。饲喂和挤奶用具要及时清洗干净，牛体应每天刷拭，经常保持牛体清洁。

（8）挤奶要遵守操作规程。挤奶岗位人员要稳定，每天挤奶时间要固定，挤奶顺序要合理。

4. 转群的注意事项

奶牛在分群过程中需要转群时，为了减少由于转群应激对奶牛采食和产奶量造成不利影响，应注意：

（1）尽可能将产犊月份相同的奶牛分在同一个群，以便日粮能随着泌乳期的变化进行调整。

（2）尽可能多分几个群，以减少不同群间的日粮营养水平差异，使配制的日粮更具有针对性。

（3）当奶牛从高能日粮群转到低能日粮群时，开始几天应适当提高低能日粮群能量水平，而后再逐渐降到正常水平。

（4）喂给优质的粗料，并为新转来的奶牛提供足够的饲槽空间。

（5）高产牛及头胎母牛应在高营养混合日粮群滞留时间长一些，以便高产牛体况的恢复和青年母牛的生长。

5. 应激

开始分群饲养时，转群应激较大，在营养配方标准上可适当提高，随着牛个体的适应，转群应激也逐渐变小，营养标准恢复正常水平。

应激是奶牛机体对外界或内部的各种非常刺激所产生的非特异性应答反应的总和。常见的应激因子有噪声、气候骤变、高温、不良的饲养管理、粗暴的操作、群体的大小与饲养密度、不合理的日粮结构、霉变的饲料原料、日粮的突然变更、搬迁、转群合群、新环境、疾病、免疫、驱虫、修蹄与子宫冲洗等。

生产上引起应激反应的因素较多，不同的应激因子对奶牛所产生的影响不同，造成的危害程度也不同。应激因子越多，造成的危害越大。因此，应针对实际的情况进行全方位的考虑，采取综合性的防治措施，防止奶牛应激的发生。

（1）奶牛应激防治措施

1）强化奶牛场管理

①应保持相对稳定的饲养环境、饲喂方式、日粮组成，以减少人为因素所产生的应激反应。

②饲养管理方面，应注意合理的饲养密度、牛舍的通风换气，将温度、湿度控制在规定的范围，避免温差过大。不要出现缺水、缺料的现象；换料时要采取逐渐替换的方法；要配制营养合理的全价日粮，做好饲料原料的检测，杜绝使用掺假、劣质、霉变或被污染的原料；要提供洁净饮用水；拴系式饲养的奶牛应根据季节适时进行室外运动。在夏季应避开中午日照强烈的时候，冬季应在白天温度相对高时在运动场上自由活动。

③在生产环节上，应尽可能避免更换饲养场地与重新组群，防止位序改变引起争斗；控制生产操作中的噪声，杜绝大喊大叫、粗暴驱赶和鞭打牛只；不要突然改变生产操作程序和临时更换饲养员、挤奶员；生产中必须要采取一些技术措施时，比如去角、免疫接种、喂药、转群等，这些操作在一定程度上都会造成奶牛的应激反应，要提前做好准备工作，尽可能小心仔细地进行。另外，事先要有计划地采用药物预防，力求将应激降到最低限度。为了降低对成年母牛产奶的影响，所有影响产奶性能的基础工作，如修蹄、免疫、寄生虫病的预防，应尽可能放在干奶期进行。

2）疾病防治。病毒、细菌、霉菌等病原体不仅可致病，也是应激因子。致病病原体对奶牛产生的应激，带来的经济损失是巨大的。因此，平时应做好疾病的防治和消毒灭菌工作，消灭和控制疾病的传染源。认真做好免疫接种工作，在可能出现问题的情况下，要提前给药，预防和控制疾病的发生，尽可能减少疾病应激因子的产生。

3）环境治理。不管在什么样的外界条件下，必须使奶牛的外部环境与内部功能保持动态平衡，才能使其健康生长。过冷过热都会使奶牛产生应激。另外，要做好杀虫灭鼠工作，防止虫、鼠及其他家畜对牛只的骚扰。

4）药物预防。应激发生时，抗应激药物能削弱应激因子对机体的作用，降低奶牛对应激的敏感性，减轻反应症状，提高机体的防御能力。所以，在预测可能产生应激因子的情况下，应及时药物预防，减少应激给生产带来的损失。

（2）奶牛热应激。奶牛最适合的温度范围是10～16℃。在此范围内，奶牛可以通过自身的体内调节（产热和散热平衡）机制，维持体温恒定，奶牛的产奶性能、繁殖性能以及健康状况没有明显的变化。由于气温升高、湿度增大、太阳辐射强度加强以及空气流动速度减弱，牛体就会出现不适（体温升高，呼吸脉搏加快，采食量、产奶量及繁殖力下降），甚至发生中暑，严重的造成死亡，这种现象称为热应激。奶牛的正常体温在38.5℃左右（直肠温度），白天在约1℃范围内变化，在奶牛热应激情况下，体温可升高到40～41℃。一旦奶牛体温超过这个范围，生命就会受到威胁。

热应激对奶牛生产的影响包括：

1）降低采食量。外界环境温度升高引起的热应激往往导致奶牛采食量下降。22℃以上时，采食量开始下降，30℃以上时急剧下降，40℃以上时对不耐热的品种将停止采食。高温环境中奶牛采食量下降的程度因品种和饲料组成的差异而略显不同，但总的下降趋势基本一致。

2）产奶量下降。炎热导致奶牛采食量下降，造成营养物质摄入不足，无法满足生产需要，引起产奶量下降。据研究，当气温在21℃以上时，温度每升高0.6℃，奶牛的产奶量下降1.8 kg。气温≥37.2℃时产奶量急剧下降，下降幅度可达20%。在相同温度（29℃），湿度为40%时，奶牛的产奶量可下降8%；若湿度为90%，产奶量可下降31%。同时，乳脂率、乳蛋白、乳糖也因高温、高湿而下降。

3）繁殖力降低。家畜机体从外界摄取的营养物质，首先要满足生命需要，其次是生产需要，最后才是繁殖需要。当奶牛热应激时，因营养供应不足而造成母牛卵巢活动停止。由于热应激，还会造成奶牛内分泌系统紊乱和体液调节障碍，引起母牛卵巢周期不规律或完全没有规律，发情频率明显下降。当气温从25.9℃升到28.6℃时，牛的受胎率下降33.3%。对于种公牛来说，其表现为性欲低下，精子数目减少或死精数目增多。

（3）缓解热应激的措施

1）营养调控。热应激引起产奶量减少的主要原因是采食量的减少。因此，在热应激时，适当提高日粮能量浓度，增加过瘤胃蛋白质比例，降低中性洗涤纤维含量，减少代谢产热至关重要。如：在夏季日粮干物质中加入5%～6%的脂肪酸钙，高产奶牛日粮的过瘤胃蛋白含量由28%～30%增加到35%～38%，日粮的中性洗涤纤维控制在28%～32%，采用全混合日粮等，均有良好的饲养效果。

①注意饲草的质量与适口性。饲草质量对奶牛在夏季是否产生热应激有着非常重要

的影响。研究表明：奶牛消化1 kg的劣质饲料在牛体中所产生的热量远远多于消化相同量优质饲草或精饲料中的干物质所产生的热量。给患热应激的奶牛饲喂劣质粗饲料与精饲料，奶牛会大量减少进食粗饲料量而保持精饲料食入量，从而造成瘤胃中的pH值降低，导致奶牛酸中毒。因此，在温度较高时，应给奶牛喂饲高品质、适口性好的草料，以提高采食量，缓解热应激。

②在日粮中添加适量的维生素C、维生素E与钠、镁等矿物质。这样可有效减缓奶牛热应激，提高奶牛产奶量。钠、镁等矿物质添加量一般为碳酸氢钠占奶牛日粮干物质的1.5%，氧化镁占奶牛日粮干物质的0.75%。

③奶牛一般在采食后的2～3 h为热能生产最大阶段。根据夏季气候特点，应在一天中最凉爽的早上或晚上饲喂补充饲料，以提高采食量，满足其生理和生产需要。

④对高产奶牛，每天增加挤奶次数能使奶牛减少热能生产高峰，从而降低奶牛热应激的次数。

2）完善饲养管理。日粮合理搭配，改白天饲喂为夜间凉爽时饲喂。改善饲养环境，有条件的可装喷淋水装置和风扇、风机等，以此达到降温目的。疏散牛群，降低饲养密度。

①搭建凉棚。在夏季，应给户外的奶牛搭建凉棚，以便减轻太阳直射带来的热效应。每头牛的荫凉面积至少3～4.5 m^2，凉棚高3～4 m，南北走向，以防太阳光线直射凉棚下的地面。棚顶以隔热性能好、反射光线强的材料为好，如茅草屋棚顶、铝材和镀锌棚顶等。

②供给充足的饮水。在气温较高的夏季，水分蒸发是牛主要的降温机制，因此尽量让奶牛根据其需求多饮水。奶牛的饮水量依气温、湿度和产奶量的不同而各异。一头体重550 kg，日产奶20 kg的奶牛所饮水量估算为：日平均气温在15℃，饮水量60 kg/日；日平均气温在25℃，饮水量70 kg/日；日平均气温在35℃，饮水量230 kg/日。值得注意的是，在任何时候都要供应足够的清凉、洁净的水，让奶牛自由饮水，满足奶牛的需要。

③采用喷水器。在牛体上方喷射水雾降低气温。在牛舍里，安装一条直径3.3 cm的塑料管（离牛体1～1.5 m高），并在塑料管上安装喷水龙头，宽度为两个牛位一个。在水压充足的条件下，水呈雾状喷射出来，随着水雾的蒸发，奶牛周围环境的气温将会迅速降低。

④设计、建造通风良好的牛舍。在南方地区，多数奶牛场和奶牛专业户以拴系式饲养奶牛为主，而一直拴系的奶牛在高温天气中，受热应激影响最大。因此，在建造或改造牛舍时，应注意奶牛的密度和舍顶的高度。屋顶和边墙应留通风口，边墙上的通风口要设在离地面1.5～1.8 m处，舍顶坡度应在18°～22°之间。用在舍顶涂抹反射漆、铺设秸秆做隔热层和建双层舍顶（两层之间空隙不少于30 cm）等办法降低牛舍内温度，效果都不错。

6. 去角

奶牛在犊牛时期若没有去角，到了育成牛和成牛的时候由于牛角过于锐利，攻击人畜时，会给饲养员带来人身伤害，给同群的奶牛造成外伤。因此，犊牛时期去角是十分必要的。

(1) 去角的时间。犊牛去角最佳的时间是 7 ~ 30 日龄。此时期奶牛易保定、流血少、痛苦小，不易受细菌感染。过早应激过大，容易造成疾病和死亡，过晚生长点角化，应用药物去角很困难，应用烧烙的方法也不容易掌握，所以在时间选择上不可以盲目。

(2) 去角的方法

1) 电烙铁去角。选择枪式去角器，其顶端呈杯状，大小与犊牛角的底部一致。通电加热后，一人保定后肢，两个人保定头部，也可以将犊牛的右后肢和左前肢捆绑在一起进行保定，然后用水把角基部周围的毛打湿，并将电烙铁顶部放在犊牛角顶部 15 ~ 20 s 或者烙到犊牛角四周的组织变为古铜色为止。用电烙铁去角时奶牛不出血，在全年任何季节都可进行，但此法只适用于 15 ~ 35 日龄的犊牛。在应用时较氢氧化钠法安全，应该作为首选方法。

2) 氢氧化钠去角。首先将犊牛的角周围 3 cm 处进行剪毛，并用 5% 碘酊消毒，周围涂以凡士林油剂，防止药品外溢流入眼中或烧伤周围皮肤，将在化学药品商店购得的氢氧化钠与淀粉按照 1.5∶1 的比例混匀后加入少许水调成糊状，手带上防腐手套，将其涂在角上约 2 cm 厚，在操作过程中应细心认真，如涂抹不完全，角的生长点未能破坏，角仍然会长出来，一般涂抹后一星期左右，涂抹部位的结痂会自行脱落。应用此法，在去角初期应与其他犊牛隔离，防治其他犊牛舔舐烧伤口腔及食道；同时避免雨淋，以防苛性钠流入眼内或造成面部皮肤损伤。

还可以使用氢氧化钠棒给犊牛去角，经过上述常规处理以后，用棒状的氢氧化钠在犊牛角的基部摩擦，直到出血以破坏角的生长点。一般涂抹后一星期左右，涂抹部位的结痂会自行脱落。还可以选择现在市场上的去角灵膏剂进行涂抹去角。

(3) 去角的注意事项

1) 犊牛去角前应从原牛群中隔离出来，最好是在犊牛单栏饲养的时候进行，以避免相互舔舐造成犊牛的口腔、食道等部位被烧伤。

2) 去角处理后须对犊牛隔离数日，去角后 24 h 内要每小时观察 1 次，发现异常及时处理。防止雨水或者奶等液体淋湿牛体，特别是头部。

3) 使用氢氧化钠的方法时，术者要戴好防护手套，防止氢氧化钠烧伤手，同时要涂抹完全，防止角细胞没有遭到破坏，角继续长出。

7. 标记

牛只系谱档案包括牛号、出生日、来源、去向、图纹、谱系、生长发育记录、繁殖记录、生产记录与外貌评定等，一般要求牧场使用卡片档案和电子档案两种形式，逐步向电子档案过渡，但要注意备份。

(1) 牛号。牛的编号和标记是牛育种工作中必不可少的技术措施。必须给牛编号和标记，以利育种工作的开展。犊牛出生后，应立即编号。牛只实行一牛一号，终身使用。

1) 牛的编号。犊牛出生后，应立即编号。编号时，要注意同一牛场或选育（保种）区，不应有 2 头牛用相同的号码。如有牛死亡或淘汰、出场，不要以其他牛替补其号码。从外地购入的公牛可继续沿用其原来的号码，不要随便变更，以便日后查考。如果一个农牧场有若干个分场，或者有若干个保种区与改良点，为了避免号码重复，每一分场、保种区或改良点应有一定数量的顺序号码。为了代表牛的出生年份，还可以在牛号的前面加上年份，如19900001号表示1990年出生的1号牛。

2）中国奶协良种牛的耳号编写方法

①全国各省（市、自治区）编号。按照国家行政区划编码确定，由两位数码组成，第一位是国家行政区划的大区号，例如，北京市属“华北”，编码是“1”；第二位是大区内省市号，“北京市”是“1”。因此，北京编号是“11”。这一部分由全国统一规定。

②牛场编号。这个编号占4个字符，由数字或由数字和英文字母混合组成，可以使用的字符包括0～9，a～z。

③牛出生年度为后两位数，例如2002年出生即为“02”。

④场内年内牛出生的顺序号用4位数字，不足4位数以0补齐，可以满足单个牛场每年内出生9 999头牛的需要，这部分由牛场（合作社或小区）自己确定。

3）牛的标记。给牛编号以后，就要进行标记，也称标号。标记的方法有以下几种：

①耳标法。分圆形和长形两种耳标。后者是先在金属的耳标上打上号码，再用耳标钳把耳标夹在耳上缘的适当地方。夹耳标时，应注意不要使耳标压住耳朵的边缘，以免被压部分发生坏死，而使耳标脱落。给小牛戴耳标时，应留适当的空隙，以备生长。

②截耳法。用特制的耳号钳，在牛的左、右两耳边缘打上缺口，以表示号码。

③角部烙字法。将特制的烙印烧红后，在角上烙号。牛在2～2.5月龄时就可在角上烙号。如果烙得均匀平坦，而牛角又不脱皮，则角上号码可永不磨灭。

④刺墨法。此法在犊牛出生后就可进行。在犊牛耳朵内部用针刺上号码，作为标记。先将犊牛右耳用温水洗净，擦干后取适当的数字号码（由针组成），嵌入特制的黥耳钳内，在右耳内部进行穿刺，在穿刺处涂以黑色的墨汁。伤口长好后即可显出明显的号码。

⑤塑料耳标法。近年国外广泛采用耳标法，是用不褪色的色笔将牛号写在2 cm×3.5 cm的塑料制耳标上。法国生产的塑料耳标，固定牛耳朵的一端呈菱形（箭状），用专用的耳标钳固定在耳朵的中央，标记清晰，站在2～3 m远处也能看清号码。

⑥冷冻烙号法。冷冻烙号是给家畜做永久标记的一项新技术。它是利用液态氮在家畜皮肤上进行超低温烙号，能破坏皮肤中的色素细胞，而不致损伤毛囊。烙号以后该部位长出来的新毛是白色的，清晰明显，极易识别，永不消失。此法操作简便，对皮肤损伤少，畜体无痛感。在当前养牛业广泛开展冻精配种的情况下，冷源不成问题，为推行冷冻烙号法创造了有利条件。

冷冻烙号法的缺点是，烙铁字号在畜体皮肤上贴按的时间比火烙法要长（特别是干冰加醇冷烙法），因此易使烙铁字号错位，影响烙号效果。给白毛的牛体冷烙时，要比深毛色的牛体延长10～15 s的烙号时间，易破坏真皮和毛囊，抑制被毛生长，使其光秃。因此烙号对深毛色的牛更清晰。

（2）来源、去向与图纹。牛只来源分为自繁与移入，移入的牛只应注明原产地与移入日期。去向应标明日期及目的地。图纹应在犊牛出生后 3 ~5 个工作日内完成，描绘牛体左右两侧，亦可以用照相或数码成像完成。

(3) 系谱。系谱记录应记录三代完整的系谱资料，即父母、祖父母及外祖父母的资料。

(4) 牛牌。牛牌是成乳牛固定床位的标识，应包括如下内容：正面有牛号、分娩日、日产量与饲级；背面有牛号、父号、分娩日、配种日与预产期。

(5) 生长发育记录、繁殖记录、生产性能记录。生长发育记录为从出生到成年(体成熟) 不同阶段的培育记录，分成体高、体斜长、胸围和体重等测试项目。除出生重为即时磅重外，每月 5 日至 15 日为牛生长发育测定日。

繁殖记录包括奶牛每个胎次的配种日、配孕日、预测分娩日期、分娩日期、与配公牛、难产、不正产、犊牛简况等项目的记录。

生产性能记录包括奶牛各胎次 365 天产奶量、胎次总天数、总产奶量、乳脂率、乳蛋白率及胎次乳脂量和乳蛋白量。

二、羊的管理

1. 编号

编号是绵羊、山羊生产和育种中一项经常性的工作。通过编号，能够识别绵羊、山羊个体，便于开展选种、选配和生产管理活动。羊常用的编号方法有耳标法、耳缺标记法、刺字法、烙角法等。各养殖单位应建立自己的编号制度、系统及方法，有专门部门管理，并相对稳定。

(1) 耳标法。耳标分为金属耳标和塑料耳标两种，形状有圆形、长条形两种。长条形耳标在多灌木的地区容易剐掉，圆形耳标则比较牢固。打耳标时，先用碘酊消毒，然后在靠近耳根软骨部避开血管，用耳标钳打上耳标。金属耳标可在使用前按规定统一打印后再佩戴。塑料耳标目前使用很普遍，在用前先把羊的耳号信息用记号笔写在耳标上，然后将耳标打在羊的耳朵上。耳标显示羊的品种符号、出生年份、个体号等。编号的方法是第一个数表示出生年份最后一位数，第二、三个数代表月份，其后为个体号。为区别性别，公羔可编单号，母羔编双号。有时为表明羊的品种，在耳标背面编品种号。同时，也可以使用市售已有数字编号的耳标，不分性别、品种等进行佩戴，但要做好详细记录。实际生产中，如何编号更便于科学饲养管理，由各单位自定。

(2) 耳缺标记法。一般用作等级标记。是利用耳号钳在羊耳朵上剪“V”形缺口或打洞后，用碘酒消毒，进行编号或标明等级。不同的耳缺，代表不同的数字，再将几个数字相加，即得所要的耳号。要求对各部位缺口代表的数字都有明确的规定。耳缺标记法一般遵循上缘小下缘大，左小右大的原则。如左耳上缘一个缺口为 1，下缘一个缺口为 10，耳尖一个缺口 100，耳中间一个圆孔为 1 000；右耳上缘一个缺口为 3，下缘一个缺口为 30，耳尖一个缺口为 300，耳中间一个圆孔为 3 000。此法的优点是经济、简便、易行。缺点是羊的数量太多会不适用。缺口太多容易识错，耳缘外伤也会造成缺口混淆。因此，耳缺标记法常用作种羊鉴定等级的标记。纯种羊以右耳作标记，杂种羊以左耳作标记。在耳的下缘作一个缺口代表一级，两个缺口代表二级，上缘一个缺口代表三级，上下缘各一个缺口代表四级，耳尖一个缺口代表特级。

（3）刺字法。该法是用特制的刺字钳或十字钉在羊耳内表面刺字编号。编号同耳标法。刺字编号时先将需要编的号码在刺字钳上排列好，在耳内毛较少的部位，用碘酒消毒后，夹住加压，刺破耳内皮肤，涂以油墨，即可留下永久标记。但用此法打上的字码容易模糊，且羊耳黑色或褐色时无法刺上清楚的字码。

（4）烙角法。即用烧红的钢字将编号依次烧烙在羊角上，此法只对有角的羊适用。优点是不掉号，检查比较方便。

2. 分群

合理组织羊群是科学饲养管理绵羊、山羊的重要措施之一。不论自产羊还是外购羊，羊的分群应根据性别、品种、年龄、体质强弱、羊只数量、饲养条件和生产性能等进行划分。羊数量较多时，同一品种可分为种公羊群、试情公羊群、育成公羊群、成年母羊群、育成母羊群、育肥羊群、羯羊群、育种母羊核心群等。在成年母羊群和育成母羊群中，还可按等级组成等级羊群。羊数量较少时，不宜组成太多的羊群，应将种公羊单独组群（非种用公羊应去势），母羊可分成繁殖母羊群和淘汰母羊群。在饲养过程中，要按照不同的性别、年龄、生理时期的需要给予相应的饲料进行饲喂，并配以相应的饲养管理措施，以充分发挥羊的生产性能。

3. 断尾

对于长瘦尾型的细毛羊、半细毛羊或其杂种羊，其尾细且长，为了预防甩尾沾污毛被，便于配种，应进行断尾。对肥尾羊，为了减少使用价值低的尾脂，改善羊肉品质，也应进行断尾。

羔羊断尾时间以出生后 1 ~2 周为宜，但以 1 周为佳。断尾太迟，断尾处流血过多，容易感染，断尾可与去势同时进行。断尾应选择晴天无风的早晨进行。

（1）结扎法。即用弹性较好的橡皮筋，套缠在羔羊三、四尾椎之间（大约离尾根 4 cm，但母羔以盖住外阴部为宜），紧紧勒住，断绝血液流通，大约过 10 天左右尾巴即自行脱落。

（2）热断法。即用断尾铲或断尾钳进行。用断尾铲断尾时，首先要准备两块 20 cm 见方的木板。一块木板的下方挖一个半月形的缺口、两面钉上铁皮，另一块仅两面钉上铁皮即可。操作时一人把羊固定好，两手分别握住羔羊的四肢，把羔羊的背贴在固定人的胸前让羔羊蹲坐在木板上。操作者用带有半月形缺口的木板，在尾根第三、四尾椎间，把尾巴紧紧地压住。用灼热的断尾铲紧贴木块稍用力下压，切的速度不宜过急，若有出血可用热铲再烫一下即可，然后用碘酒消毒。用断尾钳断尾时，将羔羊尾巴伸过装有铁皮的断尾板的小孔，使羔羊腹部朝上，然后用烧红的断尾钳夹住断尾，轻轻压挤并截断，创面用碘酒消毒。

（3）快刀法。先用细绳捆紧尾根，断绝血液流通，然后用快刀在三、四尾椎之间切断，伤口用纱布、棉花包扎以免引起感染或冻伤。当天下午将尾根部的细绳解开使血液流通，一般经 7 ~10 天，伤口就会痊愈。

4. 去势

对不做种用的公羊都应去势，以防乱交乱配。去势后的公羔性情温顺，易于管理，饲料报酬提高，且肉的膻味小，肉质细嫩。但并非所有出栏的肉羊都需去势，也有一些晚熟品种或杂交种，其屠宰利用时间在初情期之前，这些公羊可不去势，而是充分利用雄性激素的促生长作用，加快公羊的生长。

去势时间一般为羔羊出生2～3周龄，选择无风、晴朗的早晨。如遇天冷或羔羊体弱，可适当推迟。去势时间过早或过晚均不好，过早睾丸小，去势困难；过晚流血过多。

（1）结扎法。结扎法为小羔羊的简便去势方法。当羔羊出生1周后，将睾丸挤在阴囊里，用橡皮筋或细绳紧紧勒住阴囊的上方，使得睾丸和阴囊的血液循环受阻，约经半月，阴囊和睾丸萎缩后脱落。去势后的最初几天，对伤口要常检查，如遇红肿发炎现象，要及时处理。结扎的前两天羔羊疼痛不安，甚至拒食，以后会逐渐适应。同时要注意去势羔羊环境卫生，保持清洁干燥，防止伤口感染。

（2）手术法。就是使用阉割刀切开阴囊皮肤及纵隔，摘除两只睾丸的方法。手术时需两人配合操作，一人保定羊，术者将阴囊外部用碘酒消毒后，左手握住阴囊上方，将睾丸压迫至阴囊底部，右手持消毒过的阉割刀在阴囊底部与阴囊纵隔平行的位置切开，切口大小以能挤出睾丸为宜。睾丸挤出后将阴囊皮肤向上推，暴露精索，采用剪断或钝性刮断的方法将睾丸摘除。在精索断端以碘酒消毒，在阴囊皮肤切口处撒布消炎粉消炎。最后将阴囊切口对齐并用碘酒或消炎粉消毒即可。去势后每隔2～3 h驱赶羊只一次，让其活动活动，且保持羊舍干燥卫生，防止羊只卧休在肮脏的地方感染创口。术后若阴囊肿胀，要及时处理。

5. 断奶

为了恢复母羊体况和锻炼羔羊独立生活的能力，当羔羊生长发育到一定程度时，必须断奶。羔羊断奶时间的确定是现代养羊过程中必须面对和关注的问题。断奶过早，羔羊应激反应明显，导致羔羊抗病力降低，发病率提高。断奶过迟，使得母羊膘情恢复慢，影响母羊的繁殖率，加大了养殖成本。羔羊断奶时间主要是根据母羊的产奶量、羔羊的生理发育情况、补饲条件和生产需要等因素综合考虑决定的。

（1）羔羊常规断奶。我国传统的羔羊断奶时间为3月龄左右，最晚不超过4个月。此时，羔羊已能采食大量牧草和饲料，具备了独立生活能力，可以断乳转为育成羔。断奶应逐渐进行，一般经过7～10天完成。开始断奶时，每天早晨和晚上仅让母子羊在一起哺乳2次，以后改为哺乳1次，直至断奶。羔羊发育比较整齐一致时，可采用一次性全部断奶，有利于群体母羊在同一时期恢复体力，下次发情配种比较整齐。若发育有强有弱，可采用分次断奶，即强壮的羔羊先断奶，弱瘦的羔羊仍继续哺乳，断奶时间可适当延长。

（2）羔羊早期断奶。羔羊早期断奶是高效养羊的重要技术措施之一，是现代化、集约化养羊生产必须解决的关键技术。其实质就是在常规3～4月龄断奶的基础上，缩短哺乳期。早期断奶有利于母羊产后尤其是停止哺乳后的体况恢复，促使母羊提早发情，从而缩短母羊产羔间隔，提高繁殖母羊的利用效率及实现高频繁殖的生产目的。同时，利用羔羊在4月龄内生长速度最快这一特征，使早期断奶的羔羊强制育肥，充分发挥其生长优势，以便在较短时间内达到预期目标。

关于羔羊早期断奶的时间，目前尚无统一规定。国际上对于羔羊早期断奶时间，主要有7日龄断奶和7周龄左右断奶两种。

出生后7日龄左右断奶，使羔羊吃足初乳后，羔羊即与母羊隔离，单栏哺喂代乳料日粮，进行人工育羔。但此法除用代乳品进行人工育羔外，必须有良好的舍饲条件，要求条件高，羔羊死亡率也比较高，目前在我国很难推广应用。

出生后7周龄左右，当羔羊胃肠道容积和微生物菌落数发育完全，接近至成年羊水平时断奶，断奶后直接饲喂草料或放牧，此法在我国是比较适宜的。从母羊产后泌乳规律看，产后3周达到泌乳高峰，然后逐渐下降，到羔羊出生后7~8周母乳已远远不够羔羊营养需要；从羔羊的消化机能看，生后7周龄的羔羊，已能和成年羊一样有效地利用草料。实现羔羊早期断奶，首先要训练羔羊早龄开食，采食极少量的饲料对建立瘤胃功能和采食行为有很大的作用。一般从7~10日龄开始诱食，10~15日龄开始补饲，补饲量逐渐加大。随着羔羊采食量的逐渐加大，羔羊哺乳的次数应逐渐减少，最终过渡到完全断奶。具体断奶时间要根据早期开食和羔羊生长发育状况而定。

羔羊年龄、胃容量与其活重之间有显著相关，因此确定断奶时间时，还要考虑羔羊体重。体重过小的羔羊断奶后，生长发育明显受阻。英法等国多在羔羊活重增至初生重的2.5倍或羔羊达到11~12 kg时断奶。

6. 修蹄

修蹄是重要的保健内容，对舍饲羊尤为重要。羊蹄过长或畸形，会影响羊的行走。一般羊只在春季和秋末各修蹄一次，种公羊应随时检查修削，奶山羊1~2个月应修蹄1次。修蹄的工具主要有蹄刀、蹄剪或一般剪刀。修蹄一般在雨后进行，这时蹄质软，易修剪。修蹄时，先除去蹄下的污泥，再将蹄底修平，剪掉过长的蹄壳，将羊蹄修成椭圆形。修蹄时要准确、有力，一层一层向下削，不可一次切削过度，当看到淡红色蹄底时，要特别小心，以避免出血。若遇轻微出血，可涂以碘酒；若出血过多，可用烙铁烧烙止血，但注意不要引起烫伤。变形蹄需多次修剪，逐步校正。

7. 去角

去角是为了便于饲养管理。羔羊一般在出生后5~10日龄去角，这时对羔羊的损伤小。人工哺乳的羔羊，最好在学会吃奶后进行。有角的羔羊出生后，角蕾部呈旋涡状，触摸时有一较硬的凸起，即可确定去角的部位。去角方法有烧烙法和腐蚀法两种。

（1）烧烙法。一手固定羊头，另一手把烧红的烙铁对准角基部进行烧烙，烧烙范围应稍大于角基部，烧烙的次数可多一些，每次烧烙的时间持续几秒钟即可，当表层皮肤破坏并伤及胶原组织后即可结束，碘酒消毒。

（2）化学去角法。可采用棒状苛性钠（钾）在角基部摩擦，破坏其皮肤和胶原组织。具体方法是先将角基处的毛剪掉，周围涂上凡士林，目的是防止苛性钠（钾）溶液侵蚀其他部分的皮肤。操作时先重后轻地将角基部表皮擦至微出血为止，摩擦范围应稍大于角基部。摩擦后，在角基上撒一层消炎粉，然后将羔羊单独放在隔离栏中。由母羊哺乳的羔羊，在半天以内应与母羊隔开，哺乳时也应避免碱液污染母羊乳房。

三、猪的管理

1. 空怀期管理

凡后备母猪和断乳后尚未交配怀孕的母猪，即为空怀母猪。空怀母猪 1 圈可饲养 3 头，断乳后母猪、后备母猪可饲喂大猪料，每天饲喂 3 kg，分 2 次喂给，分别于上午 8 时，下午 5 时喂给，母猪每天饲喂量还要根据猪体营养状况酌情增减，使母猪保持中等膘情，有利于发情受孕和产仔。

母猪为常年发情家畜，其发情周期（上次发情结束到下次发情开始）一般为 18～23 天，每次发情持续 2～3 天。母猪发情开始后 24～48 h 内排卵，排卵持续 10～15 h，卵子在输卵管内需要运行 50 h，但只能保持 8～10 h 的生命力。精子在母猪生殖道内一般存活 10～20 h，因此配种的最佳时间为母猪排卵前的 2～3 h。若交配过早，卵子排出时精子已死亡；交配过晚，精子输入时卵子已死亡。为了达到良好的配种效果，可采取 1 个排卵期内进行 2～3 次配种，每次间隔 12 h。母猪一般断乳后 5～7 天就开始发情，且配种受胎率高，产仔数多从母猪断乳后第 4 天开始，每天用公猪试情，一旦发情，就进行配种。配种应选安静、清洁之处。配种前，要先进行消毒，地面可垫上麻袋，以免滑脱。对配种后的母猪第一、二个情期应仔细进行观察，看是否有返情现象，如出现返情应再次配种。对屡配不孕的母猪，应查明原因进行调理。

2. 妊娠期管理

妊娠期的管理，母猪单圈或单栏喂养，避免发生争食咬架拥挤碰撞等，尤其是妊娠后期更要注意，防止追打、惊吓母猪，避免其在光滑的地面上运动，保持舍内空气清新，温、湿度适宜，做好夏防暑、冬保暖的防护工作。圈舍要勤打扫，保持清洁、卫生和干燥。

（1）预产期推算及临产前征兆。母猪从配种怀孕开始到分娩产仔为止为妊娠期。母猪妊娠（怀孕）时间一般为 114 天（112～116 天），即 3 个月 3 个星期零 3 天，俗称“三三三”妊娠时间计算法。

母猪临产征兆：乳头变化，产前 5～7 天，乳房发红“充盈”膨胀，两侧乳头向外张；前乳头产前 24 h 可挤出乳汁，中乳头产前 12 h 可挤出乳汁，后乳头产前 3～6 h 可挤出乳汁。臀部变化，母猪临产前，两侧臀部肌肉凹陷，阴门松弛、红肿，有分泌物流出，俗称“塌胯撇丝”行为变化，母猪产前 6～8 h 出现拱圈、衔草、减食和不安现象，如果出现不安起卧、频排粪尿、呼吸急促等，则说明母猪即将分娩。

（2）产房准备。母猪预产前 7 天，需将分娩舍彻底打扫，严格消毒，保持舍内空气清新，温度适宜（18～23℃），湿度合理（65%～75%），阳光充足，并准备好接产消毒用品，如酒精、碘酊、抹布、电灯、手电筒、产仔箱、红外线灯、火炉、剪齿钳、耳号钳、台秤、注射器和有关药品等，母猪于产前 5～7 天转入产房，需单圈或单栏喂养，不要随便更换饲养员，保持猪舍安静。产前 1 天，对地面、猪栏及母猪后躯、肛门、阴门、乳房周围进行清洗消毒，并安排值班人员日夜监护。

3. 哺乳期母猪的管理

训练母猪定时、定点排粪、排尿，保持猪圈卫生。每天上、下午要各清 1 次粪尿，每2～3天可换1次垫草，防止粪、尿沾污乳头，避免仔猪哺乳受到感染和发生腹泻等消化系统疾病，影响仔猪生长发育，甚至造成死亡。舍内要通风透光，保持猪舍干燥，并保持安静，防止大声喧哗，保护好母猪乳房，让仔猪固定乳头吮乳，防止争咬损伤乳头，对损伤的乳头应进行治疗。给予母猪清洁卫生的饮水，给水量一般为饲料量的4～5倍。

4. 仔猪的管理

（1）初生仔猪的护理

1）护好弱子。固定乳头，为了使所有新生仔猪都能尽早地吃到初乳，达到均匀一致地生长，对于个别体弱的仔猪需要人工帮助移到母猪胸前乳多的乳头吮乳。一旦固定乳头后，就不会改变。有利于体弱小猪的生长。

2）保温防潮。环境温度对仔猪至关重要，产房内的温度应保持在20℃以上。仔猪保育箱内的温度要求：0～7日龄为32～34℃；8～20日龄为25～28℃。湿度为60%～70%，风速0.2 m/s。

3）补充铁剂。新生仔猪体内储备的铁元素只有30～50 mg，而仔猪正常生长需铁7～8 mg/天，从母乳中只能获得1 mg/天，故仔猪于3日龄左右就要补铁1次，至15日龄进行第2次补铁，常用的补铁剂有山梨醇铁、右旋糖酐铁钴等。

4）剪犬齿和断尾。为防止仔猪互相夺乳头、咬伤乳头或伤仔猪的双颊，在2～3日龄时就要剪掉仔猪的犬齿并断尾。操作时应注意消毒，防止感染。

5）去势。目前许多规模化猪场饲养的所谓三元杂交猪，其生长发育快，性成熟迟，因此对商品育肥猪不必去势即可上市。但小公猪有必要去势，一般于7日龄前后进行。经验表明，对小公猪的去势术，采用两侧睾丸分别切口后取出，这样有利于术后液体的排出。

6）补料和断奶。仔猪出生后1周即可开食，喂以仔猪用的全价颗粒饲料，至20日龄时，已基本主动吃料，通常于30日龄左右断奶即能独立生活，并可获得较好的断奶体重。

（2）仔猪断奶的管理。仔猪的自然断奶发生在8周龄到12周龄期间，此时母猪的产奶量降入低谷，而仔猪采食固体饲料的能力较强。因此，自然断奶对母猪和仔猪都没有太大的不良影响。仔猪断奶可采取以下方法：

1）逐渐断奶法。是逐渐减少哺乳次数，最后停止哺乳的方法。一般是到4周龄时，白天将母猪调走，不让母猪哺乳，夜间再让母猪给仔猪喂奶。经4～6天后逐渐不让母猪哺乳。这种方法的好处在于逐渐提高仔猪独立生活、采食饲料的能力，减少断奶腹泻的问题。缺点是每天白天赶走母猪，费工费时。

2）分批断奶法。此法按仔猪体重大小分成2～3批断奶，首先把体重大的3头小猪断奶调走，隔2～3天再调走体重中等的3～4头仔猪，再隔3～4天调走最后一批仔猪。这种方法的优点是保证仔猪生长发育，不致引起腹泻死亡，缺点是断奶时间拖得较长，不易管理。

3）一次断奶法。是指到一定日龄，一次全部断奶，母仔相隔开。这种断奶法又分去母留仔和去仔留母两种。去母留仔是把母猪调到其他圈舍，仍保留仔猪在原来的圈中；另一种是把仔猪全部调走，母猪留在圈中。去母留仔的好处是仔猪环境改变不会太突然，否则引起仔猪神经紧张，影响增重和健康。去仔留母的断奶方法是在仔猪断奶日龄较大时（一般5~6周）采用。仔猪因日龄较大，适应性较强。

4）早期隔离断奶。就是仔猪出生后2~3周、体重达到4.5 kg以上时，与母猪等其他所有猪完全隔离的一种断奶方式。它的特点是断奶时间早，仔猪与其他猪隔离。目前这种方式广泛被国内外的养猪业所采用。

（3）仔猪的编号和分群

1）仔猪的编号。在种猪场，为了了解种猪及其后代的生产性能和发育情况，建立种猪档案，有计划地进行选种选配，避免近亲繁殖，需要对留种仔猪进行编号。

给仔猪编号的方法有佩带耳标法、墨刺法和耳刻法（即打耳号）。对于育种场最好采用双重标记，即“耳标+墨刺”或“耳标+耳刻”。打耳号一般适用于规模不大的种猪群，方法是用剪耳号的专用钳子，在左右耳的固定位置剪出缺口或打上圆孔，以代表一定的数字，把所有的数字加起来，就是这头猪的号码。目前猪场多采用“左大右小，上1下3”的剪耳方法。现将左右耳不同部位剪缺口和打圆孔所代表的数字说明如下。

右耳：上缘剪一个缺口为1，下缘剪一个缺口为3，耳尖剪一个缺口为100，耳中间打一个圆孔为400，靠近耳尖端打一个圆孔为1 000。

左耳：上缘剪一个缺口为10，下缘剪一个缺口为30，耳尖剪一个缺口为200，耳中间打一个圆孔为800，靠近耳尖端打一个圆孔为2 000。

例如要编上“359”号，就应在左耳尖端剪1个缺口（200），在左耳上缘剪2个缺口（10+10），在左耳下缘剪1个缺口（30），在右耳尖端剪1个缺口（100），在右耳下缘剪3个缺口（3+3+3），加起来，便得359（200+100+30+10+10+3+3+3）。按照这种方法，标号最多可以编到7 500多号，基本可以满足规模在250~300头母猪群全年的产仔要求。打耳号的时间，最好与仔猪称重同时进行。

2）仔猪的分群。来源和体重不同的猪合群一圈饲养，常相互咬架、攻击，影响猪体的健康和增重。因此，根据猪的生理特征，合理分群，保持适宜的饲养密度，采取有效的并群方法，充分利用圈栏设备，安排一个猪生长发育的良好环境，有利于提高养猪效益。

分群原则：将来源、体重、体况、性情和采食等方面相近的猪合群饲养，分群管理，分槽饲喂，以保证猪正常生长发育。同一群猪体重相差不宜过大，小猪不超过5 kg，架子猪不超过10 kg。分群后要保持相对稳定，一般不要任意变动。

适宜密度：一般每头断奶仔猪占圈栏面积0.4 m^2，育肥猪每头1.0 m^2左右。每群以10~15头为宜。冬季可适当提高饲养密度，夏季适当降低饲养密度。

并群方法：并群的关键是避免合群初期相互咬架。根据猪的生物学特点，可采用的方法有以下几种。①留弱不留强：把较弱的猪留在原圈不动，较强的猪调出。②拆多不拆少：把猪只少的留原圈不动，把头数多的并入头数少的猪群中。③夜并昼不并：把并圈合群的猪喷洒同一种药，使彼此气味不易分辨，在夜间合群。④同调新栏：两群猪头数相等，强弱相当，并群时同调到新的猪栏去。⑤先熟后并：把两群猪同关在较大的运动场中，3～7天后再并群。⑥饥拆饱并：猪在饥饿时拆群，并群后立即喂食，让猪吃饱喝足后各自安睡，互不侵犯。

加强管理：并群前要把圈舍清扫干净，严格消毒。合群后的最初几天，要加强饲养管理和调教。若发现咬架或争斗，要立即制止，保护被咬的猪。

5. 育肥猪的管理

（1）合理分群及调教。育肥猪要根据猪的品种、性别、体重和吃食情况进行合理分群，以保证猪的生长发育均匀。分群时，一般依据“留弱不留强”“拆多不拆少”“夜合昼不合”的原则。分群后经过一段时间饲养，要随时调整分群。

育肥猪一般多采用群饲，既能充分利用猪舍建筑面积和设备，提高劳动生产率，降低养猪成本，又可利用猪群同槽争食，增进食欲，提高增重效果。一般在固定圈内饲养，每群以10～20头为宜。在舍内饲养、舍外排粪尿的密集饲养条件下，每群以40～50头宜。

生长育肥猪分群后，在短时间内会建立起较为明显的群体位次，此时要尽可能地保持群体的稳定。但是，经过一段时间（特别是在生长期结束、体重达到60 kg左右时）的饲养后，应对猪群进行一次调整。要注意，调群只适用于三种情形：一是群内个体因增重速度不同而出现大小不均；二是猪群因体重增加而过于拥挤；三是群内有猪只因疾病或其他原因被隔离或转出。

生长育肥猪在分群和调群后，要及时进行调教。生长育肥猪调教的内容主要有两项。第一是在保证猪群有足够采食槽位的基础上，防止强夺弱食，使猪群内的每个个体都能有平等的采食机会。防止强夺弱食的主要措施是分槽位采食和均匀投放饲料。第二是训练猪的“三点定位”习惯，使猪在采食、休息和排泄时有固定的区域，并形成条件反射，以保持圈舍的清洁、卫生和干燥。“三点定位”训练的关键在于定点排泄，在猪转入新圈舍后，给猪提供一个阴暗、潮湿或带有粪便气味的固定区域并加强调教。“三点定位”训练需要3～5天的时间。

（2）去势、防疫和驱虫。只有在健康状态下，才能保证生长育肥猪有较高的增重速度和产品质量。猪在进入生长育肥期之前应做好猪的去势、防疫和驱虫工作，保证生长育肥猪的健康。

现代养猪生产不但要求商品猪增重快、饲料转化率高，同时也要求商品生长育肥猪的肉质好。而作为商品猪饲养的小公猪以及种猪场不能做种用的小公猪，生长到一定的年龄和体重以后，因为其体内特有的雄烯酮和粪臭素的存在，使其肉质有一种难闻的膻气或异味。因此，对公猪一定要进行去势或阉割。集约化猪场，一般只对小公猪去势而小母猪不去势。这是因为，现代猪种的商品母猪在出栏时尚未达到性成熟，不足以对增重和肉质产生影响。小公猪去势的时间一般在生后7日龄内。小公猪去势早，应激小，出血少，伤口愈合快，不容易受到感染。

仔猪在70日龄前必须完成各种疫苗的免疫接种工作，当猪群转入生长育肥猪舍后，一直到出栏上市无须再接种疫苗，但应及时对猪群进行采血、检测猪体内的抗体水平，防止发生传染病。因此，在猪进入生长育肥期之前，必须制定合理的免疫程序，认真做好免疫接种工作，做到逐头接种，防止漏免。

目前，我国仍然有一些地区的养猪场或养猪户没有实现自繁自养，需要从外地购进仔猪进行育肥。对外购猪的处理以及免疫接种不合理，往往会给生长育肥猪生产带来很大的隐患。因此，外购仔猪没有进行免疫接种的，在应激过后，应根据本地区传染病流行情况进行一些传染病的免疫接种。

驱虫可以明显提高生长育肥猪的增重速度和饲料转化率，并能增进猪的健康，有效防止疾病，提高经济效益。在猪的整个生长育肥期，应重视驱除猪蛔虫、姜片吸虫、疥螨和猪虱等体内外寄生虫，通常需要进行2～3次驱虫。第一次在仔猪断奶后一周左右；第二次在体重50～60 kg时。驱虫时，首先要选择广谱、高效、低毒或安全的驱虫药物，然后采用合理的驱虫方法。左旋咪唑每kg体重10～15 mg、驱虫净（四咪唑）每kg体重20 mg、丙硫（苯）咪唑每kg体重100 mg等拌料空腹饲喂；敌百虫，每kg体重0.1 g溶入温水中或1.5%～2.0%溶液喷洒体表，可驱除体外寄生虫。目前来看，高效、安全、广谱的抗寄生虫首选药物是伊维菌素或阿维菌素及其制剂，口服和注射均可，对猪的体内外寄生虫有较好的驱除效果，其用量为每kg体重0.3 mg。

（3）适宜的圈舍条件。猪舍小气候环境主要包括温度、湿度、光照、通风、有害气体等。

1）温度和湿度。温度和湿度是生长育肥猪的主要环境因素。研究证实，保持适宜温度20℃左右、相对湿度为50%～70%，可以获得较高的日增重和饲料效率。但要注意避免低温高湿和高温高湿环境的出现。

2）光照。一般认为，光照对生长育肥猪的生产水平影响不大，但适度的光照却能提高增重速度和胴体瘦肉率，增强猪的抗应激能力和抗病力。故有人建议，将猪舍的光照强度从10 lx提高到40～50 lx，将猪舍的光照时间从6～8 h延长到10～12 h。

3）通风。通风不但与生长育肥猪增重和饲料转化率有关，也与猪的健康和发病率密切相关。故育肥前，冬春季要修缮好圈舍保暖，防“贼风”；夏秋季要加强猪舍的通风换气，防止潮湿闷热和空气污浊。猪舍通风以纵向自然通风辅以机械通风为宜。但要注意，猪舍门窗并不能完全替代通风孔或通风道，要想保证猪舍的通风效果，猪舍必须设有进气孔和出气孔。

4）有害气体。猪舍内的有害气体主要包括氨气、硫化氢和二氧化碳。生长育肥猪饲养密度大，若不及时处理粪污，通风换气不良，会降低猪的抵抗力，增大猪感染皮肤病和呼吸道疾病的概率。因此，为了防止猪舍有害气体超标，应加强通风换气，及时清除粪尿废水，确定合理的饲养密度，保持猪舍一定的湿度和建立有效的喷雾消毒制度。舍内氨气的体积浓度不得超过0.003%，硫化氢的体积浓度不得超过0.001%，二氧化碳的体积浓度不得超过0.15%。

（4）适时出栏（屠宰）。生长育肥猪的适宜出栏体重和时间，既要考虑市场对猪胴体品质的要求，也要权衡经济效益。因此，实际生产中，确定适宜出栏时间和体重，不能仅仅以其胴体瘦肉率高低为依据，应该结合其增重速度、饲料转化率、屠宰率、胴体品质以及商品猪市场价格、日饲养费用、种猪饲养成本分摊等方面进行综合经济分析。

根据生长育肥猪的生长发育规律，猪的体重越小，增重速度越快，饲料效率越高，但生长发育到70～80 kg时，生长速度相对稳定；随后体重的增加、增重速度、饲料效率和胴体瘦肉率逐渐降低，而单位增重的耗料量、屠宰率和胴体脂肪含量逐渐增高，见表5—4。

根据这一规律，当猪的体重较小时，虽饲料效率和胴体瘦肉率较高，但屠宰率和产肉量较低，经济效益不高。当猪的体重过大时，虽然产肉量高，但耗料增加、瘦肉率降低，经济效益较差。同时，商品生长育肥猪和饲料原料的价格波动不定，而人工、水电、管理、折旧等方面的费用也受市场因素制约。因此，肉猪生产不是简单的饲养管理过程，而是融饲养、生产和经营管理为一体的系统工程。生长育肥猪到底何时出栏，必须综合市场价格、胴体品质、饲料转化、屠宰比率、猪种要求、体重大小和增重速度等因素而定。

表5—4　　生长育肥猪不同体重时的增重速度和饲料消耗

活重（kg）	增重速度（g/天）	日耗料（kg/头）	单位增重耗料（kg）
10.0	383	0.95	2.50
22.5	544	1.45	2.61
45.0	762	2.40	3.30
67.5	816	3.00	3.78
90.0	839	3.50	4.17
110.0	813	3.75	4.61

在人们的不断探索中，有人提出了不同类型商品生长育肥猪的参考出栏体重标准：瘦肉型二元商品杂交猪为85 ~95 kg；瘦肉型三元商品杂交猪为95 ~105 kg；配套系杂优猪为115 ~120 kg。

6. 种猪的管理

种猪可以分为种公猪和种母猪，它们的饲养管理各有不同的侧重点。饲养公猪的目的是使公猪具有良好的精液品质和配种能力，使之完成配种任务。而种公猪配种能力、精液品质的优劣和利用年限的长短，不仅与饲养管理有关，也取决于初配年龄和利用强度。

（1）种公猪的管理

1）公猪的调教。公猪性成熟后即可开始调教，由于各个品种不同，性成熟的年龄差异较大。外来品种7 ~8月龄性成熟，8 ~9月龄开始调教训练。国内品种4 ~6月龄性成熟，7 ~8月龄开始训练采精。调教方法有以下几种：

①观摩法：将小公猪赶至待采精栏，让其旁观成年公猪交配或采精，激发小公猪性冲动，经旁观2 ~3次大公猪和母猪交配后，再让其试爬假台畜进行试采。

②发情母猪引诱法：选择发情旺盛、发情明显的经产母猪，让新公猪爬跨，等新公猪阴茎伸出后用手握住螺旋阴茎头，有节奏地刺激阴茎螺旋体部可试采精液。

③外激素或类外激素喷洒假台畜：将发情母猪的尿液、大公猪的精液、包皮冲洗液喷涂在假母台畜背部和后躯，引诱新公猪接近假台畜，让其爬跨假台畜。

2）合理利用。合理使用种公猪最适宜的初配年龄，小型早熟品种在7 ~8月龄，体重 75 kg 左右；大中型品种在 9 ~ 10 月龄，体重 100 kg 左右。如果配种过早，不仅会影响公猪自身的生长发育，缩短利用年限，还会降低与配种母猪的繁殖成绩。

刚开始配种至 1 周岁的后备种公猪，每周配种 1 ~ 2 次。1 ~ 2 岁的小公猪每天配种不应该超过 1 次，连续配种 2 ~ 3 天后应该休息 2 天。2 岁以上的成年公猪，每天配种不应该超过 2 次，而且两次间隔时间不应该少于 6 h，每周最少休息 2 天，否则会缩短公猪的使用年限。另外，公猪每次配种时间比较长，一般 5 ~ 15 min，交配时应该保持周围环境清静，不受任何干扰，使公猪射精完全。

3）加强运动。适度运动能促进公猪的食欲，使猪的四肢和全身肌肉得到锻炼，增强体质，提高性欲和精液品质。有条件的养猪场，可以对种公猪进行驱赶运动，每天上午、下午各驱赶 1 次，每次 1.5 ~ 2 h，行程 2 km 左右，也可以让种公猪自由运动。建造猪舍的时候，要设立运动场，以便公猪在户外进行运动和日光浴。

4）刷拭和修蹄。为了提高公猪的健康水平，防止体外寄生虫的侵袭，增进猪体表的血液循环，最好每天用刷子刷拭公猪 1 ~ 2 次。猪舍内可设水池，也可安装淋浴设备，让公猪在夏天经常洗澡，既可防暑降温，又可减少猪的皮肤病和寄生虫病。农村个体养猪户也可把猪赶到水沟、池塘、小河中洗泡。公猪的蹄壳由于年老容易变形，或形成裂缝，造成行动不便或配种时划伤母猪。因此应经常注意观察和及时修整猪蹄。尤其是从国外引进的公猪，容易发生各种肢蹄病，应加以注意。

5）单圈饲养。种公猪一般以单圈饲养为宜，减少干扰，保持安静，杜绝互相爬跨和自淫的恶习，有利于保持公猪健康和精液品质良好。公猪合群，互相咬斗，可造成内外伤，甚至死亡。为避免相互咬伤或伤害母猪，可将公猪的大牙在小时候打掉，或将成年公猪的大牙锯掉。公猪配种后，体力消耗很大，且身上带有发情母猪气味，应在配种后休息 1 ~ 2 h，气味散失后再归群，以免引起其他公猪的不安。

6）定期检查精液品质。精液品质检查的目的在于鉴定精液品质的优劣，以便确定配种负担能力，同时也检查公畜饲养水平和生殖器官机能状态。精液检查的主要指标有精液量、颜色、气味、精子密度、精子活力、畸形精子率等。

整个检查过程要迅速、准确，一般在 5 ~ 10 min 内完成，以免时间过长影响精子的活力。

①精液量。后备公猪的射精量一般为 150 ~ 200 mL，成年公猪为 200 ~ 600 mL，精液量的多少因品种、品系、年龄、采精间隔、气候和饲养管理水平等不同而不同。

②颜色。正常精液的颜色为乳白色或灰白色。如果精液颜色有异常，则说明精液不纯或公猪有生殖道病变。颜色有异常的精液，应弃去不用。同时，对公猪进行检查，然后对症处理、治疗。

③气味。正常的公猪精液具有其特有的微腥味，无腐败、恶臭气味。有特殊臭味的精液一般混有尿液或其他异物，不应留用，检查采精时是否有失误，以便下次纠正。

④精子密度。指每毫升精液中含有的精子数，它是用来确定精液稀释倍数的重要依据。正常公猪的精子密度为 2.0 ~ 3.0 亿/mL，有的高达 5.0 亿/mL。检查精子密度的方法有以下两种。精子密度仪测量法极为方便，检查时间短，准确率高。该法有一缺点，就是会将精液中的异物按精子来计算，应予以重视。红细胞计数法最准确，但速度慢。

用不同的微量取样器分别取具有代表性的原精 100 μL 和3%的 KCl 溶液900 μL，混匀。取少量上述混合精液放入计数板槽中，在高倍显微镜下计数5 个方格内精子的总数，将该数乘以 50 万即得原精液的精子密度。

⑤精子活力。精子活力的高低与受配母猪的受胎率和产仔数有较大的关系。因此，每次采精后及使用精液前，都要进行精子活力的检查。精子活力的检查必须使用 37℃左右的保温板，以维持精子自身的温度需要。一般先将载玻片放在保温板上预热至37℃左右，再滴上精液，盖上盖玻片，然后在显微镜下进行观察。在我国，精子活力一般采用 10 级制，即在显微镜下观察一个视野内做直线运动的精子数，若有 90% 的精子做直线运动则其活力为 0. 9；有 80% 做直线运动，则活力为 0. 8；依此类推。新鲜精液的精子活力以高于 0. 7 为正常，当活力低于 0. 6 时，则弃去不用。

⑥畸形精子率。畸形精子包括巨型、短小、断尾、断头、顶体脱落、大头、双头、双尾、折尾等精子。它们一般不能做直线运动，受精能力差，但不影响精子的密度。公猪的畸形精子率一般不能超过 20%，否则应弃去。采精公猪要求每两周检查一次畸形精子率。

每份经过检查的公猪精液，都要登记公猪精液品质检查记录，以备对比和总结。

7）定期称重。公猪应定期称重，根据体重变化检查饲养管理是否得当，以便及时调整日粮，保持中上等膘情。

8）防寒防暑。公猪最适宜生活温度为 18 ~20℃。在北方寒冷的冬季，公猪应饲养在封闭式的猪舍中，保持一定的舍温，舍温不应低于 5℃。夏季防暑降温的措施主要有：改进种公猪猪舍的设计，使用的材料要求防热辐射，通风散热好，改进屋面热传导，增设天花板、顶棚，墙体最好用空心砖，有条件的话还可在空心墙体中填充隔热材料；加强猪舍周围的绿化，有净化空气、防风、改善小气候和美化环境的作用，还具有缓和太阳辐射、降低环境温度的重要作用；供给凉水降温；增强猪舍通风；调整营养，增喂一些清凉解暑的饲料，如青绿多汁饲料等。

9）防止公猪咬架。公猪咬架时，可迅速放出发情母猪，或者用木板将公猪隔开，也可用水猛冲公猪眼部，将其分开。如不及时平息，会造成严重的伤亡事故。

10）搞好疫病防治和日常的管理工作。要保持卫生和消毒，严防各种传染病发生，每年要进行各种疫苗的注射和驱虫。防止种公猪患蹄病和乙脑、细小病毒病等。种公猪患病时，应推迟配种，治愈后 30 天才可利用。制定一个合理有效的防疫程序，并按时实施。特别要搞好春秋 2 次预防接种，并注意检查疫苗质量，注意更换注射针头。经常观察种猪健康状况，发现疾病，及早诊治。

（2）种母猪的管理

1）后备母猪管理。后备母猪饲养管理得好坏，不但影响头胎的生产质量、数量，而且还会影响以后多胎生产成绩。因此，加强后备母猪科学管理，是提高母猪饲养效益的重要途径。

进猪前应空栏，栏舍及用具等要彻底冲洗，用 0. 3% 过氧乙酸或 0. 5% 强力消毒灵等全面喷洒或熏蒸消毒不少于 8 天。进猪的车和猪在猪场外用 0. 3% 过氧乙酸等喷洒消毒后方可进场。刚进的猪要少冲水，特别是天冷时更应注意。刚进的猪当餐可不喂料，第二餐可少量喂料，以后自由采食。

后备母猪在刚引进时应用药物保健5～7天，可用板蓝根20～30 g、柴胡10～15 g、黄芪15～20 g、甘草10～15 g、鱼腥草20 g、清肺散10～15 g、穿心莲10～15 g（以上为1头猪1天的用药量）轮换用药进行保健，一个疗程为5～7天；配种前要进行2～3次中草药保健，以增强免疫力。

后备母猪进栏后应视情况在喂料时加入10%左右小猪料和一些营养性添加剂。夏、冬季要做好防暑和防寒等工作。

后备母猪引进后要按批次和本场实际制定免疫程序，做好防疫免疫和用左旋咪唑等驱虫健胃的工作。

6月龄前的后备母猪应让其自由采食，以促进发育；6～7月龄时要适当限饲；7月龄起每头猪每天控制喂饲量为1.8～2 kg。配种前7～14天喂料量要比平时多1/3。催情母猪过肥的，要降低喂料量。

到大栏后的后备母猪应每隔6～7天按大小、强弱分群。5～7月龄时应做好发情记录，将猪场分为发情区和非发情区。6～7月龄的发情猪要以周为单位分批按发情日期归类管理，根据不同情况进行限饲或优饲。

后备母猪的始配时间为230～250日龄、体重120 kg以上，情期为第二或第三期，过早配种易导致产后无乳或影响以后的繁殖性能。配种前的后备母猪每周要安排2次合理运动，以促进发情。

2）母猪的发情与配种。性成熟的健康母猪平均每隔21天发情一次，每次发情持续3～5天。青年母猪7～8月龄可初配，经产母猪将仔猪哺乳到2个月断奶后开始发情。要想做到适时配种还必须掌握母猪发情后的排卵规律。一般母猪在发情后24～36 h排卵，精子进入母猪生殖道到游动至输卵管的受精部位需要2～3 h，因此，给母猪配种的适宜时间应在排卵前2～3 h，即在发情后的23～30 h。

鉴别母猪发情的方法主要有以下五种：

时间鉴定法：母猪发情持续时间一般为2～5天，平均2～3天，在此范围内，发情持续时间因母猪品种、年龄、体况等不同而有差异。一般在母猪发情后24～48 h内配种容易受胎。本地品种母猪发情持续时间较长，配种应在发情后48 h进行。培育品种母猪的发情和配种时间介于上述两者之间。老龄母猪发情时间较短，排卵时间会提前，应提前配种；青年母猪发情时间长，排卵期相应往后移，宜晚配；中年母猪发情时间适中，应该在发情中期配种。所以母猪配种就年龄讲，应按“老配早，小配晚，不老不小配中间”的原则。

精神状态鉴定法：母猪开始发情对周围环境十分敏感，兴奋不安，食欲下降、嚎叫、拱地、两前肢跨上栏杆、两耳耸立、东张西望，随后性欲趋向旺盛。在群体饲料的情况下，爬跨其他猪，随着发情高潮的到来，上述表现越来越频繁，随后母猪食欲由低谷开始回升，嚎叫逐渐减少，呆滞，愿意接受其他猪爬跨，此时配种最佳。

外阴部变化鉴定法：母猪发情时外阴部明显充血，肿胀，而后阴门充血、肿胀更加明显，阴唇内黏膜随着发情盛期的到来，变为淡红或血红色，黏液量多而稀薄。随后母猪阴门变为淡红、微皱、稍干，阴唇内黏膜血红色开始减退，黏液由稀转稠，此时母猪进入发情末期。简而言之，母猪外阴由硬变软再变硬，阴唇内黏膜颜色由浅变深再变浅。发情盛期是配种的最佳期。

爬跨鉴定法：母猪发情到一定程度，不仅接受公猪爬跨，也愿意接受其他母猪爬跨，甚至主动爬跨别的母猪。用公猪试情，母猪极为兴奋，头对头地嗅闻，公猪爬跨时静立不动，正是配种良机。

按压鉴定法：用手压母猪腰背后部，如母猪四肢前后活动，不安静，哼叫，表明尚在发情初期，或者已到了发情后期，不宜配种；如果按压后母猪不哼不叫，四肢叉开，呆立不动，弓腰，表明母猪在发情最旺的阶段，宜配种。农民常说的“按压不哼不动，配种百发百中”是有道理的。

可根据上述方法鉴定母猪发情而适时配种，相对而言，培育品种（特别是国外引入品种）的发情表现不如地方猪种明显。因此，要多观察，从而找到某一猪种甚至个体的发情受胎规律，适时配种，以防空怀。

3）妊娠母猪管理。妊娠早、中期管理目标主要是保护胚胎着床和成活率，调节母猪膘情。所以，配种后立即减少饲喂量，即在配后的3~30天阶段，每头母猪每天平均的饲喂量为2.0~2.3 kg，但从此时起还要注意母猪的体况，减少应激反应（如在配后的3~30天内不能赶动或混群），不然会导致早期胚胎吸收或流产。在返情前，有些母猪子宫或阴道有炎症，应注射抗生素并要特殊照顾；如果分泌物是化脓的、难闻的，应予以淘汰。注意有无发情表现（18~24天），用公猪查情或肉眼观察是否返情。在配后28~40天，做两次诊断，看两次是否都呈阳性。如果是空怀母猪，最好是立即淘汰；流产的母猪，最好也淘汰，如果要继续重配，要在发现后14天群养，注射PG600，7天后不发情的就要淘汰。

怀孕中期，饲喂量要逐步增加，即在配后的30~84天，饲喂量为2.3~2.5 kg/（头·天）。供应充足的清洁饮水。经产母猪二次返情就要予以淘汰，头胎母猪三次返情也要予以淘汰，当然这个评判标准是建立在熟练的配种技术和猪群健康基础上的。

为了提高初生仔猪体内营养的积蓄，使仔猪个体大、健康，出生头重最好能达到1.4~1.5 kg，促进母猪泌乳器官的发育及使母猪本身营养有一定的积累，妊娠后期要增量饲喂，即在配后85天至分娩前四天阶段，饲喂量为2.5~3.0 kg/（天·头），这包括增加饲喂量和饲料能量水平。但也不能使母猪过肥，建议在怀孕期间背膘厚度增加控制在2~4 cm，这样会使哺乳期损失降到最少，在哺乳期的采食量就会增加。尽可能减少应激，以防止早产及胎儿死亡；特别要注意在夏季的防暑降温工作，因为高温会导致初生仔猪体重减小，母猪产后恢复不好及无乳，甚至使母猪热应激而死亡。

4）分娩前后的管理。减少仔猪死产的发生，防止仔猪冻伤、压死；保证母猪良好的状态和采食量的恢复，使仔猪获得充足的初乳，以增强抵抗力；减少仔猪腹泻，确保仔猪高成活。产前20~30天的母猪，应接种大肠杆菌等疫苗，或根据兽医的要求接种一些其他的疫苗。对怀孕100天左右的母猪进行驱虫，包括体外和体内的寄生虫。分娩前4日开始减少饲喂量，每头饲喂量从2.5 kg/天逐步减少到0.5 kg/天，以防妊娠延长及子宫炎、乳房炎、无乳综合征的发生，将死胎头数减少到最低。产仔舍及产床在临产母猪进入前必须做好清洗、消毒等准备工作。临产前3~7天的母猪清洗消毒后进入产仔舍，母猪产仔时必须要做到人工监护分娩，在其产仔过程中给予一些必要的帮助。产后要对母猪进行适当的药物护理，包括产道冲洗、抗生素和催产素的使用等。分娩当天喂0～0.5 kg/头，之后每天增加0.5～1 kg，4天时达到日采食量2.5 kg以上。

5）泌乳母猪的管理。提高母猪泌乳量和乳汁质量，提高母猪采食量，以防母猪膘情迅速下降，提高仔猪的成活率，提高仔猪的断奶体重等，是泌乳母猪管理的主要目标。此期间，尽可能把产房的温度控制在15～20℃，不要高于22℃。在18℃的室温产仔的母猪热应激较小，产仔较快，死胎较少。在高的屋舍温度时，母猪采食量减少，背膘下降，体重下降，从而导致仔猪死亡率升高而且断奶时体重减少。如需要，可用一些针对性的抗生素，以确保母猪健康。产后5天可以敞开饲喂，平时每天可喂2～3次。高温季节，如采食量不够，每天应喂4～5次，保证充足的饮水，照明时间维持在12～16 h。

第四节　家畜产品的保管

→ 了解鲜乳变质的因素

→ 了解羊毛、羊绒的分级标准

一、牛奶质量控制

牛奶生产不仅要提高产量，更重要的是保证其质量。在目前条件下牛奶在生产过程的各个环节均会受到不同程度的污染，但主要是在挤奶过程中和挤奶之后受细菌的污染，或者由于奶牛患病所致。

1. 影响牛奶产量与质量的主要因素

（1）品种。品种不同，其遗传性也不一样，产奶量自然也就不同。普通牛中荷斯坦牛产奶量最高，大群平均305天产奶量都在7 000 kg左右。牛奶质量也由于品种不同而有差异，娟姗牛的乳脂率最高。

（2）年龄。奶牛产奶性能随年龄和胎次增加而发生规律性变化，因为奶牛的产奶量是随着机体生长发育程度，特别是随着乳腺的发育程度而变化的，一般6～8岁时产奶量达到最高峰而后逐渐下降。据统计，荷斯坦奶牛以7岁5胎产奶量最高，但早熟品种牛第四胎产奶量最高。然而所产的牛奶中的营养成分则与之相反，其中乳脂肪和非脂固体物的含量，随年龄胎次的增加而略有下降。

（3）日挤奶次数。每日挤奶一般为2次或3次，有时也有4次挤奶的。采用2次挤奶可以降低劳动成本，3次挤奶比2次挤奶可多产10%～25%奶量，4次挤奶又可增加5%～15%奶量，有时因个体而有差异。挤1次奶是不合适的，等于在逐渐停奶。高产奶牛挤3次奶可多产奶，虽用工时间长，也是合算的。如果日挤奶4次，高产奶牛可行，但母牛健康状况差时，应该给它更多的休息时间，以挤奶3次为好。挤奶次数应依据泌乳量来确定，当日均产奶量低于 20 kg 时，每日挤 2 次奶；当日均产奶量为 20 ~ 30 kg 时，每日挤 3 次奶。

（4）挤奶技术。挤奶前必须用 40 ~ 50℃的水冲洗乳房，并将其擦洗干净，再进行按摩。这不仅可以提高产奶量，而且可以降低牛奶中的细菌含量。冲洗和按摩不得超过 40 s，整个挤奶准备工作不能超过 1 min，否则，将降低产奶量和乳脂率。因机器挤过奶后，乳房内尚存有少量牛奶，所以必须再用手工挤净。这一措施可提高产量 4% ~ 15%，同时提高乳脂率 0.66% ~0.68%。

（5）饲料与营养。奶牛的饲料与营养对产奶量起着重要作用。奶中的成分都是从饲料中转化来的。奶牛在怀孕中给予必要的营养，使其储存足够的能量、矿物质，以备产奶时利用。在泌乳期，饲料中精料过多，粗料比例下降，会引起瘤胃微生物组成比例和发酵过程发生变化，牛奶乳脂率下降。所以，为防止乳脂率下降，粗饲料的比例不能低于日粮总干物质的 30%。饲料中蛋白质的含量对牛奶所含的营养成分影响不大，但对产奶量影响极大。饲料中所含能量水平与牛奶中非脂固体关系密切，当能量低于标准时，非脂固体就下降，反之就上升。因此，产奶阶段按其产奶量、乳成分以及体重等科学合理地进行饲养，是提高产奶量及牛奶品质的关键。

（6）管理。牛群或个体牛的产奶量出现忽高忽低的情况，这是管理出现了问题。对于过去的产奶量应有很好的记录，并应经常与当前产奶量进行对比。出现异常要及时查找原因。环境的改变，饲喂程序的破坏，饲料突然转换，饲养员、挤奶员的更换，奶牛受到惊吓，健康状况等都对牛奶产量和质量有重要影响。

（7）环境。奶牛产奶要求有适宜的环境和季节温度，冬季和早春是比较宜于产奶的。在 12 月份产犊母牛产奶量最高，1—2 月份次之，10—11 月份再次之，6 月份最低。乳中脂肪和非脂固体物在冬季最高，夏季最低。牛舍中相对湿度大于 90%，牛奶乳脂率将下降 0.16% ~0.18%。环境温度过高，也将导致乳脂率下降。

荷斯坦牛最适宜的温度是 10 ~ 16℃。气温超过 25℃，呼吸频率加快，采食量下降。40.5℃时，呼吸频率加快 5 倍，且采食停止。采食量下降是为了减少体热的产生，采食量下降了产奶量自然也就下降了。对于耐热的娟姗牛和瘤牛，气温超过 29℃时，产奶量才下降。我国南方，闷热的气候对产奶影响很大，宜选择在 12 月份到 4 月份产犊。

此外，延长干乳期可增加产奶量，产后配种日期的迟早（以 65 天为标准）也会影响产奶量。少于 55 天就会减产，多于 85 天也会减产。但如能严格地控制在 365 天左右的产犊间隔，即产后 85 天授精，干乳期为 60 天，那么增减产奶量的影响就很小了。前乳区与后乳区的挤奶量有些差异，一般来说，前乳区产乳约占 40%，后乳区产乳约占 60%。在整个 305 天的泌乳期中的不同阶段，产奶量与牛奶中营养成分的含量也不同。

2. 低品质牛奶的现象及原因

低品质牛奶主要是指从乳房中直接挤出的鲜奶的品质达不到预期的生理生化指标。它在整个泌乳期都可能出现，主要有以下三种：酒精阳性乳、低脂肪乳、低干物质乳。

（1）酒精阳性乳。酒精阳性乳是指酸度在 11°T ~ 18°T 之间，用 70% 左右的中性酒精与等量的牛乳混合，产生微细颗粒和絮状凝块的乳。酒精阳性乳加热不凝固，俗称二等乳。该种乳在运输、贮存过程中极易变酸、变质，给原料奶供应商及牛奶生产厂家带来很大损失。造成酒精阳性乳的原因主要有：

1）饲养管理失调。包括干物质采食量不足、日粮不平衡造成的营养不良；维生素、矿物质成分的不足或过量，或之间比例不当；饲料品质差（发霉、变质）导致体内代谢的紊乱，粗饲料品种单一。

2）疾病。奶牛在患一些疾病后，乳汁的合成机能紊乱，加上环境条件、饲料条件的改变，极易产生酒精阳性乳。这些疾病主要有隐性乳房炎、乳房炎、多种繁殖疾病、胃肠疾病等。为控制酒精阳性乳的发生，应及时对乳房炎或其他一些可能引起酒精阳性乳的疾病进行治疗。

3）应激刺激。热应激、冷应激、饲料应激、奶牛过度疲劳、挤乳过度、卫生条件太差以及噪声等都可导致酒精阳性乳的发生。

预防办法：加强饲养管理，供应平衡日粮，改善环境条件。解除不良的应激刺激，适当地对机体进行药物调理。

（2）低脂肪乳。是指按商品鲜奶的现行标准，平均乳脂率低于3.1%的鲜乳。

造成低脂肪乳的原因除遗传与生理因素外，主要是饲养不当。精、粗饲料比例失调，粗纤维量低于15%的下限，使瘤胃发酵呈高丙酸型。在粗纤维不足时粗饲料加工长度与颗粒的大小同样是影响乳脂率的因素，例如，铡成4.8 mm的苜蓿青贮与9.5 mm的相比，乳脂率由3.8%下降到3.0%。

（3）低干物质乳。干物质低于11.2%的鲜乳。

形成低干物质乳虽然与蛋白质的供应水平、蛋白质的品质有一定关系，但主要原因是能量水平不够，应该通过调整日粮浓度的平衡来解决。值得注意的是干物质与乳脂率有着相逆的趋势，粗纤维的比例上升干物质有下降的趋势。对高产奶牛来说，在粗纤维量不能降低、蛋白质量增加到一定水平的基础上，应通过提高蛋白质品质，补充氨基酸和投放非降解蛋白质与补充脂肪来解决，使三者之间达到生理平衡，使产奶量增加的同时干物质保持在一定水平上。

后两种乳与酒精阳性乳一样，应激与疾病对它们有着同样的影响，特别是暑热与乳房炎、肝脏疾病。

3. 牛奶质量的控制措施

（1）挤奶员个人卫生。挤奶员是细菌的携带者和传播者。挤奶员的手、头发、工作服、帽、鞋等都黏附着许多细菌，甚至还有病原菌。个人的卫生直接影响着牛奶的质量。

（2）保证牛群健康，重视乳房炎的发生和预防。保证牛群的健康是生产优质牛奶的先决条件。奶牛场必须建立健全疾病预防制度、检疫制度。乳房炎是奶牛场最易发生、最常见的一种疾病，影响生产优质牛奶，必须足够重视防治乳房炎的工作。导致乳房炎发生的途径主要有：挤奶机污秽或调节不良；挤奶前后对乳头不清洗、不药浴；挤奶员技术不熟练；挤奶挤不干净；因环境原因使母牛乳房受伤等。

（3）经常保持牛体及环境卫生。当前，国内奶牛场牛体不洁净是影响牛奶质量的最大因素。而牛舍及周围环境过于污秽是导致牛体不洁净的根本原因，所以必须给牛提供一个舒适干净的环境。

（4）彻底清洗挤奶设备，减少直接污染。牛奶的污染程度和细菌群落的形成，除与母牛的环境卫生有密切关系外，与挤奶过程中牛奶接触的容器表面清洁程度也有很大关系，特别是挤奶机。

（5）正确处理和保存牛奶。牛奶温度对细菌繁殖生长影响很大，所以牛奶挤出后要迅速冷却到4℃以下。如处理和保存不当，牛奶中细菌数将会急剧增加。此外，牛奶在处理过程中，不得与铜、铁等金属接触（宜采用不锈钢器具），更不能用金属器具保存牛奶，以免形成金属味。牛奶不能在阳光下暴晒，倾倒时避免形成泡沫，否则牛奶将产生氧化味。

（6）控制蚊蝇及细菌的繁殖。控制蚊蝇对提高牛奶质量非常重要，蚊蝇是细菌的直接携带者和传播者。对蚊蝇滋生的粪堆和粪尿坑必须严加管理，及时清除，定期喷洒消毒药物或在牛场外围设诱杀点，消灭蚊蝇。

（7）控制抗生素残留。只要在治疗奶牛疾病时使用各种抗生素或饲料中添加抗生素，就可能造成残留超标。因此，要严加控制抗生素残留。

1）泌乳牛在正常情况下禁止使用抗生素药物和食用添加抗生素的饲料。

2）使用抗生素治疗的奶牛和停药7天内奶牛所产的牛奶不得混入正常牛奶中。

3）加强乳房炎的预防，降低发病率是减少使用抗生素最积极有效的措施。

二、羊毛的分级及品质鉴定

1．羊毛的分类

分类是按照羊毛的特征和物理特性将其加以区分。羊毛的分类方法很多，通常有以下几种。

（1）按绵羊品种分类

1）细羊毛。是指品质支数为60支及以上，毛纤维平均直径为18.1～25 μm的同质毛。细毛羊所产的羊毛属此类，如中国美利奴羊。

2）半细羊毛。是指品质支数为36～58支，毛纤维平均直径为25.1～55 μm的同质毛。半细毛品种羊所产的羊毛属于此类。

3）改良羊毛。是指从改良过程中的杂交羊（包括细毛羊的杂交改良羊和半细毛羊的杂交改良羊）身上剪下的未达到同质的羊毛。

4）土种羊毛。是指原始品种和优良地方品种绵羊所产的羊毛，如哈萨克羊毛、蒙古羊毛等，属异质毛。这种羊毛按生产羊毛的羊种可分为土种毛和优质土种毛。土种毛是指未经改良的原始品种绵羊所产的羊毛，优质土种毛是指经过国家有关部门确定不进行改良，保留的优良地方品种所产的羊毛。

（2）按毛纺产品用料的分类

1）精梳毛。羊毛品质优良，各项物理性能好，可作为生产精梳毛纺产品的羊毛。要求同质，纤维细长，弯曲整齐。

2）粗梳毛。羊毛细度较粗，长度较短，不能用作精梳原料，但能用作粗梳原料的羊毛，如呢线、毛毯等，粗纺产品种类较多，用料要求从优到次。

3）毛毡用毛。羊毛纤维短、粗、硬，只宜制毡的异质羊毛。

（3）按套毛品质分类。羊体上的全部羊毛称为被毛。如果从羊体上剪下的全部羊毛，毛纤维相互紧密贴附，形成完整毛被的称为套毛。所有的羊毛集合体，按其组成的纤维类型成分，可分为同质毛和异质毛。

1）同质毛。同质毛又称同型毛，是一个套毛上的各个毛丛由一种纤维类型的毛纤维组成，毛丛内部毛纤维的粗细、长短趋于一致的羊毛。细毛羊品种、半细毛羊品种及其高代杂种羊的羊毛都属于这一类。同质毛根据其细度的不同又分为半细毛、细毛和超细毛三种。

2）异质毛。异质毛又称混型毛，是一个套毛上的各个毛丛由两种或两种以上不同纤维类型的毛纤维组成的羊毛。由于由不同纤维类型毛纤维组成，其毛纤维的细度和长度不一致，弯曲和其他特征也显著不同，多呈毛辫结构。粗毛羊的羊毛皆为异质毛。

2. 羊毛的分级

毛纺厂购进的羊毛，在选毛车间进行分选。每一个套毛的羊毛，因部位不同，品质也不相同。根据羊毛工业分级标准，按套毛不同部位的品质进行细致的分选工作，并把相同品质的羊毛集中起来，以便加工利用，这就是羊毛分级。羊毛分级的目的是使分级毛符合毛纺工业生产需要，或市场需要。一般以羊毛的平均细度（品质支数）作为分级的依据，其次是长度和细度的均度。羊毛品质支数和细度对照见表5—5。

表5—5　　羊毛品质支数和细度对照

品质支数（支）	细度范围（μm）	品质支数（支）	细度范围（μm）	品质支数（支）	细度范围（μm）
80	14.5～18.0	58	25.1～27.0	44	37.1～40.0
70	18.1～20.0	56	27.1～29.0	40	40.1～43.0
66	20.1～21.5	50	29.1～31.0	36	43.1～55.0
64	21.6～23.0	48	31.1～34.0	32	55.1～67.0
60	23.1～25.0	46	34.1～37.0		

3. 羊毛的分等

羊毛分等是在羊毛分类的基础上进行的，根据羊毛标准，按套毛品质对套毛划分等级，称为羊毛分等。在养羊业发达国家，羊毛产地的初步工作是按整个被毛品质进行羊毛的分等。在生产中，把不同品质、不同品种的羊只分散饲养，剪毛时则把相同品种和相同品质的羊群集中到一起进行剪毛，将剪下的套毛除去疵点毛和套毛周边与正身有明显差异的次毛后，根据羊毛商业标准对套毛进行分类、分等和按等包装。

（1）细羊毛

1）特等。全部为自然白色的同质细羊毛；毛丛的细度、长度均匀，弯曲正常；允许部分毛丛有小毛嘴，不允许有粗腔毛、干毛和死毛。油汗占毛丛高度≥50%，羊毛细度60支及以上，66～70支羊毛长度≥7.5 cm，60～64支羊毛长度≥8.0 cm。

2）一等。全部为自然白色的同质细羊毛；毛丛的细度、长度均匀，弯曲正常；允许部分毛丛顶部发干或有小毛嘴，不允许有粗腔毛、干毛和死毛。油汗占毛丛高度≥50%，羊毛细度60支及以上，羊毛长度≥6.0 cm。

3）二等。全部为自然白色的同质细羊毛；毛丛细度均匀程度较差，毛丛结构散，较开张。不允许有粗腔毛、干毛和死毛，有油汗。羊毛细度60支及以上，羊毛长度≥4.0 cm。

（2）半细羊毛

1）特等。全部为自然白色的同质半细羊毛；细度、长度均匀，有浅而大的弯曲；有光泽；毛丛顶部为平顶、有小毛嘴或带有小毛辫；呈毛股状；细度较粗的半细羊毛，外观呈较粗的毛辫。不允许有粗腔毛、干毛和死毛，有油汗。羊毛细度36~58支。56~58支羊毛长度≥9.0 cm，46~50支羊毛长度≥10.0 cm，36~44支羊毛长度≥12.0 cm。

2）一等。外貌特征、油汗、粗腔毛和干毛、死毛要求同特等。56~58支羊毛长度≥8.0 cm，46~50支羊毛长度≥9.0 cm，36~44支羊毛长度≥10.0 cm。

3）二等。全部为自然白色的同质半细羊毛。不允许有粗腔毛、干毛和死毛，有油汗。羊毛细度36支及以上，羊毛长度≥6.0 cm。

（3）改良羊毛

1）一等。全部为自然白色改良形态明显的基本同质毛；毛丛由绒毛和两型毛组成；羊毛细度的均匀度及弯曲、油汗、外观形态较细毛羊和半细毛羊差；有小毛辫或中辫。粗腔毛、干毛和死毛含量≤1.5%，羊毛长度≥6.0 cm。

2）二等。全部为自然白色改良形态的异质毛；毛丛由两种以上纤维类型组成；弯曲大或不明显；有油汗；有中辫或粗辫。粗腔毛、干毛和死毛含量≤5.0%，羊毛长度≥4.0 cm。

4. 羊毛缺陷的产生及预防

凡是在品质上有缺陷的羊毛，统称为缺陷毛，又称疵点毛。在羊毛包装、储运、初步加工及羊饲养管理中，人为处理不当都会造成羊毛品质发生变化，产生疵点，使工艺性能显著降低。这些疵点绝大部分是可以克服的，在各个环节应予以重视，防止产生缺陷毛。现主要介绍饲养管理和贮存不良造成的羊毛疵点。

（1）饲养管理造成的羊毛疵点

1）弱节毛。某一段时间内，羊只营养不足或者疾病、妊娠等，导致毛纤维明显变细，形成弱节。为防止弱节毛产生，应在全年均衡、合理饲养，注意疫病防治，冬春季节适时、适量给羊补饲。

2）圈黄毛。这种毛常出现在羊腹部、四肢及大腿外侧，因粪尿污染形成。圈黄毛可通过正确饲养管理去除，如勤换羊舍垫草，保持羊圈干净，不喂腐败发霉草料。

3）疥癣毛。从患有疥癣病的羊身上取得的毛为疥癣毛，带有结痂或皮屑。为保证羊毛质量，应防止疥癣病的发生，病羊应与健康羊只分开，并及早进行治疗。健康羊只也应定期进行药浴预防。

4）染色毛。染色毛是用难溶性物质（如沥青、油漆、油墨等）给绵羊、山羊标记而污染的羊毛。染色标记时时应选择羊毛价值低的部分（如头部、额部），以免造成不应有的损失。

5）重剪毛。重剪毛是剪毛时所留底层过长、重新再剪下来的短毛。剪毛时应严格按技术规程操作，一次将羊毛剪下，如有残留短毛，也不要剪毛，以免造成更大损失。

6）草刺毛。草刺毛指含植物性草杂的羊毛。喂干草时应用草架，以免草屑混入羊毛。

（2）贮存不良造成的羊毛疵点

1）水残毛。羊毛在羊体上被雨淋，或在仓库堆放时受潮，或在运输中受雨等都会严重影响羊毛品质。加强对羊毛的管理工作，特别是雨天不应剪毛；受潮羊毛必须晾干后再入库；羊毛运输时应防雨；长期堆放羊毛的地方应有通风设施。

2）虫蛀毛。在保存时因虫蛀会造成虫蛀毛。因此，在羊毛贮存时，应采取有效措施，如通风、驱虫、降温、干燥等，防止虫蛀羊毛。

3）霉烂毛。因受潮引起发霉的羊毛为霉烂毛。羊毛在运输和存放时都应采取防潮措施，防止霉烂。

三、山羊绒的分类和分级

1. 山羊绒颜色分类

山羊绒按其天然颜色划分为白、青、紫绒，其中以白绒最为珍贵。不同颜色类别的山羊绒相混，按颜色深的定类。

（1）白山羊绒。绒纤维和毛纤维均为白色。

（2）青山羊绒。绒纤维呈灰白色或青色，毛纤维呈黑、白相间色或棕色。

（3）紫山羊绒。绒纤维呈紫色或棕色，毛纤维呈黑色或棕色。

2. 山羊原绒的分级标准

山羊原绒指从具有双层毛被的山羊身上取得的、以下层绒毛为主附带有少量自然杂质的、未经加工的绒毛纤维。山羊原绒质量计算以净绒率为依据，也可用含绒率计算。疵点绒中的生皮绒、熟皮绒、干退绒、灰退绒必须分拣且单独包装，疥癣绒、虫蛀绒、霉变绒等必须拣除不得混入。山羊原绒回潮率不得大于13%。山羊原绒的分级标准以平均直径、手扯长度两项为考核指标，品质特征为参考指标。

（1）特细型。平均直径≤14.5 μm，自然颜色，光泽明亮而柔和，手感光滑细腻，纤维强力和弹力好，含有微量易脱落的碎皮屑，一级手扯长度≥40 mm，二级 <40 mm。

（2）细型。14.5 μm < 平均直径 < 16 μm，自然颜色，光泽明亮，手感柔软，纤维强力和弹力好，含有少量易脱落的碎皮屑，一级手扯长度≥43 mm，二级≥40 mm，三级≥33 mm，四级 <33 mm。

（3）粗型。平均直径≥16 μm，自然颜色，光泽好，手感尚好，纤维有弹性，强力较好，含有少量易脱落的碎皮屑，一级手扯长度≥45 mm，二级 <45 mm。

3. 残次山羊绒的识别要点

（1）疥癣绒。患有疥癣病的山羊身上带有结痂和皮屑的山羊原绒，绒枯燥无拉力。

（2）虫蛀绒。被虫蛀后长度变短的山羊绒。

（3）霉变绒。受潮后变质的山羊绒，其性能特征是纤维霉变发黄，强力小，光泽暗淡。

单元测试题

一、名词解释

1. 套毛 2. 胴体重 3. 同质毛 4. 弱节毛 5. 羔羊早期断奶 6. 羊毛分等

二、填空题

1. 猪的环境广义上是指猪周围空间中对其生存具有________影响的各种因素的总和。养猪生产上所指的是狭义的环境，只包含对猪生活和生产产生各种________的有关因素，主要指猪舍的________，一般包括________、湿度、________、________、灰尘和________、有害气体及噪声等。

2. 在寒冷季节对哺乳仔猪舍和保育猪舍应添加________设施。在炎热的夏季，对成年猪要做好________工作。如加大通风，给以淋浴，加快热的________，减小猪舍中猪的________，以________舍内的热源。

3. 为了防止湿度过高，首先要减少猪舍内________来源，少用或不用大量水冲刷猪圈，保持地面平整，避免________。设置________设备，经常________门窗，以降低室内的湿度。

4. 空气污染超标往往发生在门窗紧闭的________季节。猪若长时间生活在这种环境中，首先刺激________，引起炎症，猪易感染或激发________的疾病。

5. 光照对猪有促进________、加速________，以及活化和增强免疫机能的作用。育肥猪对光照________过多的要求，但光照对________和________有重要的作用。

6. “全进全出”是非常有用控制________的措施，要求每个猪场坚持。“全进全出”技术要求在一栋猪舍猪________后，彻底清洗、彻底消毒、彻底干燥，然后再________健康的猪。

7. 根据猪的生物学特性和行为学特点，育肥猪调群时应采取“________、________、________”的方法。

8. 当发现疑似传染病时，应及时________，并立即报告。确诊为一般家畜疫病时，应在当地家畜防疫监督机构指导下，采取________、________、________、________、________等综合防治措施，及时控制和扑灭疫情。

9. 绵羊、山羊的妊娠期为________天左右。

10. 羊毛分类，按绵羊品种主要分为________、________、改良羊毛和土种羊毛。

11. 山羊绒按其天然颜色主要划分为________、青绒、紫绒。

12. 鲜奶加热杀菌最常用的方法有低温长时间杀菌、________、超高温灭菌法、高温瞬间杀菌法和________。

13. 新鲜羊肉肌肉和脂肪有其固有的光泽，鲜羊肉肉色________、鲜红或深红，冷却羊肉肌肉红色均匀，脂肪呈________、淡黄色或黄色。

14. 羊常用的编号方法有________、剪耳法、墨刺法、烙角法等。

15. 羊的分群应根据__________、__________、年龄、体质强弱、羊只数量、饲养条件和生产性能等进行划分。

16. 结扎法断尾是用弹性较好的橡皮筋，套缠在羔羊__________尾椎之间，紧紧勒住，断绝血液流通。

17. 羔羊去角一般在出生后__________日龄内进行。

18. 我国传统的羔羊断奶时间为__________左右，最晚不超过4个月。

三、简答题

1. 养殖场在正常生产前应进行哪些设备的安装？
2. 简述猪饮水设备的工作原理。
3. 简述猪自动给料设备的优势。
4. 猪舍内的环境控制设备有哪些？
5. 猪舍的舍内环境因素有哪些？它们对生长在舍内的猪只有怎样的影响？
6. 母猪的最佳配种时间为什么时候？简述其原理。
7. 如何进行母猪预产期的推算？
8. 简述初生仔猪的护理。
9. 仔猪断奶的方法有哪几种？
10. 简述育肥猪主要管理内容。
11. 简述种公猪的管理内容。
12. 简述母羊产羔后的护理注意事项。
13. 简述控制鲜奶污染的常用措施。
14. 简述山羊绒的分级标准。
15. 简述羔羊常规断奶方法。

单元测试题答案

一、名词解释（略）

二、填空题

1. 直接或间接　直接影响　内环境　温度　气流　光照　微生物
2. 增温保温　防暑降温　散失　饲养密度　降低
3. 水汽　积水　通风　开启
4. 寒冷　上呼吸道黏膜　呼吸道
5. 新陈代谢　骨骼生长　没有　繁育母猪　仔猪
6. 传染病传播　全部出栏　放进
7. 留弱不留强　拆多不拆少　夜合昼不合
8. 隔离病畜　隔离　治疗　免疫预防　消毒　无害化处理
9. 150
10. 细羊毛　半细羊毛
11. 白绒

12. 高温煮沸杀菌　巴氏杀菌法
13. 浅红　乳白色
14. 耳标法
15. 性别　品种
16. 3～4
17. 5～10
18. 3月龄

三、简答题（略）

第6单元

家畜饲养环境及疾病防治

第一节　养殖场卫生控制

→ 了解养殖场总体规划布局及卫生控制措施
→ 掌握养殖场常用消毒剂的使用方法和剂量
→ 熟悉常见传染病的症状、诊断及治疗方法

一、养殖场总体规划布局要求

进行养殖场总体规划布局时，应充分考虑历史地质灾害，风、雨、雪等气候因素，避开地震带、泄洪口、风口等灾害频发区域。选择便捷，距离城市 50 km 以内的场所，以减少饲料供应、能源供应、产品销售等的运输成本；考虑防疫、污染等原因，距离公路、居民区、工厂或其他人员聚集场所 1～3 km，距离其他养殖场 3 km 以上，距离水源地 3 km 以上；遵照国家和地方法规的其他要求，因地制宜，不用刻意选择全平坦、背风向阳土地，避开基本农田。现代化养殖场为人工模拟气候化养殖场，畜舍基本采用密闭式集约化饲养家畜，可以选择坡地、滩涂等非耕地土地，但应尽量避开低洼易积水区块；选择地点时应该考虑水源供应充足，水质良好，电力供应及时以及其他资源供应便利等。

1．养殖场总体布局要求

遵照节约土地原则，高效集约化土地，高效饲养管理原则，合理布局各类畜舍，设置合理的转群通道和饲料供应通道；利于防疫、消毒，设置人流、车流消毒设施，设置出售活畜区域；脏道、净道分开；设计并布局人员工作通道、粪便处理通道。

在养殖场的一个单独区域设置生活区，设立员工宿舍、食堂及娱乐、应急医药点等；设置办公区域，布局电力（市电、应急发电机组）、水源（水塔、蓄水池、自来水管网等）、饲料（加工车间、料塔等）供应；设置车库；单独设立与外界沟通区域，如门卫、接待室和车流消毒通道；在生活区与生产区之间设立人流消毒区域；设立污水处理区域。

2．生产区的规划

可根据场区规模大小，按照隔离区、后备区、繁殖母畜区、保育区、育肥区进行畜舍功能型布局；根据养殖场大小类型进行以下布局：包括隔离舍、后备舍、头胎配种舍、头胎怀孕舍、分娩舍、保育舍和育肥舍。按照功能不同，设立共同饲料供应通道、转群通道、粪便污水转运通道等。

3．畜舍间隔距离

为防疫与饲养管理方便，猪舍间隔距离有以下建议：

隔离猪舍 50 m →后备猪舍 10 m →头胎配种舍 10 m →头胎怀孕舍 50 m →分娩舍 50 m →保育舍 20 m →育肥舍

饲养同类猪只的猪舍间隔考虑饲料供应、通风等因素，间隔 8 ~ 10 m 即可。

4. 畜舍朝向

目前，现代化养殖场采用人工干预方法进行环境控制，畜舍朝向不再刻意追求南北朝向，可根据地点因地制宜。

二、养殖场常用消毒剂的种类及使用方法

1. 好瑞安（过氧乙酸）

过氧乙酸是一种强氧化剂，对病毒、细菌等有杀灭作用，在 0℃以下低温同样有效。0.1%溶液用于喷洒猪舍、地面、食槽、水槽等进行环境消毒。可以喷雾和涂刷。用于带猪消毒，喷在猪身上不会引起腐蚀和中毒。用时观察瓶签，一般为 18% ~20%溶液，按比例配制成 0.1%，现用现配，配制后应尽快用完，更不能过夜。

2. 烧碱

烧碱是一种强碱性高效消毒药，对细菌、芽孢和病毒都有很强的杀灭作用，也可杀死某些寄生虫卵。2%氢氧化钠溶液用于猪舍、饲具、运输车和船的消毒。3% ~5%的氢氧化钠溶液用于炭疽芽孢污染场地的消毒。对猪舍消毒时，应先将猪赶出猪舍，间隔 12 h 后，用水冲洗食槽、水槽、地面后方可让猪进舍。用烧碱消毒有以下缺点：存在有机物时降低消毒效果；无表面活性作用；灼伤皮肤、眼睛、呼吸道和消化道；易吸潮，导致结块、失效；腐蚀金属，破坏环境；只能用于空舍消毒。澳大利亚兽医防疫计划规定不能用于部分烈性传染病；美国农业部不推荐用于非洲猪瘟和典型猪瘟；英国农业渔业食品部仅允许用于猪水疱病。

3. 生石灰

将生石灰加水配制成 10% ~20%石灰乳，用于猪舍、栏杆和地面的消毒。将氧化钙 1 000 g 加水 350 mL，生成消石灰粉末，可撒布于阴湿地面（猪场大门处）、粪池周围和水沟处消毒。在患腹泻的病猪喂干、湿饲料的同时，让它大量饮用 3%的生石灰水，一般两天就可治愈。根据试验，采用此法第二天即可见病猪粪便由稀变为半干，第三天即可痊愈。3%石灰水配制方法：用 97 kg 清水加入 3 kg 生石灰，拌匀，取上层清液即得。

4. 安灭杀

安灭杀味香、温和，最无刺激性。是杀毒、杀菌力最强的杀毒剂，因其呈中性，是腐蚀性最低的杀毒剂，英国农业部网站公布，在英国政府核准的 170 种市售消毒剂产品中，安灭杀是控制口蹄疫最有效又无腐蚀性的最佳消毒剂。消毒作用持续至最高效果达 7 天，可在 5 min 接触时间内杀灭病毒、细菌、支原体、原虫和真菌。在有机物质存在情况下或在硬水中仍可发挥效力。非常适合于生产过程中清洁和消毒，使用范围广，可用于农场、医院、公共场所喷雾消毒、消毒池、饮水消毒、食品加工。对不锈钢、锌、铜、锡、铝、橡胶不产生腐蚀作用，使用方便，只需一次混合即可。

5. 速毒杀（三氯异氰尿酸）

广谱，杀毒速度快，对流感病毒、大肠杆菌、沙门氏菌等各种细菌、病毒、真

菌、芽孢等都有杀灭作用，对球虫卵囊也有一定杀灭作用，适合各个时期使用。具有强烈的氯气刺激味，含有效氯在90%以上，25℃时水中的溶解度为1.2%，遇酸或碱易分解。用法：4~6 mg/kg浓度对饮用水消毒，200~400 mg/kg浓度的溶液进行环境、用具消毒。大肠杆菌对氯十分敏感，水中若有0.2×10^{-6}的游离氯存在即能杀死大肠杆菌。

6. 碘伏

碘伏是较理想的高效、低毒消毒剂，对多种繁殖型细菌、芽孢、病毒均有杀灭作用。在酸性环境中杀菌作用最好，可用碘伏进行场地消毒、畜禽舍气雾消毒、饮水消毒、饲槽消毒以及器械和局部消毒。饮水消毒每吨水加碘伏15~25g，环境消毒每升水加50 g；饲槽和水槽消毒，每升水加75 g，作用时间为5~10 min。

7. 漂白粉

漂白粉是次氯酸钠、氯化钙和氢氧化钙的混合物，为白色至灰白色的粉末或颗粒。有显著的氯臭，性质很不稳定，吸湿性强，易受水分、光热的作用而分解，也能与空气中的CO_2发生反应。水溶液呈碱性，水溶液释放出有效氯成分，有氧化、杀菌、漂白作用，但有沉渣，水表面有一层白色漂浮物，对胃肠黏膜、呼吸道、皮肤有刺激，并会引起咳嗽和影响视力。用量：每1 000 m^3加20~30 kg漂白汾。

三、污染物排放设备及使用方法

1. 清粪机械种类及使用方法

（1）干清粪系统。传统人工清粪是指在地面直接由人工捡拾粪便并运输出舍，猪舍建有污水和尿液明沟，水冲或自流出猪舍。该清粪方式粪尿分离，优点是固态粪污的肥效损失少，含水量低，便于后期堆肥发酵；排到舍外污水量少，减少污染，便于处理。缺点是劳动强度大。

（2）机械刮板清粪系统。猪舍建设深度为45~60 cm，宽度为2 m左右的粪沟，上盖漏粪地板，粪尿经过漏粪地板进入粪沟，污水、尿液经过粪沟底部的排水管道排出，粪便用刮板刮出。目前此方案由国外引进，粪沟为V字形，底部设尿水收集管。该方式的优点是粪尿分离，且节省劳力，缺点是投资较大。机械刮板清粪系统的排粪沟如图6—1所示。

另外，若采用蛋鸡舍那样的刮板式清粪系统，粪尿没有分离，尽管由机械刮出，后期处理也较麻烦。

（3）水冲粪。是指通过排粪沟槽等靠水冲粪便出舍，然后进行处理。需要高压水枪、漏粪地板、高压水箱和翻板水箱等。该方法的优点是减少人工投入，但水冲粪需要水量较大，且后期粪污处理工作繁杂。

（4）水泡粪。建设漏粪板下粪沟，深度为45~60 cm，宽度为2 m左右，进猪前提前在粪沟中放水5~10 cm，随后随着粪污增加，待粪污距漏粪地板5~10 cm或2~3星期时，打开排粪口，粪污随管道流至污水处理区域进行后期处理。该方法的优点是节约人工，用水量也不大，但后期处理工作也较繁杂。

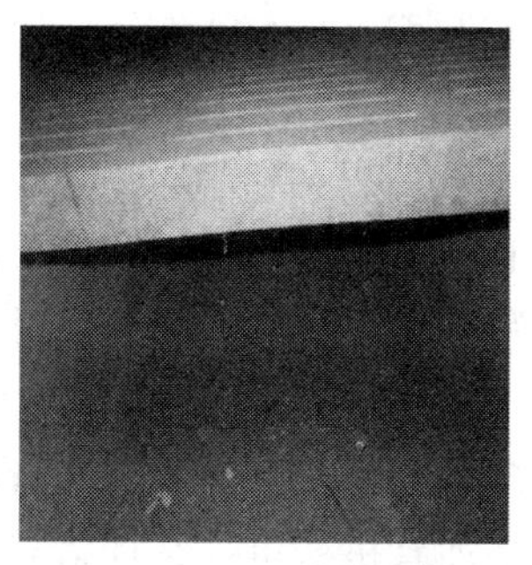

图 6—1 机械刮板清粪系统的排粪沟

2. 生产中降低排泄物恶臭和有害物质浓度的方法

养殖场排泄物恶臭主要来自猪的粪便、污水、垫料、饲料等的腐败分解；此外，猪的新鲜粪便、消化道排出的气体、皮脂腺和汗腺的分泌物、黏附在体表的污物、呼出气中的 CO_2（含量约比大气高 100 倍）等都会散发出难闻的气味。猪的粪尿在腐败分解过程中，蛋白质、氨基酸因细菌活动而进行的脱羧和脱氨作用对恶臭物的产生最为重要。此外，猪场内空气中的粉尘与猪场臭气产生的关系密切。粉尘是微生物的载体，并吸附大量的挥发性臭气（不饱和醛、粪臭素）；同时，微生物不断分解粉尘中的有机质而产生臭气。

许多研究者对猪场中猪粪发酵产生的恶臭成分进行了鉴定。有资料说明，猪粪恶臭成分有 230 种。其中对猪危害最大的恶臭物质主要是 NH_3、H_2S 和 VFA（挥发性脂肪酸），其中 NH_3、H_2S 的危害已经为众多养殖户熟知，在此介绍 VFA 的危害。

单元 6

VFA 为一种混合物，以 n—C4 和 i—C5 的臭味较强，其蒸气有强烈的刺激性、腐败臭味，对猪只眼睛和呼吸道有刺激性，并引起猪烦躁不安，采食量下降，体质变弱，易发生呼吸道疾病。高浓度的 VFA 环境中，猪出现呕吐、呼吸困难、肺水肿等现象。

实际生产中可以通过以下措施降低排泄物的恶臭和有害物质的浓度：

（1）科学设计日粮，提高饲料利用率。猪采食饲料后，饲料在消化道消化过程中（尤其后段肠道），因微生物腐败分解而产生臭气；同时，没有消化吸收部分在体外被微生物降解，也产生恶臭。产生的粪污越多，臭气就越多。提高日粮的消化率，减少干物质（特别是蛋白质）排出量，既减少肠道臭气的产生，又可减少粪便排出后臭气的产生，这是减少恶臭来源的有效措施。试验证明，日粮消化率由 85% 提高至 90%，粪便干物质排出量就减少 1/3；日粮蛋白质减少 2%，粪便排泄量就降低 20%。

1）采用经氨基酸平衡的低蛋白日粮。用合成氨基酸取代日粮中完整蛋白质可有效减少排泄物中的氮。Kert 认为在低蛋白日粮中补充氨基酸可使氮的排出量减少 32% ~ 62%，Aarnink 等发现，当日粮粗蛋白降低至 10 g/kg 体重时，氨态氮在排泄物中的含量降低 9%。

2）采用稀饲喂养。采用液态料饲喂生长猪和育成猪，饲料的适口性好，消化利用率高，无粉尘，减少猪的呼吸道疾病，并降低成本，猪生长速度快；试验结果表明：与饲喂干粉比较，给猪饲喂液态饲料，饲料转化率可提高 9.19% ~12.08%，猪的粪便量随之相应减少。

（2）合理使用饲料添加剂。日粮中添加酶制剂、酸制剂、EM 制剂、丝兰属植物提取物、沸石等，除提高猪生产性能外，对控制恶臭具有重要作用。

1）酶制剂。日粮中添加酶制剂既可提高氮的消化率，又可提高碳水化合物的利用率。Vandelholm（1997）报道，在仔猪饲料中添加 0.1% 的木聚糖酶，饲料干物质和氮的利用率分别提高 21% 和 34%。Bass 等（1996）的消化试验证明，使用酶制剂可使粗蛋白消化率提高 9%，干物质消化率提高 6%。

2）酸制剂。主要通过降低消化道 pH 值来影响仔猪对营养物质的消化作用，减少腹泻率及腹泻带来的恶臭。大多数研究表明，日粮中添加有机酸可提高仔猪对蛋白质的消化和吸收，提高氮在机体内的存留。李德发等（1993）报道，在仔猪料中添加 1% 柠檬酸，干物质和粗蛋白消化率分别提高 2.28% 和 6.1%。

3）EM 制剂。它是一种新型的复合微生物制剂，可增加猪消化道内有益微生物的数量，调节体内的微生物生态平衡，防治仔猪下痢，促进生长发育，提高猪的饲料转化率，减少肠道内氨、吲哚等恶臭物质的产生。据北京市环境保护监测中心对 EM 除臭效果进行测试的结果表明：使用 EM 一个月后，恶臭浓度下降了 97.7%，臭气强度降至 2.5 级以下，达到国家一级标准。何明清（1992）用需氧芽孢杆菌喂猪，日增重提高 7.8% ~21.6% 和 2.8% ~9.6%。

4）丝兰属植物提取物。在饲料中添加丝兰属植物提取物，可有效降低有害气体的浓度。因丝兰属植物提取物有两种含铁糖蛋白，能够结合几倍于其分子量的有害气体，故其有除臭作用。据美国巴迪大学报道，在每千克猪饲料中添加商品名为“惠兰宝—30”的丝兰属植物提取液 112 mg 后，猪舍中氨气浓度下降了 34%，硫化氢浓度下降了 50%，并提高了猪日增重与饲料转化率。

5）沸石。沸石孔道体积占沸石体积的 50% 以上，表面积很大，对氨气、硫化氢及水分有很强的吸附力，因而可降低猪舍有害气体的浓度。据报道，在猪日粮中添加 2% 沸石粉可提高饲料转化率 3.25%，并降低粪便水分与臭味。

（3）加强猪场卫生管理

1）正确设置猪场内的建筑。猪场内要建硬质的有一定坡度的水泥路面，生产区要设有喷雾降温除尘系统，有充足的供水和通畅的排水系统。

2）合理设计猪舍。在猪舍内设计除粪装置，窗口使用卷帘装置，合理组织舍内通风，注意舍内防潮，保持舍内干燥，对猪只进行调教，训练其定点排粪尿，及时清除粪便污物，减少舍内粉尘、微生物，尽量做到粪尿分离。

3）改进生产工艺。采取用水量少的消粪工艺——干清粪工艺，使干粪和尿液、污水分流，减少污水量及污水中污染物的浓度。

4）做好猪场粪便处理工作。建造位置恰当、容积适宜的专用粪房和粪池，及时对粪便进行高温、快速干燥，或者堆肥处理，或使用除臭剂，并有效地把堆肥应用于农业生产。

①高温、快速干燥。采用煤、重油或电产生的热能进行人工干燥。干燥需使用干燥机，国内使用的干燥机大多为回转式滚筒，在短时间内（约数十秒钟）受到 500 ~ 550℃的作用，猪粪中水分可降至较低水平，有效控制恶臭的产生。

②堆肥处理。建堆肥棚及堆肥处理槽（坑）。堆肥棚主要防雨水，侧面全遮挡，

前、后面敞开，其大小根据猪饲养量决定，但空间应大，利于通气。两侧为两道水泥墙，地面为水泥结构，设置通气孔，墙距约为 3 m，墙高 1.7 m，长度视需要而定。粪便收集好后，应注意控制适当水分，定时注入空气，把堆积粪便的温度控制在 30 ~ 60℃，并每周翻动 1 ~ 2 次，降低臭气，加速发酵，整个过程需 6 ~ 8 周，然后直接把堆肥运走或直接用于种植业。

③使用除臭剂。猪粪便的除臭主要包括物理除臭、化学除臭和生物除臭几方面。

a. 物理除臭。物理除臭剂主要指一些吸附剂和酸制剂。吸附剂可吸附臭味，常用的有活性炭、泥炭、锯木屑、麸皮、米糠等，这些物质与猪粪混合，可对臭气物质的分子进行吸附。酸制剂主要通过改变粪便的 pH 值达到抑制微生物的活力或中和一些臭气物质来达到除臭目的。常用的有硫酸亚铁、硝酸等。

b. 化学除臭。化学除臭剂可分为氧化剂和灭菌剂。常用的有高锰酸钾、过氧化氢等，其作用是使部分臭气成分氧化为少臭或无臭物质。Ritter（1989）报道，使用 $(100 \sim 500) \times 10^{-6}$ 的高锰酸钾或（100 ~ 125） $\times 10^{-6}$ 的过氧化氢可有效控制臭气的发生。

c. 生物除臭。生物除臭剂主要指活菌制剂，其作用是通过生化过程脱臭。有专家将分离出的放线菌接种于猪粪便中，NH_3、H_2S、VFA 等恶臭物质很快消失。有试验证明：从泥炭腐殖质或活性污泥中分别挑出硝化菌和硫细菌，经人工培养筛选后，硝化菌可清除粪便中的氨，硫细菌可抑制二甲基硫化物（DMS）等的产生。

四、饲料及饮水安全

1. 全价饲料及饲料原料的储存管理

（1）全价颗粒饲料。全价颗粒饲料因用蒸汽调制或加水挤压而成，大量的有害微生物和害虫被杀死，且间隙大，含水量低，糊化淀粉包住维生素，故贮藏性能较好，只要防潮、通风、避光贮藏，短期内不会霉变。但全价粉状饲料的缺点是表面积大，孔隙度小，导热性差，容易返潮，脂肪和维生素接触空气多，易被氧化和受到光的破坏，因此，要注意贮存期不能太长。

（2）浓缩饲料。浓缩饲料含蛋白质丰富，含有微量元素和维生素，其导热性差，易吸湿，微生物和害虫容易滋生繁殖，维生素也易被光、热、氧等因素破坏失效。浓缩饲料中应加入防霉剂和抗氧化剂，以增加其耐贮存性。一般贮存 3 ~ 4 周就要及时销售或在安全期内使用。

（3）动物蛋白质类饲料。动物蛋白质饲料（如蚕蛹、肉骨粉、鱼粉、骨粉等）在贮存过程中如果管理不善极易污染细菌和寄生虫，进而影响饲料品质和营养效果。这类饲料用量不大，一般可采用塑料袋贮存。为防止受潮发生热霉变，用塑料袋装好后封严，放置干燥、通风的地方。保存期间要勤加检查，对发热现象要早发现、早处理，以规避不应有的损失。

（4）饼粕类饲料。饼粕类饲料包括菜籽饼、花生饼、糠饼等，饼粕富含蛋白质、脂肪等营养组分，表层无自然保护层，因此易发霉、变质，耐贮性差。大量饼状饲料贮存时一般采用堆垛方法存放。堆垛时，先平整地面，并铺一层油毡，也可垫 20 cm 厚的干沙防潮。饼垛应堆成透风花墙式，每块饼相隔 20 cm，第 2 层错开茬位，再按第 1 层摆放的方法堆码，堆码一般不超过 20 层。刚出厂的饼粕水分含量高于 5%，堆垛时要堆 1 层油饼铺垫 1 层隔物，如干高粱秸或干稻草等，也可每隔 1 层加 1 层隔物，以通风、干燥、散湿、吸潮。饼类猪饲料因精加工后耐贮性下降，因此生产中要实行随粉碎随使用。

2. 饮水安全

家畜饮水的水质要求符合饮水质量标准，见表 6—1。水的品质直接影响家畜的饮水量、饲料消耗、家畜健康和生产水平。一般以水中总可溶性固形物（TDS）或称可过滤的残留物，即各种溶解盐类含量指标来评价水的品质，每升水中 TDS 少于 1 000 mg 对任何大小的家畜都可以适用，超过 7 000 mg 就会引起严重的健康问题和家畜的拒绝饮水。好水质的 pH 值在 6.5 ~8 之间。钙、镁含量较高的硬水对家畜的饮用并无妨碍，但在使用 4 年以上的铁管中很容易形成沉淀而阻塞管道，使水流量降低。当硫酸盐与镁和钙共同存在时，可引起猪的腹泻。水中的铁会利于能够产生具有特殊味道的细菌的生长，而容易堵塞水管。猪对水中硝酸盐的含量比其他家畜更有耐受性。每升水中硝酸盐含量超过 750 mg 可引起平均日增重降低。硝酸盐与亚硝酸盐能改变血红蛋白的结构，使血红蛋白失去携氧能力，血液颜色变暗。水中硝酸盐与亚硝酸盐浓度特别高时将破坏维生素 A 的利用，进而降低生产性能，但这种情况在实际生产中很少见到，然而一旦出现，则会造成死胎数的明显增加。在家畜饮水质量差的情况下，可采用氯化作用清除和消灭致病微生物，采用软化剂改善水的硬度。

表 6—1　　家畜饮水质量标准

污染物	标准（mg/L）	污染物	标准（mg/L）
铝	5	硒	3
砷	0.2	钒	0.05
硼	5	锌	1
镉	0.05	铜	0.5
铬	1	氟	2
钼	1	铁	—
硝酸盐	—	铅	0.1
亚硝酸盐	100	锰	—
溶解盐	10	汞	0.001

3. 鼠害和鸟害的防治

猪场饲料加工车间、栋舍存料间饲料丰富，水源充足，为鼠类、鸟类提供了繁衍生息的良好环境。鼠类、鸟类不仅会吃掉大量的粮食，啃食包装器材和建筑物等，更为重要的是它们可以传播疾病，危害猪群健康，影响养殖正常生产秩序。因此，做好猪场防鼠、防鸟工作对于保管好仓库粮食，保障养殖生产的正常进行是非常重要的。

第二节　家畜疫病的防治

→ 掌握家畜疫病的防治措施
→ 掌握传染病后的处理和护理方法
→ 掌握家畜疫苗的种类及使用方法

一、家畜主要疫病防治

1. 牛、羊的主要传染病

（1）口蹄疫。口蹄疫又称“口疮”或“蹄癀”，是由口蹄疫病毒引起的人畜共患的一种急性、热性、高度接触性传染病。其临床特征是口腔黏膜、蹄部和乳房部皮肤发生水疱、溃烂。本病传播迅速，流行面广，成年家畜多取良性经过，幼年家畜多因心肌受损而死亡率较高。口蹄疫广泛流行于世界各地，尤其非洲、亚洲和南美洲流行较严重。本病传染性极强，不仅直接引起巨大经济损失，而且影响经济贸易活动，对养殖业危害严重。

1）病原。口蹄疫病毒属于微 RNA 病毒科中的口蹄疫病毒属，是 RNA 病毒中最小的一个。病毒主要存在于患病家畜的水疱液及淋巴液中。发热期，病畜的血液中病毒的含量高；退热后，在乳汁、口涎、泪液、粪便、尿液等分泌物、排泄物中都含有一定量的病毒。口蹄疫病毒对外界环境抵抗力强。自然情况下，含毒组织和污染的饲料、牧草、皮毛及土壤等可保持传染性达数日、数周甚至数月之久。

2）流行特点。自然条件下可感染多种家畜，流行中最易感染的是牛，而绵羊、山羊次之，各种偶蹄目动物及人也具有感染性。病畜是主要传染源，病毒以直接或间接的方式传播。主要经消化道和呼吸道感染，也可经黏膜和皮肤感染。该病传染性很强，一旦发生往往呈现流行性。新疫区发病率可达 100%，老疫区发病率在 50% 以上。流行具有一定的周期性。3 年左右大流行一次，但是近年连续流行，主要是家畜的数量大、更新快，也常呈现一定的季节性。如在牧区多为秋末开始，冬季加剧，春季减轻，夏季平息。

3）临床症状。羊口蹄疫潜伏期 1 周左右，患羊体温升高，精神不振，食欲低下，常见口腔黏膜、蹄部皮肤上形成水疱、溃疡及糜烂，有时病害也见于乳房部位。绵羊多于蹄部、山羊多于口腔形成水疱，呈弥漫性口炎，如单纯于口腔发病，一般 1 ~ 2 周可望痊愈；而当累及蹄部或乳房时，则 2 ~ 3 周方能痊愈。一般呈良性经过，死亡率为 1% ~ 2%。羔羊发病则常表现为恶性口蹄疫，发生心肌炎，有时呈现出血性胃肠炎而死亡，死亡率可达 20% ~ 50%，孕羊可导致流产。

牛口蹄疫的潜伏期为 2 ~ 4 天，最长为 1 周。发病初期，患牛体温升高（40 ~ 41℃），精神委顿、闭口、流涎，1 ~ 2 日后口腔和唇内侧、颊部黏膜以及齿龈、舌面发生水疱及水疱破裂留下的边缘整齐的红色糜烂溃面。之后蹄冠、趾间以及乳房、乳头等柔软的皮肤也会出现水疱。一般很快好转，但糜烂部感染化脓，则蹄匣会脱落，也能引起乳房炎症。犊牛多发病突然，不以水疱为特征，多表现出血性肠炎、心肌麻痹，死亡率高。

4）病理变化。患病羊除在口腔、蹄部和乳房部等处出现水疱、烂斑外，严重病例咽喉、气管、支气管和前胃黏膜有时也有烂斑和溃疡形成。真胃和肠道黏膜可见出血性炎症。心包膜有散在性出血点。心肌松软，似煮熟状；心肌切面呈现灰白色或淡黄色的斑点或酪纹，似老虎身上的斑纹，称为"虎斑心"。由于心肌纤维的变性、坏死，溶解释放出有毒分解产物而使家畜死亡。病理组织学检查可见皮肤的棘细胞肿大呈球形，间桥明显，棘细胞渗出明显乃至溶解。心肌细胞变性、坏死、溶解。

5）诊断

①现场诊断。根据急性经过、主要侵害偶蹄兽、一般取良性经过、特征性临床症状和病理变化可做出现场诊断。

②实验室诊断

a. 病毒分离与鉴定。一般采用组织培养、接种试验动物和鸡胚三种方法。

b. 血清学诊断。可采取新鲜的水疱皮或水疱液，置50%甘油生理盐水中，迅速送到有关单位做补体结合试验或微量补体结合试验鉴定毒型。或送检羊恢复期血清，做乳鼠中和试验、病毒中和试验、琼脂扩散试验或放射免疫、免疫荧光抗体被动血凝试验等来鉴定毒型。

6）防治

①预防措施。加强饲养管理，保持畜舍卫生，经常进行消毒，平时减少机体的应激反应。

②预防接种。在疫区最好用与当地流行的相同血清型、亚型的减毒苗或灭能苗进行接种。

③消毒。粪便进行堆积发酵处理或用5%氨水消毒；羊舍、场地和用具以2%～4%烧碱液、10%石灰乳、0.2%～0.5%过氧乙酸喷洒消毒；毛、皮张用环氧乙烷、溴化甲烷或甲醛气体消毒；肉品以2%乳酸处理或自然熟化。

④扑灭措施。对于已经发生的疫情，应立即采取严格封锁隔离消毒措施，尽快加以扑灭。疫区或疫场划定封锁界限，禁止人畜往来；对病羊实行隔离，固定饲养人员和用具，抓紧治疗；封锁区最后一只病畜死亡或痊愈后经最长潜伏期，经过全面彻底消毒，方可解除封锁。消毒时可用2%氢氧化钠、2%福尔马林或20%～30%热草木灰水。

防疫法要求不予治疗，直接进行无害化处理。

（2）结核病。结核病是由结核分枝杆菌引起的人、畜和禽类共患的慢性传染病。以多种组织器官形成肉芽肿和干酪样、钙化结节病变为特征。

1）病原。结核分枝杆菌分为人型、牛型和禽型，山羊对牛型结核杆菌最易感。本菌不产生芽孢和荚膜，无运动性，革兰氏染色阳性，由于用一般染色方法较难着色，因此，常用 Ziehl－Neelsen 氏抗酸染色法。结核杆菌因含有丰富的脂类，故在外界环境中生存力较强。对干燥和湿冷的抵抗力强，对热抵抗力差，60℃经30 min即死亡，而在水中可存活5个月，在土壤中可存活7个月。在乳汁中，发酵变酸虽经15天也不能将结核杆菌杀死。对常用消毒药约经 4 h 方可杀死，而在 70% 酒精、10% 漂白粉、5% 石炭酸中很快死亡。在乳汁及痰液中的结核杆菌，加热 100℃经 5 min 或 60℃经 30 min 方可杀死。

2）流行特点。本病危害多种家畜。家畜中以牛最为敏感，特别是奶牛。山羊感染结核病的途径是结核病患畜的排泄物污染饲料和水源，通过消化道感染，另外，山羊和结核病牛混群饲养时，也有气源性传染的可能。患生殖系统结核病的羊在交配时通过生殖道也可感染。

3）症状。羊结核病症状取决于器官被损害的程度。轻度病羊无临床症状，病重时食欲减退，全身消瘦，皮毛干燥，精神不振。当患肺结核时，病羊咳嗽，流黏液性鼻液；当乳房被感染时，乳房硬化，乳房和乳上淋巴结肿大；当患肠结核时，病羊有持续性消化机能障碍，便秘，腹泻或轻度臌气。病的后期表现贫血，呼气带臭味，磨牙，喜吃土，常因咳不出而高声鸣叫。体温上升达 40～41℃，死前 2 天左右体温下降，最后消瘦、衰竭而死亡。牛的此病潜伏期长短不一，短的几十天，长的达到几年。肺结核表现为干性咳嗽，呼吸困难，肺部有干性或湿性罗音，咽部淋巴肿胀引起吞咽困难，伴有间歇热和弛张热。

4）病理变化。死于结核病的山羊尸体消瘦，黏膜苍白。主要病变多见于肺部、肺门淋巴结及纵膈淋巴结、心包、肝及乳上淋巴结。肺表面结节大小不一，从小米粒到豆粒，甚至核桃大小，其外围有一层结缔组织被膜，压之有软感，切开后内有干酪样坏死物。喉头和气管黏膜有溃疡。支气管和小支气管充有不同量的白色泡沫，胸膜上有时可见到灰白色半透明“珍珠状”结节，还可见到长毛绒样的结缔组织增生物。肝脏表面有大小不等的脓肿，或聚集成小结节。这类小结节或含豆渣样内容物，或钙化硬如沙砾。乳上淋巴结肿胀，内含豆渣样内容物，稍带灰色。

5）诊断。本病可侵害多种家畜，人较为敏感。家畜中以牛最为敏感，特别是奶牛。常见为肺结核，有时可见乳房结核、淋巴结核、肠道结核、生殖系统结核、脑结核、胸膜结核、全身性结核等。牛结核与牛肺疫、牛副结核、流行性牛白血病症状相似，应注意鉴别。山羊结核病的病理变化比较特异，死后剖检根据眼观的病变即可确诊。生前由于临床症状不明显，因此，多采用结核菌素试验进行诊断。

结核菌素皮内试验：用结核菌素于羊只肩胛部皮内注射，成年羊 0.1 mL，3 个月～1 岁的羊只 0.15 mL，于注射后 48 h 及 72 h 观察注射部位变化，呈阳性反应者（局部弥漫性水肿，皱皮增厚 4 mm 以上）可确诊，可疑反应者于 96～120 h 后复检一次进行诊断。

6）防治。防治本病以控制病原传播、建立健康羊群为基础。

①定期严格检疫，将阳性及可疑病羊严格隔离，禁止与健康羊群发生直接或间接的接触，避免在同一草地草坡放牧。

②病羊所产的羔羊应立刻用消毒溶液洗涤消毒，运往羔羊舍，用健康羊奶人工哺乳，禁止吸食病羊奶。待 3 月龄时，经二次结核菌素试验全呈阴性者，方可与健康羔羊混群。

③病羊奶必须用巴氏灭菌法（最好煮沸）消毒后方可出售，禁止出售生奶和将生

奶运往健康羊场再进行消毒，最好将病羊奶全部做成炼乳。

④引种调羊要严格检疫，确认为健康羊只后方可混群。在病羊为数不多的情况下，捕杀淘汰病羊可有效控制本病。

⑤若优良品种的奶山羊患病，可在隔离状态下用链霉素等抗结核药物治疗。链霉素按 10 mg/kg 体重计算用量，肌肉注射，一日 2 次，连用数日。

⑥严格定期检疫，将检疫呈阳性的病羊宰杀淘汰，逐步建立健康羊群。

（3）布氏杆菌病。牛、羊布氏杆菌病又称传染性流产，是由布鲁氏菌属（惯称布氏杆菌属）引起的，导致母畜流产、胎衣不下、不孕和公畜睾丸炎、不育、关节炎等，是人、畜共患的慢性传染病。本病不仅对畜牧业造成重大的损失，而且严重危害人类健康，人如感染此病，会出现波浪热，且病情非常顽固，难以治愈，故在公共卫生上极为重要。

布氏杆菌对热抵抗力不强，60℃ 经 30 min 即可杀死，但对干燥抵抗力较强，在干燥土壤中可生存 2 个月以上。在毛、皮中可生存 3 ~4 个月。对日光照射以及一般消毒剂的抵抗力不强，在数分钟内可杀死本菌。巴氏消毒法 10 ~ 15 min 杀死，1% 来苏尔、2% 福尔马林或 5% 生石灰乳 15 min 杀死，而直射日光需要 0.5 ~4 h 杀死。在布片上室温干燥 5 h 死亡，在干燥土壤内 37 天死亡，在冷暗处，在胎儿体内可存活 6 个月。

羊布氏杆菌病主要传染源是病羊，传染途径是消化道。一般母羊较公羊易感性高，随着性的成熟，易感性增强，在流产胎儿、胎衣、羊水、流产母羊阴道分泌物、乳汁以及公羊的精液内都含有大量病原体。凡被污染的饲料、饮水、垫草、用具等都可成为间接接触传染的媒介。主要经口感染，也可通过交配、皮肤或黏膜的接触而传染。发病无季节性，但春、夏季较高。本病常呈地方性流行，先少数流产，以后流产增多，严重时半数以上孕羊发生流产或产出死胎、弱胎。多数羊流产 1 次便可获得终身免疫。

症状：布鲁氏菌感染后多呈隐性经过，多不表现症状，有临床症状的潜伏期为 1 个月左右。首先见到的症状也是流产。母绵羊及母山羊除流产外，其他症状常不明显。流产多发生在妊娠 3 ~4 个月。有的山羊流产 2 ~3 次，有的则不发生流产，但也有报道若在山羊群中发生流产，严重时山羊流产可达 50% ~90%，绵羊流产可达 40%。流产前 2 ~3 天，病羊表现减食，口渴，起卧不安，精神沉郁，阴门流出黄色或淡红色无臭、透明黏液，阴道及阴户潮红肿胀，不久发生流产。在流产后 10 ~15 天内有热症，脉搏不整齐，呼吸急迫。如果流产后胎儿不能及时排出，可能木乃伊化，但多发生腐败而排出恶臭液体。另外，患羊常因关节炎而出现跛行症状。有时病羊还发生支气管炎、滑液囊炎等。公羊患布氏杆菌病后，常可见睾丸炎和附睾炎，睾丸肿大，触之有疼痛感，阴囊增厚、硬化，性功能下降，失去配种能力；母绵羊则有乳房炎，乳房肿大，疼痛，产乳减少或无乳等。

病理变化：剖检布鲁氏菌感染的病羊，母羊的病变主要在子宫和乳房，可见胎衣呈黄色胶冻样浸润，子宫绒毛膜充血、肿大，上面覆有污灰色或黄色胶样纤维蛋白和脓液，有的部位黏膜增厚，肿胀出血，布满出血斑点。乳腺发生实质变性或坏死，间质增生或上皮细胞浸润，乳房淋巴结可能引起硬结。流产胎儿主要为败血性病变，浆膜与黏膜有出血点和出血斑，皮下、肌肉和结缔组织发生浆液出血性炎症，肝、脾和淋巴结肿大。胎儿的第四胃中有淡黄色或白色的黏液絮状物，胃肠或膀胱的浆膜下可见到出血点和出血斑。胎衣水肿或伴有出血，呈黄色胶样浸润，表面覆有纤维蛋白脓液絮片。

公羊患布氏杆菌病后，常发生化脓坏死性睾丸炎和附睾炎。睾丸显著增大，形成干性坏死区，被结缔组织包围，并有可能收缩变小，有的甚至软化。精囊内可能有出血点和坏死灶，其黏膜上出现小而硬的结节。阴茎可能发生红肿，鞘膜腔中充满浆液性渗出物。

诊断：布氏杆菌病的确诊除根据流行特点、临床症状外，还需进行实验室的细菌学和血清学的诊断。细菌学诊断是取流产胎儿的胃内容物、羊水、胎盘的坏死部分、阴道分泌物、乳汁和尿、公羊的精液等作为被检病料。使用病料涂片染色镜检、分离培养、家畜试验的方法来确诊。布氏杆菌病的血清学诊断有凝集反应、补体结合反应、全乳环状反应、荧光抗体试验和酶联免疫吸附测定试验（ELISA）等方法，均具有敏感和特异性高的优点，可根据情况选择使用。我国目前应用最广的仍是凝集反应。

防治：布氏杆菌病是人、畜共患且能相互传染的慢性传染病，是国家规定的重点检疫和防治对象。因此，防治布氏杆菌病对保障人民健康，促进养羊业发展具有重要意义。预防布氏杆菌病主要从加强检疫、定期预防注射、严格隔离、封锁和消毒几个方面入手，以预防为主。

为了保护健康畜群，防止布氏杆菌病从外地侵入，首先要坚持自繁自养的原则，尽量不从外地购买牛、羊。新购入的牲畜，必须隔离饲养观察1个月，并做两次布氏杆菌病的检疫，确认健康后方可转入健康群中。每年配种前，种公畜必须进行检疫，确认健康后方能参加配种。检出阳性的牛只、羊只应立即淘汰。检出可疑的，需隔离观察，重复检疫，如重复检疫仍为可疑，按阳性淘汰处理。

做好预防注射，定期注射疫苗预防和对受威胁的畜群立即注射疫苗等紧急预防相结合。一旦发生疫情，要用试管凝集反应或平板凝集反应对畜群进行检疫，发现阳性和可疑反应者应及时隔离，以淘汰、屠宰为宜，严禁与健康牲畜接触。对被污染的用具和场地用10%～20%石灰乳、2%氢氧化钠溶液等进行消毒。

治疗：布氏杆菌病应以预防为主，无治疗价值。

（4）羊传染性胸膜肺炎。羊传染性胸膜肺炎又名羊支原体性肺炎，俗名“烂肺病”，是由丝状支原体山羊亚种和绵羊肺炎支原体引起的一种山羊和绵羊的急性、高度接触性传染病。

1）病原。丝状支原体属支原体科支原体属，其形态细小、多变，革兰氏染色阴性，Giemsa染色或美蓝染色效果良好。传染源主要是病羊或带菌羊。病原体多存在于肺脏、胸腔渗出液和纵膈淋巴结，常通过呼吸道感染。病原体通过气管、支气管进入细支气管和肺泡，使细支气管和肺泡上皮细胞损伤，炎性产物渗出，引起纤维素性肺炎，病原体也可进入间质引起支气管周围炎、血管周围炎和小叶间质炎。

2）临床症状。潜伏期最长为45天，短者为5～6天，平均为18～20天。根据病程和临床症状可分为最急性、急性和慢性。

①最急性。病程一般不超过5天，最急者仅12～24 h，病初体温升高，可达41～42℃，精神沉郁，食欲废绝，呼吸急促，鸣叫。数小时后出现肺炎症状：呼吸困难，咳

嗽，流浆液性带血鼻液，肺部叩诊有浊音或实音，听诊肺泡呼吸音弱；24 h 后卧地不起，四肢伸直，呼吸极度困难，随着呼吸而全身颤动；可视黏膜高度充血、发绀，目光呆滞，呻吟哀鸣，窒息而亡。

②急性。最常见，病程为 7 ~ 15 天，有的达 30 天。病初体温升高，咳嗽（初期为湿性、中期为干咳）、流鼻液（浆液性带血、黏脓性铁锈色），呼吸困难和痛苦呻吟，听诊支气管有呼吸音和摩擦音，叩诊一侧或双侧有实音区，伴有敏感和疼痛，怀孕羊流产。最后病羊卧地不起，衰竭而死，个别转为慢性。

③慢性。多见于夏季。病程 1 个月以上，全身症状轻微，体温 40℃左右，病羊间有咳嗽、腹泻、流鼻液、衰弱，与其他病并发或继发而亡。

3）病理变化。病变主要出现在肺脏和胸膜，呈纤维素性—间质性肺炎和纤维素性胸膜炎。病变多发生于心叶、尖叶和膈叶前下缘，严重时可扩散到整个肺叶，常为两侧性。病变肺组织呈灰红色或暗红色，质地变实如肝，间质增宽。表面肺胸膜增厚，可见丝网状和絮片状灰白色纤维素附着，切面呈暗红色、灰红色和灰白色相间的大理石样。病程较长时，病变部位的肺组织发生坏死。坏死灶周围肉芽组织包裹。胸腔有浆液和纤维素渗出，胸膜增厚粗糙，表面有纤维素附着。

镜检可见肺脏小血管和毛细血管扩张，充满红细胞，肺泡和细支气管内浆液和纤维素渗出以及炎性细胞浸润。间质淋巴细胞、巨噬细胞渗出和增生，呈现血管周围炎和小叶间质炎。

4）诊断。依据发热、咳嗽、纤维素性—间质性肺炎和纤维素性胸膜炎等特点可做出初步诊断。确诊须进行病原分离鉴定和血清学试验。

5）防治。提倡自繁自养，新引进的种羊应隔离 1 个月进行观察，确定无病后方可混群。常用山羊传染性胸膜肺炎氢氧化铝苗或羊肺炎支原体氢氧化铝灭活苗接种预防。病菌污染的环境、用具等应严格消毒。

传染性胸膜肺炎病原菌对红霉素、泰乐菌素、土霉素和氯霉素等抗生素均敏感，青霉素和链霉素则无治疗作用。

（5）牛病毒性腹泻—黏膜病。牛病毒性腹泻—黏膜病简称牛病毒性腹泻或牛黏膜病，以发热、白细胞数减少、口腔及消化道黏膜糜烂或溃疡以及腹泻为主要特征。

1）传播途径。病原体为黄病毒科瘟病毒属的黏膜病病毒。患病家畜及带毒家畜鼻漏、泪水、粪尿、精液均含病毒。通过直接接触或间接接触传染。主要传播途径是消化道、呼吸道和生殖道。怀孕母牛感染后，病毒可经过胎盘传播给胎儿，引起流产和死亡。

2）诊断。牛发病的临床特点：潜伏期为 7 ~ 10天，急性病牛突然发病，体温升高到 40 ~ 42℃，病牛随体温升高白细胞开始减少，2 ~ 3 天后鼻镜和口腔黏膜出现糜烂，舌上皮坏死，流涎较多，呼气恶臭。继而发生严重腹泻，初期水样，以后带有黏液纤维性伪膜和血液。妊娠牛发病常引起流产和胎儿死亡或先天性缺陷，患犊多有小脑发育不全，呈现严重的共济失调。

3）防治。无特效治疗方法。犊牛断奶前接种疫苗。引进种畜时必须进行严格检疫，防止引入带病毒种牛。一旦发生本病，应及时隔离和急宰，严格消毒，限制牛群活动，防止扩大传播。有条件的应进行免疫接种。

（6）牛传染性角膜结膜炎。牛传染性角膜结膜炎又称红眼病，其特征是眼结膜和角膜发炎，畏光、流泪，角膜混浊和溃疡。

1）传播途径。病原体是嗜血杆菌，又称牛摩氏杆菌。本病一般通过接触传染，蝇类也可机械地传播此病。

2）诊断。炎热季节，日光照射，尘土飞扬，蝇类活动，有利于本病的发生和传播。临床特点：潜伏期为2～7天，病初多为单眼，后发展成双眼。病初畏光，大量流泪，眼睑肿胀，角膜发生白色或灰白色小点。严重者角膜增厚，并发生溃疡。眼球化脓时可伴有体温升高。多数牛可自愈，但留有白斑或失明。

3）防治。发病的原因一是引种带入；二是圈舍卫生差，氨气浓度过高，牛群密度大；三是应激反应造成牛群免疫力低下等。防治措施：保持牛舍卫生和通风，定期消毒，消灭蚊蝇等。若发现牛传染性角膜结膜炎，应及时隔离病牛以防止传播，及时治疗愈后良好。治疗可用2%～4%的硼酸液洗眼，再滴入氯霉素眼药水或青霉素（5 000单位/mL），每日2～3次。含有可的松的抗生素眼药膏疗效更好，可缩小角膜瘢痕。也可自配含激素的抗生素眼药水（160 mL生理盐水、青霉素80万单位、可的松或地塞米松2 mg）。

（7）流行热。流行热又称三日热，是由病毒侵害呼吸器官与运动神经引起的急性传染病，以高热为特征。

1）诊断。一般症状为体温升高达39.5～43℃。症状以神经系统为主时，导致站立困难，肌肉颤抖，周身疼痛，卧地不起呈瘫痪状态。以呼吸道症状为主时近似感冒，精神委顿，低头垂耳，眼结膜充血，流泪，流涎与流涕，呼吸急促等。对孕牛多导致流产与死胎。大部分牛经3～5天后可恢复正常，但损失很大。如产奶量大幅度下降，妊娠中断，瘫痪者因褥疮使其出现全身症状死亡，部分牛留有神经系统后遗症。如发病牛群较大、较重，经过1～2个月后，在痊愈牛中因经济价值下降还要淘汰约10%。

2）防治。主要应从加强饲养管理、提高牛只抗病能力与对环境的适应能力着手，改善环境条件（以防暑降温为主）与卫生状况（大力消灭蚊、蝇、虻等吸血昆虫）。一旦发病要及时消毒，隔离病牛，加强对病牛的护理，组织必要人力，加强领导，采取多种措施，尽快控制住。治疗：用一般药物对症治疗，尚无特效治疗药物，接种流行热专用疫苗。以呼吸系统为主要症状的多用安乃近、普鲁卡因青霉素，或增加链霉素、卡那霉素。有神经系统症状者除控制感染外，可用盐酸硫胺、呋喃硫胺、葡萄糖酸钙、氯化钾等。

2. 猪的主要传染病

（1）猪炭疽。炭疽（Anthrax）是由炭疽杆菌所引起的各种家畜、野生动物和人类共患的传染病。在临诊上表现为急性、热性、败血性症状。在病理变化上的特点是呈败血症变化，天然孔出血，血液凝固不良，呈煤油样，脾脏显著肿大，皮下及浆膜下组织呈出血性胶样浸润。

1）流行病学。家畜、野生动物和人都有不同程度的易感性。自然情况下，绵羊、牛、驴、马、骡、山羊、鹿最多发病，骆驼、水牛及野生动物次之，猪对炭疽杆菌的抵抗力强，发病较少，犬、猫最低，家禽一般不感染。野生动物，如虎、豹、狼、狐狸等因吞食炭疽病死亡的尸体而发病，并可成为本病的传播者。人主要通过食入或接触污染炭疽杆菌的畜产品而感染。试验家畜以豚鼠、小鼠、家兔较敏感。

病畜是主要传染来源。炭疽病畜及死后的畜体、血液、脏器组织及其分泌物、排泄物等均含有大量炭疽杆菌，如果处理不当则可散布传染。本病传染的途径有三个，一是通过消化道感染，因食入被炭疽杆菌污染的饲料或饮水受到感染，圈养时食入未经煮沸的被污染的泔水感染，农村放牧猪拱土被污染的土壤感染。二是通过皮肤感染，主要是由带有炭疽杆菌的吸血昆虫叮咬及创伤而感染。三是通过呼吸感染，是由于吸入混有炭疽芽孢的灰尘，经过呼吸道黏膜侵入血液而发病。

炭疽芽孢在土壤中生存时间较长，可使污染地区成为疫源地。大雨或江河洪水泛滥时可将土壤中的病原菌冲刷出来，污染放牧地或饲料、水源等，并随水流范围扩大传染。该病有一定季节性，夏季发病较多，秋、冬季发病较少。夏季发生较多与气温高、雨量多、洪水泛滥、吸血昆虫大量活动等因素有关。

2）临床症状

①隐性型。猪对炭疽的抵抗力较强，因此，猪发生炭疽大多数是慢性，无临诊症状，多在屠宰后肉品卫生检验时才被发现，这是猪炭疽常见的病型。

②亚急性型。猪吃入炭疽杆菌或芽孢，侵入咽部、附近淋巴结及相邻组织大量繁殖，引起炎症反应。主要表现咽炎，体温升高，精神沉郁，食欲不振，颈部、咽喉部明显肿胀，黏膜发绀，吞咽和呼吸困难，颈部活动不灵活。口、鼻黏膜呈蓝紫色，最后窒息而死。也有的病例可治愈。

③急性型。少见发生变化，体温升高到41.5℃以上，精神沉郁，几天后死亡，或突然死亡。在我国只有少数几次报道，主要是急性败血症，食欲废绝，呼吸困难，可视黏膜发紫。

④肠型。主要表现消化功能紊乱，病猪发生便秘及腹泻，甚至粪中带血，重者可死亡，轻者可恢复健康。

3）诊断鉴别。由于猪炭疽多呈慢性或隐性，临诊症状不明显，急性病例也少见，发生炭疽或疑似炭疽时禁止剖检，炭疽病的正确诊断十分重要，所以必须进行实验室检查，血清学诊断。

临诊症状的诊断价值不大，调查某些地区有否炭疽病发生、是否炭疽的疫源地等资料可供诊断参考。

细菌抹片、镜检简便的方法是在死猪耳静脉或四肢末梢的浅表血管采取血液、水肿液，或脾脏及病变器官组织制成涂片，用姬姆萨或瑞氏染色液或碱性美蓝染色，用显微镜检查，可以看到单个或短链（2～4个菌体）相连有荚膜的两端平截竹节状大杆菌，即可确诊。猪体局部淋巴结涂片，炭疽的菌体形态常不典型，呈粗细不一菌链扭转状，菌体消失，可见荚膜“菌影”。

进行细菌分离培养时，采取新鲜病料接种于普通琼脂平皿培养，若是污染或陈旧病料，可先做成悬液，70℃加热30 min，杀死非芽孢菌后再接种培养；若为腐败病料，可先做成1∶10乳剂接种小鼠，然后再取病料接种培养。根据菌落生长的特征做出判定。

进行家畜感染试验时，将病料用无菌生理盐水稀释5～10倍，对小鼠皮下注射0.1～0.2 mL，或豚鼠0.2～0.5 mL，或家兔1 mL，经24～36 h（小鼠）或2～4天（豚鼠、家兔）被接种家畜死亡。死亡家畜的脏器、血液等抹片经瑞氏染色镜检，可见多量有荚膜的成短链的炭疽杆菌。死亡家畜可见注射部位胶样浸润和脾脏肿大。也可用病料进行培养及炭疽沉淀反应进行检查。

进行炭疽沉淀反应（Ascoli氏反应）时，取病死猪的组织数克，剪碎或捣烂，加5～10倍生理盐水，者沸10～15 min，冷后过滤或离心沉淀，用毛细吸管取上清液，沿管壁慢慢加入已装有炭疽沉淀素血清（成品）的细玻璃管内，形成整齐的两层液面，在两液的接触面出现清晰的白色沉淀环判为阳性（反应在1～2 min内出现，最好在10～15 min观察）。反应特异性高，操作简便、迅速，检出率高，即使腐败的炭疽病料仍可出现阳性反应。

酶联免疫吸附试验（ELISA）、聚合酶链反应（PCR）等也可用于炭疽病的诊断。

4）病理变化。炭疽病畜尸体内的炭疽杆菌暴露在空气中则形成芽孢，抵抗力很强，不易彻底消灭，为此，在一般情况下对病畜禁止剖检。在特定情况下必须进行剖检时，应在专门的剖检室进行，或离开生产场地，准备足够的消毒药剂，工作人员应有安全的防护装备。

①急性败血型。由于猪有抵抗力，此型发病少见，约占猪炭疽的3%，主要是牛、羊、驴、马等。猪发生此型时，可见程度不同的变化。尸僵不全，天然孔流出带泡沫的血液。黏膜呈暗紫色，有出血点，皮下、肌肉及浆膜有红色或黄红色胶样浸润，并有数量不等的出血点。血液黏稠，颜色为黑紫色，不易凝固。脾脏肿大，包膜紧张，呈黑紫色。淋巴结肿大、出血。肺充血、水肿。心、肝、肾也有变性。胃肠有出血性炎症。

②肠型炭疽。肠型炭疽多见于十二指肠及空肠，淋巴组织为中心，在黏膜充血和出血基础上形成局灶性病变，初为红色圆形隆起，与周围界限明显，表面覆有纤维素，随后发生坏死，坏死可达黏膜下层，形成固膜性灰褐色痂，周围组织及肠系膜出血。肠系膜淋巴结也见相似病变。腹腔有红色液体，脾肿大、质软，肾充血或出血。有的可见肺部炎症。

③咽型炭疽。咽炭疽约占全部猪炭疽的90%。病猪咽喉及颈部皮下炎性水肿，切开肿胀部位可见广泛的组织液渗出，有黄红色胶冻样液体浸润；颈部及颌下淋巴结肿大、充血、出血，或见中央稍凹下的黑色坏死灶。喉头、会咽、软腭、舌根等部位可见肿胀和出血。扁桃体常见出血或坏死。

④慢性咽炭疽。猪多在屠宰后检验中发现慢性咽炭疽。据调查，头颈部检出率占87.2%。其特征变化是咽部发炎，以扁桃腺为中心，扁桃腺肿大、出血和坏死。咽背及颌下淋巴结肿大、出血和坏死，切面干燥、无光泽，呈黑红或砖红色，有灰色或灰黄色坏死灶。周围组织有大量黄红色胶样浸润。

5）防治措施。急性和亚急性病猪早期确诊并及时治疗十分重要。慢性炭疽病猪治疗受到限制，但都必须在严密隔离和专人护理的条件下进行治疗。

抗炭疽血清是治疗炭疽的特效生物制剂，病初应用可获良好的效果。大猪一次量为

50~100 mL，小猪为30~80 mL。可一半静脉注射，一半皮下注射。必要时可在12 h或24 h重复注射1次。为避免过敏反应，最好使用同种家畜的抗炭疽血清。如用异种家畜的血清，应先皮下注射0.5~1 mL，观察0.5 h无特殊反应后再注射全量。

抗生素和抗炭疽血清同时应用效果更好。

抗生素和磺胺类药物治疗以青霉素治疗效果好，猪每次肌肉注射40万~80万单位，每日注射2次，连续2~3天。土霉素4.4~11.0 mg/（kg体重·天），静脉注射或肌肉注射。或青霉素与土霉素、四环素同时使用。链霉素、环丙沙星、强力霉素、林可霉素、庆大霉素、先锋霉素及磺胺噻唑、磺胺二甲基嘧啶也有疗效。青霉素与磺胺合用疗效更好。

（2）猪丹毒。猪丹毒是猪丹毒杆菌引起的一种急性热性传染病，其主要特征为高热、急性败血症、皮肤疹块（亚急性）、慢性疣状心内膜炎及皮肤坏死与多发性非化脓性关节炎（慢性）。

猪丹毒杆菌是一种革兰氏阳性菌，具有明显的形成长丝的倾向。本菌为平直或微弯小杆菌，大小为（0.2~0.4）μm×（0.8~2.5）μm。在病料内的细菌单在、成对或成丛排列，在白细胞内一般成丛存在，在陈旧的肉汤培养物内和慢性病猪的内心膜疣状物中，多呈长丝状，有时很细。本菌对盐腌、火熏、干燥、腐败和日光等自然环境的抵抗力较强。在病死猪的肝、脾内4℃经159天毒力仍然强大。露天放置27天的病死猪肝脏，深埋1.5 m经231天的病猪尸体，用12.5%盐水处理并冷藏于4℃经148天的猪肉中，都可以分离出猪丹毒杆菌。在一般消毒药，如2%福尔马林、1%漂白粉、1%氢氧化钠或5%碳酸中很快死亡。对热的抵抗力较弱，肉汤培养物于50℃经12~20 min，70℃经5 min即可杀死。本菌的耐酸性较强，猪胃内的酸度不能杀死它，因此可经胃进入肠道。

1）流行病学。本病主要发生于架子猪，其他家畜和禽类也有病例报告。人也可以感染本病，称为类丹毒。病猪和带菌猪是本病的传染源。35%~50%健康猪的扁桃体和其他淋巴组织中存在此菌。病猪、带菌猪以及其他带菌家畜（分泌物、排泄物）排出菌体污染饲料、饮水、土壤、用具和场舍等，经消化道传染给易感猪。本病也可以通过损伤的皮肤及蚊、蝇、虱、蜱等吸血昆虫传播。用屠宰场、加工场的废料和废水，食堂的残羹，动物性蛋白质饲料（如鱼粉、肉粉等）喂猪常常引起发病。猪丹毒一年四季都有发生，有些地方以炎热多雨季节流行得最盛。本病常为散发性或地方流行性传染，有时也发生暴发性流行。

2）临床症状。一般将猪丹毒分为急性败血型、亚急性疹块型和慢性型。

①急性败血型。此型最为常见，以突然暴发、急性经过和高的病死率为特征。在流行初期有一头或数头猪不表现任何症状而突然死亡，其他猪相继发病。病猪体温达到42~43℃，稽留不退，体弱，不愿走动，躺卧地上，不食，有时呕吐。结膜充血，眼睛清亮。粪便干硬呈栗状，附有黏液。小猪后期有的发生下痢。严重的呼吸增快，黏膜发绀。部分病猪皮肤发生潮红继而发紫，以耳、颈、背等部较为多见。病程短促，可以突然死亡。有些病猪经3~4天体温降至正常以下而死。病死率为80%左右，不死者转为疹块型或慢性型。哺乳仔猪和刚断乳的小猪发生猪丹毒时一般突然发病，表现神经系统

症状，抽搐，倒地而死，病程多不超过1天。

②亚急性疹块型。此型症状比急性型较轻，其特征是皮肤表面出现疹块，俗称“打火印”。病初精神不振，食欲下降，口渴，便秘，体温升高至41℃以上。通常于发病2~3天后在胸、腹、背、肩、四肢等部的皮肤出现疹块，呈方块形、菱形或圆形，稍突起于皮肤表面，大小约数厘米，从几个到几十个不等。初期疹块充血，指压褪色；后期瘀血，紫蓝色，压之不褪。疹块发生后，体温开始下降，病势减轻，经数日以至旬余病猪自行康复。

③慢性型。一般由败血型或疹块型或隐性感染转变而来，也有原发性。常见的有慢性关节炎、慢性心内膜炎和皮肤坏死等几种。慢性关节炎主要表现为四肢关节的炎性肿胀，病腿僵硬、疼痛。以后急性症状消失，而以关节变形为主，呈现一肢或两肢的跛行或卧地不起。病猪食欲正常，但生长缓慢，体质虚弱，消瘦。病程数周或数月。慢性心内膜炎主要表现消瘦，贫血，全身衰弱，喜卧，厌走动，强使行走则举止缓慢，全身摇晃。听诊心脏有杂音，心跳加速、亢进，心律不齐，呼吸急促。此种病猪不能治愈，通常由于心脏麻痹突然倒地死亡。慢性型的猪丹毒有时导致皮肤坏死，常发生于背、肩、耳、蹄和尾等部。局部皮肤肿胀、隆起、坏死、色黑、干硬、似皮革，逐渐与其下层新生组织分离，犹如一层甲壳。坏死区有时范围很大，可以占整个背部皮肤；有时可在尾巴、末梢、各蹄壳发生坏死。经2~3个月坏死皮肤脱落，遗留一片无毛、色淡的疤痕而愈。如有继发感染，则病情复杂，病程延长。

3）病理变化

①败血型。主要以急性败血症的全身变化和体表皮肤出现红斑为特征。鼻、唇、耳及腿内侧等处皮肤和可视黏膜呈不同程度的紫红色。全身淋巴结发红、肿大，切面多汁，呈浆液性出血性炎症。肺充血、水肿。脾呈樱桃红色，充血、肿大，有“白髓周围红晕”现象。消化道有卡他性或出血性炎症，胃底及幽门部尤其严重，黏膜发生弥漫性出血。十二指肠及空肠前部发生出血性炎症。肾常发生急性出血性肾小球肾炎的变化，体积增大，呈弥漫性暗红色，纵切面皮质部有小红点。

②疹块型。以皮肤疹块为特征变化。

③慢性关节炎。是一种多发性增生性关节炎，关节肿胀，有多量浆液性纤维素性渗出液，黏稠或带红色。后期滑膜绒毛增生、肥厚。

④慢性心内膜炎。为溃疡性或呈菜花样疣状赘生性心内膜炎。一个或数个瓣膜发炎，多见于二尖瓣膜。它是由肉芽组织和纤维素性凝块组成的。

4）诊断。根据以下特征可做出诊断：本病主要侵害架子猪，多发生于夏季；急性败血性病猪体温高达42℃以上，死亡较突然；全身淋巴结肿胀，呈弥漫性紫红色；肾肿大，呈暗红色；脾肿大，呈樱桃红色；疹块型丹毒皮肤出现典型疹块；慢性丹毒的皮肤大块坏死，四肢强拘，关节肿胀、疼痛，跛行；心瓣膜处见有溃疡性或菜花样的赘生物，四肢关节的慢性炎症。确诊需进行细菌检查。

5）预防和治疗。用青霉素治疗本病疗效非常好，到目前为止还未发现对青霉素有抗药性。土霉素和四环素也有效。卡那霉素、新霉素和磺胺类药物基本无效。急性型病例，每千克体重1万单位青霉素静脉注射，同时肌肉注射常规剂量的青霉素，每天两次，待食欲、体温恢复正常后再持续 2 ~ 3 天。

加强饲养管理，提高猪群的自然抗病能力。在猪丹毒常发区和集约化猪场，每年春秋或夏冬两季定期进行预防注射是防治本病最有效的方法。可选用猪丹毒弱毒菌苗，皮下注射 1 mL/只；猪丹毒氢氧化铝甲醛苗，10 kg 体重皮下或肌肉注射 5 mL；猪丹毒 CG42 系弱毒菌苗，皮下注射 1 mL。经常保持用具、场圈的清洁卫生，定期用消毒剂（10% 石灰乳等）消毒。猪群中发现猪丹毒病猪时，应立即隔离治疗。

（3）破伤风。破伤风（Tetanus）是由破伤风梭菌引起人、畜的一种经创伤感染的急性、中毒性传染病，又名强直症、锁口风。本病的特征是病猪全身骨骼肌或某些肌群呈现持续的强直性痉挛和对外界刺激的兴奋性增高。本病分布于世界各地，我国各地呈零星散发。猪只发病主要是阉割时消毒不严或不消毒引起的。病死率很高，造成一定的损失。

1）病原。破伤风梭菌（Clostridium tetani）为革兰氏染色阳性，为两端钝圆、细长、正直或略弯曲的大杆菌，尺寸为（0.5 ~ 1.7）μm ×（2.1 ~ 18）μm。大多单在、成双或偶有短链排列；无荚膜，在家畜体内外能形成芽孢，其直径比菌体大，位于菌体一端，形似鼓槌，有鞭毛，能运动。

2）流行病学。本菌广泛存在于自然界，人和家畜的粪便中有本菌存在，施肥的土壤、尘土、腐烂淤泥等处也存有本菌。各种家养的家畜和人均有易感性。试验家畜中，豚鼠、小鼠易感。在自然情况下，感染途径主要是通过各种创伤感染，如猪的去势、手术、断尾、脐带、口腔伤口、分娩创伤等，我国猪破伤风以去势创伤感染最为常见。

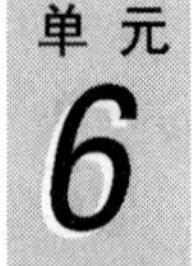

必须说明，并非一切创伤都可以引起发病，而是必须具备一定条件。由于破伤风梭菌是一种严格的厌氧菌，所以，伤口狭小而深，伤口内发生坏死，或伤口被泥土、粪污、痂皮封盖，或创伤内组织损伤严重、出血、有异物，或与需氧菌混合感染等情况时，才是本菌最适合的生长繁殖场所。临诊上多数见不到伤口，可能是潜伏期创伤已愈合，或是由子宫、胃肠道黏膜损伤感染。本病无季节性，通常是零星发生。一般来说，幼龄猪比成年猪发病多，仔猪常因阉割引起。

3）临床症状。潜伏期最短的 1 天，最长的可达数月，一般是 1 ~ 2 周。潜伏期长短与家畜种类、创伤部位有关，如创伤距头部较近，组织创伤口深而小，创伤深部损伤严重，发生坏死或创口被粪土、痂皮覆盖等，潜伏期缩短；反之则长。一般来说，幼畜感染的潜伏期较短，如脐带感染等。猪常发生本病，头部肌肉痉挛，牙关紧闭，口流液体，常有“吱吱”的尖细叫声，眼神发直，两耳直立，腹部向上蜷缩，尾不摇动、僵直，腰背弓起，触摸时坚实如木板，四肢强硬，行走僵直，难以行走和站立。轻微刺激（光、声响、触摸）可使病猪兴奋性增强，痉挛加重。重者发生全身肌肉痉挛，死亡率高。

4）治疗和预防。及时发现伤口和处理伤口非常重要。彻底清除伤口处的痂皮、脓汁、异物和坏死组织，然后用 3% 过氧化氢或 1% 高锰酸钾或 5% ~ 10% 碘酊冲洗、消毒，必要时可进行扩创。冲洗消毒后，撒入碘仿硼酸合剂。也可用青霉素 20 万单位在伤口周围注射。全身治疗用青霉素或链霉素肌肉注射，早晚各 1 次，连用 3 天，以防止破伤风梭菌继续繁殖和产生毒素。

5）中和毒素。早期及时用破伤风抗血清治疗，常可收到较好疗效。根据猪只体重大小，用10万~20万单位分2~3次，静脉、皮下或肌肉注射，每天1次。

如果病猪强烈兴奋和痉挛时，可用有镇静解痉作用的氯丙嗪肌肉注射，用量为100~150 mg；或用25%硫酸镁溶液50~100 mL，肌肉或静脉注射；用1%普鲁卡因溶液或加0.1%肾上腺素注射于咬肌或腰背部肌肉，以缓解肌肉僵硬和痉挛。为维持病猪体况，可根据病猪具体病情采取注射葡萄糖盐水、维生素制剂、强心剂和防止酸中毒的5%碳酸氢钠溶液等多种综合对症疗法。

6）预防。防止和减少伤口感染是预防本病十分重要的办法。在猪只饲养过程中要注意管理，消除可能引起创伤的因素；在去势、断脐带、断尾、接产及外科手术时，工作人员应遵守各项操作规程，注意术部和器械的消毒。对猪进行剖腹手术时，还要注意无菌操作。在饲养过程中，如果发现猪只有伤口时，应及时进行处置。我国猪只发生破伤风，大多数是因民间的阉割方法常不进行消毒或消毒不严引起的，特别是在公猪去势时，忽视消毒工作而多发。此外，对猪进行外科手术、接产或阉割时，可同时注射破伤风抗血清3 000~5 000单位进行预防，会收到好的预防效果。

（4）恶性水肿。恶性水肿是由腐败梭菌为主的多种梭菌引起的多种家畜的急性传染病。病的特征为创伤局部发生急剧气性炎性水肿，并伴有发热和全身毒血症。本病世界各国都有发生，我国猪也有散发病例。

本病的病原为梭菌属中的腐败梭菌、魏氏梭菌、诺威氏梭菌及溶组织梭菌等，但恶性水肿病例中有60%可分离到腐败梭菌，其次是魏氏梭菌，诺威氏梭菌和溶组织梭菌仅占5%。

本菌在自然界广泛存在，家畜的肠道和粪便中存有大量细菌，可污染饲养环境及土壤。本菌芽孢对外界的抵抗力很强，一般消毒药液需要长时间才能杀死；消毒药液中，10%~20%漂白粉溶液、3%~5%硫酸、石炭酸合剂、3%~5%氢氧化钠在短时间内可杀灭本菌菌体。

1）流行病学。本病的病原菌广泛存在于自然界，家畜肠道和土壤中较多，成为传染源。病畜不能直接接触传染健康家畜，但可污染外界环境。病畜的水肿部位发生破溃时，随水肿液或坏死组织排出大量病原体，污染环境。本病传染途径主要是由于外伤、去势、咬伤、断尾、外科手术、助产等消毒不严，污染了细菌芽孢而感染，引起发病，尤以深部创伤并存在坏死组织，造成缺氧，更易发病。

自然情况下猪较少发生；试验家畜中，家兔、小鼠、豚鼠易感；本病一般为散发；猪在去势、断尾、剪牙、打耳号、助产、预防注射或外科手术时，若消毒不严，便可引起发病。猪还可通过吃进细菌芽孢，经消化道感染。

2）临床症状。猪发病较少，临诊上可见两种病型。一种为创伤感染，表现为局部弥漫性炎性水肿，初期坚实，有热感、疼痛，后变为不热，触诊局部较柔软，用力可见水肿凹陷；病猪表现体温升高、精神不振、食欲废绝等全身症状，重者1~2天死亡。另一种为胃型，又称快疫型，主要是由于胃黏膜感染，使胃黏膜肿胀、增厚，形成所谓“橡皮胃”。有时病菌也可进入血液，转移至某部肌肉，局部出现气性炎性水肿和引起跛行，全身症状明显；本病例常呈急性经过，多在1~2天死亡。

3）病理变化。剖检可见发病部位弥漫性水肿，切开患部可见皮下和肌肉间结缔组织有污黄色或红褐色液体浸润，其味酸臭，并含有气泡；肌肉呈白色，似煮过一样，松软且易于撕裂，有的呈暗褐色。实质器官变性，心、肝、肾浊肿；淋巴结肿大，特别是感染局部的淋巴结急性肿大，切面充血、出血。血凝不良，心包和腹腔有大量积液。

如为胃部感染，则见胃壁增厚，质如橡皮。胃黏膜潮红、肿胀，黏膜下与肌层间充有淡红色并混有气泡的液体。肝组织多半也含有气泡。

4）诊断鉴别。根据本病的临诊特点，病理剖检变化和结合有外伤发生时，可怀疑为本病，但需要进行实验室检查才能确诊。细菌抹片、染色、镜检取病变水肿液和组织，特别是肝被膜做触片或涂片，用革兰氏染色法染色，显微镜检查。在肝的染色片中，可见到微弯曲长丝状排列的革兰氏染色阳性大杆菌，这在诊断上有重要意义。

细菌分离培养取局部水肿液或肝组织病料，接种于厌氧肉肝汤培养基中，37℃培养24 h，肉肝汤均匀混浊，并产生气体，有沉淀；在葡萄糖血液琼脂上，呈微弱β溶血；分纯的细菌可进一步做生化试验。

家畜接种试验取病料做成1∶10乳悬液，接种家兔、豚鼠、小鼠或鸽等试验家畜，肌肉注射。一般在接种后18～24 h内死亡。注射局部呈现明显的出血性水肿，肌肉呈鲜红色浸润；取局部水肿液涂片、染色、镜检，可以见到两端钝圆的大杆菌，在肝脏表面触片的染色片上可见长丝状的大杆菌。

免疫荧光抗体法可用于本病的快速诊断。诊断鉴别时注意与猪水肿病和猪巴氏杆菌病的区别。

5）防治措施。平时注意防止外伤，一旦有外伤发生要及时进行处置。特别是在养猪生产中的去势、断脐带、剪牙、断尾、注射及外科手术等工作中要严格消毒，均应按操作规程进行。所用器械需先进行消毒、灭菌。对发病猪只要及时隔离，尽早进行治疗，可以采取局部治疗和全身治疗相结合的方法，以防扩大传播。

对病猪水肿部位，可切开、扩创，清除异物和坏死组织，用1%～2%高锰酸钾溶液或3%过氧化氢液反复冲洗、消毒，清洗干净后，创口内撒青霉素、磺胺粉、磺胺碘仿合剂等；以后每天可按常规的外科治疗方法进行。同时可在水肿部周围注射青霉素等抗菌药物。根据患病猪只的具体情况，进行综合的全身和对症疗法，如抗生素和磺胺类药物配合应用，同时进行强心、补液、解毒等治疗。治疗时，病猪创口排出的水肿液、坏死组织及废弃物应消毒和烧毁。使用过的治疗工具应彻底消毒；病猪污染的猪舍和场地可用2%氢氧化钠溶液或1%漂白粉溶液等消毒药液消毒；粪便、剩余的饲料及尸体应焚烧或加入消毒药液后深埋。

（5）猪肺疫。猪肺疫是由多杀性巴氏杆菌引起的一种急性、热性传染病。巴氏杆菌是一种条件性致病菌，在正常家畜上呼吸道中常存在，但数量少，毒力弱，当畜群拥挤，圈舍潮湿，长途运输或气候突变时，畜禽抵抗力下降，巴氏杆菌乘机繁殖，毒力增强，引起发病。

多杀性巴氏杆菌属巴氏杆菌科巴氏杆菌属，为革兰氏染色阴性，两端钝圆、中央微凸的球杆菌或短杆菌。不形成孢，无鞭毛，不能运动，所分离的强毒菌株有荚膜，常单在。用病料组织或体液涂片，以瑞氏、姬姆萨或美蓝染色时，菌体多呈卵圆形，两极着色深，似两个并列的球菌。本菌为需氧及兼性厌氧菌。

1）流行病学。传染源为病猪及健康带菌猪。病菌存在于急性或慢性病猪的肺脏病灶、最急性型病猪的各个器官以及某些健康猪的呼吸道和肠管中，并可经分泌物及排泄物排出。该病主要经呼吸道、消化道传染，也可经损伤的皮肤传染。此外，健康带菌猪因某些因素特别是上呼吸道黏膜受到刺激而使机体抵抗力降低时，也可发生内源性传染。

各年龄的猪均对本病易感，尤以中猪、小猪易感性更大。其他畜禽也可感染本病。最急性型猪肺疫常呈地方流行性；急性型和慢性型猪肺疫多呈散发性，并且常与猪瘟、猪支原体肺炎等混合感染继发。

2）临床症状

①最急性。突然发病，有时未见症状就突然死亡。病程稍长者体温升高到40～42℃，食欲废绝，喉头部出现高热、坚硬、红肿，可蔓延至耳根甚至前胸，呼吸困难，黏膜发绀，呈犬坐式呼吸。后期口、鼻流出白色或红色泡沫。耳根、腹侧、四肢内侧皮肤出现红斑，最后窒息死亡。

②急性。体温升高达40℃以上，咳嗽、呼吸困难，严重时呈犬坐状，鼻流铁锈色脓性鼻液，黏膜发绀。初便秘，以后腹泻，皮肤瘀血或有小出血点。病猪消瘦，衰弱，卧地不起，几天后死亡，不死的转为慢性。

③慢性。主要表现为慢性肺炎或慢性胃肠炎。病猪呼吸困难，持续性咳嗽，鼻流脓性分泌物，食欲不振，下痢，渐消瘦，最后衰竭死亡。

病理剖检：全身黏膜、浆膜和皮下组织大量出血，咽喉周围组织出血性浆液浸润。全身淋巴结出血，切开呈红色。肺有不同程度的病变区，并伴有水肿和气肿。胸膜有纤维素性附着物，严重时与肺发生粘连。

3）预防与治疗。平时应加强饲养管理，搞好清洁卫生，定期接种菌苗。一旦猪群发病，应立即采取隔离、消毒、紧急预防接种，药物治疗可用抗生素类药物。尸体应深埋或高温无害化处理。

用药为青霉素、链霉素混合肌肉注射，每天两次，连用三天。链霉素、卡那霉素混合肌肉注射，每天一次，连用三天。20%磺胺嘧啶钠注射液10～20 mL，肌肉注射，每天一次，连用三天。新胂凡纳明（又名“九一四”），按每kg体重0.01～0.015 g计算，用注射水或葡萄糖生理盐水溶解后静脉注射。同时静注磺胺嘧啶钠效果会更好。

（6）猪瘟。猪瘟（HC）是由黄病毒科、瘟病毒属的猪瘟病毒引起的一种高度接触性传染病，是威胁养猪业的一种主要传染病，其特征是：急性，呈败血性变化，器官出血，坏死和梗死；慢性，呈纤维素性坏死性肠炎，后期常有副伤寒及巴氏杆菌病继发。猪瘟分布于全世界，流行很广，在我国也极为普遍，造成的经济损失巨大。

猪瘟病毒是具有囊膜的单股正链RNA病毒，病毒粒子的直径为20～55 nm，平均直径为44 nm。病毒粒子具有二十面体的非螺旋形核衣壳，核衣壳的直径为（27±3）nm。囊膜围绕着等轴的核心，在病毒粒子的表面有6～8 nm类似穗样的糖蛋白纤突。病毒粒子的基因组为单股线状 RNA。

1）流行病学。猪是猪瘟病毒的唯一自然宿主。在自然条件下，病毒经口腔和鼻腔途径进入宿主，也可通过损伤的皮肤或伤口感染，感染猪在潜伏期便可排出病毒。病毒随病猪的分泌物和排泄物污染的饲料和饮水进入机体。在试验条件下，猪瘟病毒可通过口、鼻、呼吸道、结膜、生殖道及各种肠道外途径感染猪。在自然条件下，也以上述大部分途径中的一种或几种感染猪。感染猪与易感猪直接接触是传播病毒的主要途径。感染猪在症状出现前和整个病程都向外排放病毒。受高毒力猪瘟病毒感染后，大量病毒在血液和组织中出现，经口、鼻、眼泪、尿、粪便向外大量排出，直到猪死亡。康复猪在产生特异性抗体之前仍排毒。新生仔猪感染低毒力毒株后，则以短时间排毒为特征。因此，猪瘟高毒力株通常比低毒力株在猪群中传播快，发病率、死亡率高。慢性感染猪能不断地排毒或间断排毒，直到死亡为止。

猪瘟病毒的储存宿主主要是没有临诊症状的带毒猪，特别是母猪和野猪。猪瘟病毒可以在野猪中传播，而且感染的野猪对家猪具有潜在的危险，因为可通过食物链或直接接触传播病毒，特别是家猪放养和半放养地区。猪瘟病毒在猪肉和猪肉制品中能存活。在冷藏猪肉中可存活几个月，在结冻猪肉中存活时间可达数年之久。在腌制加工的咸肉中至少可存活 27 天。在用浓度高达 17.4% 的盐腌制的火腿中尚能存活 102 天。敏感猪摄取未煮透的、受污染的屠宰下脚料或厨房泔水后也能受到感染。敏感猪一经感染猪瘟病毒后，产生病毒血症，组织和器官中也存在高滴度的病毒，可通过直接或间接途径传播。

妊娠母猪自然感染低毒力或中等毒力的猪瘟病毒时，初期常不引起人们的注意，但病毒可以通过子宫传给胎儿。这种先天性感染经常导致母猪流产，产木乃伊胎、死胎或产弱仔和震颤猪。弱仔在出生后不久即死亡或产下时貌似健康而实质上却是持续感染的仔猪。

2）临床症状。猪瘟的临诊症状，随着猪瘟病毒毒力的不同和在猪体内滞留的时间的长短而不同。根据我们用家畜模型对我国分离到的猪瘟野毒进行的研究获得的结果，基本上可将猪瘟分为急性、亚急性和慢性三种类型。

急性型的潜伏期一般为 24 ~ 72 h，最初症状是沉郁、食欲锐减，到后期病猪厌食，往往把嘴放到食槽处片刻又回到休息处。体温升高，可达 41℃以上，稽留不退，只是在早上略微低 0.5℃左右，同时白细胞数下降。发病初期，病猪眼分泌物增多，伴发结膜炎导致流泪，严重者可能眼睑被完全粘连在一起。有些病猪也排出鼻液。在高温初期，一般出现便秘，继而出现严重的黄褐色水样腹泻，有的甚至吐出黄色含胆汁的液体。病猪怕冷，常常扎堆聚在一起，颤抖、嗜睡、被毛蓬松。病猪几日内消瘦、虚弱，多数猪行走弯扭或步伐摇晃，随后常后肢麻痹，不能站立而呈犬坐姿势，偶尔可见抽搐。腹部皮肤、耳、鼻和四肢，甚至全身常有红色或紫色的出血点，逐渐扩大连成片或出血斑，甚至有皮肤坏死区。有的双耳尖及尾部由于出血、坏死，由红色变成紫色甚至蓝黑色，逐渐干枯，常被其他猪撕咬。急性猪瘟病猪，大多在感染后 10 ~ 20 天死亡。死亡前数小时，体温下降到正常以下。

由毒力较低的猪瘟病毒株感染引起的亚急性型猪瘟症状与急性相似，但较轻并在 30 天内死亡。30 天以上死亡者称为慢性猪瘟。后两型的临床症状不典型。根据临床症状和血象变化将亚急性型和慢性型猪瘟的病程分为三期：第一期病猪出现厌食、沉郁、体温升高、白细胞减少。几周后，食欲和外观明显改善，体温下降到正常体温或稍高，白细胞仍然减少，这种临床症状的好转是第二期的特征。第三期，病猪再度厌食、精神沉郁、体温升高，并持续到死亡。或者食欲、精神、体温再次恢复正常而成为“僵猪”或终身带毒猪。这些猪的生长严重受阻，皮肤出现病变，并常见弓背站立。慢性猪瘟病猪可存活100天以上。

3）病理变化。在急性与亚急性的猪瘟病例中，以实质器官多发性出血为特征的败血症病变为主。颌下、腹股沟、肠系膜等淋巴结肿大、出血，呈现大理石或红黑色外观；消化道、呼吸道和泌尿道出现卡他性、纤维性和出血性炎症反应；肾脏表面有大小不一的出血点或出血斑；尿道、膀胱有出血点或出血斑。喉部、会厌软骨、心脏、肠道出血。脾脏边缘梗死被认为是猪瘟最具特征性的病变，梗死呈黑色，大小不一，表面稍隆起，可能单个出现，也可以结合在一起，在脾脏边缘形成梗死灶。扁桃体出现坏死灶，是扁桃体发生梗死的表现。肺部梗死和出血，可形成卡他性或纤维素性支气管炎和胸膜炎，可能是继发细菌感染所致。心脏病变主要是心肌松弛和心肌充血。胃底部经常出现明显的充血和出血。小肠和大肠瘀血或弥漫性出血。

慢性猪瘟和迟发性猪瘟，出血和梗死病变不太明显或缺乏。持续性感染猪的最显著的病变是胸腺萎缩和外周淋巴样器官中淋巴细胞排空。还常看到组织细胞增生，同时伴有淋巴细胞碎片的吞噬现象。慢性猪瘟有肾小球肾炎病变，在迟发性猪瘟中没有出现。持续感染猪瘟病毒猪，在盲肠和结肠可见坏死和溃疡，有的呈纽扣状溃疡。成熟软骨发生钙化沉积，导致肋骨损伤。

先天性猪瘟病毒感染可造成木乃伊胎、死胎和畸形。死产和弱仔常表现脱毛（俗称“无毛猪”）、积水和皮下水肿。特别是四肢末端积水严重时，呈半透明状。有时可见内脏器官畸形以及躯体末端坏死。子宫中感染的仔猪，皮肤常见出血，死亡率高。

4）诊断鉴别。流行病学、临床症状及病理变化等方面具有重要的诊断价值。但由于现在猪病种类繁多，且常常以非典型状态出现，甚至呈隐性感染，确诊猪瘟必须对病猪或特异性抗体进行实验室检测。一旦发现疑似猪瘟，首先要采集病料，送往有关的实验室做抗原的确诊。现将几种主要的实验室诊断方法介绍如下：

①家畜接种。检测猪瘟病毒的敏感方法，应用易感的幼龄猪（10～20 kg体重）进行接种试验。取病料或新鲜猪尸的血液或组织乳剂，肌肉注射接种1～2头幼猪。试验猪应事先进行血清中和试验，以排除有过猪瘟病毒或牛病毒性腹泻病毒（BVDV）的感染。如果幼猪在接种后6～7天停食或体温升高，则立即采血分离病毒。幼猪发病死亡后，立即对扁桃体、脾脏、淋巴结、肾脏等做病毒分离。如果幼猪在接种后21天不发病或发病后康复，则采血测定血清的中和抗体效价，并用强毒进行攻毒试验。从血液或组织中可分离到猪瘟病毒，被接种的幼猪产生中和抗体，对强毒攻击表现免疫性，即可判为阳性。相反，幼猪不发病，不产生中和抗体，对强毒攻击有易感性，则判为阴性。如果幼猪发病或死亡，但未分离出猪瘟病毒，也不产生中和抗体，则应考虑其他病原感染的可能性。由于普遍存在低毒力的病毒株，所以被接种幼猪即使不呈现猪瘟症状，也

单元 6

应进行血液中的病毒分离试验。

②免疫荧光试验。主要用于检测病毒抗原，是目前国内外实验室诊断猪瘟的最常用方法，结果直观、可靠。特别是在疫情初起必须查清病原、检疫及以猪场猪瘟净化时，此种检测方法尤为重要。进行免疫荧光试验时，将待检病猪的扁桃体、肾脏、淋巴结、脾脏等组织的冰冻切片或抹片，或待检细胞培养片，经丙酮固定后，滴加猪瘟荧光抗体覆盖于切片、抹片或细胞片表面，置37℃作用30 min，然后用磷酸盐缓冲液（PBS，pH值7.2，0.01 mol/L）洗涤，自然干燥后置荧光显微镜下观察。必要时，设立抑制试验染色片，以鉴定荧光的特异性。在荧光显微镜下，见切片、抹片或细胞培养物（细胞盖片）中有胞浆荧光，并由抑制试验证明为特异性荧光，判为猪瘟阳性反应；无荧光判为阴性反应。

③中和试验。血清中和试验可以检出家畜体内的抗体，但因推广应用弱毒疫苗，猪群中的猪瘟抗体滴度普遍较高，故应进行双份血清的检查（前后期相差14天以上），才能确立抗体滴度增高与感染患病的关系。

④琼脂扩散试验。虽可选用病猪的脾、淋巴结和肠段为病料制备抗原，但以胰腺最好。另需要具备特异性好的猪瘟高免血清。本法操作简单，但敏感性较低，肯定是猪瘟病例的阳性检出率也低于50%。欧洲一些国家，如英国的某些诊断实验室专门制备高价免疫血清和抗原，并有统一的判定标准。

5）防治措施。猪瘟尚无有效的治疗药物和治疗方法。近年来，有人用干扰素、中草药的制剂进行猪瘟预防和治疗的试验，但未取得成功。抗生素与磺胺类药物基本无效。目前，唯一有效的治疗制剂是猪瘟高免血清，但也只限于对发病前期的猪有效，而对中、后期的病猪基本无效。

控制和消灭猪瘟是一项系统工程，必须多方面密切配合，运用有效的科技手段，坚持不懈地努力才能实现。前面提到，许多国家为了消灭猪瘟付出了高昂的代价，消耗了大量的人力、物力。按欧盟法规中有关猪瘟条例的规定不能采用疫苗接种，一旦发生猪瘟，立即圈定范围，实施全部扑杀（损失由政府补偿）、追踪传染源和可能接触物、限制来往、对受感染的猪场进行消毒。

近年来，我们研究与生产紧密结合，经反复研究、田间应用，探索出一整套比较符合我国国情、行之有效的猪瘟综合防治技术，取得了很好的效果。基本归纳为如下几个要点：①做好免疫，制定科学、合理的免疫程序，以提高群体免疫力，并做好免疫抗体的跟踪检测。②加强以净化种公猪、种母猪及后备种猪为主的净化措施，及时淘汰带毒种猪，铲除持续感染的根源，建立健康种群，繁育健康后代。③加强猪场的科学化管理，实行定期消毒。④采用全进全出计划生产，防止交叉感染。⑤加强对其他疫病的协同防治，如确诊有其他疫病存在，则还需同时采取其他疫病的综合防治措施。

6）猪瘟的免疫。猪瘟的免疫接种，包括被动免疫和主动免疫。被动免疫应用高免血清，主动免疫则有高免血清疫苗同时接种法、灭活组织疫苗和弱毒活疫苗。

（7）猪伪狂犬病。猪伪狂犬病是由疱疹病毒Ⅰ型引起的一种急性传染病。可导致：怀孕母猪发生流产、死亡、产木乃伊胎及弱仔；新生仔猪发生大批急性死亡，伴有呕吐、腹泻及发抖，震颤和运动失调等神经症状；免疫抑制猪只对其他疫病易感性增加，影响仔猪生长发育。

伪狂犬病毒属于疱疹病毒科（Herpesviridae）、猪疱疹病毒属，病毒粒子为圆形，直径150～180 nm，核衣壳直径为105～110 nm。病毒粒子的最外层是病毒囊膜，它是由宿主细胞衍生而来的脂质双层结构。囊膜表面有长8～10 nm呈放射状排列的纤突。

伪狂犬病毒是疱疹病毒科中抵抗力较强的一种。在37℃下的半衰期为7 h，8℃可存活46天，而在25℃干草、树枝、食物上可存活10～30天，但短期保存病毒时，4℃较－15℃和－20℃冻结保存更好。病毒在pH值4～9之间保持稳定。5%石炭酸经2 min灭活，但0.5%石炭酸处理32天后仍具有感染性。0.5%～1%氢氧化钠迅速使其灭活。对乙醚、氯仿等脂溶剂以及福尔马林和紫外线照射敏感。

1）流行病学。伪狂犬病毒在全世界广泛分布。伪狂犬病自然发生于猪、牛、绵羊、犬和猫，另外，多种野生家畜、肉食家畜也易感。水貂、雪貂因饲喂含伪狂犬病毒的猪下脚料也可引起伪狂犬病的暴发。实验家畜中家兔最为敏感，小鼠、大鼠、豚鼠等也能感染。关于人感染伪狂犬病毒的报道很少，并且都不是以病毒分离为报道依据。如土耳其及我国台湾曾报道有血清学反应阳性者。欧洲也曾报告数例因皮肤伤口接触病料组织而感染，主要表现为局部有发痒，未曾报告有死亡。最新的报道见于1992年，在波兰因直接接触伪狂犬病毒而感染的工人，首先是手部先出现短暂的瘙痒，后扩展至背部和肩部。

猪是伪狂犬病毒的贮存宿主，病猪、带毒猪以及带毒鼠类为本病重要传染源。不少学者认为，其他家畜感染本病与接触猪、鼠有关。

在猪场，伪狂犬病毒主要通过已感染猪排毒而传给健康猪，另外，被伪狂犬病毒污染的工作人员和器具在传播中起着重要的作用。而空气传播则是伪狂犬病毒扩散的最主要途径，但到底能传播多远还不清楚。人们还发现在邻近有伪狂犬病发生的猪场周围放牧的牛群也能发病，在这种情况下，空气传播是唯一可能的途径。在猪群中，病毒主要通过鼻分泌物传播，另外，乳汁和精液也是可能的传播方式。

除猪以外的其他家畜感染伪狂犬病毒后，其结果都是死亡。猪发生伪狂犬病后，其临床症状因日龄而异，成年猪一般呈隐性感染，怀孕母猪可导致流产、死胎、木乃伊胎和种猪不育等综合征候群。15日龄以内的仔猪发病死亡率可达100%，断奶仔猪发病率可达40%，死亡率20%左右；对成年肥猪可引起生长停滞、增重缓慢等。

伪狂犬病的发生具有一定的季节性，多发生在寒冷的季节，但其他季节也有发生。

2）临床症状。伪狂犬病毒的临诊表现主要取决于感染病毒的毒力和感染量，以及感染猪的年龄。其中，感染猪的年龄是最主要的。与其他家畜的疱疹病毒一样，幼龄猪感染伪狂犬病毒后病情最重。

新生仔猪感染伪狂犬病毒会引起大量死亡，临诊上新生仔猪第1天表现正常，从第2天开始发病，3～5天内是死亡高峰期，有的整窝死光。同时，发病仔猪表现出明显的神经症状、昏睡、鸣叫、呕吐、拉稀，一旦发病，1～2天内死亡。剖检主要是肾脏布满针尖样出血点，有时见到肺水肿、脑膜表面充血、出血。15 日龄以内的仔猪感染本病者，病情极严重，发病死亡率可达 100%。仔猪突然发病，体温上升达 41℃以上，精神极度委顿，发抖，运动不协调，痉挛，呕吐，腹泻，极少康复。断奶仔猪感染伪狂犬病毒，发病率在 20% ~40%，死亡率在 10% ~20%，主要表现为神经症状、拉稀、呕吐等。成年猪一般为隐性感染，若有症状也很轻微，易于恢复。主要表现为发热、精神沉郁，有些病猪呕吐、咳嗽，一般于 4 ~8 天内完全恢复。

怀孕母猪可发生流产、产木乃伊胎儿或死胎，其中以死胎为主，无论是头胎母猪还是经产母猪都发病，而且没有严格的季节性，但以寒冷季节即冬末春初多发。

伪狂犬病的另一发病特点是表现为种猪不育症。近几年发现有的猪场春季暴发伪狂犬病，出现死胎或断奶仔猪患伪狂犬病后，紧接着下半年母猪配不上种，返情率高达 90%，有反复配种数次都屡配不上的。此外，公猪感染伪狂犬病毒后，表现出睾丸肿胀、萎缩，丧失种用能力。

3）病理变化。伪狂犬病毒感染一般无特征性病变。眼观主要见肾脏有针尖状出血点，其他肉眼病变不明显。可见不同程度的卡他性胃炎和肠炎，中枢神经系统症状明显时，脑膜明显充血，脑脊髓液量过多，肝、脾等实质脏器常可见灰白色坏死病灶，肺充血、水肿和坏死点。子宫内感染后可发展为溶解坏死性胎盘炎。

组织学病变主要是中枢神经系统的弥散性非化脓性脑膜脑炎及神经节炎，有明显的血管套及弥散性局部胶质细胞坏死。在脑神经细胞内、鼻咽黏膜、脾及淋巴结的淋巴细胞内可见核内嗜酸性包涵体和出血性炎症。有时可见肝脏小叶周边出现凝固性坏死。肺泡间隔及小叶间质增宽，淋巴细胞、单核细胞浸润。

4）诊断鉴别。根据疾病的临诊症状，结合流行病学，可做出初步诊断，确诊必须进行实验室检查。同时要注意与猪细小病毒、流行性乙型脑炎病毒、猪繁殖与呼吸综合征病毒、猪瘟病毒、弓形虫及布鲁氏菌等引起的母猪繁殖障碍相区别。

①病毒分离鉴定。病毒的分离是诊断伪狂犬病的可靠方法。患病家畜的多种病料组织如脑、心、肝、脾、肺、肾、扁桃体等均可用于病毒的分离，但以脑组织和扁桃体最为理想，另外，鼻咽分泌物也可用于病毒的分离。病料处理后可直接接种敏感细胞，如猪肾传代细胞（PK－15 和 IBRS－2）、仓鼠肾传代细胞（BHK－21）或鸡胚成纤维细胞（CEF），在接种后 24 ~72 h 内可出现典型的细胞病变。若初次接种无细胞病变，可盲传 3 代。不具备细胞培养条件时，可将处理的病料接种家兔或小鼠，根据家兔或小鼠的临诊表现做出判定，但小鼠不如家兔敏感。分离到病毒后再用标准阳性血清做中和试验以确诊本病。

②组织切片荧光抗体检测。取患病家畜的病料如脑或扁桃体的压片或冰冻切片，用直接免疫荧光检查。其优点是快速，在几小时内即可获得可靠结果，对于新生仔猪，其敏感性与病毒分离相当，但对于育肥猪与成年猪，该法则不如病毒分离敏感。

③PCR 检测猪伪狂犬病病毒。利用 PCR 可从患病家畜的分泌物或组织病料中扩增猪伪狂犬病病毒的基因，从而对患病家畜进行确诊。PCR 与病毒分离鉴定相比，具有快速、敏感、特异性强等优点，能同时检测大批量的样品，并且能进行活体检测，适合于临诊诊断。

④血清学诊断。多种血清学方法可用于伪狂犬病的诊断，应用最广泛的有中和试验、酶联免疫吸附试验、乳胶凝集试验、补体结合试验及间接免疫荧光等。其中血清中和试验的特异性、敏感性都是最好的，并且被世界家畜卫生组织（OIE）列为法定的诊断方法。但由于中和试验的技术条件要求高、时间长，所以主要是用于实验室研究。酶联免疫吸附试验同样具有特异性强、敏感性高的特点，3～4h 内可得出试验结果，并可同时检测大批量样品，广泛用于伪狂犬病的临诊诊断。另外，近几年来，乳胶凝集试验以其独特的优点也在临诊上广泛应用，操作极其简便，几分钟之内便可得出试验结果。

⑤鉴别诊断。猪伪狂犬病病毒鉴别诊断方法是在使用基因标志疫苗的基础上应用的一类诊断方法。由于 PRV 中存在多个非必需糖蛋白基因，缺失这些基因的病毒突变株不能产生被缺失基因所编码的糖蛋白，但又不影响病毒在细胞上的增殖与免疫原性。将这种基因缺失标志疫苗注射家畜后，家畜不能产生针对缺失蛋白的抗体。因此，可通过血清学方法将自然感染野毒的血清学阳性猪与注苗猪区分开来。

5）防治措施。本病尚无特效治疗药物，紧急情况下，用高免血清治疗，可降低死亡率。疫苗免疫接种是预防和控制伪狂犬病的根本措施，目前国内外已研制成功伪狂犬的常规弱毒疫苗、灭活疫苗以及基因缺失疫苗（包括基因缺失弱毒苗和灭活苗），这些疫苗都能有效地减轻或防止伪狂犬病的临诊症状，从而减少该病造成的经济损失。

消灭牧场中的鼠类，对预防本病有重要意义。同时，还要严格控制犬、猫、鸟类和其他禽类进入猪场，严格控制人员来往，并做好消毒工作及血清学监测等，这样对本病的防治也可起到积极的推动作用。此外，对猪群采血做血清中和试验，阳性者隔离，以后淘汰。以 3～4 周为间隔反复进行，一直到两次试验全部阴性为止。另外一种方式是培育健康猪，母猪产仔断乳后，尽快分开，隔离饲养，每窝小猪均须与其他窝小猪隔离饲养。到 16 周龄时，做血清学检查（此时母源抗体转为阴性），所有阳性猪淘汰，30 日后再做血清学检查，把阴性猪合成较大群，最终建立新的无病猪群。

二、患传染病后的处理

1. 加强消毒，切断传染源

当某一养殖场畜舍内突然发现个别病畜或死畜，并疑为传染病时，在消除传染源后，对可疑被污染的场地、物品和同圈的牲畜进行消毒。可选用新洁尔灭、百毒杀、碱类等消毒剂。

对于病畜尸体和粪便污染应在指定地点作无害化处理。

2. 病畜隔离，尽快诊断病因

当发现新的传染病或口蹄疫等急性、烈性传染病时，应立即对养殖场封锁，病畜可根据具体的情况将其转移至病畜隔离舍进行诊断和治疗，或将其焚烧和深埋。

3. 紧急接种，保护易感畜群使其尽早产生自动抗体

当养殖场疑发生传染病时，对假定健康家畜进行紧急预防接种，保护易感畜群使其尽早产生自动抗体。紧急接种是指在发生传染病时，为了迅速控制和扑灭疫病流行而对受威胁的尚未发病的畜群采取的应急性免疫接种。严格来说紧急接种只适用于正常无病的家畜，而对发病和已经感染处在潜伏期的家畜只能在严格消毒的情况下隔离，不能再接种疫苗，因为已受感染再接种疫苗后不仅不会获得保护，反而会促使它更快地发病。采用疫苗紧急接种一般在接种后很快产生抵抗力，发病病例数不久即可下降使流行停息。

4. 投药拌料，控制继发感染

当养殖场疑发生传染病时，适当地在饲料中添加可预防某些传染病的药物，提高机体的抵抗能力，并控制畜群继发感染。

5. 加强饲料营养，增加抗病力

家畜的营养标准是在正常生产条件下制定的，但在发病过程中，家畜对某些营养物质的需要量特别是免疫系统的营养需求量相应提高，这就可能造成这些营养物质的相对缺乏，免疫系统的功能受到影响。即营养物质的缺乏对免疫系统的影响比对生长的影响更明显，因此容易发生各种传染病。

能特异性损伤免疫系统发育的营养缺乏包括亚油酸、维生素 A、维生素 E、铁、锌、硒和几种 B 族维生素等。因此，在疾病或应激反应过程中，添加足够的维生素、微量元素等，可提高家畜的抵抗力和加快疾病的恢复。

6. 对症治疗，降低死亡率

根据不同的传染病采取不同的治疗方案，对症治疗，这样才能有效地降低病畜的死亡率。对症治疗是使用药物减缓或消除某些严重的症状，调节和恢复机体的生理机能。如高热疫病需要退热，呼吸障碍疫病需要止咳平喘，腹泻的疫病需要在消炎的前提下补液或收敛止泻。例如某猪场疑为猪瘟时，在舍内彻底大消毒和猪体消毒，然后接种猪瘟兔化弱毒苗。

7. 降低饲养密度，保持环境卫生

当养殖场疑发生传染病时，隔离的家畜要降低饲养密度，提供健康的环境。所建养殖场应远离村庄和其他同类家畜养殖场，养殖场周围须有围墙，防止其他动物进入场内，养殖场生活区外的入口处设置一消毒池，每天或间隔一天换消毒液，供进出场人员和车辆消毒。养殖场四周应有排水沟，以保持畜舍地下水位低，地面干燥。每次出售活畜后，对外来车辆和人员行走过的地方必须进行全面清洗，消毒每栋畜舍门口，特别是产房、保育舍门口必须设置消毒槽，每天或间隔一天换消毒液，进入者需将鞋底消毒。对畜舍内的设备，特别是与家畜直接接触的用具，例如料槽及水槽，必须每日清洗，堆积粪便处，每两个月撒石灰粉一次。

8. 定期灭鼠，杀蚊虫，除苍蝇，驱虫

转群前的种畜和断乳第三周后的仔畜，均需用药驱虫，后备母畜配种前也要驱虫，母畜应于产前 2 周先驱虫再进入产房。以后应每间隔一定时间驱虫一次，驱虫时根据具体情况选用适宜的药物。

鼠类能传播许多疫病，所以要求灭鼠。灭鼠可采用机械捕鼠、投药灭鼠。但在存放饲料的地方用机械捕鼠的方法为宜。

除苍蝇主要是做好粪污无害化处理和清理水渠，减少蝇类滋生环境。发现蝇类滋生环境，可用敌百虫喷洒。

为了减轻其他害虫骚扰猪群，可在场内空旷地区设置灯光诱杀飞蛾等昆虫，可起到减少传播媒介的作用。

三、病畜护理

1. 勤观察，做记录

生产中必须做到勤观察，家畜的精神、被毛、食欲等可反映家畜的健康与疾病状态。例如，看神态，健康的猪精神好，尾巴上翘并甩动自如；病猪精神萎靡，行动迟缓，喜卧不动，尾巴下垂。看食欲，健康的猪食欲旺盛；病猪食欲突然减退，吃食习惯反常甚至停食。若家畜的食欲减退，喜欢饮水，则多为热性病。看皮毛，健康的猪皮毛光滑，皮肤有弹性；若猪的皮毛干枯、粗乱、无光，则是营养不良。若猪的皮肤上出现红斑或红点，有可能是猪瘟、猪丹毒、猪肺疫或猪副伤寒等传染病；若猪的皮肤肥厚粗糙，有落屑发痒现象，则多为疥癣和湿疹；如猪有异常脱毛或秃毛，常有慢性病或皮肤病。看眼睛，健康的猪两眼明亮有神；有病的猪眼睛无神，流泪且带眼屎，眼结膜充血潮红。看鼻液，健康的猪没有鼻液；若猪流清涕，多为风寒感冒，鼻液黏稠的是肺部有发热表现，鼻液含泡沫的患有肺水肿或慢性支气管炎等疾病。看鼻突，鼻突清亮、光洁、湿润的为健康猪；若猪的鼻突干燥或龟裂，多是有高热和严重脱水的表现。看体温，健康的猪体温一般在37.5～38.5℃；体温过高，多系有传染病，体温过低则可能是营养不良、贫血或有寄生虫。看粪便，健康的猪粪便柔软湿润，呈圆柱状，没有特殊气味。若猪的粪便干硬、量少，多为热性病；若猪的粪便稀薄如水或呈稀泥状，排粪次数明显增多或者大便失禁，多为肠炎或肠道寄生虫感染；若仔猪排出灰白色、灰黄色或黄绿色水样粪便并带腥臭味，多为白痢、猪瘟、猪丹毒或猪肺病等传染病，粪便中常混有黏液、脓液或血液等。看尿液，健康的猪尿液无色、透明，无异常气味；病猪的尿液少，颜色发黄。看睡姿，健康的猪一般是侧睡，肌肉松弛，呼吸均匀；病猪常常整个身体贴在地上，疲倦不堪地俯睡，如果呼吸困难，还会像狗一样坐着。

2. 及时隔离病畜

当发现疑似传染病时，应立即对养殖场封锁，病畜可根据具体的情况将其转移至病畜隔离舍进行诊断和治疗，或将其焚烧和深埋。

3. 搞好病畜栏舍的卫生消毒

畜舍要经常除粪，每日一次，并保持干燥。夏天可以增加除粪次数，打扫后用水冲洗。但冬季或分娩舍和保育舍不宜用水冲洗，应保持干燥，可采用石灰粉处理粪便，用高压水枪冲洗即可。

4. 做好病畜的保温通风

维持适当的畜舍温度和通风，如夏季要适当降温、冬季适当提高舍温；保持畜舍安静、干爽清洁。

5．正确治疗

对于传染病虽然以“预防为主”，但有时发生传染病采取一些治疗措施也是必要的。通过治疗，一方面可以使发病畜群减少死亡，挽救一部分损失，另一方面也可以消除传染源。

特异性高免血清疗法：这种方法适用于某些急性传染病，如猪瘟、猪丹毒、猪肺疫等。

抗菌药物治疗：主要包含四环素类、氨基糖苷类、青霉素类、大环内酯类抗生素。

6．饲料营养全面，易消化吸收

改善饲料的适口性，如猪改干喂为湿喂，也可在饲料里添加一点甜味或香味剂，并要少喂勤添；对发热性的病猪，可以适当喂给瓜、果、蔬菜等，避免病猪便秘。对牛、羊可饲喂易消化的清洁、多汁青绿饲料。

加强饮水管理，在病畜舍内有必要增添临时饮水设施，以满足病畜的饮水需要；饮水应当新鲜而清洁；如使用磺胺类药物治疗时，一定要提供充足的饮水；对于患传染性胃肠炎等严重影响吸收的疫病病畜，可以适当控制食物的摄入量。

四、养殖场常见疫病免疫

1．牛主要疫病免疫

牛主要传染病的疫苗接种程序可参考表6—2进行。

表6—2　　牛主要传染病免疫程序

	接种日龄	疫苗名称	接种方法	免疫期及备注
犊牛	5	牛大肠杆菌灭活苗	肌注	建议做自家苗
	80	气肿疽灭活苗	皮下	7个月
	120	2号炭疽芽孢苗	皮下	1年
	150	牛O型口蹄疫灭活苗	肌注	6个月，可能有反应
	180	气肿疽灭活苗	皮下	7个月
	200	布鲁氏菌病活疫苗（猪2号）	口服	2年，牛不得采用注射法
	240	牛巴氏杆菌病灭活苗	皮下或肌注	9个月，犊牛断奶前禁用
	270	牛羊厌气菌氢氧化铝灭活苗	皮下或肌注	6个月，或用羊产气荚膜梭菌多价浓缩苗，可能有反应
	330	牛焦虫细胞苗	肌注	6个月，最好每年3月接种

续表

	接种日龄	疫苗名称	接种方法	免疫期及备注
成年牛	每年3月	牛O型口蹄疫灭活苗	肌注	6个月，可能有反应
		牛巴氏杆菌病灭活苗	皮下或肌注	9个月
		牛羊厌气菌氢氧化铝灭活苗	皮下或肌注	6个月，或用羊产气荚膜梭菌多价浓缩苗，可能有反应
		气肿疽灭活苗	皮下	7个月
		牛焦虫细胞苗	肌注	6个月
		牛流行热灭活苗	肌注	6个月
	每年9月	牛O型口蹄疫灭活苗	肌注	6个月，可能有反应
		牛巴氏杆菌病灭活苗	皮下或肌注	9个月
		气肿疽灭活苗	皮下	7个月
		2号炭疽芽孢苗	皮下	1年
		牛羊厌气菌氢氧化铝灭活苗	皮下或肌注	6个月，或用羊产气荚膜梭菌多价浓缩苗，可能有反应

2. 羊主要疫病免疫

羊的主要传染病疫苗接种程序可参考表6—3进行。

表6—3　　羊主要传染病免疫程序

疫苗名称	疫病种类	免疫时间	免疫剂量	注射部位	备注
羔羊痢疾氢氧化铝菌苗	羔羊痢疾	怀孕母羊分娩前20～30天和10～20天各注射1次	分别为每只2 mL和3 mL	两后腿内侧皮下	羔羊通过吃奶获得被动免疫，免疫期5个月
羊三联四防灭活苗	快疫、猝狙、肠毒血症、羔羊痢疾	每年于2月底3月初和9月下旬分2次接种	1头份	皮下或肌肉注射	不论羊只大小
羊痘弱毒疫苗	羊痘	每年3—4月份接种	1头份	皮下注射	不论羊只大小
羊布病活疫苗（S2株）	布氏杆菌病		1头份	口服	不论羊只大小
羔羊大肠杆菌疫苗	羔羊大肠杆菌病		1 mL	皮下注射	3月龄以下
			2 mL		3月龄以上

续表

疫苗名称	疫病种类	免疫时间	免疫剂量	注射部位	备注
羊口蹄疫苗	羊口蹄疫	每年3月和9月	1 mL	皮下注射	4月龄~2年
			2 mL		2年以上
口疮弱毒细胞冻干苗	山羊口疮	每年3月和9月	0.2 mL	口腔黏膜内注射	不论羊只大小
山羊传染性胸膜肺炎氢氧化铝菌苗	山羊传染性胸膜肺炎		3 mL	皮下或肌肉注射	6月龄以下
			5 mL		6月龄以上
羊链球菌氢氧化铝菌苗	山羊链球菌病	每年3月和9月	3 mL	羊背部皮下	6月龄以下
			5 mL		6月龄以上

3. 猪主要传染病的免疫程序

(1) 后备公母猪的免疫程序。口蹄疫疫苗（高效苗）：配种一周前，二次注射，间隔时间为28天或以上，每次为2头份。猪瘟疫苗：配种前一次注射，每次为2头份。伪狂犬病疫苗：配种前一次注射，每次为2头份。细小病毒疫苗或钩端—细小—猪丹毒三联苗：配种两周前二次注射，间隔时间为不少于14天，每次为2头份。乙脑疫苗：配种两周前二次注射，间隔时间为不少于14天，每次为2头份。大肠杆菌疫苗：二次注射，分别在产前5周和2周时，每次为2头份。“蓝耳病”疫苗：配种两周前二次注射，间隔时间为14天，用灭活苗，每次为2头份。

(2) 公猪的免疫程序。猪瘟、伪狂犬、猪丹毒、猪肺疫等疫苗：春、秋各一次防疫，每次为2头份。口蹄疫疫苗：一年三次，每四个月一次，每次为2头份。“蓝耳病”疫苗：每年春秋各一次注射，用灭活苗，每次为2头份。各场应视各自的情况来决定使用与否。

(3) 经产母猪的免疫程序。口蹄疫疫苗（高效苗）：产后2周一次注射，每次为2头份。猪瘟疫苗：产后1周一次注射，每次为2头份。伪狂犬病疫苗：产前1个月一次注射，每次为2头份。细小病毒疫苗或钩端—细小—猪丹毒三联苗：产后两周一次注射，每次为2头份。大肠杆菌疫苗：在产前2周一次注射（如有必要），每次为2头份。“蓝耳病”疫苗：产前60~70天一次注射，用灭活苗，每次为2头份。

(4) 商品猪的免疫程序。超前免疫猪瘟疫苗2 mL（2头份）（大部分猪场可不进行）。3日龄补铁（注牲血素之类）1 mL（100~150 mg）。7日龄气喘病疫苗（瑞必治）1~2 mL。21日龄气喘病疫苗（瑞必治）复免，2 mL。21~25日龄注蓝耳病组织疫苗2 mL（1头份弱毒苗）。25日龄注兔化猪瘟疫苗2 mL（2头份）。30日龄，仔猪副伤寒疫苗1头份。35日龄，伪狂犬病疫苗1 mL。40日龄，链球菌疫苗2头份。55日龄，猪三联苗（猪丹毒—猪瘟—猪肺疫）2头份，或兔化猪瘟疫苗2 mL（2头份）。60日龄，口蹄疫浓缩苗2 mL。90日龄，口蹄疫浓缩苗3 mL（3头份），驱虫。

4. 预防接种时注意事项

(1) 要了解被预防畜群的年龄、妊娠、泌乳及健康状况，体弱或原来就生病的羊预防后可能会引起各种反应，应说明清楚，或暂时不打预防针。

（2）对怀孕后期的动物应注意了解，如果怀胎已逾后期，应暂时停止预防注射，以免造成流产。

（3）对半月龄以内的羔羊，除紧急免疫外，一般暂不注射。

（4）预防注射前，对疫苗有效期、批号及厂家应注意记录，以便备查。

（5）对预防接种的针头，应做到一头一换。

5. 影响免疫效果的因素

在接种疫苗的家畜群体中，不同个体的免疫应答程度都有差异，有的强一些，有的较弱，免疫应答的强弱或水平高低呈正态分布，因而绝大部分家畜在接种疫苗后都能产生较强的免疫应答，但因个体差异，会有少数家畜应答能力差，因而在有强毒感染时，不能抵抗攻击而发病。如果群体免疫力强，则不会发生流行病；如果群体抵抗力弱，则会发生较大的流行病。

影响疫苗免疫效果的因素主要有：

（1）遗传因素。机体对接种抗原的免疫应答在一定程度上是受遗传控制的，因此，不同品种甚至同一品种的不同个体的家畜，对同一种抗原的免疫反应强弱也有差异。

（2）营养状况。维生素、微量元素、氨基酸的缺乏都会使机体的免疫功能下降。例如，维生素 A 缺乏会导致淋巴器官的萎缩，影响淋巴细胞的分化、增殖，受体表达与活化，导致体内的 T 淋巴细胞、NK 细胞数量减少，吞噬细胞的吞噬能力下降。

（3）环境因素。环境因素包括家畜生长环境的温度、湿度、通风状况、环境卫生及消毒等。如果环境过冷过热、湿度过大、通风不良都会使机体出现不同程度的应激反应，导致机体对抗原的免疫应答能力下降，接种疫苗后不能取得相应的免疫效果，表现为抗体水平低、细胞免疫应答减弱。环境卫生和消毒工作做得好可减少或杜绝强毒感染的机会，使家畜安全度过接种疫苗后的诱导期。只有环境搞得好，才能大大减少家畜发病的机会，即使抗体水平不高也能得到有效的保护。如果环境差，存有大量的病原，即使抗体水平较高也会存在发病的可能。

（4）疫苗的质量。疫苗质量是免疫成败的关键因素。弱毒疫苗接种后在体内有一个繁殖过程，因而接种的疫苗中必须含有足够量的有活力的病原，否则会影响免疫效果。灭活苗接种后没有繁殖过程，因而必须有足够的抗原量做保证，才能刺激机体产生坚强的免疫力。保存与运输不当会使疫苗质量下降甚至失效。

（5）疫苗的使用。在疫苗的使用过程中，有很多因素会影响免疫效果，例如疫苗的稀释方法、水质、雾滴大小、接种途径、免疫程序等都是影响免疫效果的重要因素。

（6）病原的血清型与变异。有些疾病的病原含有多个血清型，给免疫防治造成困难。如果疫苗毒株（或菌株）的血清型与引起疾病病原的血清型不同，则难以取得良好的预防效果。因而针对多血清型的疾病应考虑使用多价苗。针对一些易变异的病原，疫苗免疫往往不能取得很好的免疫效果。

（7）疾病对免疫的影响。有些疾病可以引起免疫抑制，从而严重影响了疫苗的免疫效果，比如鸡群感染马立克氏病病毒（MDV）、传染性法氏囊病病毒（IBDV）、鸡传染性贫血因子（CAA）等都会影响其他疫苗的免疫效果，甚至导致免疫失败。另外，家畜的免疫缺陷病、中毒病等对疫苗的免疫效果都有不同程度的影响。

（8）母源抗体。母源抗体的被动免疫对新生家畜是十分重要的，然而对疫苗的接种也带来一定的影响，尤其是弱毒疫苗在免疫家畜时，如果家畜存在较高水平的母源抗体，会严重影响疫苗的免疫效果。鸡新城疫、马立克氏病、传染性法氏囊病的免疫都存在母源抗体的干扰问题，需测定雏鸡的母源抗体水平来确定首免日龄。

（9）病原微生物之间的干扰作用。同时免疫两种或多种弱毒疫苗往往会产生干扰现象，给免疫带来一定的影响。

6. 防止和减少生产应激

在养殖过程中的应激是生产过程中不可避免的问题，如重视不够将造成严重的影响，应激造成的危害既有单一的，也有综合的，且其影响是多方面的。如能针对不同的具体情况，妥善做好各项预防措施，必将大大降低应激引起的不必要的损失。在生产中可以采取以下预防措施：

（1）挑选抗应激品种。不同的品种对应激的敏感性不同，购买、引进时，应注意挑选抗应激性能强的品种。

（2）畜舍管理要科学合理，改善舍内环境条件。搞好通风要做到对风扇和通风口应能随意控制，还要考虑局部风的强度，高速的局部气流可使家畜感到寒冷而引起应激。如进风口位置不当，门没关好，门窗破了或者墙上和帘子上有洞，风速都会增强，这样家畜就会发生呼吸系统疾病，即便天气炎热，也要对风速加以控制。控制舍内温度，理想的温度条件下牲畜任何时间都会感到舒适。酷热和寒冷都会造成应激，降低家畜的免疫力，增加发病概率。应保证新断奶仔畜舍足够温暖。家畜对温度的需求随着年龄的增长而降低，养殖户要制定逐渐降温的计划或办法，更要严格按照规定实施。不可忽略饮水消毒，饮水消毒可减少水中病原对牲畜造成的应激，减少家畜发病，提高家畜的健康水平。最好是采用地下水或不含有害物质和微生物的水，同时要注意随时供应清洁充足的饮水，以满足家畜的需要。饲养密度是否合理影响家畜的发育状况，过大的饲养密度还会导致家畜的肺炎。密度变化依气候不同，夏季应尽可能小，冬季可稍大一些，但每个圈舍内应有总面积2/3的干燥地面用于躺卧和休息。无论是水泥地面还是裸露的地面，都要保证睡眠区的清洁、干燥和舒适，从而减少家畜的应激。

（3）合理分配饲料营养。根据家畜的不同生长期，科学地配给日粮。饲料营养水平要能满足家畜的需要。不喂发霉变质饲料，饮水要清洁消毒，饲槽及水槽设施充足，注意卫生，避免抢食争斗及采食不均。同时可在以下方面做好工作：在生长猪日粮中加入2%植物油，并相应降低碳水化合物的含量，从而可以减少猪体增热，减轻猪的散热负担，可缓解高温应激。有报道认为平衡氨基酸、降低粗蛋白摄入量是缓解猪热应激的重要措施。喂给赖氨酸代替天然的蛋白质对猪有益，因为赖氨酸可减少日粮的热增耗。炎热气候条件下，若以理想蛋白质为基础，增加日粮中赖氨酸含量，饲料转化率可得到改进，猪生产性能、胴体品质与常规日粮相比，无显著差异。添加维生素，主要包括维生素C、维生素E、维生素A、维生素B_{12}和生物素。使用微量元素，补铬对抗应激、提高生产性能、调节内分泌功能、影响免疫反应及改善胴体品质均具有一定作用。铜具有抗微生物特性，而且铜与抗菌剂合用可起到协同作用。仔猪日粮中添加砷制剂能有效地控制腹泻，提高增重。硒是畜禽体内谷胱甘肽过氧化酶（GSH－PX）的组成成分，通过此酶把过氧化物变成无害的醇类，以防止细胞脂膜的不饱和脂肪酸受过氧化物的侵害，添加有机硒有积极效果。

（4）药物防治应激。为了提高机体的抗应激能力，防治应激，可通过饲料和饮水或其他途径给予抗应激药物。抗应激药物是目前抗应激研究中最活跃的领域，已取得了长足的发展。在应激状态下，由于糖皮质激素浓度过高，会导致机体蛋白质分解、高血糖症，同时机体胰岛素水平低下。此时须通过特异性的药物干预，控制机体的代谢紊乱。

（5）预防运输、屠宰时发生应激。运输前最好禁食，可在 300 kg 饮水中添加 100 g 应激素，可预防在运输中拥挤、日晒、风吹和雨淋等不利因素的影响。候宰时间长短要适当。

单元测试题

一、名词解释

1．免疫接种　2．药物预防　3．隔离　4．封锁　5．应激

二、填空题（请将正确答案填在横线空白处）

1．碱类消毒剂主要包括______、______、苛性钾等，一般具有较好的消毒效果。

2．卤素类消毒剂主要有______、碘酊、次氯酸钠溶液、氯胺等。

3．免疫程序要根据本地区______，结合年龄、健康状况、抗体水平和饲养管理水平，以及使用疫苗的______和免疫途径等方面的因素制定。

4．生产上使用的疫苗主要有传统的______、弱毒疫苗以及现代的基因工程疫苗。

5．羔羊痢疾氢氧化铝菌苗是用来预防羔羊痢疾的，接种对象为________，羔羊通过______获得母源抗体。

6．羊口疮弱毒细胞冻干苗预防羊口疮，______注射。

三、简答题

1．简述在羊场综合防疫措施实施中，搞好环境卫生的主要措施。

2．简述病死羊尸体的无公害化处理方法。

3．简述运输应激的控制措施。

4．简述猪场的总体布局要求。

5．简述猪场常用的消毒剂种类及使用方法。

6．猪场污染物排放设备种类有哪些？

7．在猪场实际生产中如何降低排泄物的恶臭和有害物质的浓度？

8．简述猪场的卫生管理要点。

9．简述饲料原料的贮存方法。

10．影响猪免疫效果的因素有哪些？

11．怎样护理病猪？

12．猪患传染病后怎样处理？

单元测试题答案

一、名词解释（略）

二、填空题

1. 烧碱　生石灰
2. 漂白粉
3. 动物疫病流行病学情况　性能
4. 灭活疫苗
5. 母羊　吃奶
6. 口腔黏膜内

三、简答题（略）

第三部分

高　级

第7单元

家畜的饲养

本单元培训要求是在掌握并领会初、中级家畜饲养工“家畜的饲养”方面的知识基础上进行学习，同时对高级家畜饲养工在理论学习、运用方面也提出了更高要求。

本单元介绍了“家畜的营养需要和饲料调制、家畜的喂饮设备的组成及使用原理、肉用家畜的育肥和日粮配制技术”方面的理论知识和应用方法。

通过培训，高级家畜饲养工应该掌握并领会“家畜的饲养”方面的基本理论，具备高级专业技术人员的理论实践基础。同时，建立正确的饲养观念，具有独立饲养家畜并就常规饲养中出现的问题能进行独立分析、解决的能力。

第一节　家畜的营养需要和饲料调制

→ 掌握家畜不同阶段的消化生理特点和营养需要

→ 了解家畜不同阶段的饲料调制技术

简单地说，家畜的饲养标准就是它们对营养的需要量。它是根据其品种、性别、体重、生理状况、生产目的等因素，科学合理地规定每天应从饲料中获得的各种营养物质的数量，尽可能做到日粮营养水平的全价和符合生长发育、妊娠和生产畜产品等各方面的需求。

饲养标准是家畜标准化饲养管理的技术指南和科学依据，能够有效提高家畜的生产效率，同时能够提高饲料资源的利用率，减少浪费，帮助饲养者计划和组织，并提高饲养技术的水平。

一、牛、羊的消化生理特点和营养需要

1. 牛、羊的消化生理特点

牛、羊属于反刍动物，与非反刍动物猪相比，具有许多独特的消化生理功能。

（1）具有复式胃。反刍动物的胃由瘤胃、网胃、瓣胃和皱胃构成。通常把前三个胃称前胃，前胃中起主要作用的是瘤胃，尽管瘤胃无消化腺，不能分泌消化液，但却由于瘤胃微生物的作用，使其能够消化大量的饲料。皱胃具有消化腺，可以分泌消化液消化饲料。

（2）瘤胃容积大，是贮存饲料的大仓库，牛约为150 L，羊约为23 L，占胃总容积的79%，占整个消化道容积的70%。牛、羊把采食的饲料于瘤胃中临时贮存，休息时，再通过反刍慢慢消化。

瘤胃不断地运动，能使饲料与微生物充分地接触，能使粗硬的饲料变得柔软、易于消化，与此同时，瘤胃中还有微生物，是消化和合成饲料的大发酵罐，瘤胃内寄生着60多种微生物，每毫升瘤胃内容物中含有100亿~500亿细菌和100万~200万纤毛原虫，这些微生物对畜体饲料的消化和营养需要的供应具有十分重要的作用，以下是反刍动物的瘤胃微生物对需要的营养物质进行消化后的利用。

1）促进饲料中粗纤维消化。瘤胃微生物能分泌消化酶，能使饲料中粗纤维被分解为低级脂肪酸（乙酸、丙酸、丁酸）而被畜体利用。一般瘤胃对饲料粗纤维的消化率为5%～75%，有时可高达90%。而单胃畜禽猪、鸡等，只有5%～25%。

2）将质量差的植物蛋白质转化为质量好的微生物蛋白质，瘤胃微生物能将生物学价值低的植物蛋白（如玉米、高粱蛋白质）转化成生物学价值高的微生物蛋白质，这些微生物蛋白质随食糜进入皱胃和小肠后被消化吸收和利用。

3）将非蛋白氮合成为蛋白质。瘤胃微生物能够利用饲料中含氮的非蛋白质物质，合成为自身蛋白质，当这些微生物随食糜进入皱胃和小肠后，则被消化吸收和利用。这就是反刍动物能够利用尿素等非蛋白氮的原因。

4）能合成B族维生素和维生素K。瘤胃微生物能合成维生素B_1、B_2、B_{12}和K，所以在反刍动物的日粮中一般情况不必另外补充这几种维生素。

（3）具有反刍的功能。反刍动物摄食饲料，一般不经充分咀嚼就吞咽入瘤胃，饲料先在瘤胃中与水和唾液混合后被揉磨、浸泡、软化、发酵，经过一段时间再把饲料送回口腔仔细咀嚼，然后再进入瘤胃进行消化和吸收，这个过程称反刍，反刍可以把食物嚼碎，增加食物与瘤胃微生物的接触面积，促进微生物对食糜的发酵分解。

（4）具有长的消化道。以羊为例，其肠道约为35 m，是其体长的25～30倍。肠道长，则饲料通过消化道的时间长，饲料的消化吸收率高。

（5）采食饲料的能力强。羊、牛嘴巴尖长，口唇灵活，门齿发达，颜面细长，采食饲料特别是粗饲料的能力强。

从上述可见，由于反刍动物具有独特的消化生理功能，因而它能够利用粗纤维含量高的粗饲料。

2. 牛、羊不同阶段营养的需要

营养需要是指反刍动物在适宜环境条件下，正常、健康生长或达到理想生产成绩，对各种营养物质种类和数量的需求为最低标准。它包括以下几个方面：

（1）维持需要。维持需要是指牛在维持一定体重的情况下，保持生理功能正常所需的营养。营养供应是维持最低限度的能量和修补代谢中损失的组织细胞、保持基本体温所需的营养。处于这种状态下的反刍动物是很少的，只有成年不配种的公牛、公羊和未怀孕又不泌乳的母牛或母羊，比较接近维持需要，但实际上并不存在。通常情况下反刍动物所采食的营养有1/3到1/2用在维持上，维持上需要的营养越少越经济。

影响维持需要的因素主要有运动、气候、卫生环境、个体大小、习性、生产管理水平等。例如，肉牛对气候适宜的范围为7～27℃，而奶牛为10～16℃，除此范围以外，需要更多的营养来维持正常生理机能和生命活动。

（2）生长需要。生长需要是指满足家畜的体躯骨骼、肌肉、内脏器官及其他部位体积增加所需的营养。在经济上具有重要意义的是肌肉、脂肪和乳房发育所需要的营养，这些营养需要随畜体的年龄、品种、性别及健康状况而异。

（3）繁殖需要。对于母畜来说，繁殖需要指母畜能正常生育所需的营养，包括使母畜正常受孕及在怀孕后期增膘，保证出生幼畜体重的营养需要和有利产后再孕的营养需要。

(4) 泌乳需要。泌乳需要是指妊娠母畜生产后为给幼畜提供足够乳汁所需的营养。

(5) 育肥需要。育肥需要是指为了增加家畜的肌肉、皮下和腔脏间脂肪储存所需的营养。

反刍动物的营养需要，根据其品种、年龄、性别、生产目的和生产性能的不同而有差异，但都需要水、能量、蛋白质、矿物质和维生素。

二、猪的生理特点和营养需要及饲料调制

1. 仔猪的生理特点和营养需要及饲料调制

生长发育快和生理上不成熟，从而造成难养，成活率低。生长发育快，代谢机能旺盛，利用养分能力强，因此，仔猪对营养物质需要数量多，对营养不全的饲料反应特别敏感，对仔猪必须保证各种营养物质的供应充分，是由于消化器官不发达，特别是肠胃还不发达，消化机能不完善，仔猪出生时胃内仅有凝乳酶，胃蛋白酶很少，由于胃底腺部缺乏游离盐酸，胃蛋白酶没有活性，不能很好地消化蛋白质，特别是植物性蛋白质。这时只有肠腺和胰腺发育比较完善，胰蛋白酶、肠淀粉酶和乳糖酶活性较高，食物主要是在小肠内消化，所以，初生仔猪只能吃奶而不能完全利用植物性饲料，哺乳后期应当供给一些易消化的饲料。生长时期的仔猪其维持需要量是随着体重的增加而增加。生长的需要量是由日增重、增重内容和营养物质的利用率决定的。其日增重从绝对量上看，从出生后就一直增加。从相对量上看，它的日增重分两种情况：其生长转缓点之前生长速度逐渐增加；生长转缓点之后生长速度逐渐下降。增重内容上相对地说，是水分、蛋白质随年龄、体重的增加而逐渐减少，脂肪逐渐增加。营养物质利用上是蛋白质、矿物质等养分的利用率随年龄增加而明显降低。因此，在实际饲养中，充分利用幼龄阶段和生长前期的生长速度快，养分利用率高，维持消耗少，生产蛋白多，沉积脂肪少的特点和优势很重要。虽然此时对饲料条件要求较高，即可消化能值高、蛋白质含量高且品质好等，但此时体重小、采食量也少。

所以，由于仔猪消化系统不健全，开食料中的蛋白质饲料的选择显得非常重要。目前发达国家仔猪的开食料多以乳制品为主，但因这些乳制品价格高、不易制料，且供应得不到保证，使得科学家们正在寻找乳制品的替代品，如大豆蛋白、奶酪制品、喷雾干燥血浆蛋白和喷雾干燥粉等。豆粕中含有抗营养因子，如胰蛋白酶抑制因子，血球凝集素及一些碳水化合物和蛋白质的复合物。例如，豆粕在加工过程中，可将多数抗胰蛋白酶抑制因子失活，但不能除去碳水化合物与蛋白质的复合物，这类复合物被认为是早期断乳仔猪采食豆粕过敏的原因。断奶仔猪对大豆蛋白的过敏反应，是由豆粕日粮中的抗原蛋白引起，如大豆球蛋白等这些物质常常导致消化异常，包括肠蠕动失调，肠黏膜炎症反应，小肠绒毛脱落，消化能力下降。现在已有多种深加工的大豆蛋白产品，包括大豆粉、浓缩大豆粉和分离大豆蛋白。相关研究的结果表明，大豆蛋白的进一步深加工能减轻过敏反应，增加肠绒毛长度，与豆粕相比，能提高营养物质的消化率和生产性能。因此，用大豆浓缩物替代部分乳清粉，猪只增重快，断乳应激小。奶

酪产品是奶酪食品加工业的一种副产品，试验结果表明，用奶酪产品替代脱脂奶粉会降低饲料的适口性、养分的消化率和生长速度，用喷雾干燥血浆粉和喷雾干燥血粉与乳糖可替代断乳仔猪日粮中的脱脂奶粉和乳清粉。早期断乳仔猪日粮中添加6%的喷雾干燥猪血浆蛋白粉时，效果最好，但是添加量超过8%时，日粮中必须补充合成氨基酸。大量研究证明，仔猪腹泻与日粮中的高蛋白质水平有关。所以，仔猪开食料的合理配制，不仅要考虑消化能、蛋白质和氨基酸等养分的浓度，而且要根据断奶仔猪对蛋白质的消化适应性和蛋白质对其适应性的刺激作用程度来选择蛋白质源。为减轻腹泻程度，避免饲料中蛋白质含量过高，尤其是某一种植物性蛋白质的含量不能太高。实践证明，低蛋白日粮可减少断乳仔猪营养性痢疾，改善饲喂效果。日粮粗蛋白水平一般以18%为宜。

乳猪饲粮必须具备营养性、适口性和抗病性的统一，所谓营养性就是饲粮必须营养全价平衡，满足仔猪能量、蛋白质、维生素、矿物质营养需要。饲粮中粗蛋白为18%～20%，赖氨酸为1.0%，钙为0.75%～0.85%，磷为0.55%～0.65%，微量元素和维生素按需供给。仔猪8周龄后适口性指所配制的饲粮加工精细，多种搭配，香甜可口，仔猪爱吃，促进食欲，增加采食量，最大限度地满足生长的营养需要。抗病性是饲粮中必须添加非营养性抗生素，提高仔猪的抗病力，防止下痢，促进生长。当然营养性是基础，适口性和抗病性是保证条件。

仔猪断奶后，生长所需营养完全靠采食饲粮而获得。再加上仔猪消化能力还不十分健全，饲粮的营养好坏直接影响仔猪的生长发育。所以，此阶段饲粮要求营养全面完善，适口性要好，易于消化，建议饲粮营养水平为：消化能12.12～12.59 MJ/kg，粗蛋白18.0%，赖氨酸0.7%～0.78%，钙0.61%～0.74%，磷0.5%。

2. 母猪的营养需要及饲料调制

（1）后备母猪。对于后备母猪的饲养要求是能正常生长发育，保持不肥不瘦的种用体况。适当的营养水平是后备种猪生长发育的基本保证，过高、过低都会造成不良影响。日粮中的营养水平和营养物质含量应根据后备种猪生长阶段不同而异。要注意能量和蛋白质的比例，特别要满足矿物质、维生素和必需氨基酸的供给，切忌用大量的能量饲料饲喂，防止后备种猪过肥影响种用价值。

断奶后的仔猪应立即选留后备母猪，喂营养全面的优质日粮，才能使后备母猪发育良好，尽早受孕。有些初产母猪产仔少，哺乳期死亡率高，其原因不一定是妊娠期和哺乳期日粮有问题，而往往是因为生长期间日粮有缺陷所致。如后备母猪生长期营养不良，即使育成后再饲喂优质日粮也难以哺育既多又壮的仔猪。因此，饲养后备期母猪与育肥猪的不同点是，既要防止生长过快过肥，又要防止生长过慢发育不良。防止后备母猪生长过快和过慢的方法，主要是控制其营养水平。50 kg前的后备母猪可以同育肥猪喂量相同，50 kg后应少于育肥猪的饲喂量，使其降低生长速度。后备期母猪培育期与育肥猪日粮相比，应含较高的钙和磷，使其骨骼中矿物质沉积量达到最大，从而延长母猪的繁殖寿命。因此，饲养后备母猪，只有搞好饲料配合，掌握好饲养方法，才能保证母猪的正常发育，保持体形，提高受胎率、产仔率和育成率，延长繁殖寿命，获取更高的经济效益。

（2）妊娠母猪。根据妊娠期的母猪体内生理规律及多年的研究证明，能量供给大致应保持在每日每头进食消化能范围为 20～27 MJ/kg，根据我国妊娠母猪能量需要标准可按公式“$378\ W^{0.75}+25.67\times$每猪日增重（g）”计算，由于前期能量过高会增加母猪体脂含量，降低母猪泌乳期的采食量，推迟断奶到发情的间隔时间，能量过低会减少窝产仔数，所以前期就在此公式的基础上增加 10% 的能量；而妊娠后期是胎儿快速发育及母猪合成代谢旺盛的时期，所以妊娠后期的能量就在前期的基础上再增加 50%。蛋白质需要由维持需要和妊娠需要两部分组成。维持需要的蛋白质约为 50～60 g/天，由于妊娠合成代谢的强度不同，前期和后期的蛋白质需要量也有所不同，根据胎儿及母猪体内的生理规律可估算前期、后期的粗蛋白需要量分别为：159～179 g/天，213～236 g/天。美国 NRC 标准（1998）规定妊娠母猪粗蛋白需要量为 218～253 g/天，英国 ARC 标准（1981）规定粗蛋白需要量为 140 g/天，而我国 2004 年标准规定，对于不同体重，即 120～150 kg、150～180 kg、180 kg 以上的妊娠母猪粗蛋白需要量前期分别为：273、275 和 240 g/天；妊娠后期分别为：364、364 和 360 g/天。粗纤维具有容积大，吸湿性强，使母猪有饱感。另外，还有刺激消化道黏膜和促进胃肠蠕动的作用，所以为了保持妊娠母猪正常的消化功能，日粮中含有少量的粗纤维亦是必要的。妊娠母猪由于人为限制了其活动，如果日粮粗纤维不足，则会使食物通过消化道的时间延长，不利于消化。

妊娠母猪随着妊娠日龄的增加对钙、磷的需要量是逐渐增加的，尤其是妊娠后 1/4 期胎儿生长发育非常迅速，对钙、磷的需要也达到高峰。钙、磷是胎儿骨骼细胞的发育形成的重要元素，在此期一旦缺乏则会导致初生仔猪骨骼畸形，而母猪会动用体内的钙和磷，严重者导致产后瘫痪，损害母猪的繁殖寿命。美国 NRC（1998）推荐最低需要量为钙 0.75%，磷 0.6%，国内推荐量为 0.61% 和 0.49%，然而一些国外资料推荐钙、磷含量均高于 NRC 推荐量，分别为 0.85% 和 0.7%，鉴于妊娠后期胎儿的迅速发育，建议配制妊娠母猪日粮时适当提高妊娠后期的钙、磷含量。

母猪妊娠前期由于胎儿发育较慢，加之母猪对营养利用率高，所需营养不多，但要注意饲料营养的平衡性。妊娠后期，随着胎儿发育加快，营养需要也随之增加，此时营养水平决定着仔猪的初生体重。同时，也是为了让母猪在体内蓄积一定的营养物质，待产后泌乳使用。因此，加强妊娠后期母猪的营养，是保证胎儿正常生长发育，提高仔猪初生重和母猪泌乳量的关键。一般饲养条件下，能量和蛋白质基本可满足胚胎发育的需要，不是极端不足不至于造成胚胎死亡，妊娠后期能量和蛋白质不足只是降低仔猪初生重和活力，一般不会导致胎儿死亡，但能量水平过高会增加胚胎死亡。妊娠母猪营养性流产、化胎、木乃伊胎、死胎、畸形仔猪，主要是妊娠期维生素和矿物质不足所致。如钙、磷不足时死胎增加，仔猪活力差；维生素 A 缺乏可引起胚胎死亡被吸收，产死胎、失明、兔唇等畸形仔猪；核黄素和泛酸缺乏可引起胚胎或初生仔猪死亡。

（3）哺乳母猪。在哺乳期间给母猪提供充足的营养是为了获得最大的泌乳量、最大的仔猪增重和母猪以后良好的繁殖性能。哺乳期间需要大量的能量，按照目前泌乳母猪日粮能量水平，消化能为 13.6 MJ/kg 和平均采食量 5 kg 左右，母猪的能量摄入远不能满足产奶的需要，而必须动用体内的储备，这种能量相对缺乏在整个泌乳期都是存在的。添加脂肪是提高饲粮能量的有效措施，而且还可以增加脂肪酸的含量。特别是在夏季高温季节，添加脂肪尤为重要，可有效提高日粮能量水平，而且脂肪在代谢过程中产生的体增热较少。脂肪的适宜添加量在2%～3%，添加过多，饲料容易变质而且增加饲料的成本。哺乳母猪对蛋白质的需求较高，粗蛋白质含量可配到18%，蛋白原料应选择优质豆粕、膨化大豆或进口鱼粉等。鱼粉中的氨基酸和猪的理想氨基酸模式是最接近的，哺乳母猪料中添加鱼粉可以使母猪更好地发挥泌乳性能。所有氨基酸中，赖氨酸是哺乳母猪的第一限制性氨基酸。现在的高产体系母猪，产奶量增加，所需的赖氨酸含量也增加，NRC（1998）推介的赖氨酸水平0.6%是远不能满足需求的。试验表明，当赖氨酸水平从0.75%提高至0.90%时，随着赖氨酸摄入量的增加，每窝仔猪增重提高，母猪体重损失减少。所以新版NRC推介的赖氨酸需要量为0.97%。夏季母猪日粮中添加一定量的维生素C（150～300 mg/kg）可减缓高热应激症。钙、磷是骨骼的主要组成成分。钙、磷比例恰当的钙含量在0.8%～1.0%，磷为0.7%～0.8%，有效磷0.45%，为提高植酸磷的吸收利用率可在日粮中添加植酸酶。

实施“低妊娠、高泌乳”的营养供给。现代母猪都是瘦肉型且具有良好的生产性能，在体储备较少时便开始繁殖，妊娠期高饲养水平导致的两次转化不但不经济，而且妊娠期的饲料采食量增加则会导致哺乳期的饲料采食量减少，从而较早开始动用体储备。限制妊娠期的饲料采食量将会减少泌乳期体重的损失，而有助于延长母猪的繁殖寿命。重视原料品质，控制杂粕用量。杂粕通常含有较高的抗营养因子和毒素，会损害母猪的健康。提高哺乳母猪泌乳量的营养措施。按照哺乳母猪的营养需要量配制并供给合理的日粮是提高母猪泌乳量的关键。在配制哺乳母猪饲粮时，除了保证适宜的能量和蛋白质水平，最好添加一定量的动物性饲料，如鱼粉等；还要保证矿物质和维生素的需要，否则母猪不仅泌乳量下降，还易发生瘫痪。应关注母猪饲料的消化率，消化率高才能够保证母猪泌乳期最大的采食量，大的采食量才有大的泌乳量和优质的乳汁，然后才能够保证乳猪的断奶窝重和成活率。

（4）空怀母猪。为促进断奶母猪的尽快发情排卵，缩短断奶至发情时间间隔，则需生产中给予短期的饲喂调整。对于膘情较好的，断奶前几天仍分泌相当多乳汁的母猪，为防止断奶后母猪患乳房炎，促使断奶母猪干奶，则在母猪断奶前和断奶后各3天减少精料的饲喂量，可多补给一些青粗饲料。3天后视膘情仍过好的母猪，应继续减料，可日喂1.8～2.0 kg精料，控制膘情，催其发情；对膘情一般的母猪则开始加料催情。对于断奶时膘情差的母猪，通常不会因饲喂问题发生乳房炎，所以在断奶前和断奶后几天中就不必减料饲喂，断奶后就可以开始适当加料催情，避免母猪因过瘦而推迟发情。给断奶空怀母猪的短期优饲催情，一方面要增加母猪的采食量，每日饲喂配合饲料2.2～3.5 kg，日喂2～3次，潮拌生喂；另一方面是提高配合饲料营养水平，断奶空怀母猪生产营养需要推荐一般高于NRC的标准。

空怀母猪的饲料配方要根据母猪的体况灵活掌握，主要取决于哺乳期的饲养状况及断奶时母猪的体况，使母猪既不能太瘦也不能过肥，断奶后尽快发情配种，缩短发情时间间隔，从而发挥其最佳的生产性能。生产上，空怀期母猪的饲养通常作为哺乳期母猪饲养的延续。

只有适宜而充足的营养，才能保障后备母猪的正常生长、保障妊娠母猪及胎儿的正常发育、保障哺乳母猪及仔猪的健康成长。实际生产中，应从母猪的阶段营养入手，分别针对后备、妊娠、泌乳、空怀几个阶段控制母猪营养，提高养殖效益。

第二节 家畜的喂饮设备的组成及使用原理

→ 掌握家畜的喂饮设备的种类和组成

→ 了解我国养殖业中家畜喂饮设备的使用原理

一、牛的喂饮设备组成及注意事项

（1）牛饲槽。牛的饲槽位于牛床前，通常为饲槽。饲槽长度与牛床总宽度相等，饲槽底平牛床。可分为移动（个体户或饲养牛数少的单位）式和固定（规模大的养殖单位）式两种。

（2）牛饮水器。自动饮水器是舍饲奶牛给水的最好办法。每头牛旁边离地面约0.5 m处都应安装自动饮水设备，自动饮水器由水碗、弹簧门和开关活门的压板组成。当牛饮水时，用鼻镜按下压板，亦即压住活门的末端，内部弹簧被压缩而使活门打开，这时输水管中的水便流入饮水器的水碗中。饮毕活门借助关闭，水即停止流入水碗；同时在运动场中也可设置类似的自动饮水器或饮水槽。

二、羊的喂饮设备组成及注意事项

（1）羊饲槽

1）固定式长条形饲槽。依墙或在场中央用砖头、水泥等砌成的一行或几行长条形固定式饲槽。双列对头羊舍内的饲槽可建于中间走道两侧，而双列对尾羊舍的饲槽则设在靠窗户走道一侧。单列式羊舍的饲槽应建在靠墙的走道一侧。设计要求上宽下窄，槽底呈半圆形，大致规格为槽内宽23～25 cm，深14～15 cm。槽长依羊只数量而定，一般可按每只大羊30 cm，每只羔羊20 cm计。另外，可在饲槽的一边（站羊的一边）砌成可使羊头进入的带孔砖墙，或用木板、铁杆等做成带孔的栅栏。孔的大小依据羊有角与无角可安装活动的栏孔，大小可以调节。防止羊只践踩饲槽，确保饲槽饲料的卫生。

2）移动式长条形饲槽。主要用于冬春舍饲期妊娠母羊、泌乳母羊、羔羊、育成羊和病弱羊的补饲。常用厚木板钉成或镀锌铁皮制成，制作简单，搬动方便，尺寸可大可小，视补饲羊只的多少而定。为防羊只践踩或踏翻饲槽，可在饲槽两端安装临时性的能随时装拆的固定架（见图7—1）。

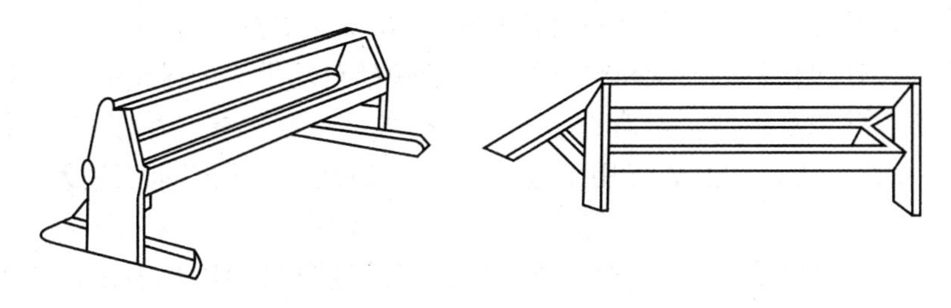

图7—1　移动式长条形饲槽

另外除了饲槽外，草架也是用于饲喂粗饲料和青绿饲料的专用设备。添设草料架总的要求是不使羊只采食时相互干扰，防止羊践踏饲草或粪尿污染。草架的形式有靠墙固定的单面草架和安放在饲喂场的双面草架，其形状有三角形、U形、长方形等（图7—2）。草架隔栅间距为10～15 cm，有时为了让羊头伸入栅内采食，可放宽至15～20 cm。草架的长度，按成年羊每只30～50 cm、羔羊20～30 cm计算。制作材料为木材、钢筋。舍饲时可在运动场内用砖石、水泥砌槽，钢筋作栅栏，兼作饲草、饲料两用槽。

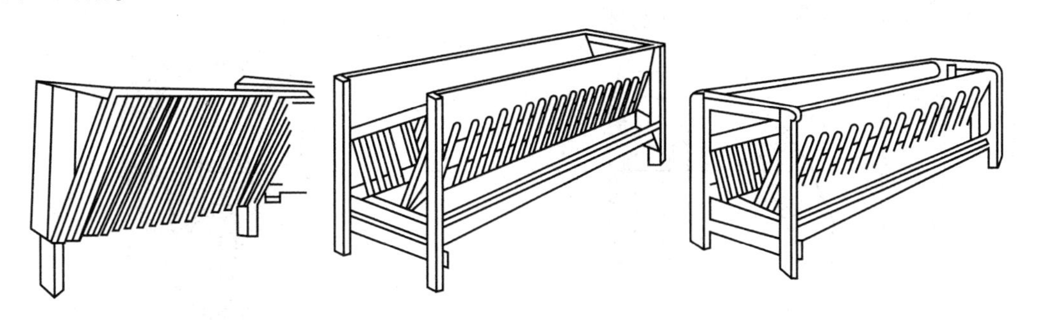

图7—2　羊各种草架示意图

最后还要注意，给羊群供给盐和其他矿物质时，如果不在室内或混在饲料中饲喂，为防止在舍外被雨淋潮化，可设一有顶盐槽，任羊随时舔食。

（2）羊饮水器。饮水槽及饮水器一般固定在羊舍或运动场上，可用镀锌铁皮制成，也可用砖、水泥制成。在其一侧下部设置排水口，以便清洗水槽，保证饮食卫生。水槽高度以方便羊只饮水为宜。

羊场采用自动化饮水器，能适应集约化生产的需要，有浮子式和真空泵式两种，其原理是通过浮子的升降或真空调节器来控制饮水器中的水位，达到自动饮水的效果。浮子式自动饮水器，具有一个饮水槽，在饮水槽的侧壁后上部安装有一个前端带浮子的球阀调整器。使用中通过球阀调整器的控制，可保持饮水器内的盛水始终处在一定的水位，羊通过饮水器饮水，球阀则不断进行补充，使饮水器中的水质始终保持新鲜清洁。其优点是羊只饮水方便，减少水资源的浪费，可保持圈舍干燥卫生，减少各种疾病的发生。羊用碗式饮水器每3 m安装1个。

三、猪的喂饮设备组成及使用原理

猪舍内猪群密度很大，育肥猪只可达到0.8~0.9 m^2 1头，每栋舍饲养量可达1 000头以上。目前，现代化猪场的饲料自动给料系统包括自动供给饲料设备，自动输送饲料设备，自动称重并记录设备；自动给水系统包括水塔、增压泵（用于水压低于猪只标准用水时）、供水管道、过滤器（用于过滤杂质）、减压阀（用于水压过大时）、饮水器具、水槽等。

（1）猪自动给料系统工作原理。现代化猪场的饲料自动给料系统的工作原理是，利用机械将舍外的全价配合饲料输送到舍内每头猪只料位，以期节省大量越来越高的人工成本，减少饲喂应激，期望所有舍内猪只同时给料，且减少饲料抛洒，更加方便与清洁卫生等。

（2）猪饮水设备工作原理。乳头式饮水器因其便于防疫、节约用水等优点，在国内外广泛应用。猪、鸡用乳头式饮水器结构相似，工作原理也相似，但略有差别。猪用型通常由饮水器体、顶杆（阀杆）和钢球组成（见图7—3、图7—4）。平时，饮水器内的钢球靠自重及水管内的压力密封了水流出的孔道。猪饮水时，用嘴触动饮水器的“乳头”，由于阀杆向上运动而钢球被顶起，水由钢球与壳体之间的缝隙流出。用毕，钢球及阀杆靠自重下落，又自动封闭。

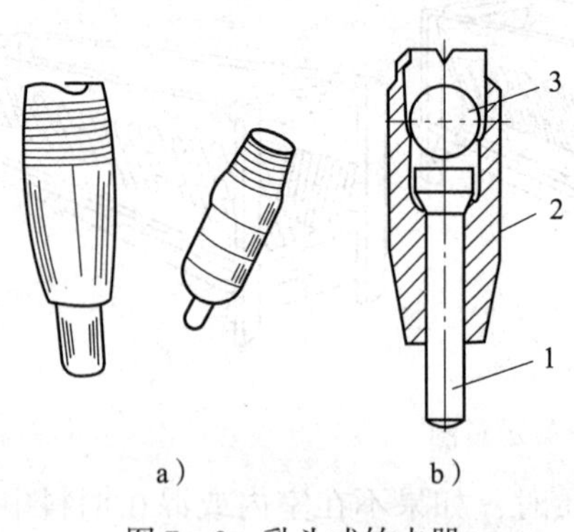

图7—3　乳头式饮水器

a）外形　b）内部结构

1—阀杆　2—饮水器体　3—钢球

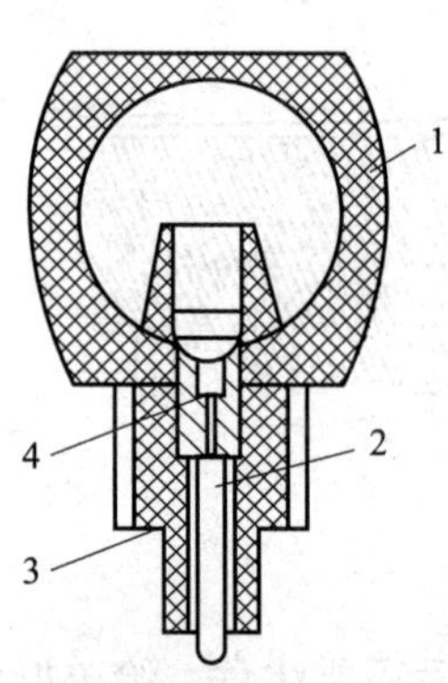

图7—4　乳头式饮水器

1—尼龙水管　2—阀芯

3—阀体　4—阀座

鸭嘴式饮水器是猪用自动饮水器，结构见图7—5，常由饮水器体、阀杆、弹簧、胶垫或胶圈等部分组成。平时，在弹簧的作用下，阀杆压紧胶垫，从而严密封闭了水流出口。当猪饮水时，咬动阀杆，使阀杆偏斜，水通过密封垫的缝隙沿鸭嘴的尖端流入猪的口腔。猪不咬动阀杆时，弹簧使阀杆恢复正常位置，密封垫又将出水孔堵死停止供水。

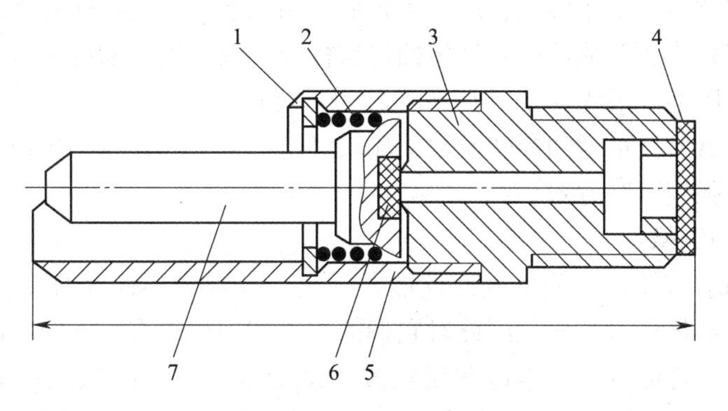

图 7—5　鸭嘴式自动饮水器

1—卡簧　2—弹簧　3—饮水器体　4—滤阀　5—鸭嘴　6—胶垫　7—阀杆

第三节　肉用家畜的育肥和日粮配制技术

→ 掌握肉用家畜育肥的饲养知识

→ 熟悉家畜的日粮配制技术

要使家畜尽快育肥，提供的营养物质必须高于维持正常生长发育的需要，所以家畜的育肥又称过量饲养，使构成家畜体组织和贮备的营养物质在畜体的软组织中最大限度地积累。不同品种、不同生长阶段的家畜，在育肥期所需要的营养水平不同，如果要得到相同的日增重，非肉用品种所需要的营养物质高于肉用品种或肉用杂交种；幼龄家畜正处于生长发育阶段，增重的主要部分是肌肉、内脏和骨骼，饲料中蛋白质含量应该高一些；成年以上的家畜，在育肥期增重的主要成分是脂肪，所以，饲料中蛋白质含量可以低一些，能量水平则应高些。

一、牛的育肥原理和育肥技术

育肥的目的是获得优质的牛肉，并取得最大的经济效益。所谓育肥，就是必须使日粮营养水平高于维持和正常生长发育所需要的营养，获得较高的日增重，缩短育肥期，使多余的营养在使肌肉生长的同时沉积尽可能多的脂肪，达到育肥的目的。

1. 牛的一般育肥类型

牛的育肥一般有两种类型。一种是育成牛的育肥，将刚断奶的犊牛育肥一年左右，到 18 月龄时达至 400 kg 以上的屠宰体重。此阶段育肥饲料报酬比较高，屠体肉质较好。育成牛育肥是经济效益最大、采用最广泛的一种育肥方法。

另一种是成年牛的育肥。用于育肥的成年牛，一般来自役牛、奶牛及肉用母牛群中被淘汰的牛。这类牛一般年龄大，产肉率较低，肉粗老，经过短期育肥，可使肌肉之间和肌纤维之间沉积脂肪，从而达到理想的体重标准，改善肉的嫩度和味道，可获得较高的经济效益。育肥期一般为3个月，平均日增重可达1 kg左右。这种饲养方式消耗精料不多，成本较低，又可增加周转次数，比较经济。近年来，我国各地对肉用牛育肥多采用这种成年牛强度育肥方式。

2. 育肥牛的选择

（1）品种选择。牛品种间的生产性能差异大，表现在不同品种牛、不同类型牛的成熟期、最佳屠宰体重等方面。因此对它们的饲养管理也应有所不同。品种选择应遵循以下的原则：生产性能高、在本地数量较多（就地取材可以降低生产成本，同时能适应当地饲养环境条件）、肉乳兼用型或肉役兼用型以及高档部位肉产量高的品种。

（2）后备牛选择。要求14～16月龄的育成牛体重达到500 kg以上，除了品种等方面的选择外，犊牛培育是十分重要的阶段。

（3）牛年龄的选择。牛的增重速度、胴体质量、活重、饲料利用率等都和牛的年龄有非常密切的关系，因此在选择架子牛时，要重视年龄的选择。

1）计划饲养100～150天便出售，不宜选购犊牛而应选购1～2岁的架子牛。

2）在秋天购架子牛，第二年出栏时，应选购1岁左右的牛，而不宜购成年牛（冬季用于维持饲料多而不经济）。

3）利用大量粗饲料时，选购2岁牛较犊牛有利。

总之，在选购育肥牛时，要把年龄和饲养效益紧密结合考虑。

（4）牛体重的选择。在选择供育肥的架子牛时，体重指标必须考虑年龄因素，在哪个年龄档次上应该有多大的体重，并且还要和价格挂钩。生产高档牛肉，架子牛体重的选择是在12～18月龄、体重为300～450 kg为最优。

1）6月龄犊牛育肥。春季产犊，当年5—6月份断奶。刚断奶的犊牛转移到饲养条件（气温、饲料条件）较好的地区越冬，每头每日喂混合精料1.5～2.0 kg，粗饲料自由采食。12月龄开始育肥饲养，16月龄开始强度肥育，至20月龄体重达到500～550 kg屠宰。

2）12～14月龄育成牛。在出生地经过一个冬季的饲养，第二年6—8月份转移到育肥区。经过4个月的一般饲养，再强度育肥4个月，体重达到500～550 kg时出售或屠宰。

3）18月龄架子牛育肥。已经阉割的架子牛，体重300 kg左右，经过过渡饲养10～15天，一般饲养40～45天，强度育肥150～180天，体重达500～550 kg时出售或屠宰。

二、羊的育肥原理和育肥技术

1. 羊的育肥方式

羊适宜的育肥方式有放牧育肥、舍饲育肥和放牧加补饲育肥。

（1）放牧育肥。放牧育肥是利用天然草场、人工草场或秋茬地放牧抓膘的一种育肥方式，生产成本低，安排得当时能获得理想的效益。放牧育肥期主要集中在夏、秋两季。夏季青草茂盛，秋季牧草结籽，干物质增加，蛋白质、脂肪丰富，营养价值高。羊吃后抓膘快。为了提高育肥效果，应尽量延长放牧时间，到10月末或11月中旬可屠宰上市。

（2）舍饲育肥。舍饲育肥饲料丰富的地区，在秋末冬初枯草季节或出栏屠宰前40～60天进行短期全舍饲育肥，除饲喂青干草外，还饲喂精料或糟粕等。舍饲育肥时应根据羊体增重情况，按照饲养标准配制日粮。粗饲料占日粮55%，精饲料占45%。舍饲育肥羊体重比放牧育肥和混合育肥羊高10%～20%，胴体重高20%，且品质优良。舍饲育肥羊的来源多以羔羊为主，也可用成年淘汰羊。

（3）放牧加补饲育肥。为了提高放牧育肥的效果，采用放牧加补饲的方式。这种育肥方式大体有两种，一种是在整个育肥期自始至终在放牧基础上每天补饲一定数量的混合精料；另一种是把整个育肥期分为两个阶段，前阶段全放牧，后阶段按照从少到多的原则，逐渐增加补饲混合精料，开始补饲200～300 g/（天·头）混合精料，最后一个月要增加到400～500 g/（天·头）。前一种方式，与全舍饲育肥的效果接近，可以取得强度育肥效果，适用于生长强度大和增重速度较快的羔羊；而后一种方式则适用于生长强度较小及增重速度较慢的羔羊和1岁羊。

混合育肥比放牧育肥可提高增重50%左右，同时，能有效改善胴体重和胴体品质。

2. 不同肉羊育肥技术方案

绵羊、山羊的育肥就是运用饲养和管理技术，用尽可能少的饲料获得尽可能多的优质羊肉。因此，要快速育肥绵羊、山羊，合理安排出栏时间，增加经济效益。育肥期的长短，因育肥羊的来源、品种、生产用途、体况以及育肥方案而定。

（1）羔羊育肥。羔羊早期生长的主要特点是生长发育快、胴体组成部分的增加大于非胴体部分（如头、蹄、毛、内脏等）、脂肪沉积少、利用精料的能力强等，故此时育肥羔羊既能获得较高屠宰率，又能得到最大的饲料报酬。例如，羔羊1.5月龄断奶时的料重比为2.5∶1～4∶1，哺乳期羔羊为2∶1～2.5∶1，而断奶后的当年羔羊则为6∶1～8∶1。羔羊早期育肥主要在断奶前开始进行，它对补充羊肉生产淡季供应，缓解市场供需矛盾具有实际意义。例如，新疆畜牧研究所1986年试验，1.5月龄羔羊在10.5 kg时断奶，育肥50天，平均日增重280 g，料重比为3∶1，育肥终重达到25～30 kg，对5—7月间羊肉供应淡季有填补作用。但羔羊早期育肥的缺点是胴体偏小，规模上受羔羊来源限制。羔羊育肥时，肉羊品种或肉羊杂交种，生长速度快，如果提供较高的日粮标准，一般育肥3个月，即6～7月龄结束育肥出栏；当地绵羊、山羊品种，生长速度较慢，日粮标准适度降低，一般育肥期可达5个月，即8～9月龄结束；羯羊或杂交种可适当缩短育肥时间。

（2）成年羊育肥。育肥成年羊主要来源于淘汰母羊、老龄母羊和其他处理羊，但要求健康无病，牙齿较好。按品种类型、体重、年龄、膘情和健康状况等分类组群，称重，防疫驱虫，并做好圈舍消毒准备工作。成年羊育肥一般都采取以补饲高能量精料为主的混合育肥方式。淘汰或不适合种用的成年公、母羊育肥期不宜过长，育肥期一般以60～80天为宜，但要根据膘情灵活掌握育肥时间。膘情较好的成年羊育肥期可以缩短到40天左右，膘情较差的成年羊育肥期可以为80天。

三、猪的育肥原理和育肥技术

1. 育肥猪消化生理和营养需要特点

根据育肥猪的生理特点和发育规律，按猪的体重将其生长过程划分为两个阶段即生长期和育肥期。

（1）体重20～60 kg为生长期，此阶段猪的机体各组织、器官的生长发育功能不很完善。尤其是刚20 kg体重的猪，其消化系统的功能较弱，消化液中某些有效成分不能满足猪的需要，影响了营养物质的吸收和利用，并且此时猪只胃的容积较小，神经系统和机体对外界环境的抵抗力也正处于逐步完善阶段。这个阶段主要是骨骼和肌肉的生长，而脂肪的增长比较缓慢。

（2）体重60 kg出栏为育肥期，此阶段猪的各器官、系统的功能都逐渐完善，尤其是消化系统有了很大发展，对各种饲料的消化吸收能力都有很大改善；神经系统和机体对外界的抵抗力也逐步提高，逐渐能够快速适应周围温度、湿度等环境因素的变化。此阶段猪的脂肪组织生长旺盛，肌肉和骨骼的生长较为缓慢。

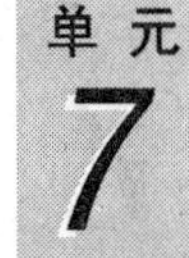

生长育肥猪的经济效益主要是通过生长速度、饲料利用率和瘦肉率来体现的，因此，要根据生长育肥猪的营养需要配制合理的日粮，以最大限度地提高瘦肉率和料肉比。为了获得最佳的育肥效果，不仅要满足蛋白质量的需求，还要考虑必需氨基酸之间的平衡和利用率。能量高使胴体品质降低，而适宜的蛋白质能够改善猪胴体品质，这就要求日粮具有适宜的能量蛋白比。由于猪是单胃杂食动物，对饲料粗纤维的利用率有限，研究表明，在一定条件下，随饲料粗纤维水平的提高，能量摄入量减少，增重速度和饲料利用率降低。因此猪日粮粗纤维不宜过高，育肥期应低于8%。矿物质和维生素是猪正常生长和发育不可缺少的营养物质，长期过量或不足，将导致代谢紊乱，轻者增重减慢，严重的发生缺乏症或死亡。生长期为满足肌肉和骨骼的快速增长，要求能量、蛋白质、钙和磷的水平较高。饲粮含消化能12.97～13.97 MJ/kg，粗蛋白水平为16%～18%，适宜的能量蛋白比为188.28～217.57，钙0.50%～0.6%，磷0.41%～0.5%，赖氨酸0.63%～0.75%，蛋氨酸+胱氨酸0.37%～0.42%。育肥期要控制能量，减少脂肪沉积。饲粮含消化能12.30～12.97 MJ/kg，粗蛋白水平为13%～15%，适宜的能量蛋白比为188.28，钙0.46%～0.5%，磷0.37%～0.4%，赖氨酸0.63%，蛋氨酸+胱氨酸0.32%。其他维生素和微量元素也要保证。

2. 育肥猪的饲喂技术

生长育肥猪是指仔猪（35日龄）至肥猪出栏（180日龄）时间段，加强生长肥育猪的饲养管理，可以提高猪的出栏率以及养猪经济效益。

（1）仔猪由产房转入育成后（35日龄）喂7天乳猪料，然后添加小猪料，至转育肥。换料时要过渡7天，一定要注意逐渐撤换，不要突然全部撤换完，以防仔猪拉稀。

（2）饲喂方法：采取少喂勤添的方法，吃饱不剩料为原则。一般每天喂5～6次，逐渐改为自由采食，但料槽内的料必须当日吃完，不准隔夜，使猪能吃上新鲜的饲料，特别是夏天，要防止饲料发霉变质。

（3）猪只必须按阶段饲养，刚进的仔猪日喂4次，饲养至90日龄或长到30 kg后，在7天内改喂中猪料，生长到60 kg后，改为大猪料。严格掌握换料方法（逐渐撤换），做到少给勤添，节约用料、合理用料、科学用料。

如果要想尽量加快育肥猪的日增重，尽量节约劳动力，可以采用自由采食法，但是缺点是脂肪沉积比较多，胴体的膘比较厚。如果要想获得瘦肉率比较好的胴体品质，那么应采用定时定量饲喂法，所以如果在生长育肥前期采用自由采食法，在后期采用定时定量饲喂法，这样就可以既获得比较好的胴体品质，也可以获得较快的日增重。

3. 育肥猪的营养需要及饲料调制

育肥猪指在体重20～100 kg这一生长过程中，多划分为生长期和育肥期两个阶段。一般以体重20～60 kg为生长期，后为育肥期。生长期要求能量和蛋白质水平高，促进肌肉和体重增长，育肥期则控制能量，减少脂肪沉积。商品育肥猪生长到60 kg以后要逐渐进入育肥期。此阶段，必须从市场经济效益考虑，如果追求生长速度，则推荐日粮营养标准为：消化能3 300～3 400 kcal/kg，粗蛋白14%～15%，食盐0.4%～0.8%，钙0.45%～0.6%，有效磷0.20%，赖氨酸0.6%。如果追求的是瘦肉率，则推荐日粮营养标准为：消化能3 100～3 200 kcal/kg，粗蛋白质16%～17%，食盐0.5%～0.8%，钙0.45%～0.6%，有效磷0.2%，赖氨酸0.9%。

玉米、高粱、大麦、小麦、稻谷等谷实饲料，都有硬种皮或兼有粗硬的壳，喂前粉碎或压片，可减少咀嚼消耗的能量，也有利于消化。玉米等谷实粉碎的细度，以颗粒直径1.2～1.8 mm的中等粉碎程度为好。育肥猪吃起来爽口，采食量大，增重快，饲料利用率高。玉米粉碎过细，对食道和胃黏膜有损害。据报道，喂给粗粉玉米的猪，胃黏膜糜烂和溃疡的猪相应为8%和3%；喂中度粉碎玉米的猪，胃黏膜糜烂和溃疡的猪相应为14%和4%；而喂细磨玉米的猪，胃黏膜糜烂和溃疡的相应为46%和15%。玉米粉碎过细，也降低猪的采食量、增重和饲料利用率。此外，生长育肥猪生长速度随饲料粒度的改变而改变，减小饲料粉碎粒度可促进育肥猪生长，生长速度可提高1%～12%，饲料利用率得以改善，饲料利用率提高5%～12%。玉米粒度在100～400 μm之间，细度每减少100 μm，增长率提高3%。因此适当粉碎是提高生长育肥猪生长性能的有效途径。生长育肥猪粉碎粒度在500～600 μm对生产性能和胃肠道功能影响不大，根据生长育肥猪的消化生理特点饲料颗粒应以500～600 μm为宜。但当饲粮含有较多青粗饲料时，谷实粉碎细一些并不影响适口性，也不致造成胃溃疡。用大麦、小麦喂育肥猪时，用压片机压成片状比粉碎效果好。青绿饲料、块根块茎类、青贮料及瓜类饲料，可切碎或打浆拌入配合精料一起喂猪，能减少糟损，减少咀嚼，缩小体积，增加采食量。甜菜在喂量较大时必须粉碎，而且以细为好，否则容易引起消化不良而腹泻。干粗饲料一般都应粉碎，以细为好，能缩小体积，改善适口性和增加采食量。

玉米、高粱、大麦、小麦等谷实饲料熟制后会破坏维生素，降低氨基酸的有效率。因此谷实饲料及其加工副产物应当生喂，不要煮成熟粥喂猪。生喂不仅效果好，而且可节省锅灶、燃料和人工。各种牧草、青草野菜、树叶、胡萝卜、甜菜、白菜、萝卜、瓜类及水生植物等青绿多汁饲料，都应粉碎和打浆生喂，煮熟会破坏维生素，处理不当还会造成亚硝酸盐中毒。马铃薯、甘薯及其粉渣煮熟喂能明显提高利用率，大豆、蚕豆炒熟或煮熟喂比生喂利用率高。含有害成分的饲料如棉仁饼、菜籽饼，轻度变质的饲料（含有真菌、霉菌），以及食堂剩菜、剩饭、泔水，煮熟喂为好，能避免或减少中毒可能性。总之，喂猪常用的绝大多数饲料，都应当粉碎，配制成全价饲粮生喂，不仅饲养效果好，还能降低饲养成本。

配合好的干粉料，不掺水，直接装入自动饲槽喂猪，省工省事。只要保证充足饮水，用干粉料饲喂肉猪可达到良好效果。饲喂干粉料要求的条件是猪栏内必须是硬地面（水泥或木板地面），否则抛撒到外面的饲料会和泥造成浪费。为有利于肉猪采食，缩短饲喂时间，避免舍内有饲料粉尘，可将干粉料按1:0.5或1:1掺水，调成半干粉料或湿粉料，用槽子喂或在硬地面撒喂，另给饮水。料水的比例加大到1:1.5时，即成浓粥料或稀粥料，不会影响饲养效果，但必须用槽子喂，费工费时。不要在饲料中掺过多的水，当料水的比例超过1:2.5时，就会减少各种消化液的分泌，冲淡消化液，降低各种消化酶的活性，影响饲料的消化吸收。饲粮含水过多（超过70%），也影响饲料氮的利用率和体蛋白的沉积量。

给育肥猪喂颗粒料优于干粉料，日增重和饲料利用率均提高8%～10%。颗粒料中谷实的粉碎程度要比干粉料细一些，颗粒直径视肉猪生长阶段为7～16 mm。

四、家畜的日粮需要和日粮配合技术

家畜日粮是指满足一头动物一昼夜所需各种营养物质而采食的各种饲料总量。

家畜日粮配合饲料是指以动物的不同生长阶段、不同生理要求、不同生产用途的营养需要，以及饲料营养价值评定的实验和研究为基础，按科学配方把多种不同来源的饲料，依一定比例均匀混合，并按规定的工艺流程生产的饲料。

家畜日粮配方设计的目标就是满足家畜不同品种、生理阶段、生产目的等条件下对各种营养的需要，来保证生产性能和得到质量较高的产品。为了满足这些要求需要饲料设计者配制饲料要兼顾饲料成本，要经济合理，家畜食用饲料后，对机体的健康影响和家畜排泄物对环境污染最低。

1. 奶牛的日粮需要和日粮配合技术

牛的饲料配制要将牛群划分为高产群、中产群、低产群和干奶群，然后参考《奶牛饲养标准》为每群奶牛配合日粮。在饲喂时，再根据每只牛的产乳量和实际健康状况适当增减喂量，即可满足其营养需要。对个别高产奶牛可单独配合日粮。在散栏式饲养状况下，可按泌乳不同阶段进行日粮配合。

（1）日粮配合必须以奶牛饲养标准为基础，充分满足奶牛不同生理阶段的营养需要。

（2）饲料种类应尽可能多样化，可提高日粮营养的全价性和饲料利用率。为确保奶牛足够的采食量和消化机能的正常，应保证日粮有足够的容积和干物质含量，高产奶牛（日产奶量20～30 kg）干物质需要量为体重的3.3%～3.6%，中产奶牛（日产奶量15～20 kg）为2.8%～3.3%，低产奶牛（日产奶量10～15 kg）为2.5%～2.8%。

（3）日粮中粗纤维含量应占日粮干物质的15%～24%，否则会影响奶牛正常消化和新陈代谢过程。这要求干草和青贮饲料应不少于日粮干物质的50%。

（4）精料是奶牛日粮中不可缺少的营养物质，其喂量应根据产奶量而定，一般每产3 kg牛奶饲喂1 kg精料。奶牛常用饲料最大用量：米糠、麸皮25%，谷实类75%，饼粕类25%，糖蜜8%，甜菜渣25%，尿素1%～1.5%。

（5）配合日粮时必须因地制宜，充分利用本地的饲料资源，以降低饲养成本，提高生产经营效益。日粮配合方法应先了解奶牛大致的采食饲料量，从《奶牛饲养标准》中查出每天营养成分的需要量，从饲料成分及营养价值表中查出现有饲料的各种营养成分。根据现有各种营养成分进行计算，合理搭配，配合成平衡日粮。随着饲养方式由拴系向散栏方式的转变，以及奶牛场布局的牛性化、建筑的标准化、设备的机械化，TMR（总预混日粮）逐步得到推广。

日粮配合的方法与步骤：

1）试差法

①查牛的饲养标准，根据体重、生产阶段等确定日粮营养含量。

②确定日粮组成原料，并查出营养成分和单价。

③确定粗饲料用量并计算营养含量。

④用精料补充粗饲料的营养不足。

⑤平衡日粮蛋白质。

⑥按照需要补充矿物质饲料。

2）计算优化法配合日粮的方法

①确定饲料种类。

②确定营养指标。

③查饲料营养成分表，确定所输入饲料的营养含量。

④确定饲料使用范围。

⑤查饲料原料的价格。

⑥将以上各步骤数据逐一输入计算机内。

⑦运行配方计算程序，求解。

⑧审查计算机打印出的配方，对不理想的约束条件或限制用量等结果予以修正。

【案例】

以600 kg体重（第三胎，第三个泌乳月）日产奶25 kg（乳脂率3.5%，乳蛋白率3%）的中国荷斯坦奶牛为例说明奶牛饲养标准配合奶牛日粮作为日粮配合范例。

1. 确定饲养标准规定的营养需要量

蛋白质需要量计算：维持需要蛋白质 $270 \times W^{0.75} \times 6.25 \times 6\,000.75 = 205$（g）

产奶的净蛋白质需要 $25 \times 3\% = 750$（g）

总计需要蛋白质 $205 + 750 = 955$（g）

所需的产奶净能为 $13.73 + 25 \times 0.93 = 36.98$（NND）（约37 NND）

2. 蛋白质需要量的计算

微生物蛋白质（MCP）产量 = 进食 NND × 40 = 37 × 40 = 1 480（g）

需要的降解蛋白质 = MCP/0.9 = 1 644.4（g），加上10%的安全量，则需要的降解蛋白质为1 809 g。

由微生物提供的净蛋白质 = 1 480 × 0.8 × 0.7 × 0.7 = 580（g），还差 955 − 580 = 375（g），非降解蛋白质为 375 ÷（0.7 × 0.7）= 765.3（g），另加 10% 的安全量，需要的非降解蛋白质约为 842 g。

3. 计算粗饲料、副料提供营养量，不足部分用精料满足（见表 7—1）

表 7—1　　粗饲料为奶牛提供能量和蛋白质

饲料	数量（kg）	奶牛能量单位（NND）	粗蛋白质（g）	降解蛋白质（g）	非降解蛋白质（g）
玉米青贮	25.00	8.62	460	276	184
干草	2.00	2.60	120	60	60
奶牛需要		37	2 651	1 809	842
还差		26.8	2 071	1 473	598

4. 确定精料补充料

（1）计算精料营养浓度（见表 7—2）

表 7—2　　每千克单一饲料原料能量和蛋白质含量

饲料	NND	粗蛋白质（g）	降解蛋白质（g）	非降解蛋白质（g）	蛋白质降解率（查表）（%）
豆粕	2.5	430	279	151	65
玉米	2.5	80	40	40	50
麸皮	1.90	150	112.5	37.5	75

（2）精料配合（见表 7—3）

表 7—3　　每千克混合精料能量和蛋白质含量

精料组成	数量（kg）	NND	粗蛋白质（g）	降解蛋白质（g）	非降解蛋白质（g）
豆粕	0.3	0.75	129	83.7	45.1
玉米	0.45	1.125	36	18	18
麸皮	0.15	0.285	22.5	16.9	5.6
合计	0.90	2.16	187.5	118.6	68.7

1 kg 精料组成为：玉米 45%，豆粕 30%，麸皮 15%，过瘤胃脂肪 4%，矿物质 6%（包括食盐、瘤胃缓冲剂如小苏打、氧化镁、磷酸氢钙、石粉、微量元素和维生素预混料等）。

2. 羊的日粮需要和日粮配合技术

（1）羊的饲料配制要遵循的原则

1）要符合饲养标准，并充分考虑实际生产水平。

2）尽可能利用当地的饲料原料，品种多样化，努力降低饲料成本。同时，所选的饲料的性质要符合羊的消化生理特点。

3）精粗饲料比例依羊的类型和粗饲料的品质优劣而不同。一般按精粗比按（30 ~ 40）：（60 ~ 70）搭配。

4）注意考虑所配日粮的适口性和饱腹性。

（2）日粮配制的目的是实现经济合理的饲养，用最低的成本获取最高效益。配制日粮的方法主要是规划计算各种饲料原料的用量比例，设计配方采用的方法主要有手工计算法和计算机优化法两种。

1）手工计算法。指应用掌握的羊的营养和饲养知识，结合羊的日粮配制的原则，采用交叉法、方程组法、试差法等计算出羊的日粮配方。此配方技术是近代应用数学与动物营养学相结合的产物，也是饲料配方的常规计算方法，简单易学，可以充分体现设计者的意图。而且设计过程比较清楚，但需要设计者具有一定的实践经验，计算过程相对复杂，且不易筛选出最佳配方。所以此配方的设计方法适合在饲料品种较少的情况下使用，在我国大部分农村地区采用这种方法。

手工计算法设计饲料配方的基本步骤：

第一，根据羊的品种、性别、体重查找羊的饲养标准，找出羊的营养需要量。

第二，查找所选饲料原料营养成分及营养价值表，对要求精确的，最好进行实测原料养分的含量值，减少误差。

第三，根据日粮精、粗比例，首先确定每日的精粗饲料的饲喂量，并计算出精、粗原料所提供的营养成分的数量，一般依据当地精、粗粮的来源、品质、价格等。

第四，与饲养标准比较，确定应由精饲料补充料提供的干物质以及其他营养数量，配制精料补充料，并对精料原料比例进行调整，直到达到饲养标准要求。调整蛋白质含量，一般多用植物性蛋白饲料进行调整，每日的总蛋白质需要量与粗饲料和精饲料二者所提供的蛋白质之差，就是需要由蛋白质饲料所提供的蛋白量。

第五，调整矿物质的含量，主要是调整饲料中钙、磷和食盐的含量。若钙和磷的含量没有达到羊的营养需要量，就需要适合的矿物质饲料进行调整。要求，由矿物质饲料提供的矿物质补充量为每日的总矿物质需要量与粗饲料、精饲料、蛋白质饲料三者所提供矿物质之差。食盐另外添加。

第六，确定羊的日粮配方，最后将提供的所有各种原料进行综合分析，与饲养标准比较，调整到二者基本一致。

2）计算机优化饲料配方法。随着时代的发展，现在用于反刍动物配方的软件越来越多，其主要是根据相关数学模型编制专门程序软件进行饲料配方的优化设计。设计的数学模型主要包括线性规划法、多目标规划法、模糊线性规划法、参考规划法、多配方技术等，其中，线性规划法、多目标规划法及模糊线性规划法是目前较为理想的优化饲料配方的方法。采用手工计算法饲料配方法考虑的因素太少，无法设计获得最优的配方。应用计算机选配技术，可采用多种饲料原料，遵循常规饲料配方设计原则，同时考虑多项营养指标设计出营养成分合理、价格低的配方，同时工作简化，效率高，经济实惠。使用此方法获得的配方也称为优化配方或最低成本配方。本方法要求设计者熟练掌握计算机应用技术，需要购买现成的配方软件，会应用电子表格、SAS 软件等，进行配方设计。该方法适用于规模化养羊场。

3）不同生产阶段饲料配方设计：

①羔羊饲料配方设计。羔羊生长发育快，可塑性大，合理地对羔羊进行饲喂培育，

既可以充分发挥先天的遗传潜能，又能增加羔羊对外界环境的适应能力。有利于个体的发育，提高生产能力。因此，做好羔羊的饲料配方是十分重要的。

出生的羔羊一般依靠母乳生活，不能进行植物饲料的喂养。随着日龄的增加消化系统的发育完善，一般在出生后 7 ~ 10 天开始训练吃草料，可以饲喂一些鲜嫩的牧草或优质的干草，精料要营养全面，易吸收，适口性强。一般 15 日龄的羔羊每天需要补精饲料 50 ~ 70 g，1 ~ 2 月龄 100 ~ 150 g，3 ~ 4 月龄 200 ~ 300 g。一个月左右羔羊就可以大量采食植物性饲料，如果不及时饲喂牧草，仅依靠母乳生活，就会造成羊瘤胃发育不良，不能建立完善的微生物区系，从而严重影响个体发育。

一般在羔羊开始训练吃料时，要结合羔羊消化特点，适量饲喂草料。不宜大量利用粗饲料，注重补充蛋白质含量高和纤维少的干草。每天补混合精料 50 ~ 100 g，每天早晚各补喂一次。必要时，将精料磨碎，并混入适量的食盐和矿物质饲料，提高羔羊的食欲。混合精料以豆饼、玉米等为较好，牧草以苜蓿、青草、花生蔓、干净的树叶为宜。饲喂时，可将牧草切碎，与精料混合饲喂。羔羊补料应该先饲喂精料，促进羔羊增肥。在饲喂过程中还要注意少喂、勤喂，定时定量。注意羔羊的卫生，经常打扫采食槽，防止羔羊粪便排在槽内。

出生 2 个月后，羔羊的生长发育需要的营养增加，母羊泌乳量逐渐下降，母乳已不能满足羔羊的生长需要。加上羔羊在前期饲喂草料的锻炼，瘤胃发育及微生物区系的完善，就可以让羔羊大量采食草料。每日补混合精料 200 ~ 300 g，并且要其自由采食青草或干草。饲料中蛋白质的含量应在 15% ~ 20%，以玉米、豆饼为主，适量添加食盐和其他矿物质饲料等，麸皮不宜太多，易造成公羊的尿素结石。粗料仍以苜蓿、干净树叶和优质的青草为主。

饲料配方参考：玉米 55%、麦麸 12%、豆饼 28%、食盐 1%、鱼粉 2%、微量元素添加剂 2%。第一个月精粗饲料的比例为 4∶1，以后为 3∶2。

②育成羊饲料配方设计。羊的个体发育中，该阶段饲料成本最大，管理好这个阶段饲喂，不仅能延长羊的生命和使用年限，还可以提高饲料的利用率，降低养殖成本，增加经济收入。

育成羊的年龄一般为 9 ~ 10 个月，由于品种、饲养方式、日粮营养水平等条件差异，育成期的范围也有很大差异。育成期的母羊增重速度直接关系到适宜月龄的配种体重，从而直接影响了受胎率和产羔率，并对以后的繁殖能力有重要的影响。羔羊断奶后，经过严格挑选出后备公羊，应在饲养管理条件较好的地方进行培养。后备公羊应保持常年放牧的习惯，为保证生长发育的需要，在不同时期补充少量的精料，注意秋冬和春夏二阶段饲养特点，秋冬以饲料进行饲喂。精饲料能够不经过瘤胃微生物消化吸收，提高了饲料的利用率。而育成期的羊，瘤胃发育完全，微生物的活动强，采食的精饲料经过瘤胃微生物作用变成可挥发的脂肪酸，这些脂肪酸只有部分能被吸收，大大降低了利用率。根据这一特点，在饲养过程中，需要尽早让羔羊采食精料，科学地制定育成方案。

冬季育成羊还处在生长发育时期，而此时饲草干枯、营养价值低劣，加之气温低等问题，使得羊耗能增加。所以必须增加补料，要保证有足够的青干草和青贮料。精料的补充应视情况而定。一般每天喂混合精料 200 ~ 500 g。由于公羊生长发育较快，营养需求多，所以公羊要比母羊饲喂多些精料。同时，还要注意对育成羊补充矿物质饲料。夏季，要尽量放牧，以青饲料为主，不用饲喂精饲料。对于在舍内饲养的育成羊，若有质量优良的豆科干草，其日粮中的粗蛋白以 12% ~ 13% 为最佳，若干饲草质量一般，可将粗蛋白质的含量提高到 16%。混合精料中，能量以不低于整个日粮能量的 70% ~ 75% 为宜。

一般育成的母羊在 8 ~ 10 月龄，体重达到 40 kg 或达到成年体重的 65% 以上时配种。育成母羊的发情不如成年母羊明显和规律，需要加强发情鉴定，以防漏配。育成公羊需要在 13 月龄以后，体重达到 60 kg 以上时再参加配种。

舍内饲养育成羊精饲料配方参考：

育成前期的精料配方：玉米 68%，豆饼 15%，麦麸 8%，磷酸氢钠 1%，添加剂 1%。日粮组成：精料 400 g，青贮 1 500 g，干草 200 g。

育成后期的精料配方：玉米 45%，豆科类饼粕 40%，麸皮 10%，磷酸氢钠 1%，添加剂 1%，食盐 1%。日粮组成：精料 500g，青贮 3 000 g，干草 600 g。

③妊娠羊饲料配方设计。母羊在妊娠前期，因胎儿发育较慢，所需营养与空怀期大体一致，但要注意母羊所需营养物质的全价性，主要是保证此时期母羊对维生素和矿物质元素的需要。保证母羊所需营养物质全价性的主要方法是对日粮进行多样搭配。在青草季节，一般放牧基本能满足营养物质的需要。但在冬季，除补喂青干草，还应饲喂青贮料及一定量的混合精饲料。

母羊在妊娠后期，胎儿生长发育的需要，母羊对营养物质要求增加，不仅需要优质的日粮饲料，对饲料的需求量也远远高于妊娠前期。研究表明，母羊妊娠后期日粮能量水平比空怀期高 15% ~ 25%，蛋白质增加 50% ~ 70%，钙、磷增加 1 ~ 2 倍，维生素 2 倍。如果饲喂不利，将出现母羊产后缺奶，胎儿发育不良，羔羊初生小，生理功能不完善，抵抗能力弱，成活率低的状况。所以在这个阶段，除了正常的放牧外，必须补饲一定量的混合精料和优质的干草。对妊娠后期的母羊，除提高日粮营养水平外，还应考虑日粮中饲料的种类逐步提高精料的饲喂量。精料喂给柔嫩、青绿多汁的饲料。精料中增加麸皮的喂量，以通肠利便。

我国《肉羊饲养标准》（NY/T 81—2004）对妊娠母羊每日营养需要量规定了标准，推荐妊娠后期母羊饲料配方：玉米 55%，小麦麸皮 21%，豆饼 15%，芝麻饼 5%，石粉 1.5%，磷酸氢钠 1%，添加剂 1%，食盐 0.5%。

3. 猪日粮需要和日粮配合技术

饲料配方的计算分为手工计算法、计算机计算法和半手工法。

（1）手工计算（交叉法、代数法、试差法）

1）交叉法。交叉法又称正方形法、对角线法等。其基本方法是由两种饲料配制某一营养符合要求的混合饲料，也可扩展为三种或更多种符合要求的混合饲料。

例 1 用苜蓿干草（粗蛋白质 17.1%）和玉米（粗蛋白质 9.3%）配制成一个含粗蛋白质 11.5% 的混合日粮。

解：目标养分含量（11.5%）放在对角线中间，沿对角线相减再转换为干物质百分数。

```
17.1      2.2    2.2/7.8=28.2%
    ↘   ↗
     11.5
    ↗   ↘
9.3       5.6    5.6/7.8=71.8%
```

检验：28.2% ×17.1% +71.8% ×9.3% =11.5%

例2 用苜蓿干草（粗蛋白质20%）、玉米（粗蛋白质10%）和小麦（粗蛋白质12%）配制成粗蛋白质含量为15%的日粮。其中谷物混合物中玉米比例60%，小麦40%。

解：谷物混合物粗蛋白质含量0.6×10% +0.4×12% =10.8%

```
60∶40谷物混合物  10.8       5    5/9.2=54.3%
                    ↘   ↗
                      15
                    ↗   ↘
苜蓿干草          20       4.2  4.2/9.2=45.7%
```

其中　玉米　54.3% ×0.6 =32.6%

　　　小麦　54.3% ×0.4 =21.7%

检验：45.7% ×20% +32.6% ×10% +21.7% ×12% =15%

2）代数法。此法是利用数学上联立方程求解法来计算饲料配方。优点是条理清晰，方法简单。缺点是饲料种类多时，计算较为复杂。以例1为例：设x为苜蓿干草所需比例，则玉米比例为$1-x$，可得如下方程式：

$$0.171x+0.093(1-x)=0.115$$

解之得

$$x=28.2\%$$

$$1-x=71.8\%$$

同理，用此法可计算三种以上饲料混合物。

例2中：$0.108x+0.20(1-x)=0.15$

$x=54.3\%$　谷物混合物

$1-x=45.7\%$　苜蓿干草

混合日粮中　苜蓿干草　45.7%

　　　　　　玉米　　　54.3% ×0.6 =32.6%

　　　　　　小麦　　　54.3% ×0.4 =21.7%

3）试差法。此法又称凑数法。其方法是根据经验初步拟出各种饲料原料的大致比例，求出该配方每种养分的总量。并将所得结果与饲养标准进行对照，不足或超过部分通过重新调整直至营养指标基本满足要求为止。试差法是目前国内较为普遍采用的方法，简单易学，可进行各种饲料的配方计算。缺点是计算烦琐，有一定的盲目性，不易筛选出最佳配方。

（2）计算机配方

计算机配方设计是通过饲料配方软件来实现的。它的基本原理是利用线性规划来优化饲料原料以满足畜禽的日粮营养需要。只要确定适合的目标函数，则能有效地获得最低成本配方。目前市场上有许多配方软件，有的软件具有许多功能。

现以上海交通大学自动化研究所与贵州大学动物科学系共同研制的配方软件为例加以说明。本配方软件将目标规划思想与人工智能技术、模拟数学理论结合在一起，通过标量化处理和变换，使线性规划、目标规划、手工规划三种优化方法有机地结合起来，既能使用户选择使用，又能相互补充。较好地解决了线性规划中经常出现的无解现象。可进行多种饲料配方设计。现以基础料配方优化设计为例说明其操作步骤。

第一步，动物类型选择。单击“动物选择”按钮，在动物种类下拉菜单中选中动物种类，然后在“动物名称”栏中选中所需的不同阶段、不同性能的动物。再单击“确定”按钮。

第二步，指标选择。单击“指标选择”，在待选指标中选择经常参与优化的指标，如代谢能、粗蛋白、氨基酸、钙、总磷等。这些营养指标可设置上限与下限。优先级是对次营养指标的加权，强调在配方优化计算过程哪些指标更加重要，可设定为1～100。

第三步，原料添加。单击“原料添加”，出现原料种类下拉菜单，在列表中选取所需的饲料种类，然后单击“确定”按钮。

＊确定原料用量的上下限。原料用量的上下限不是任意设置的，必须从价格、动物生理的特点、原料的有毒成分的含量，或是否会引起配方无解等方面进行全面的评估。

＊提供实际水分值。饲料原料水分含量的变化与饲料其他成分含量呈负相关，直接影响配方的原料组成与配方的营养价值。栏中标准水是指数据库中该类饲料原料的一般含水量。

＊提供价格。输入原料价格（上下限）。

第四步，单击“开始”按钮，计算后即得到配方的用量比例及价格，所得结果如需存档，可单击“另存为”予以保存。

第五步，配方微调与指标分析。如少量数据结果有不妥之处，可人为进行微调，并作指标分析。

（3）半手工法（Excel 法）

运用 Excel“规划求解”工具设计饲料配方：

目标：设计一个海兰商品蛋鸡产蛋高峰期配合饲料。

要求维持产蛋率 90% 以上，饲养标准应达到代谢能 12.14 MJ/kg，粗蛋白 16.00%，钙 3.85%，有效磷 0.48%，食盐 0.37%。要求配制 100 kg 的配合饲料。

现有 7 种饲料原料，即玉米、豆粕、麦麸、磷酸氢钙、石粉、食盐和添加剂，价格（元/kg）分别为 1.578、2.70、0.90、3.30、0.25、1.00、55.00，它们的养分含量可从中国饲料数据库查到。

建立饲料配方数据库：把设计配方所用到的原始数据输入 Excel 工作表中，输完后即如图 7—6 所示。

Microsoft Excel - 修改后求解前.xls

B10 3.3

	A	B	C	D	E	F	G
1	饲料配方数据库						
2	项目	代谢能/(Mj/kg)	粗蛋白/%	钙/%	有效磷/%	食盐/%	
3	饲养标准	12.14	16	3.85	0.48	0.37	
4	饲料原料数据库						
5	原料名称	原料价格/(元/kg)	代谢能/(Mj/kg)	粗蛋白/%	钙/%	有效磷/%	食盐/%
6	玉米0712	1.578	14.27	8.7	0.02	0.12	0
7	麦麸	0.9	9.37	15.7	0.11	0.24	0
8	豆粕0712	2.7	13.18	43	0.32	0.17	0
9	石粉	0.25	0	0	35	0	0
10	磷酸氢钙	3.3	0	0	23	17	0
11	食盐	1	0	0	0	0	98
12	添加剂	55	0	0	0	0	0

图 7—6　饲料配方设计的原始数据

单元 7

单元测试题

一、名词解释

1．维持需要　2．生长需要　3．家畜日粮　4．家畜日粮配合饲料

二、填空题（请将正确的答案填在横线空白处）

1．牛胃为复胃，共有 4 个：________、________、________和________，在腹腔内占有相当大体积。

2．能量与蛋白质沉积间有一定________关系，只有合理的能量蛋白比才能保证饲料的________。

3．蛋白质的需要除考虑________外，还应考虑________的含量和比例。

4．食母乳的仔猪很快发生________性贫血，表现为生长缓慢、精神不振、被毛粗糙、皮肤皱褶、黏膜苍白，少数运动后呼吸困难或膈肌痉挛，研究证明，出生后头 3 天的仔猪________可防止________发生。

5．犊牛日粮通常有三种：________、________和________。

6．奶牛的一个泌乳周期包括两个主要部分，________和________。

7．羊适宜的育肥方式有________、________和________。

三、判断题（下列判断正确的请打“√”，错误的打“×”）

1．玉米被称为“饲料之王”，它是主要的粮食作物，又是畜禽的优良精饲料、青饲料及青贮原料。　（　）

2. 培育育成牛，按其营养需求量，以大量粗饲料和多汁饲料为主，适量饲喂精饲料，以促进乳用母牛消化器官的发育和高产性能的形成。（　）

3. 牛的生长发育过程中离不开五大营养物质，即水、蛋白质、能量、矿物质和维生素。（　）

4. 维持需要是指家畜在维持一定体重的情况下，保持生理功能正常所需的养分。（　）

5. 反刍一般在9~11周龄时出现，通常在采食2~3 h后。（　）

6. 根据后备牛在各阶段的生理特点及其营养需要，一般可划分为犊牛期（初生~6月龄）、育成期（7~18月龄）和青年期（18月龄~第一胎分娩）三个年龄组。（　）

7. 犊牛离开母体后第1周是生活环境与机体变化最大的时期，也是提高犊牛成活率的关键时期。（　）

8. 早期断奶犊牛的哺乳期一般为30~45天。（　）

四、简答题

1. 简述牛、羊的消化生理特点。
2. 国内家畜（牛、羊和猪）的育肥方法主要有哪些？
3. 简述哺乳期犊牛的饲养。
4. 简述肉牛的育肥技术。
5. 如何对育肥猪进行管理？

单元测试题答案

一、名词解释（略）

二、填空题

1. 瘤胃　网胃　瓣胃　皱胃
2. 比例　最佳效率
3. 蛋白质水平　必需氨基酸
4. 缺铁　肌肉注射铁剂　缺铁性贫血
5. 初乳　常乳或代乳品　犊牛料
6. 泌乳期　干奶期
7. 放牧育肥　舍饲育肥　放牧加补饲育肥

三、判断题

1. ×　2. √　3. √　4. √　5. ×　6. √　7. √　8. √

四、简答题（略）

家畜的管理

在高级家畜饲养工职业技能培训中，家畜的生产管理非常重要。该部分内容以初级、中级家畜饲养工“家畜的管理”培训内容为基础，进一步深化相关知识和技能，包括“家畜生产管理及生产设备维护检修知识、畜舍环境的管理、家畜各阶段生产计划和畜牧生产记录”等方面内容。

通过培训的高级饲养工，应掌握家畜管理的主要理论，建立正确的管理理念，能独立从事家畜日常生产常设岗位的管理工作，同时具备一定独立分析、解决日常管理问题和设计管理所需的简单管理记录表的能力。

第一节　家畜生产管理及生产设备维护检修知识

→ 掌握家畜的生产管理知识
→ 了解养殖业中生产设备一般维护及检修知识

家畜的生产管理中，生产管理是手段，畜产品生产是目的，但一切都要以经济效益为准绳。家畜生产管理不仅影响畜产品的质量和生产，而且可能直接影响经济效益。因此，牛、羊和猪的管理部分占据重要的地位。该方面知识和技能的应用对家畜的饲养及疾病预防措施的落实和技术应用效果起着主要的保障和促进作用。

一、牛的生产管理

1. 犊牛的管理

通常将产后 6 月龄以内的牛称为犊牛。这个时期的牛经历了从母体子宫环境到体外自然环境，由靠母乳生存到靠采食植物性饲料生存，有反刍前到反刍的巨大生理环境的转变，各器官系统尚未发育完善，抵抗力低，易患病。犊牛处于器官系统的发育时期，可塑性大，良好的培养条件可为其将来的高生产性能打下基础。如果饲养管理不当，可造成生长发育受阻，影响终身的生产性能。

（1）初生犊牛护理。犊牛离开母体后第 1 周是生活环境与机体变化最大的时期，也是提高犊牛成活率的关键时期。加强饲养管理，为获得健壮犊牛和以后正常的生长发育打好基础。

1）确保犊牛呼吸。犊牛出生后应立即清除口鼻黏液，尽快使犊牛呼吸。如果发现犊牛在出生后不呼吸，可将犊牛的后肢提起，使犊牛的头部低于身体其他部位，或者倒提犊牛。倒提的时间不宜过长，以免内脏的重量压迫膈肌妨碍呼吸。一旦呼吸道畅通，即可进行人工呼吸（即交替地挤压和放松胸部）。也可用稻草搔挠犊牛鼻孔，或用冷水洒在犊牛的头部以刺激呼吸。

2）断脐与消毒。犊牛正常呼吸后，应及时断脐。犊牛的脐带有时自然扯断，多数情况下，残留在犊牛腹部的脐带有几厘米长。若没有扯断，应在距腹部 10 ~ 12 cm 处剪断脐带，挤出脐带内的黏液，用碘酒对脐带及其周围进行消毒。两天后应检查犊牛是否有肚脐感染。断脐后一至两周脐带会干枯而脱落，若长时间脐带不干燥、出现炎症时应及时治疗。

3）清除身体黏液。多数奶牛场采取尽量减少母牛接触犊牛机会的做法，用干毛巾擦干犊牛身上的黏液，并尽快将犊牛与母牛分开。也有人认为犊牛第一天吃初乳最好直接从母牛乳房吸取，产后第二天才将犊牛与母牛分开，此时可让母牛舔干犊牛身上的黏液。

4）温度及湿度的控制。犊牛应在产房的产栏中出生，产栏的面积应不低于 8.2 m^2，产栏应垫干草，保持环境的温暖干燥，冬季产房温度应保持在 10℃以上。

5）犊牛登记。犊牛出生后应称体重，对犊牛进行编号，对其毛色、花片、外貌特征、出生年月、谱系等情况做详细记录，以便于管理和以后在育种工作中使用。其出生资料必须永久存档。

（2）哺乳期犊牛管理

1）犊牛的饲养。新生犊牛结束初乳期以后，从产房可转入犊牛舍。现在多采用犊牛岛饲养或单栏饲喂一个月的犊牛，可以有效防止小牛互相吸吮奶头，避免形成不健康的习惯，防止传染病的传播，便于测量食物消耗量，能够最大限度地避免拥挤。

2）犊牛去角。犊牛出生 30 天内应去角，去角的方法有苛性钠或苛性钾涂抹法和电烙铁烧烙法。

3）剪除副乳头。奶牛乳房有四个正常的乳头，位于 4 个乳区中，但有时有的牛在正常乳头的附近有小的副乳头，应将其除掉，其方法是用消毒剪刀将其剪掉，并涂以碘酊等消炎药消毒。适宜剪除时间在 4 ~ 6 周龄。

4）预防疾病。犊牛哺乳期是牛发病率较高的时期，尤其是在出生后的头几周，主要原因是犊牛抵抗力差。此段时间犊牛易患呼吸道感染（如肺炎）、消化道感染（如腹泻）、脐带炎等疾病。

5）犊牛的卫生管理。每次用完哺乳用具，要及时清洗，定期消毒。喂奶完毕，擦干犊牛口、鼻周围残留乳汁，防止“舔癖”。牛栏和牛床均要保持清洁、干燥，铺上垫草，勤打扫，勤更换垫草，勤消毒。舍内应有通风装置，保持通风良好，阳光充足，空气新鲜，冬暖夏凉。

6）免疫。犊牛的免疫程序应根据牛场的具体情况和国家的有关法律法规，由专业人员制定。

7）称量体重和转群。犊牛可每月称量一次体重，并做好记录，6 月龄后转入青年牛群。

（3）断奶期犊牛管理。犊牛早期断奶，不仅不会影响其生长发育，而且可以节约大量的全乳，满足市场的需要，也大大降低了犊牛培育的成本。

1）犊牛早期断奶。犊牛的饲养管理要细致，出生后 1 h 内吃上初乳，第 4 ~ 6 天开始可喂全乳、酸乳或代乳料，犊牛多在 6 ~ 8 周断奶。采用早期断奶的犊牛，应尽早采食犊牛料，使其在断奶时能日采食 0.75 kg 的犊牛料。

2）断奶期的饲养管理。根据月龄、体重、精料补充料和采食量确定断奶时间。在细致规范的饲养管理条件下，犊牛生长良好并至少摄入相当于其体重1%的犊牛料时进行断奶，较小或体弱的犊牛应延后断奶。犊牛断奶后进行小群饲养，将年龄和体重相近的牛分群，每群10～15头。

2. 育成牛、青年牛饲养管理规范

发育正常、健康体壮的育成牛是提高牛群质量、适时配种、保证奶牛高产的基础。断奶后的小牛很少有不健康问题。这时需要确定的是采用最经济的能量、蛋白质、矿物质和维生素原料饲喂以满足动物的需要并获得理想的生长速率。

营养要求和采食量随时间而变化，小于1岁的年轻小母牛由于瘤胃容积有限，需要高营养饲料，因此，如果只喂给粗饲料则仅能维持中等生长速率，年轻小母牛的日粮中应该包含谷物性饲料或精饲料成分。但是大于1岁的年轻小母牛就不一定有这一要求。某些饲养场给年轻小母牛饲喂不被产奶母牛所消耗（拒绝采食）的日粮，这类日粮配方的组成通常是高纤维低蛋白的，只要配方的营养平衡适当并具有适口性，则可用来喂给半岁大的年轻小母牛。

断奶后的年轻小母牛可分组圈养，开始时每组数量要少，主要根据后备牛的营养要求分组，每组中后备牛的大小和数量也取决于畜群数量和可利用的畜舍情况，除考虑年龄外，还应尽量将体重大小相近的小母牛分在同一组。

（1）断奶后小牛的饲养（2～6个月）。将4～6头一组断奶后体重大小相近的小牛，放在一个畜栏内并保持与单独畜栏相似的特点，即：清洁且干燥的垫草，通风良好，便于饮水和饲喂等，这种畜栏称为过渡期畜栏。它有足够的管理空间让所有的小牛同时采食，应避免小牛因空间过小而发生抢食。通常2～6个月大的年轻小母牛的日粮应含粗饲料40%～80%，随着年轻小母牛的生长，可降低日粮中的蛋白质含量并提高纤维（中性洗涤纤维）含量。若用低能量粗饲料饲喂年龄稍大些的年轻小母牛，日粮配方中应补足够量的精饲料和矿物质。精饲料中所含粗蛋白百分比主要取决于日粮中粗饲料的粗蛋白含量，一般来说用来饲喂年轻小母牛的精饲料混合物中含有16%的粗蛋白就可以满足它们的需要。

（2）7～12个月龄育成牛饲养。7～12个月龄是育成牛发育最快的时期。此时期的年轻小母牛每组可有10～20头，一组内小母牛体重的最大差别不应超过50 kg，应当仔细记录采食量及生长率，因为这一时期增重过快可能会影响将来的产奶能力。与此相反，增重不足将延误配种以及第一次产犊。监测年轻小母牛体高、体重及体膘分数有助于评价这一时期的饲喂措施。

3. 泌乳牛饲养管理规范

成年泌乳牛干物质采食量产后逐渐增加，但增加的速度较平缓，其高峰出现在产后90～100天，之后再缓慢平稳下降。产奶量从奶牛产犊后逐渐上升，低产牛在产后20～30天，高产牛在产后40～50天，产奶量达到最大。奶牛体重产后开始下降，产后2个月左右降至最低，以后体重又逐渐增加。

（1）分群。按产奶量高低进行分群（育种水平好的牛场可根据泌乳期分群），并实行阶段饲养，可提高产奶量、增加经济效益。小型牛场可按不同类别的成母牛集中饲喂管理。

（2）合理配制日粮。乳牛的日粮一般要由 3～4 种青粗饲料（干草、青草、青贮饲料等）及 3～4 种精料组成。在泌乳期，日粮组成必须多样化，适口性强。日粮中的青粗饲料要合理搭配。良好的干草、青绿多汁饲料及青贮料易消化，适口性好，是饲养乳牛必不可少的饲料。饲料应选择易消化、发酵的饲料。日粮要有适当的倾斜性。

（3）饲喂方法。定时定量，少喂勤添，更换饲料时应循序渐进（7～10 天预饲适应期），一般主张对年产奶 6 000 kg 以上的牛，每昼夜 3 次饲喂、3 次挤奶；对年产奶 5 000 kg 以下的低产牛也可实行 2 次饲喂、2 次挤奶。奶牛的饲喂顺序是：粗料—精料—粥料—青绿料—块根料—饮水。

（4）饮水与运动。牛乳中含水 88% 左右。乳牛饮水充足，可提高产奶量 10%～19%。一般奶牛每天需水 50～70 kg，高产奶牛需 100～150 kg。奶牛要有适当运动，每天保证 2～3 h 的舍外运动。

（5）泌乳牛各期饲养管理

1）泌乳初期。也称恢复期，自分娩至产后 15 天。此期应以恢复母牛健康为主，不得过早催奶。因其刚刚分娩，机体较弱，在本期内如食欲良好，消化正常，无产后疾病可逐渐增加精料。多喂优质干草，对青绿多汁饲料要控制饲喂。一般产后第一天每次只挤奶 2 kg 左右，第二天挤乳量约 1/3，第三天挤 1/2，第四天方可挤净。此期应密切注意产后牛的健康，预防产后疾病，为配种做准备。

为减轻产后母牛乳腺机能的活动并考虑母牛产后消化机能较弱的特点，母牛产后 2 天内应以优质干草为主，同时补喂易消化的精料，如玉米、麸皮，并适当增加钙在日粮中的水平（由产前占日粮干物质的 0.2% 增加到 0.6%）和食盐的含量。对产后 3～4 天的乳牛，如母牛食欲良好、健康、粪便正常、乳房水肿消失，则可随其产乳量的增加，逐渐增加精料和青贮喂量。实践证明，每天精料增加量以 0.5～1 kg 为宜。

产后一周内的乳牛，不宜饮用冷水，以免引起胃肠炎。应坚持饮温水，水温 37～38℃，一周后可降至常温。为了促进食欲，尽量多饮水，但对乳房水肿严重的乳牛，饮水量应适当控制。乳牛产后，产乳机能迅速增加，代谢旺盛，因此常发生代谢紊乱而患酮病和其他代谢疾病，这期间要严禁过早催乳，以免引起体况的迅速下降而导致代谢失调。对产后 15 天或更长时间，饲养的重点应当以尽快促使母牛恢复健康为原则。

挤乳过程中一定要遵守挤乳操作规程，保持乳房卫生，以免诱发细菌感染而患乳房炎。

2）泌乳盛期。产后 16～100 天为泌乳盛期。此期因有泌乳高峰存在，是整个泌乳期的黄金阶段，产奶量占泌乳期的 40% 左右。为使泌乳高峰持续得更长，此期日粮中应用额外的营养物质增加营养浓度。把体重下降控制在合理范围内，是保证高产、正常繁殖及预防代谢疾病的最重要措施之一。此期因为采食量处于低谷，而泌乳处于高峰，出现一个“营养空当”，乳牛不得不动用其体内储备，分解体组织来满足产奶所需营养物质。目前，采用“引导”饲养法，如喂品质优良的高能粗料，增喂适宜脂肪饲料等。

3）泌乳中期。产后 101～200 天为泌乳中期。此期使产奶量下降速度缓慢可获得好的效益。要调整日粮结构，减少精料，尽量使牛采食较多的优质粗饲料。注意运动，认真擦洗、按摩乳房等。

4）泌乳后期。产后201天到干奶期为泌乳后期。此期主要是保持牛的膘成，恢复体况等。

5）干奶期。干奶期一般是45～75天，平均为60天。此期可采用快速干奶法或逐渐干奶法，一般以前者应用较广。此期饲养管理原则是不能使母牛过肥，干乳牛每天要有适当的运动，还要加强卫生保健。对怀孕后期青年母牛每天要进行乳房按摩，促进乳腺发育，以利分娩后的泌乳。

4. 干奶期奶牛饲养管理规范

奶牛干奶期是指奶牛产前停止泌乳的一段时间。奶牛经过长期的泌乳和胎儿孕育，体内消耗了大量营养物质，对此只有通过一段时间停止泌乳，才能使其得到恢复和弥补，才能使胎儿更好地生长发育以及乳腺细胞充分休息，也只有这样才能确保下个泌乳期乳腺细胞的活力。

（1）干奶期的长短。干奶期长短可因奶牛的年龄、膘情、产奶量不同而不同，一般为50～70天。干奶期过长影响泌乳期的产奶量，并导致牛体过肥引发某些疾病；干奶期过短，牛体得不到充分的休息调整，不仅会影响其健康状况，而且还会影响下一个泌乳期的产奶量。一般情况下，高产牛、老龄牛、体弱牛可适当延长到70～75天，而膘情较好、产奶较低的牛可缩短到45～50天。试验表明，不经干奶的牛与干奶60天的牛相比，下一个泌乳期产奶量下降25%，再下一期下降38%以上。

（2）干奶的方法。干奶时，要在配合采取控制精料和青绿多汁饲料以及饮水供应量的前提下，根据当时的产奶量实行快速干奶法或逐渐干奶法。

1）快速干奶法。实行对奶牛突然停止挤奶，乳房压力增高，快速建立泌乳负反馈，泌乳反馈降低，达到停奶目的。此法适用于产奶日期过长、日产奶量低的奶牛个体。

2）逐渐干奶法。对到干奶日期时日产奶仍达15 kg以上的奶牛，应采取逐渐干奶法。此法除了控制精料和多汁饲料以及饮水供给外，还需打乱原挤奶规律，减少挤奶次数，以破坏在正常挤奶过程中形成的泌乳反射。一般经10～20天的调控可完成干奶。

（3）干奶过程的护理

1）确定干奶日期。泌乳后期由于乳汁中抗炎因子的减少或消失易引发乳房炎症。对此应在最后一次挤奶后，对隐性乳房炎进行测定，如果呈阴性，向乳房内注入油剂抗生素或专用的干奶剂。油剂抗生素配制及使用：取食用花生油40 mL，经加热灭菌冷却后，再搅入青霉素320万单位、链霉素200万单位，由乳头孔向每个乳区各注入10 mL。

2）注意观察乳房变化。正常情况下，停止挤奶后的7～10天内，泌乳功能基本停止，残存在乳房内的少量乳汁逐渐被吸收，乳房也逐渐发生萎缩。多数奶牛是先从乳房基部萎缩，因此常先看到乳房基底部空虚松弛，继而整个乳房发生萎缩。当干奶后一周左右乳房不仅不见萎缩反而肿胀发红，触诊有疼痛反应时应当引起注意。必要时将积存的乳汁重新挤出，对伴有炎症的要及时治疗。

（4）饲养技术要求

1）促进乳房萎缩期。开始干奶时，要有3～7天的精料和多汁饲料的控制期，以降低泌乳功能，促进乳房萎缩。

2）膘情恢复期。乳房萎缩后至预产期前20天应给予胎儿发育和母牛恢复膘情的日粮供应量，一般每天供应全价精料1.5～2.0 kg。实际生产中可根据牛的膘情和粗饲料的优势灵活调整。另外，这个阶段的矿物质供应要满足胎儿迅速发育的需要。

3）高精料适应期。从预产期前20天，要逐步增加精料，以每天增加350～500 g为宜（切忌增幅过大，以免引发消化不良），一直加到预产期前一周。其目的在于促进乳腺发育和对产后高精料饲喂的适应。

4）产前精料与高钙料控制期。经过上述高精料的饲喂，随着临产期的到来，产前7天左右绝大多数牛的乳房已充分肿胀，为避免乳房肿胀过度，这时应把精料降下来。一般中等体型的奶牛，每天供给精料2～3 kg即可。

（5）管理要求。干奶期除了饲养方面的注意事项外，还要加强此期的管理工作。全期重点是保胎、防止流产。孕牛要与公牛分开，要与大群产奶牛分养，禁喂霜冻霉变饲料。冬季饮水不能低于10℃，酷热多湿的夏季将牛置于阴凉通风的环境里，必要时可提高日粮营养浓度。要加强牛体卫生，保持皮肤清洁，做到每天刷拭两次。要注意适当运动，以免牛体过肥引起分娩困难和便秘等。另外，干奶期饲料品种不要突变，以免影响干奶期奶牛的正常采食。

5. 产房管理规范

围产期乳牛是指分娩前后15天以内的母牛。分娩前的15天称围产前期，分娩后的15天称围产后期。

根据乳牛阶段饲养理论和实践，划分这一阶段对增进临产前母牛、胎儿、分娩后母牛以及断奶犊牛的健康极为重要。实践证明，围产期母牛比泌乳中、后期母牛发病率均高。据统计，成母牛死亡有70%～80%发生在这一时期。所以，这个阶段的饲养管理应以保健为中心，乳牛产后2～8周也可称为产后康复期。围产期饲养已发展成一门新兴的学科。

（1）临产前母牛的饲养管理。临产前母牛生殖器官最易感染病菌。为减少病菌感染，母牛产前7～14天应转入产房。产房必须事先用2%火碱水喷洒消毒，然后铺上清洁干燥的垫草，并建立常规的消毒制度。临产前母牛进产房前必须填写入产房通知单，并进行卫生处理，母牛后躯和外阴部用2%～3%来苏尔溶液洗刷，然后用毛巾擦干。

产房工作人员进出产房要穿清洁的外衣，用消毒液洗手。产房入口处应设消毒池，进行鞋底消毒。产房昼夜应有人值班。发现母牛有临产症状，表现腹痛、不安、频频起卧，即用0.1%高锰酸钾溶液擦洗生殖道外部。产房要经常备有消毒药品、毛巾和接产用器具等。

临产前母牛饲养应采取以优质干草为主，逐渐增加精料的方法。对体弱临产牛可适当增加喂量，对过肥临产牛可适当减少喂量。临产前7天的母牛，可酌情多喂些精料，其喂量也应逐渐增加，最大喂量不宜超过母牛体重的1%，这有助于母牛适应产后大量挤乳和采食的变化。但对产前乳房严重水肿的母牛，则不宜多喂精料。临产前15天以内的母牛，除减喂食盐外，还应饲喂低钙日粮。其钙含量减至平时喂量的1/3～1/2，或钙在日粮干物质中的比例降至0.2%。临产前2～8天内，精料中可适当增加麸皮含量，以防止母牛发生便秘。

（2）母牛分娩期护理。舒适的分娩环境和正确的接生技术对母牛护理和犊牛健康极为重要。母牛分娩必须保持安静，并尽量使其自然分娩。一般从阵痛开始需1～4 h，犊牛即可顺利产出。如发现异常，应请兽医助产。母牛分娩应使其左侧躺卧，以免胎儿受瘤胃压迫产出困难。母牛分娩后应尽早驱使其站起。母牛分娩后体力消耗很大，应使其安静休息，并喂温热麸皮盐钙汤10～20 kg（麸皮500 g，食盐50 g，碳酸钙50 g），以利母牛恢复体力和胎衣排出。

母牛分娩过程中，卫生状况与产后生殖道发生感染的关系极大。母牛分娩后必须把它的两肋、乳房、腹部、后躯和尾部等污脏部分用温水洗净，用洁净的干草全部擦干，并把沾污的垫草和粪便清除出去。地面消毒后铺以厚的干垫草，母牛产后，一般1～8 h内胎衣排出。排出后，要及时消除并用来苏尔清洗外阴部，以防感染。

为了使母牛恶露排净和产后子宫早日恢复，还应喂饮热益母草红糖水（益母草粉250 g，加水1 500 g，煎成水剂后，加红糖0.2～0.5 kg和水8 kg，饮时温度40～50℃），每天一次，连服2～3次。犊牛产后一般30～60 min即可站起，并寻找乳头哺乳，所以这时母牛应开始挤乳。挤乳前挤乳员要用温水和肥皂洗手，另用一桶温水洗净乳房。用新挤出的初乳哺喂犊牛。

母牛在分娩过程中是否发生难产、助产的情况以及胎衣排出的时间、恶露排出情况和分娩母牛的体况等，均应详细进行记录。

二、羊各阶段的生产管理

1. 种公羊的生产管理

种公羊的基本要求是体质结实，不肥不瘦，精力充沛，性欲旺盛，精液品质好。种公羊精液的数量和品质，取决于日粮的全价性和饲养管理的科学性和合理性。据研究，种公羊1次射精量1 mL，需要可消化蛋白质50 g，在饲养上，应根据饲养标准配合日粮。应选择优质的天然或人工草场放牧。补饲日粮应富含蛋白质、维生素和矿物质，品质优良、易消化、体积较小和适口性好等。在管理上，可采取单独组群饲养，并保证有足够的运动量。实践证明，种公羊最好的饲养方式是放牧加补饲。种公羊的饲养管理可分为配种期和非配种期两个阶段。

（1）配种期的饲养管理

1）日粮配合。种公羊在配种前1.0～1.5个月，日粮应由非配种期的饲养标准逐渐过渡到配种期的饲养标准。在舍饲期的日粮中，禾本科干草一般占35%～40%，多汁饲料占20%～25%，精饲料占40%～45%。

我国的东北地区，体重80～90 kg种公羊的配种期日粮，每天饲喂2.0 kg饲料，250 g可消化粗蛋白质，随着每天采精次数的增加而逐渐提高标准及其他特需的饲料如新鲜的鸡蛋、牛羊奶等。例如，黑龙江省银浪种羊场，种公羊配种期，除放牧外，每天补饲精料0.8～1.0 kg，牛奶0.5～1.0 kg或鸡蛋2～4枚（拌料或灌服），骨粉10 g，食盐15 g。又如，甘肃省天祝种羊场，配种期种公羊每日每只采精2～3次，燕麦干草自由采食，补饲豌豆1.25 kg，胡萝卜1.0～1.5 kg，鸡蛋2～3枚，骨粉5～8 g，食盐

15～20 g。

2）饲养管理日程。种公羊在配种前一个月开始采精，检查精液品质。开始采精时，一周采精一次，继后一周两次，以后两天一次。到配种时，每天采精1～2次，成年公羊每日采精最多可达3～4次。多次采精者，两次采精间隔时间至少为2 h。对精液密度较低的公羊，可增加动物性蛋白质和胡萝卜的喂量；对精子活力较差的公羊，需要增加运动量。当放牧运动量不足时，每天早上可酌情定时、定距离和定速度增加运动量。种公羊饲养管理日程，因地而异。以甘肃省天祝种羊场的种公羊配种期的饲养管理日程为例，介绍如下：

7：00—8：00　运动，距离2 000 m。

8：00—9：00　喂料（精料和多汁饲料占日粮的1/2，鸡蛋1～2枚）。

9：00—11：00　采精。

11：00—15：00　放牧和饮水。

15：00—16：00　圈内休息。

16：00—18：00　采精。

18：00—19：00　喂料（精料和多汁饲料占日粮的1/2，鸡蛋1～2枚）。

（2）非配种期的饲养管理。种公羊在非配种期虽然没有配种任务，但仍不能忽视饲养管理工作。除放牧采食外，应补给足够的能量、蛋白质、维生素和矿物质饲料。我国东北地区，冬春季节种公羊没有配种任务，体重80～90 kg，一般补饲饲料约1.5 kg和可消化粗蛋白质150 g。黑龙江省银浪种羊场冬春季节补饲日粮是：精料0.4 kg、干草2.0～2.6 kg、青贮饲料2.0 kg、块根饲料0.5 kg。常年补饲骨粉和食盐。夏季不补饲，春夏过渡时要先减干草，后减精料。坚持放牧与运动。

2. 繁殖母羊的生产管理

对繁殖母羊，要求常年保持良好的饲养管理条件，以完成配种、妊娠、哺乳和提高生产性能等任务。繁殖母羊的饲养管理，可分为空怀期、妊娠期和泌乳期三个阶段。

（1）空怀期的饲养管理。主要任务是恢复体况。由于各地产羔季节安排的不同，母羊的空怀期长短各异，如在年产羔一次的情况下，产冬羔母羊的空怀期一般为5～7个月，而产春羔母羊的空怀期可长达8～10个月。这期间牧草繁茂，营养丰富，注重放牧，一般经过两个月抓膘可增重10～15 kg，为配种做好准备。

（2）妊娠期的饲养管理。母羊妊娠期一般分为前期（3个月）和后期（2个月）。

1）妊娠前期。胎儿发育较慢，所增重量仅占羔羊初生重的10%。此间，牧草尚未枯黄，通过加强放牧能基本满足母羊的营养需要；随着牧草的枯黄，除放牧外，必须补饲，每只日补饲优质干草2.0 kg或青贮饲料1.0 kg。

2）妊娠后期。胎儿生长发育快，所增重量占羔羊初生重的90%，营养物质的需要量明显增加。据研究，妊娠后期的母羊和胎儿一般增重7～8 kg，能量代谢比空怀母羊提高15%～20%。此期正值严冬枯草期，如果缺乏补饲条件，胎儿发育不良，母羊产后缺奶，羔羊成活率低。因此，加强对妊娠后期母羊的饲养管理，保证其营养物质的需要，对胎儿毛囊的形成、羔羊生后的发育和整个生产性能的提高都有利。我国东北地区，妊娠后期的细毛母羊和半细毛母羊，一般日补饲精料0.2～0.3 kg，干草1.5～

2.0 kg，禁喂发霉变质和冰冻饲料。在管理上，仍须坚持放牧，每天放牧可达6 h以上，游走距离8 km以上。母羊临产前1周左右，不得远牧，以便分娩时能回到羊舍。但不要把临近分娩的母羊整天关在羊舍内。在放牧时，做到慢赶、不打、不惊吓、不跳沟、不走冰滑地和出入圈不拥挤。饮水时应注意饮用清洁水，早晨空腹不饮冷水，忌饮冰冻水，以防流产。

（3）哺乳期的饲养管理。母羊哺乳期一般为3～4个月，可分为哺乳前期（1.5～2个月）和哺乳后期（1.5～2个月）。母羊的补饲重点应在哺乳前期。

1）哺乳前期。母乳是羔羊主要的营养物质来源，尤其是出生后15～20天内，几乎是唯一的营养物质。应保证母羊全价饲养，以提高产乳量；否则，母羊泌乳力下降，影响羔羊发育。产双羔的母羊每日补饲量：精料0.4～0.6 kg，豆科牧草1 kg，多汁料1.5 kg。

2）哺乳后期。母羊泌乳力下降，加之羔羊已逐步具有了采食植物性饲料的能力。此时羔羊依靠母乳已不能满足其营养需要，需加强对羔羊补料。但哺乳后期母羊除放牧采食外，亦可酌情补饲。例如，我国吉林省双辽种羊场，对哺乳母羊按产单、双羔分别组群，产单羔母羊每只日补饲精料0.2 kg、青贮饲料1.0～1.5 kg、豆科干草0.5～1.0 kg、干草2.0 kg、胡萝卜0.2～0.5 kg，并喂给豆浆和饮用温水；对产双羔母羊日补饲精料增加到0.3～0.4 kg。

3. 育成羊的生产管理

育成羊是指羔羊断乳后到第一次配种的青年羊，多在4～18月龄之间。羔羊断奶后5～10个月生长很快，一般毛肉兼用品种公母羊增重可达15～20 kg，营养物质需要较多。若此时营养供应不足，则会出现四肢高、体狭窄而浅、体重小、剪毛量低等问题。育成羊的饲养管理，应按性别单独组群。夏季主要是抓好放牧，安排较好的草场，放牧时控制羊群，放牧距离不能太远。羔羊断奶时，不要同时断料。冬、春季节，除放牧采食外，还应适当补饲干草、青贮饲料、块根块茎饲料、食盐和饮水。补饲量应根据品种和各地的具体条件而定。例如，内蒙古自治区红格塔拉种羊场，对纯种茨盖羊，育成全期平均每只补饲精料75 kg、干草150 kg，在羊的体重、剪毛量、羊毛长度等方面都取得较好效果。

4. 羔羊的生产管理

羔羊主要指断奶前处于哺乳期间的羊只。目前，我国羔羊多采用3～4月龄断奶。有的国家对羔羊采用早期断奶，即在生后1周左右断奶，然后用代乳品进行人工哺乳；还有采用生后45～50天断奶，断奶后饲喂植物性饲料，或在优质人工草地上放牧。

（1）羔羊的饲养。羔羊出生后，应尽早吃到初乳。初乳中含有丰富的蛋白质（17%～23%）、脂肪（9%～16%）、矿物质等营养物质和抗体，对增强羔羊体质、抵抗疾病和排出胎粪具有重要的作用。据研究，初生羔羊不吃初乳，将导致生产性能下降，死亡率增加。

在羔羊1月龄内，要确保双羔和弱羔能吃到奶。对初生孤羔、缺奶羔羊和多胎羔羊，在保证吃到初乳的基础上，应找保姆羊寄养或人工哺乳，可用牛奶、山羊奶、绵羊奶、奶粉和代乳品等。人工哺乳务必做到清洁卫生，定时、定量和定温（35～39℃）。

哺乳工具用奶瓶或饮奶槽，但要定期消毒，保持清洁，否则易患消化道疾病。对初生弱羔、初产母羊或护仔行为不强的母羊所产羔羊，需人工辅助羔羊吃乳。母羊和初生羔羊要共同生活7天左右，才有利于初生羔羊吮吸初乳和建立母子感情。羔羊10日龄就可以开始训练吃草料，以刺激消化器官的发育，促进心和肺功能健全。在圈内安装羔羊补饲栏（仅能让羔羊进去）让羔羊自由采食，少给勤添；待全部羔羊都会吃料后，再改为定时、定量补料，每只日补喂精料50～100 g。羔羊生后7～20天，晚上母仔在一起饲养，白天羔羊留在羊舍内，母羊在羊舍附近草场上放牧，中午回羊舍喂一次奶。为了便于“对奶”，可在母、仔体侧编上相同的临时编号，每天母羊放牧归来，必须仔细地对奶。羔羊20日龄后，可随母羊一道放牧。

羔羊1月龄后，逐渐转变为以采食为主，除哺乳、放牧采食外，可补给一定量的草料。例如，细毛羊和半细毛羊，1～2月龄每天喂两次，补精料150 g；3～4月龄，每天喂2～3次，补精料200 g。饲料要多样化，最好有玉米、豆饼、麦麸等三种以上的混合饲料和优质干草以及苜蓿、青割牧草等优质饲料。胡萝卜切碎，最好与精料混合饲喂羔羊，饲喂甜菜每天不能超过50 g，否则会引起拉稀，继发胃肠病。羊舍内设足够的水槽和盐槽，也可在精料中混入0.5%～1.0%的食盐和2.5%～3.0%的其他矿物质饲料。

羔羊断奶年龄最多不超过4月龄。羔羊断奶后，有利于母羊恢复体况，准备配种，也能锻炼羔羊的独立生活能力。羔羊断奶多采用一次性断奶方法，即将母、仔分开后，不再合群。母羊在较远处放牧，羔羊留在原羊舍饲养。母仔隔离4～5天，断奶成功。羔羊断奶后按性别、体质强弱分群放牧饲养。如同窝羔羊发育不整齐，也可采用分批断奶的方法。

（2）羔羊的编号。为了选种、选配和科学的饲养管理，羔羊需要编号。羔羊出生后2～3天，结合初生鉴定，即可进行个体编号。编号的方法主要有耳标法、刺字法和刻耳法等。

1）耳标法。耳标是固定在羊耳上的标牌。制作耳标的材料有铝片和塑料。根据耳标的形状分为圆形和长方形两种。习惯的编号方法是第一个数字表示出生年号，其后为个体号，公羔编单号，母羔编双号。在耳标背面编品种号，如中国美利奴羊用“M”代表，“Mx”代表中国美利奴羊与新疆细毛羊杂交的杂种羊。至于代表几代，可在后加1、2、3，分别代表一代、二代、三代。但如何编号更便于科学饲养管理，由各单位自定。

2）刺字法。刺字是用特制的刺字钳和十字钉进行羊只个体编号。刺字编号时，先将需要编的号码在刺字钳上排列好，在耳内毛较少的部位，用碘酒消毒后，夹住羊耳加压，刺破耳内皮肤，在刺破的点线状的数字小孔内涂上蓝色或黑色染料，随着染料渗入皮内，而将号码固定在皮肤上，伤口愈合后可见到个体号码。刺字编号的优点是经济方便。缺点是随着羊耳的长大，字体容易模糊。因此，在刺字后，经过一段时间，需要进行检查，如不清楚则需重刺。此法不适于耳部皮肤有色的羊只。

3）刻耳法。是指用缺刻钳在羊耳边缘刻缺口，进行编号或标明等级。刻耳法在羊左右两耳的边缘刻出缺口，代表其个体编号。要求对各部位缺口代表的数字都有明确的规定。通常规定，左耳代表的数小，右耳代表的数大。左耳下缘一个缺口为1，两个缺口为2，上缘一个缺口为3，耳尖一个缺口为100，耳中间一个圆孔为400；右耳下缘一个缺口为10，两个缺口为20，上缘一个缺口为30，耳尖一个缺口为200，耳中间一个圆孔为800。刻的缺口不能太浅，否则随着羔羊的生长不易识别。此法的优点是经济简便易行。缺点是羊的数量多了不适用。缺口太多容易识错，耳缘外伤也会造成缺口混淆不清。因此，刻耳法常用作种羊鉴定等级的标记。纯种羊以右耳作标记，杂种羊以左耳作标记。在耳的下缘作一个缺口代表一级，两个缺口代表二级，上缘一个缺口代表三级，上下缘各一个缺口代表四级，耳尖一个缺口代表特级。

4）育肥羊的生产管理技术。以放牧育肥为主要育肥方式的绵羊、山羊，要抓紧夏秋季节牧草茂密、营养价值高的大好时机，充分延长每日有效放牧时间。在北方有条件的地区，要尽可能利用夏季高山草场，早出晚归，中午不休息。在南方，应采取积极措施，进行早牧和夜牧，白天气候炎热时将羊群赶回通风良好的楼式羊舍或在树荫下休息；在秋季，还可将羊群赶入已经收割作物的茬地放牧抓膘。

由放牧转入舍饲的育肥羊，要经过一段时间的过渡期，一般为3~5天，在此期间只喂草和饮水，之后逐步加入精饲料，由少到多，再经过5~7天后，则可加到育肥计划规定的育肥阶段的饲养标准。

在饲喂过程中，应避免过快地变换饲料种类和饲粮类型。用一种饲料代替另一种饲料，一般在3~5天内先替换1/3，再在3天内替换2/3，然后再全部替换完。用粗饲料替换精饲料，替换的速度更要慢一点，一般10天左右完成。

供饲喂用的各种青干草和粗饲草要铡短，块根、块茎饲料要切片，饲喂时要少喂勤添，精饲料的饲喂每天可分两次投料。用青贮、氨化秸秆饲料喂羊时，喂量由少到多，逐步代替其他牧草，当羊群适应后，每只成年羊每天喂量不应超过下列指标：青贮饲料2.0~3.0 kg，氨化秸秆1.0~1.5 kg。凡是腐败、发霉、变质、冰冻及有毒有害的饲草饲料，一律不准饲喂育肥羊。

确保育肥羊每天都能喝足清洁饮水。据初步测算，当气温在12~15℃时，育肥羊每天饮水量为1.0~1.5 kg；当气温在15~20℃时，饮水量为1.5~2.0 kg；气温在20℃以上时，饮水量接近3.0 kg。在冬季，不宜饮用雪水或冰冻水。

育肥羊的圈舍应清洁干燥，空气良好，挡风遮雨，同时要定期清扫和消毒，要保持圈舍的安静，不能随意惊扰羊群。供饲喂用的草架和饲槽，其长度应与每只羊所占位置的长度和总羊数相称，以免饲喂时羊只拥挤和争食。

经常观察羊群，定期检查，一旦发现羊只异常，应及时请兽医治疗。要特别注意对肠毒血症和尿结石的预防。要及时注射四联苗，可预防肠毒血症发生。在以谷类饲料为主的日粮中，可将钙的含量提高到0.5%的水平，或加入0.25%的氯化铵，避免日粮中钙、磷比例失调，以防尿结石发生。潮湿的圈舍和环境，易使育肥羊患寄生虫和腐蹄病。因此，在这类圈舍中应该铺垫一些秸秆、木屑或其他吸水性材料。

育肥羊场或养羊联合体（公司），应当建立健全严格的岗位负责制，技术人员、饲养管理人员和农牧工应签订和执行承包合同，实行定额管理，责任到人，赏罚分明，充分调动每个人的积极性。同时，技术人员、农牧工要相对稳定，在育肥期间，一般中途不要调整和更换人员。

三、猪的生产管理

1. 仔猪

初生仔猪的生理特点：生长发育快，物质代谢旺盛；胃肠道未发育完全，消化机能不健全；调节温度中枢未建立；缺乏先天免疫能力；体内铁的贮存不足。因此，这个阶段必须做到母猪分娩时不离人，在饲养管理上应注意以下几个方面：仔猪吮吸摄入足量的初乳；仔猪生活环境应卫生清洁、温度适宜；补充铁剂，按程序免疫接种。

2. 育肥猪

根据育肥猪的生理特点和发育规律，按猪的体重将其生长过程划分为两个阶段，即生长期和育肥期。体重 20～60 kg 为生长期。此阶段猪的机体各组织、器官的生长发育功能不很完善，尤其是刚刚 20 kg 体重的猪，其消化系统的功能较弱，消化液中某些有效成分不能满足猪的需要，影响了营养物质的吸收和利用，并且此时猪只胃的容积较小，神经系统和机体对外界环境的抵抗力也正处于逐步完善阶段。这个阶段主要是骨骼和肌肉的生长，而脂肪的增长比较缓慢。体重 60 kg 至出栏为育肥期。此阶段猪的各器官、系统的功能都逐渐完善，尤其是消化系统有了很大发展，对各种饲料的消化吸收能力都有很大改善；神经系统和机体对外界的抵抗力也逐步提高，逐渐能够快速适应周围温度、湿度等环境因素的变化。此阶段猪的脂肪组织生长旺盛，肌肉和骨骼的生长较为缓慢。

3. 后备猪

70～180 日龄为生长速度最快的时期，是肉猪体重增长中最关键的时期；肉猪体重的 75% 要在 110 天内完成，平均日增重需保持 700～750 g。25～60 kg 体重阶段日增重应为 600～700 g，60～100 kg 阶段应为 800～900 g。瘦肉型猪种骨骼、皮、肌肉、脂肪的生长有一定规律。随着年龄的增长，胴体中水分和灰分的含量明显减少，蛋白质仅有轻度下降，活重达到 50 kg 以后，脂肪急剧上升。骨骼从生后 2～3 月龄开始到活重 30～40 kg 是强烈生长时期，肌纤维也同时开始增长，当活重达到 50～100 kg 以后脂肪开始大量沉积。随着肉猪各胴体组织及增重的变化，猪体的化学成分也呈一定规律性的变化，即随着年龄和体重的增长，机体的水分、蛋白质和灰分相对含量下降，而脂肪相对含量则迅速增长。瘦肉型猪体重 45 kg 以后，蛋白质和灰分是相当稳定的。

4. 种猪

种猪包括种公猪和种母猪两种，饲养种猪的目的是使种猪提供大量的仔猪，进一步提供较多的商品肉猪，提高经济效益。猪的繁殖力高，表现在公猪射精量大、配种能力强；母猪常年多次发情，任何季节均可配种产仔，而且是多胎高产。养好种猪是养猪生产的关键。

种公猪生理特点表现为射精量大，一般 250 mL/次（150～500 mL/次），总精子数目多（1.5 亿/mL）；交配时间长，5～10 min，长的达 20 min 以上。精液中精子占 2%～5%，附睾分泌物占 2%，精囊分泌物占 15%～20%，前列腺分泌物占 55%～70%，尿道球腺分泌物占 10%～25%。精液化学成分：H_2O 97%，CP 1.2%～2%，EE 0.2%，Ca 0.916%，NFE 1%，其中 CP 占 60% 以上。所以，种公猪生产的特点是以提供高质量的精液为目的。

后备母猪是指5月龄到初配前留作种用的母猪。其目的是获得体格健壮、发育良好、具有品种的典型特征和高度种用价值的种猪。

妊娠母猪生产特点是妊娠前期代谢增强，对饲料的利用率提高，蛋白质合成增强，保证胚胎和胎儿能在母体内得到充分的生长发育，防止化胎、流产和死胎的发生，使母猪每窝生产出数量多、初生体重大、体质健壮和均匀整齐的仔猪。同时使母猪有适度的膘情和良好的泌乳性能。体况要求：经产母猪七八成膘，初产母猪八成膘。

四、牛、羊和猪的喂养设备的使用和维护

1. 牛、羊喂养中的铡草机、粉碎机的使用、维护、保养

（1）铡草机、粉碎机的使用

1）铡草机应放置或固定在坚实、水平的地基上，运转时要稳，不能有大的振动。电源连接应稳固、牢靠，防水、防潮、防尘。

2）开机前要先对机器各部件做全面检查。在确认断电的情况下，用手扳动铡草机、粉碎机刀轴，看转动是否灵活，刀盘有无裂纹，紧固件是否有松动，发现故障隐患应及时排除、更换部件。

3）作业前先让铡草机空转一会儿，观察运转是否平稳，是否有异常响声，确认运转正常后再进行作业。

4）送料应均匀，若送入过多导致刀轴转速降低时，应停机清理。严禁用手直接推送物料，应借助木棍等向进料口推送。

5）加工饲料前，应清除料中的杂物，严防铁件、石块等硬物随料喂入，损坏刀盘。

6）作业中若发生堵草现象，应立即分离离合器并断电停机，排除故障。机器运转时严禁打开防护罩。

7）作业结束前先停止送料，待机器内物料全部排出后再分离离合器并切断电源，将机器内杂物清理干净。

（2）维护与保养

1）经常检查各紧固件有无松动，若有松动及时拧紧。

2）加强对轴承座、联轴器、传动箱的维护保养，定时加注或更换润滑油脂。

3）对切割间隙可调的铡草机，要根据作物茎秆的粗细合理调整切割间隙，保证铡草机正常工作。

4）发现刀片刃口磨钝时，应用油石对刀片进行刃磨。

5）每班作业完毕，应及时清除机器上的灰尘和污垢。每季作业结束后，应清除机器内杂物，在工作部件上涂上防锈油，置于室内通风干燥处。

2. 猪生产设备维护和检修

（1）栏舍。猪栏是现代化养猪场的基本生产单位，不同的饲养方式和猪的种类需要不同形式的猪栏。根据饲养猪的类群，猪栏可分为公猪栏、配种栏、母猪栏、妊娠栏、分娩栏、保育栏、育成育肥栏等。按栏内饲养头数可分为单栏和群栏。根据排粪区

的位置和结构分地面刮粪猪栏、部分漏缝地板猪栏、全漏缝地板猪栏、前排粪猪栏、侧排粪猪栏。按结构形式分实体猪栏、栅栏猪栏、综合式猪栏、装配式猪栏等。

对栏舍的检查包括：定期清洁消毒，定期安全检查，密闭性、保温性检查，风荷雪荷检查，栏体脱焊检查并及时焊接，漏粪地板检查及维护或维修。

（2）喂料设备。养猪生产中，饲料成本占50%～70%，喂料工作量占30%～40%，因此，饲喂设备对提高饲料利用率、减轻劳动强度、提高猪场经济效益有很大影响。

人工喂料设备比较简单，主要包括加料车、食槽。

自动喂饲系统由贮料塔、饲料输送机、输送管道、自动给料设备、计量设备、食槽等组成。

根据喂料设备种类，遵照供应商要求定期维护；对控制器定期检查；对饲料输送系统的拐角、料塔、饲槽等定期清洁，避免霉变饲料残留。

（3）饮水设备。压力检查，以保证水量；水管内定期清洁，高压冲洗或用可饮用药物消毒；除锈；过滤器定期清洁滤芯或更换。

（4）防暑降温与保暖设备。防暑降温与保暖设备应防火、防触电、防一氧化碳中毒，要求有最小通风设置和其他报警系统。按照设备类型，遵照供应商要求定期维护。对于直接在猪舍内燃烧加温的气体暖风炉、燃煤炉，要定期检查，避免一氧化碳排放超标的设施运行正常；避免加热区集尘，以免引燃猪舍内一些设施或猪舍建筑。对于电加热系统，除了避免加热区集尘，以免引燃猪舍内一些设施或猪舍建筑外，还要定期检查漏电保护设施，以保证其正常运转。对于其他舍外燃煤、燃气等加热设备，通过管道加热保温猪舍的设备，要注意定期检查管道与建筑物接触部分，以避免着火危险。定期进行电线等的老化或者绝缘性检查。

水帘系统的检查维护：定期除去水帘表面的尘土；根据过滤器的清洁状态，清洁或更换滤芯；水帘泵的漏电检测维护；水帘上部喷淋管的定期清洁，以期水帘纸100%布满水；水帘纸要经常干燥，避免藻类生长。

（5）通风换气设备。风机的维护要求定期检查风机状态，皮带张紧状态，整体风机清洁度；定期清洁/冲刷风机百叶、叶片，以保持其洁净；风机电机底座检查，要求牢固；轴承润滑检查，不能有异响；要求百叶100%打开。

进气口系统的维护：能够完全打开和关闭，清洁维护。

第二节 畜舍环境的管理

→ 掌握影响畜舍环境卫生的因素

家畜养殖业规模化生产不但需要优质、全价的日粮和科学的生产管理，还需要适宜的环境条件。

一、影响牛舍环境卫生的因素

养牛规模化生产中，牛场气候环境有别于其他地区的气候，称为“小气候”。影响小气候的因素很多，其中，影响最大的是气温、空气湿度、气流速度、光照以及有害气体等。

1. 温度

牛借助于产热和散热进行体温调节。牛通过自身的体温调节，保持最适宜的体温范围以适应外界环境变化。在一定的温度范围内，牛的代谢作用与体热产生处于最低限度时，这个温度范围称为“等热区”。奶牛的等热区为10～16℃，在等热区内对奶牛饲养有利。奶牛舍内最适宜的温度见表8—1。

表8—1　奶牛舍内最适宜的温度

牛舍别	最适宜（℃）	最低（℃）	最高（℃）
成年牛舍	9～17	2～6	25～27
犊牛舍	6～8	4	25～27
产房	15	10～12	25～27
哺乳犊牛舍	12～15	3～6	25～27

2. 湿度

空气湿度对奶牛机能的影响，主要通过水分蒸发影响牛体热的散发，一般是湿度越高，体温调节范围越小。在高温或低温时，湿度升高加剧了奶牛对产奶量的影响。高温高湿的环境会影响牛体表水分的蒸发，从而使牛体热不易散发，导致体温升高。低温低湿的环境又会使牛体散发热量过多，引起体温下降。空气湿度在55%～85%时，对牛体的直接影响不太显著，但高于90%则对奶牛危害较大。所以，奶牛舍内的空气湿度不宜超过85%。

冬季牛舍应打开排气孔，避免湿度过大。夏季炎热时湿度下降快，应注意保持相应的湿度，有利于避免热应激。

3. 气流

气流的主要作用是散热。对流散热是借助奶牛身体周围气流的流动来实现。在一定范围内，对流速度越快，牛体散热越多。在高温或低温情况下，风速对产奶量影响非常明显。

4. 有害气体

养牛规模化生产中，牛舍内有害气体主要来自呼吸、排泄和生产中的有机物分解，主要为氨、二氧化碳和硫化氢等。氨的浓度达到50 g/m^3时，对奶牛生产性能有影响。奶牛舍内硫化氢浓度最大允许量不应超过10 g/m^3，一氧化碳浓度应低于0.8 g/m^3。硫化氢和一氧化碳浓度过高对奶牛有较大危害，同时也影响人的健康。二氧化碳虽然不会引起奶牛中毒，但二氧化碳浓度能表明奶牛舍空气的污浊程度，所以二氧化碳浓度常作为卫生评定的一项间接指标。

二、影响羊舍环境卫生的因素

羊从外界环境中不断获取物质、能量和信息的同时，也受到各种环境因素的影响。同样，羊的正常生理生长也会受到外界环境的影响，当环境条件不利于羊的生长时，羊体就会表现出各种反应，甚至产生疾病，严重影响养羊生产。羊场环境的控制在不同地区，因气候不同、特点不同，要求也不同，因此要因地制宜。下面着重阐述羊舍的防寒防热、通风换气、采光和排潮等。

1．温度

（1）羊的适宜温度。在自然生态因素中，气温对绵羊、山羊影响最大，它直接或间接地影响绵羊、山羊的各种表现和地理分布。气温的变化，在不同程度上影响着绵羊、山羊的新陈代谢，进而影响着绵羊、山羊的生长、繁殖以及其他生命活动。羊是恒温动物，它的生产性能，只有在一定的外界温度条件下才能得到充分发挥，温度过高过低，都会使生产水平下降，甚至使羊的健康和生命受到影响。

不同类型、不同品种的羊耐热性、耐寒性不同，绵羊虽能很好地适应较冷气候，但对热却极为敏感，山羊对寒冷敏感。羊对低温环境条件的自身调节能力较强，当外界温度下降时，机体的散热量增加，羊为了维持体温恒定，必须提高代谢率、增加产热量。当温度过低时，羊吃进去的饲料被用于维持体温，没有生长发育的余力，有的反而掉膘，甚至机体会出现寒战、严重冻伤或死亡。如果气温比绵羊、山羊活动适宜温度高，机体散热受阻，物理调节不能维持体温恒定，体内蓄热，从而引起代谢率提高；当温度过高，超过一定界限时，羊的采食量下降，甚至采食量、反刍停止，饮水量增加，脉搏增数，而最显著的是呼吸次数增加。

绵羊、山羊的适宜温度受很多因素的影响，如营养状态、被毛长度和密度、饲养方式、品种、性别、年龄及其他环境因素如风力、降水、湿度、光照情况等。因此，绵羊、山羊的最适宜温度很难确定一个明确的范围。依据中国科学院内蒙古、宁夏综合考察队等有关研究资料，我国不同生产类型的绵羊对气温适应的生态幅度见表 8—2。

表 8—2　　不同生产类型的绵羊对气温适应的生态幅度

绵羊类型	掉膘极端低温（℃）	掉膘极端高温（℃）	抓膘气温（℃）	最适宜抓膘气温（℃）
细毛羊	≤ −5	≥25	8～22	14～22
半细毛羊	≤ −5	≥25	8～22	14～22
中国卡拉库尔羊	≤ −10	≥30	8～22	14～22
粗毛肉用羊	≤ −15	≥32	8～24	14～22

（2）羊舍的温度控制。羊舍环境的控制主要取决于舍温的控制，羊舍防寒、防热的目的在于始终保持舍内环境温度符合羊要求的适宜温度范围。

1）防寒保暖。羊的耐寒能力相对较强，但冬季天气变化不定，夜间气温很低，而且羊只在晚上活动量小，一定要做好羊群的防寒工作，设法提高羊舍温度。

①加强羊舍防寒管理。在不影响饲养管理及舍内卫生状况的条件下，适当增加舍内

羊的密度，等于增加热源，是一项行之有效的防寒辅助措施；采取一切措施防止舍内潮湿是间接保温的有效方法，在寒冷地区设计和修缮羊舍不仅要采取严格的防潮措施，而且要避免羊舍内潮湿和水汽的产生；过冬前，要及早检修羊舍，对屋顶、墙壁和门窗等进行必要的修补，防止贼风和保证正常空气的流通；地处野外的羊圈，应在北墙外用玉米秸埋设挡风屏障；密闭式羊圈，应在门口、窗口上悬挂挡风草帘；简易式养羊大棚，可将屋檐向前延伸，架设塑料暖棚，顶上覆盖草帘子；羊圈内增加铺垫草，羊只饮水要少量勤添，最好是添加温水，羊只白天饮足后，要把剩下的水倒掉，防止怀孕母羊和羔羊饮冰渣水，导致生病甚至流产。

②羊舍的采暖。在生产中，只要能按舍温要求进行相应的隔热设计和施工，加强羊舍防寒管理，对于成年羊舍基本上可以有效利用羊体自身产生的热能维持适当的室温。对于羔羊由于其热调节机能发育不全，要求较高的舍温。因此，在寒冷地区，分娩舍、幼羊舍必须供暖。当羊舍保温不好或过于潮湿、空气污浊时，为保持比较高的温度和有效的换气，也必须供暖。羊舍的供暖主要有集中供暖和局部供暖两种形式。

集中供暖主要由一个集中供暖设备，通过煤的燃烧、电能等来加热水或空气，再通过管道将热输送到舍内，加温羊舍的空气。一般要求分娩舍温度控制在15~22℃，保育舍温度20℃左右，常用的设备有锅炉和热风炉供暖；局部供暖有红外线灯、电热保温板等，主要用于哺乳羔羊的局部供暖；一些地区采用塑料暖棚养羊，利用太阳能供暖；此外，一些小规模养殖户常采用火墙、火炉等方式供暖，这些方式简单易行，但供热不均匀。

2）防暑降温。在养羊生产中夏季要采取措施消除或缓和高温对健康和生产力的影响。与低温情况下防寒保暖措施相比，在炎热的季节更要重视防热降温。

夏季在棚舍的朝阳面或运动场搭凉棚遮阴，避免阳光直射羊体；用茅草、麦秸等覆盖屋顶，避免阳光直射棚舍；绵羊高温季节来临之前剪一次毛；放牧时采取早、晚放牧制度等，将羊赶往阴凉处采食；保证充足饮水。

同时组织好羊舍的通风。通风是羊舍防热措施的重要组成部分，目的在于驱散舍内的热气。在气候炎热时应适当提高舍内空气的流通速度，加大通风量。通风分为自然通风和机械通风。羊舍通风进气口应位于正压区迎风面，排气口位于负压区，并且进气口要均匀布置，使进入舍内的气流方向不变。三伏天可在通风口设置水帘使热空气冷却后进入棚舍内，也可向棚舍顶部直接喷少量凉水。当气温过高，通过隔热、遮阳、自然通风等不能达到防暑降温的目的时，必须采取机械制冷降温措施。

2. 湿度

（1）羊的适宜湿度。空气相对湿度的大小，直接影响着羊只体热的散发。在一般温度条件下，空气湿度对羊体热的调节没有直接影响，但高湿度可以加剧高温或低温对畜体的危害。羊主要靠蒸发散热（绵羊的蒸发散热中20%靠出汗，80%靠呼吸蒸发），羊在高温、高湿环境中，往往会出现体温升高、皮肤充血、呼吸困难，甚至死亡等；在低温高湿条件下，绵羊易患各种呼吸道疾病、关节炎、肌肉炎等。高湿也有利于微生物的发育和繁殖，易导致绵羊患腐蹄病和寄生虫病。在一般情况下，羊舍湿度保持在50%~70%为宜，较干燥的大气环境对于绵羊的健康较为有利，尤其是在低温的情况下更是如此，应避免出现高湿环境。依据中国科学院内蒙古、宁夏综合考察队等有关研究资料，我国不同生产类型的绵羊对水分条件适应的生态幅度见表8—3。

表8—3　　生产类型的绵羊对水分条件适应的生态幅度

绵羊类型	适应的相对湿度（%）	适应的年降水（mm）	最大适宜的相对湿度（%）
细毛羊	50～75	300～700	60
半细毛羊	50～80	450～1 000	60～70
中国卡拉库尔羊	40～60	10～80	45～50
粗毛肉用羊	55～80	300～800	60～70

（2）羊舍湿度控制。养羊业中控制湿度是一个重要的问题，舍内的湿度受外界空气湿度的影响，主要与粪尿、饮水、潮湿的地面以及羊体皮肤和呼吸道的蒸发有关。必须采取多方面的综合措施：在羊场选址时，要选择修建在干燥地方；冬季加强舍内保温，防止水汽凝结；尽量减少舍内用水；及时清理粪尿和污水；保证羊舍良好的通风，及时将舍内多余的水汽排出；勤换垫草，可以有效地防止舍内潮湿。

3．光照

（1）光照的作用。光照是生命的一个重要环境因子，适宜的光照能够促进羊的生长发育，增强免疫力，对羊的繁殖、生产力、行为等也有重要的调节作用。

光照对羊的生殖影响明显，在自然条件下，绵羊的性活动显著受到光照长短的影响，配种季节通常是在白昼逐渐变短的秋季开始。虽然有一些常年发情的绵羊品种（如小尾寒羊、湖羊），但其发情率、排卵数还是在日照时间由长变短的秋季最高。自然条件下，一般公羊的精液质量也是在秋季日照缩短时（秋分）最高，即长日照变为短日照时最高，如果人为地增加秋季光照量，能使公羊性活动及精液质量发生改变。研究表明，光照控制着羔羊的性成熟时间，羔羊出生后，必须经历光照时间由长变短的光周期才能在正常年龄达到性成熟。

（2）羊舍的光照控制。光照包括自然采光和人工照明两部分。和自然光照相比，人工光照的最大优点就是能做到人为控制，使光照强度和光照时间达到最适宜的程度。

开放式或半开放式羊舍的墙壁有很大的开露部分，主要靠自然采光；封闭式羊舍若有窗户，也主要靠自然采光。自然采光的效果受羊舍方位、窗户大小、舍外情况、入射角和透光角、玻璃清洁度等多种因素的影响。羊舍的方位是直接影响自然采光和防寒防暑的重要因素，设计时应周密考虑，不同地区有不同的适宜方向。羊场周围若有高大建筑物或树木，能够遮挡太阳光照，影响舍内照度。羊场内植树应为高大的落叶乔木，尽量减少遮光。封闭式羊舍的采光取决于窗户大小，窗户面积越大，采光性越好。但是采光面积与夏天的防热相矛盾，还与夏季通风相关，所以要合理确定采光面积，采光系数成年羊羊舍一般为1:（15～25），羔羊舍为1:（15～20）。入射角越大，越有利于采光，为保障羊舍得到适宜的光照，入射角一般不应小于25°。从防寒防暑方面考虑，夏季光照不应直接照射进羊舍，冬季直接照射进羊舍，这些要求可以通过合理设计窗户上缘和屋檐的高度来实现。立式窗户与水平窗户不利于保温，但有利于采光，因此北方寒冷地区常在羊舍南墙上设立式窗户。

人工照明多适用于密闭式无窗羊舍，人工照明的光源主要有白炽灯和荧光灯两种。

4. 空气质量

（1）通风换气。通风换气是调节圈舍空气质量最主要、最常用的手段，通风方式可分为自然通风和机械通风。通风换气的主要作用是将舍内有害气体、尘埃和细菌排出去，换入清洁空气，使舍内空气中有害物质浓度不致过高；保持舍内环境状况的一致性；在一定范围内调节舍内温湿度状况。

一般情况下，通风换气对羊的生长发育和繁殖没有直接的影响，只是加速羊体水分的蒸发和热量的散失，间接影响羊的热能代谢和水分代谢。羊舍内外由于温度高低和风力大小的不同，使畜舍内外的空气通过门、窗、通气口和一切缝隙进行自然交换，而发生空气的内外流动。通过控制通风量的大小和通风时间，可以保持舍内适宜的温湿度。在气候炎热时应适当提高舍内空气流通速度，必要时辅以机械通风，以保证羊体适当的蒸发散热和对流散热，保持舍内环境温度符合羊体要求的适宜温度范围。在寒冷的冬季，气流会增加羊体的散热量，加剧寒冷的影响，气流速度越大、羊年龄越小、影响越严重。但是，即使在寒冷季节，舍内也应保持适当的通风，这样可使空气的温度、湿度和化学组成均匀一致，有利于污浊气体排出舍外，气流速度以 0.1～0.2 m/s 为宜，最高不超过 0.25 m/s。

（2）有害气体。羊舍里的有害气体大多来自畜粪尿、腐败饲料残渣与垫料，以及羊的呼吸、排泄物和生产过程中有机物的分解，有害气体成分要比舍外空气成分复杂，数量亦较大。这种差异主要表现为氨和硫化氢的含量大为增加，其次是二氧化碳、一氧化碳、甲烷等的含量增加。在开放或半开放羊舍内，空气流动性较大，所以舍内空气成分与大气差异不大。在封闭式羊舍，如果通风换气不良，卫生管理不佳，这些有害气体成分可达到危害的程度，造成慢性中毒，甚至急性中毒。

生产中，消除有害气体的措施是要及时清理粪尿，因为舍内的氨气和硫化氢等有害气体主要由粪便中部分营养物质（主要是含氮和含硫有机物）的发酵分解而产生。改善舍内的温热环境特别是温度和湿度，注意羊舍的防潮，因为氨和硫化氢都易溶于水，当舍内湿度过大时，氨和硫化氢被吸附在墙壁和天棚上，并随水分透入建筑材料中，当舍内温度上升时，又挥发逸散出来，污染空气。因此，羊舍的防潮和保暖是减少有害气体的重要措施。注意合理通风换气，引进舍外的新鲜空气，排出舍内的污浊空气。利用垫料（麦秸、稻草、干草等）可吸收一定量的有害气体，但垫草要勤换。羊舍内有害气体浓度应控制在氨 20 mg/m^3、硫化氢 10 mg/m^3、二氧化碳 0.15%、一氧化碳 24 mg/m^3以下。

1）氨气（NH_3）。氨气是一种有毒、无色、有强烈刺激性臭味的气体，相对密度小，易溶于水。舍内氨气主要是粪尿、腐败饲料残渣与垫料等含氮有机物分解产生。其浓度高低与羊舍的卫生状况、饲养方式、通风条件等有关，湿热、潮湿、通风不良、饲养密度大等可使舍内氨气含量大大增加。

羊短暂吸入少量氨，能被机体转化而排出体外。长期而少量的氨刺激机体会使羊体质变弱，对某些疾病敏感，采食量、日增重及生产力下降。在畜牧生产上，氨中毒易被人发现，而慢性中毒往往不易觉察，但在生产上已遭到损失。因此，不能忽视防止低浓度的慢性中毒。当氨在空气中达到较高浓度时，会引起羊机体一系列病理变化和症状，如刺激呼吸道黏膜和眼角膜，破坏血液的运氧功能等。

2）硫化氢（H_2S）。硫化氢是一种无色、易挥发的恶臭气体，易溶于水，比空气重，有强烈臭鸡蛋气味。舍内硫化氢主要是畜禽粪便、腐败饲料残渣与垫料等含硫有机物的厌氧分解产生，或羊胃肠功能不良时产生。

H_2S 毒性很大，可刺激黏膜，引起眼炎、呼吸道炎，造成畏光流泪、咳嗽、鼻炎、气管炎及肺水肿；长期吸入低浓度 H_2S，会产生植物神经紊乱，引起多发性神经炎；与组织中氧化型细胞色素酶的 Fe^{3+} 结合，使酶失去活性，细胞氧化过程受阻，造成组织缺氧，使机体体质变弱，抗病力下降；高浓度的 H_2S 会直接抑制呼吸中枢，引起窒息死亡。

3）二氧化碳（CO_2）。二氧化碳是无色、无臭、略带酸味的气体，主要来自家畜的呼吸。二氧化碳本身无毒性，它的危害主要是造成缺氧，引起慢性毒害。羊长期在缺氧的环境中，表现精神萎靡，食欲减退，体质下降，生产力降低，对疾病的抵抗力减弱，特别对结核病等传染病易于感染。在一般畜舍中，二氧化碳浓度很少会达到引起家畜中毒的程度。

三、影响猪舍环境卫生的因素

影响猪生长和健康的重要环境因素为温度、湿度、风速、有害微生物浓度、有害气体浓度、灰尘浓度。

1. 控制舍内温度

理想的温度条件下，猪只任何时间都会感到舒适。酷热和寒冷都会造成应激，降低猪的免疫力，增加发病率。应保证新断奶仔猪舍足够温暖。必要情况下进猪前应提前24～49 h为猪舍增温。猪对温度的需求随着年龄的增长而降低，养殖户如制定逐渐降温的计划或办法，要严格按照规定实施。

2. 搞好湿度调节

猪对舍内的湿度也有一定的要求，相对湿度低于50%就太干，高于75%又太湿。如果舍内湿度太低，极易引起猪只发生呼吸道疾病。潮湿空气的导热性为干燥空气的10倍，冬季如果舍内湿度过高，就会使猪体散发的热量增加，使猪只更加寒冷；夏季舍内湿度过高，就会使猪呼吸时排散到空气中的水分受到限制，猪体污秽，病菌大量繁殖，易引发各种疾病，增加养猪成本，降低养猪效益。生产中可采用加强通风和在室内放生石灰块等办法降低舍内湿度。

3. 合理的饲养密度

饲养密度依气候不同而不同，夏季应尽可能得小，冬季可稍大一些，但每个圈舍内应有总面积2/3的干燥地面用于猪只躺卧和休息。无论是水泥地面还是裸露的地面，都要保证睡眠区的清洁干燥和舒适，从而减少猪的应激。降低断奶仔猪的饲养密度是非常关键的。

4. 改善舍内通风

猪在恶劣的空气环境中多数会发生肺炎，户外饲养的猪几乎不发生肺炎，这是因为大量的新鲜空气起了作用。由于每栋猪舍的大小、饲养密度各不相同，所需的气流类型也不相同。搞好通风要做到对风扇和通风口应能随意控制。要千方百计防止贼风，因为贼风更易引起应激。除了考虑整栋猪舍的通风状况外，还要考虑局部风的强度，高速的局部气流可使猪感到寒冷而引起应激。其标准是，猪身水平处的风速不应超过0.3 m/s。如进风口位置不当，门没关好，门窗破了或者墙上和帘子上有洞，风速都会增强，这样猪就会发生呼吸系统疾病。即便在最热的天气，也要对风速加以控制。寒冷季节尽量减小风速，高温季节要尽量加大风速。在寒冷季节，往往猪舍的通风量不足，导致猪舍内有害气体、灰尘、有害微生物增加，严重影响猪群的健康，严重的可暴发传染病。因此，寒冷季节也必须保证一定的通风量。当人在猪舍不感觉憋气、熏眼时，猪舍的空气大概符合要求；否则就必须加大通风量。特别是发现猪流泪、眼发红，说明空气有害气体严重超标，应立即增加通风。

第三节 家畜各阶段生产计划和畜牧生产记录

→ 掌握家畜各阶段生产计划
→ 掌握畜牧生产记录的统计

一、牛各阶段生产计划和畜牧生产中的记录

1. 成年母牛各阶段生理及消化特点及奶牛生产计划

成年母牛在不同的阶段其生理上的变化很大。在干奶后期（围产前期）由于胎儿和子宫的急剧生长，压迫消化道，干物质进食量显著降低。同时，分娩前血液中雌激素和皮质醇浓度上升也影响母牛食欲，产前7～10天奶牛的食欲降低20%～40%，所以，要饲喂营养浓度较高的饲料。

在泌乳前期（围产后期），母牛产后消化机能较弱，体能消耗较大。此时，要以恢复消化机能为饲养方向，饲喂易消化的干草和精料。

在泌乳盛期，产乳高峰与采食量高峰的不同步性（产后4～6周出现产乳高峰，但饲料的采食量高峰出现于产后10～12周），必然引起能量及其他营养的负平衡。所以，应加强饲养，尽可能地减少体脂的动员和产乳量下降。泌乳中、后期采食量达到高峰，食欲良好，饲料转化率也较高。因此，应抓住这个特点，让其多吃干草，适当补充精料，把产乳量和乳脂率维持在较高水平。泌乳中期日粮的精粗比可控制在40∶60。

2. 牛生产常用的各种记录表和统计表

牛的日常生产中常用的各种记录表和统计表见表8—4～表8—10。

表8—4　　产犊记录表

序号	母牛号	公牛号	配种日期	预产日期	实产日期	犊牛基本情况							备注
						犊牛号	出生重	性别		健康状况	毛色	是否存留	
								♀	♂				

表8—5　　发情记录表

牛舍号	牛号	发情日期	发情表现		子宫状况	卵巢状况	是否配	产犊日期	备注
			是否爬跨	黏液情况					

表8—6　　产奶记录表

序号	牛号	舍号	日产奶称重量（kg）			合计	干奶	发病转出	淘汰	备注
			第1次	第2次	第3次					

表8—7　　发病记录

舍号	代谢病			乳房炎			四肢及蹄病			……			其他			合计			备注
	病	淘汰	死亡	病	淘汰	死亡	病	淘汰	死亡	病	淘汰	死亡	病	淘汰	死亡	病	淘汰	死亡	

表8—8　　牛群月周转变动表

月份	成母牛						青年牛						育成牛						犊牛					
	月初	转入	转出	出售	死淘	月末	月初	转入	转出	出售	死淘	月末	月初	转入	转出	出售	死淘	月末	月初	转入	转出	出售	死淘	月末

表 8—9　　牛群年周转计划表

牛别	增加				减少				计划年终达到头数	平均饲养头数	饲养日
	出生	转入	调入	购入	转出	出售	淘汰	死亡			
成母牛 青年母牛 育成牛 犊牛 计划出生											
合计											

表 8—10　　饲料供应计划表

项目	平均饲养天数	年饲养头天数	精料		干草		青贮玉米		青绿饲料		辅料	
			定量	小计	定量	小计	定量	小计	定量	小计	定量	小计

3. 计算机技术在奶牛场生产管理中的应用

现代奶牛场的整体生产管理必将依赖于计算机。信息技术应用于奶牛场主要体现在以下两大方面：

（1）信息管理方面。利用计算机技术提高企业管理水平已成为当今世界经济中必不可少的手段。奶牛场应用信息技术产品在国外早已盛行，而在国内还处于初级阶段。在国内奶牛业开发的信息化产品中，具有代表性的是上海益民科技有限公司开发的奶业之星产品系列软件。该产品正沿着人、财、物的综合优化系统 EPR 努力着，通过剖析其功能即可了解奶牛场信息管理产品的应用。

1）奶牛场每日工作的安排。奶牛场管理中，每天需做什么工作，往往是畜牧技术人员依据奶牛在每个生理阶段的需要去安排任务，主要包括产犊档案、发情观察、配种等，工作量相当繁重，很难做到一头不遗漏。有计算机参与后，每天奶牛场的任务就能一目了然。计算机用几十秒时间就可以完成对 1 000 头奶牛的任务安排，打印输出后即可分发到各部门执行。完成后的任务报告再反馈给计算机管理软件去修正每头奶牛的进展状况。奶牛任务的确定，是依靠在计算机中存放的每一头奶牛的详细档案，以及奶牛场在运行计算机软件前，通过人机对话告诉计算机奶牛场在管理上需要的各种参数，以及相关公牛资料。计算机软件依据这些参数及相关资料，对每头奶牛去进行辨别与运算而确定当前任务。所以，收集与跟踪每头在场奶牛的信息十分重要。

2）奶牛场每头奶牛一生的档案管理。奶牛信息管理系统十分重要的一项工作，是把奶牛一生在它身上发生的或产生的一切原始的重要信息采集记录下来。在奶牛身上发生的事情用“事件”来描述。比如奶牛身上一生要发生出生、断奶、发情、配种、怀孕、产犊，直到淘汰、离场、死亡等结果，这一切都是在奶牛身上发生的事件。管理好这些是一个信息事件管理软件最起码要具备的功能。

3）奶牛场生产管理上的应用。采集大量事件信息与辅助管理上的信息，其目的是为了指导生产。奶牛群中的月龄、体重、体况、胎次、奶量、环境及温度等信息在饲养管理系统中都是必不可少的因素。

①繁殖育种。繁殖育种这一环节一般由四大系统组成：奶牛的系谱资料、公牛的后裔测定详细情况、奶牛的外貌线性鉴定的资料、乳牛的每胎次产奶量和乳脂率等指标（DHI）。

②奶牛保健。DHI 测定中体细胞是反映乳房健康状况的一个重要数据。监控体细胞数的变化，即能了解牛群乳房的健康水平。

（2）实时监控方面

1）自动识别系统。

2）自动分隔系统。

3）自动奶量记录系统。

4）自动体重记录系统。

5）自动个体补饲系统。

6）自动发情监察系统。

二、羊各阶段生产计划和畜牧生产中的记录

1. 羊各阶段生长发育及消化特点

（1）羔羊的生长发育和消化特点

1）生长发育快。羔羊生长发育迅速，所需要的营养物质多，特别是对蛋白质的要求高，在母乳充足、营养好时，两周龄体重可翻倍。

2）适应能力差。羔羊的各组织器官发育不健全，体温调节机能发育不完善，神经反射迟钝，皮肤保护机能差，容易发生消化道疾病。

3）可塑性强。外界环境的变化能引起羔羊机体相应的变化，容易受外界影响发生变化，对羔羊的习性培养有帮助。

另外，初生羔羊的前三胃的作用很小，此时瘤胃微生物的区系尚未形成，没有消化粗纤维的能力，所以不能采食和利用草料。对淀粉的耐受量很低，小肠液中淀粉酶活性低，因而消化淀粉的能力是有限的。起主要消化作用的是皱胃，羔羊所吮母乳顺食道沟进入皱胃，由皱胃所分泌的凝乳酶进行消化。随日龄增长和采食植物性饲料的增加，羔羊前三胃的体积逐渐增加，约在 30 日龄开始出现反刍活动，此后皱胃凝乳酶的分泌逐渐减少，其他消化酶分泌逐渐增多，对草料的消化分解能力开始加强，瘤胃的发育及其机能才逐渐完善。

（2）青年（肥育）羊的生长发育及消化特点

1）青年（肥育）羊的生长发育。青年羊生长发育速度快，青年羊全身各系统均处于旺盛生长发育阶段，如体高、体长、胸宽、胸深增长迅速，头、腿、骨骼、肌肉发育也很快，体型较羔羊发生明显的变化。

2）青年羊的消化特点。青年羊瘤胃的发育更为迅速，6 月龄的青年羊，瘤胃容积

增大，占胃总容积的75%以上，接近成年羊的容积。

（3）成年（繁殖）羊的生长发育及消化特点。成年羊的生长发育基本完成，体型无明显变化。成年羊的消化特点是成年羊的4个胃都已发育完整，瘤胃消化是为羊提供各种营养需要的主要环节，由于瘤胃微生物具有分解粗纤维的功能，所以成年羊可以有效地利用各种粗饲料。

2. 羊的生产记录与整理

绵羊、山羊生产过程和育种中的各种记录资料是羊群的重要档案，尤其对于育种场、种羊群，育种记录资料更是必不可少。要及时全面掌握和认识了解羊群存在的缺点及主要问题，进行个体鉴定、选种选配和后裔测验及系谱审查，合理安排配种、产羔、剪毛、防疫驱虫、羊群的淘汰更新、补饲等日常管理时，都要依据生产和育种记录。

生产记录的种类较多，如羊群变动记录、疫病防控记录、生长发育记录、剪毛量（抓绒）记录、羊配种记录、羊产羔记录、羊群补饲饲料消耗记录、种羊卡片、个体鉴定记录、种公羊精液品质检查及利用记录等。不同性质的羊场、不同羊群、不同生产目的的记录资料不尽相同。具体操作时，应根据具体生产情况、生产需要灵活调整，可以增加部分项目，也可以减少些项目，但生产记录应力求准确、全面，并及时整理分析。现列举几种记录表如下：

（1）种羊卡片。凡提供种用的优秀公、母羊都必须有种公羊卡片和种母羊卡片。卡片中包括种羊本身生产性能（如体尺、体重、剪毛量、羊毛品质等）和鉴定成绩、系谱、历年配种产羔记录和后裔品质等内容。

（2）羊群变动统计表（见表8—11）。

表8—11　　羊群变动统计表（以月统计表为例）

填表人：　　　　报出日期：

群别	品种	年龄	性别	上月底结存数	本月内增加				本月内减少					本月底结存数	备注
					调入	购入	繁殖	合计	死亡	调出	出售	宰杀	合计		

（3）生长发育记录表（见表8—12）。

表8—12　　生长发育记录表

品种（系）：　耳号：　出生日期：　性别：　单（多）羔：　填表人：

指标	1月龄	断奶	6月龄	9月龄	12月龄	周岁半	备注
体重（kg）							
体高（cm）							
体长（cm）							
胸围（cm）							
管围（cm）							

（4）剪毛量（抓绒）记录表（见表8—13）。

表8—13　　剪毛量（抓绒）记录表

称重员：　　　　记录员：　　　　日期：

群别	品种	耳号	性别	年龄	体重（kg）	剪毛量/抓绒量（kg）	备注

（5）羊配种记录表（见表8—14）。

表8—14　　羊配种记录表

登记员：　　　　技术员：

序号	配种母羊			与配公羊			配种日期				分娩		生产羔羊			备注
	品种	耳号	等级	品种	耳号	等级	第一次	第二次	第三次	第四次	预产期	实产期	单双羔	耳号	性别	

（6）产羔记录表（见表8—15）。

表8—15　　产羔记录表

登记员：　　　　鉴定员：

序号	品种	羔羊						母羊			公羊耳号	羔羊出生鉴定					备注
		耳号		性别	单双羔	出生日期	初生重（kg）	品种	耳号	等级		体型结构	体格大小	被毛同质性	毛色	等级	
		临时	永久														

（7）羊群补饲饲草饲料消耗记录表（见表8—16）。

表8—16　　羊群补饲饲草饲料消耗记录表

品种：　　群别：　　性别：　　年龄：　　登记员：　　技术员：

供应日期	精饲料（kg）				粗饲料（kg）				多汁饲料（kg）				矿物质饲料（kg）				备注
				总计				总计				总计				总计	

（8）公羊精液品质检查及利用记录表（见表8—17）。

表8—17　　公羊精液品质检查及利用记录表

品种：　　　　耳号：　　　　技术员：　　　　检查日期：

序号	采精			射精量（mL）	原精液				稀释精液			输精后品质			输精量（mL）	授精母羊数	备注
	日期	时间	次数		色泽	气味	密度	活力	种类	倍数	活力	保存时间（h）	保存温度（℃）	活力			

（9）消毒记录表（见表8—18）。

表8—18　　消毒记录表

日期	消毒场所	消毒药名称	用药剂量	消毒方法	操作员签字

注：消毒场所，填写圈舍、人员出入通道和附属设施等场所；消毒药名称，填写消毒药的化学名称；用药剂量，填写消毒药的使用量和使用浓度；消毒方法，填写熏蒸、喷洒、浸泡、焚烧等。

（10）免疫记录表（见表8—19）。

表8—19　　免疫记录表

时间	圈舍号	存栏数量	免疫数量	疫苗名称	疫苗生产厂	批号（有效期）	免疫方法	免疫剂量	免疫人员	备注

注：批号，填写疫苗的批号；免疫方法，填写免疫的具体方法，如喷雾、饮水、滴鼻点眼、注射部位等。

3. 生产记录资料统计

羊在生产和育种过程中的各种记录资料是羊群的重要档案，尤其对于育种场、现代养羊企业的种羊群，生产和育种记录资料更是必不可少。要及时全面掌握和认识羊群存在的缺点及主要问题，进行个体鉴定、选种选配和后裔测验及系谱审查，合理安排配种、产羔、剪毛、防疫驱虫、羊群的淘汰更新、补饲等日常管理时，都必须做好生产育种资料的记录。生产育种资料记录的种类较多，如种羊卡片、个体鉴定记录、种公羊精液品质检查及利用记录、羊配种记录、羊产羔记录、羔羊生长发育记录、体重及剪毛量（抓绒）记录、羊群补饲及饲料消耗记录、羊群月变动记录、疫病防治记录和各种科学试验现场记录等。不同性质的羊场、企业，不同羊群、不同生产目的的记录资料不尽相同，生产育种记录应力求准确、全面并及时整理分析，有许多方面的工作都要依靠完整的记录资料。上述记录均属手工记录，是一种比较传统的记录方式。

随着计算机信息科学的发展，在一些先进的、有条件的养羊单位已开始在生产中引入计算机等先进技术，对整个生产过程实行全程管理和监控，对生产中的各种信息和资料随时录入计算机系统，经过一些专门设计的计算机记录管理和分析软件处理、编辑后，建立相应的数据库，供查询和利用；有些需要长期保存的资料可建成某种形式的数据库后，借助计算机外部存储设备（硬盘、光盘等）进行保存。有条件的单位，还应上网，以利养殖单位与科研、院校相互之间乃至国内外进行信息传递和交流，并为适应市场迅速发展、建立电子商务系统打好基础。

三、猪畜牧生产中的记录

1. 猪生产常用的各种记录表和统计表

猪生产中的各种记录和统计表格见表8—20～表8—27。

表8—20　　猪场免疫记录表

圈舍号	免疫日期	猪只种类	疫苗种类	批号	产地	使用剂量	使用方法	免疫头数	技术员

续表

圈舍号	免疫日期	猪只种类	疫苗种类	批号	产地	使用剂量	使用方法	免疫头数	技术员

表 8—21　　猪场生产周报表

猪场　　　　　第　周　　单位：头　　　年　　月　　日

配种妊娠车间	转入后备公/母猪		保育车间	转入仔猪	
	转入断奶母猪			转出仔猪	
	转入妊娠母猪			出售商品仔猪	
	配种/返情/复配			死亡	
	母猪流产/阴道炎			周末存栏	
	淘汰/死亡公/母猪		生长车间	转入生长猪	
	周末存栏空怀/配种母猪			转出育肥猪	
	周末存栏公猪			出售生长猪	
	预产（窝）			死亡	
	周末存栏			周末存栏	
分娩车间	实产（窝）		育肥车间	转入育肥猪	
	产活仔总数			出售育肥猪	
	产畸形/弱仔			死亡	
	死胎			周末存栏	
	乳猪死亡/机械死亡				
	母猪淘汰/死亡				
	转出仔猪				
	存栏仔猪				
	存栏母猪				
全场周末存栏		填表人		负责人	

表 8—22　　猪场配种记录表

母猪耳号	与配公猪耳号	配种日期	预产期	妊娠诊断日期	返情日期	备注	配种员

表 8—23　　猪场生猪饲养管理记录表

日期	圈舍号	饲养员	种类	数量	转入/转出	耗料	药费	饲养员签字

表 8—24　　猪场饲料购入记录

日期	名称	规格	数量	生产日期	生产批号	生产厂家	收货人签字	备注

表 8—25　　猪场饲料月报表

日期：　　至　　统计日期：

饲料名称									
上月库存									
购入量									
本月库存									
本月消耗量									
备注									

制表人：　　负责人：

表 8—26　　猪场药品领用记录表

领用时间	药品名称	数量	领用人签字	负责人签字	备注

表 8—27　　猪场药品月报表

药品名称	上月库存量	本月购入量	本月消耗量	备注

制表人：　　　　　　　　　负责人：

2. 资料记录原则

实际生产中有许多事项、过程需要记录，以供今后查阅。资料记录时要遵循以下原则：记录的有用性、记录的低风险性、记录的清晰性、记录的可追溯性、记录的一致性和内在关联性。

单元测试题

一、填空题（请将正确的答案填在横线空白处）

1. 畜群繁殖率的含意是在一定时间范围内________占全群适繁母畜数的百分率。

2. 犊牛出生后________h 内应该让其吃上 2 L 初乳，过 5 ~6 h，再吃上 2 L 初乳。

3. 由于新生犊牛对淀粉的消化能力弱，人工乳应将淀粉控制在________。

4. 围产期乳牛是指分娩前后________天以内的母牛。

5. 成年泌乳牛干物质采食量产后逐渐增加，其高峰出现在产后________天，之后再缓慢平稳下降。

6. 计算机技术在奶牛场生产管理中的应用可归纳为________和________两大方面。

7. 日粮蛋白质的量和质对公猪精液的影响最明显，特别是日粮中的________和________的水平。

8. 仔猪阶段的生理消化特点除了胃肠重量轻、容积小、酶系发育________、胃肠酸性低且缺乏________、胃肠运动机能微弱、胃排空速度快外，________可能是猪的一生中最大的应激。断奶面临着________、________和________三方面的应激。

9. 用自然干燥法生产出来的草产品由于芳香性氨基酸未被破坏，草产品具有青草的芳香味，尽管粗蛋白有所损失，但这种方法生产的草产品有很好的消化率和适口性，家畜的采食量________，家畜的营养摄取量也就相应________。

10. 影响猪生长和健康的重要的环境因素为：________、________、________、________、有害气体浓度、灰尘浓度。

11. 在进行圈舍的消毒时应在消毒前做好________。因为消毒药物作用的发挥，必须使药物接触到________。

12. 临床上常用的饮水消毒剂有________、________和碘制剂及高锰酸钾等，在使用时要严格按说明书中所确定的浓度配制。出现中毒的原因往往是________。

二、简答题

1. 简述泌乳牛各生长阶段的管理。

2. 简述羊各生长阶段的管理。

单元测试题答案

一、填空题

1. 断奶成活的仔畜数
2. 1
3. 5% ~10%
4. 15
5. 90 ~100
6. 信息管理　实时监控
7. 赖氨酸　蛋氨酸
8. 不完善　游离盐酸　断奶　生理　心理　环境
9. 增多　增加
10. 温度　湿度　风速　有害微生物浓度
11. 机械性清除　病原微生物
12. 氯制剂　季铵盐类　浓度过高或使用时间过长

二、简答题（略）

家畜疫病防治

高级家畜饲养工职业技能培训中，家畜疫病的防治部分依然非常重要。家畜饲养工应在掌握与领会初级、中级饲养工“家畜疫病防治”培训内容基础上接受家畜疫病的预防措施、家畜疫苗的种类及使用方法和应对家畜应激的预防措施等部分内容的培训。本单元对学习者的要求是树立“防治为主、早预防、早发现、早治疗”的疾病防控观念，对家畜疾病具备独立预防、分析和处理的能力。

第一节 畜舍卫生防疫及畜粪处理技术

→ 掌握畜舍卫生防疫方面的知识

→ 掌握家畜粪便的处理方式

一、畜舍的卫生防疫

1. 牛场的卫生防疫措施

防疫的目的主要有两个：一是防止传染病的传入，二是发生传染病时要尽快扑灭，防止传染病传出。防疫措施主要包括两个方面：一是平时的预防措施，二是发生传染病时的扑灭措施。

（1）平时预防措施

1）加强牛群饲养管理，提高奶牛机体抵抗力。

2）坚持自繁自养原则，把好进牛关。必须引进牛时，一定要从非疫区引进，逐头并切实做好产地检疫，证明无传染病才能引进，入群前还要隔离观察两个月，必要时再做一次检疫，证明无传染病的牛才能与原来的牛混群饲养。

3）建立牛场阻隔消毒制度，把好牛场入门关。牛场的大门不能畅通无阻，必须设置阻隔，入场的人员、车辆必须进行消毒，消毒池内经常保持有效浓度和数量的消毒药液（如2%苛性钠或4%来苏尔溶液），人员要用0.2%次氯酸钠或0.1%过氧乙酸洗手。

4）建立定期消毒制度，切断传播途径。

（2）牛场检疫措施

1）每年春季或秋季对全群进行布鲁氏菌病和结核病的实验室检验，检疫密度不得低于90%。健康牛群中检出的阳性牛扑杀、深埋或火化；非健康牛群的阳性牛及可疑阳性牛可隔离分群饲养，逐步淘汰净化。

2）对下列疾病进行临床检查，必要时做实验室检验：口蹄疫、蓝舌病、牛白血病、副结核病、牛肺疫、牛传染性鼻气管炎和黏膜病。

3）多雨年份的秋季应做肝片吸虫的检查。

另外，对一些牛的传染性疾病的防治措施如下：

牛场必须贯彻“预防为主”的方针，加强饲养管理，搞好清洁卫生，增强牛的抗病能力，才能减少疾病的发生。

①检查各类饲料品质，发霉、变质、腐烂的饲料不得饲喂。

②日粮标准要满足生长和生产的需要，保证供应足够的清洁饮水。

③牛应给予适量运动。应经常放牧，增加运动量和光照度。

④牛舍冬天要保暖，空气要流通，夏天要做好通风和防暑降温，防止热应激。

⑤牛舍要保持清洁与干燥。放牧场要及时清除牛粪，并经常清除杂草、碎砖石及其他杂物。

牛场必须严格执行消毒制度，清除一切传染源，切断传播途径。

①设置消毒池及消毒设备。生产区的消毒每季度不少于一次，牛舍每月消毒一次，牛床每周消毒一次，产牛舍、隔离牛舍和病牛舍要根据具体情况进行必要的经常性消毒。在疫病流行期间应加强消毒的频率。

②病牛应隔离饲养，死亡牛应送到指定地点妥善处理。对有传染性的病牛进行完全隔离饲养，对经济上或有关防疫规定不宜治疗的牛，为控制疫情，应及时进行扑杀处理。

引进新牛时，必须先进行必要的传染病检疫。阴性反应的牛还应按规定隔离饲养一段时间，确认无传染病时，才能并群饲养。

③当暴发烈性传染病时严格隔离病牛。向上级主管部门报告，划区域封锁。设置明显标志、检疫消毒站，减少人员往来，在封锁区内更应严格消毒。应严格执行兽医主管部门对病、死牛的处理规定，妥善做好消毒工作。在最后一头牛痊愈或处理后，经过一定的封锁期及全面彻底消毒后，才能解除封锁。

（3）建立定期检疫制度。动物检疫是遵照国家法律，运用强制性手段和科学技术方法预防和阻断动物疾病的发生，以及疾病从一个地区向另一个地区的传播。其目的是：保护牧业生产，消除国际上重大疫情的灾害性影响；促进经济贸易的发展，优质、健康的动物和产品是保证国际动物及动物产品贸易畅通无阻的关键；保护人民身体健康。动物检疫分为产地检疫、运输检疫及国境口岸检疫。

牛结核病和布鲁氏菌病都是人畜共患病。早期查出患病牛只，及早采取果断措施，以确保牛群的健康和产品安全。按现今的规定，牛结核病可用牛结核病提纯结核菌素变态反应法检疫，健康牛群每年进行两次。牛布鲁氏菌病可用布鲁氏菌试管凝集反应法检疫，每年两次。其他的传染病可根据具体疫病采用不同方法进行。

寄生虫病的检疫则根据当地经常发生的寄生虫病及中间宿主进行定期的检查，如屠宰牛的剖检、寄生虫虫卵的检查、血液检查以及体表的检查等，对疑似病牛及早作预防性治疗。

（4）定期执行预防接种制度。遵照当地兽医行政部门提出的牛主要疾病免疫规程执行，定期接种疫苗，增强牛对传染病的特殊抵抗力，如抗口蹄疫、炭疽病的炭疽芽孢苗等。

2. 羊场的卫生防疫措施

羊与牛同样是反刍动物，但在卫生防疫方面也有不同之处，羊场、养羊企业在疫病的预防、监测、控制和扑灭等方面的兽医防疫措施应遵循《动物防疫法》《无公害食品肉羊饲养兽医防疫准则》。

(1) 疫病预防。羊场应搞好环境卫生，加强羊的饲养管理，坚持“自繁自养”的措施；必须引进羊只时，应从非疫区引进，并有动物检疫合格证；制定免疫计划和免疫程序，使用适宜的疫苗和免疫方法，有选择地进行疫病的预防接种；羊只从生产到出售，要做好收购检疫、产地检疫、运输检疫、入场检疫和屠宰检疫；制定消毒制度，定期对周围环境、羊舍、器具进行消毒。

(2) 疫病控制和扑灭。羊场发生疫病时，应及时采取以下措施。

1) 羊场发生可疑传染病时，立即封锁现场，驻场兽医及时进行诊断，并尽快向当地动物防疫主管机构报告疫情。

2) 确诊发生炭疽、口蹄疫、小反刍兽疫时，羊场应配合当地动物防疫监督机构，对羊群实施严格的隔离、扑杀措施。

3) 发生痒病时，除了对羊群实施严格的隔离、扑杀措施外，还需追踪调查病羊的亲代和子代。

4) 发生蓝舌病时，应扑杀病羊。

5) 发生羊痘、布氏杆菌病、梅迪—维斯纳病、山羊关节炎、脑炎等疫病时，应对羊群实施清群和净化措施。

6) 对确诊为传染病的羊场，必须进行彻底的清洗消毒，病死或淘汰羊的尸体按《畜禽病害肉尸及其产品无害化处理规程》进行无害化处理。

(3) 疫病监测。羊场应积极配合当地畜牧兽医行政管理部门依照《动物防疫法》及其配套法规的要求，结合当地实际情况，制定疫病监测方案。常规监测的疾病包括口蹄疫、羊痘、蓝舌病、炭疽、布氏杆菌病。同时需注意监测痒病、小反刍兽疫。还应根据当地实际情况，选择其他必要的疫病进行监测。

(4) 卫生消毒。羊场、养羊企业必须建立消毒制度，按规定经常、定期和随时对羊场环境、羊舍、仓库、用具、车间、设备、工作衣帽与鞋、病羊的排泄物与分泌物等进行消毒，尤其是发生疫病之后，都必须彻底消毒。消毒用药必须安全、高效、低毒和低残留，符合《无公害食品肉羊饲养兽药使用准则》的规定。

1) 消毒制度

①环境消毒。羊舍周围环境定期用2%火碱液或撒生石灰消毒。羊场周围及场内污水池、排粪坑、下水道出口，每月用漂白粉消毒1次。在羊场、羊舍入口设消毒池，并定期更换消毒液。

②羊舍消毒。羊群进行羊舍调换或每批羊只出栏后，要彻底清扫羊舍，采用喷雾等方法进行严格消毒。

③用具消毒。定期对分娩栏、补料槽、饲料车、料桶等饲养用具进行消毒。

④带羊消毒。定期进行环境带羊消毒，减少环境中的病原体。

⑤人员消毒。工作人员进入生产区通道和羊舍，要更换工作服和工作鞋，并经紫外

线照射5 min进行消毒。外来人员必须进入生产区时，应更换场区工作服、工作鞋，经紫外线照射5 min，并遵守场内防疫制度，按指定路线行走。

2）消毒方法

①喷雾消毒。用规定浓度的次氯酸盐、过氧乙酸、有机碘混合物、新洁尔灭、煤酚等，对羊舍、带羊环境、羊场道路和周围以及进入场区的车辆进行消毒。

②喷洒消毒。羊舍周围、入口、产房和羊床下面撒生石灰或火碱液进行消毒。

③浸液消毒。用规定浓度的新洁尔灭、有机碘混合物的水溶液，洗手、洗工作服或胶靴。

④熏蒸消毒。用甲醛等对饲养器具在密闭的室内或容器内进行熏蒸。

⑤火焰消毒。用喷灯对羊只经常出入的地方、产房、培育舍，每年进行1～2次火焰瞬间喷射消毒。

⑥紫外线消毒。人员入口处设紫外线灯照射至少5 min。

3. 猪场的卫生防疫措施

（1）防疫设施与设备。

1）生产区和生活区设立人流消毒通道，一线员工或需要进生产区人员，需要走人流通道，进行脱衣，喷雾消毒，洗浴，更换场服等作业。

2）车辆进入走车流消毒通道，高压喷雾；冬季有风时，通道关闭闸门。

3）器械消毒可经过熏蒸、清洗、浸泡等。

4）高压水冲刷猪舍地面或墙面后，采用消毒药物进行熏蒸、喷洒等消毒作业。

5）高压喷雾器械进行带猪喷雾消毒或紧急气雾免疫。

6）对于墙面、地面、栏体、饲槽以及粪沟等不易着火区域，用高温进行消毒。

（2）防疫制度化。严格执行日常的预防和防疫制度。做到执行有制度，制度有力度。圈舍每天清扫1～2次，周围环境每周清扫一次，及时清理污物、粪便、剩余饲料等物品，保持圈舍、场地、用具及圈舍周围环境的清洁卫生，对清理的污物、粪便、垫草及饲料残留物应通过生物发酵、焚烧、深埋等进行无害化处理。严格消毒制度，做好日常消毒工作。制定科学合理的免疫程序，并严格遵守。按场内制定的免疫程序做好疫病的免疫接种工作，严格免疫操作规程，确保免疫质量。有疫病发生时及时上报并采取相应措施，做好无害化处理工作。

二、家畜饮用水的消毒

如果牛场和羊场无自来水，应自打水井。为保护水源不受污染，水井应离畜舍50 m以上，设在牛羊场污染源的上坡上风方向，井口应加盖并高出地平面，周围修建井台和护栏。

饮水槽及饮水器一般固定在畜舍或运动场上，可用镀锌铁皮制成，也可用砖、水泥制成。在其一侧下部设置排水口，以便清洗水槽，保证饮食卫生。水槽高度以方便牛羊饮水为宜。

羊场采用自动化饮水器，能适应集约化生产的需要，有浮子式和真空泵式两种，其原理是通过浮子的升降或真空调节器来控制饮水器中的水位，达到自动饮水的效果。浮子式自动饮水器有一个饮水槽，在饮水槽的侧壁后上部安装有一个前端带浮子的球阀调整器。使用中通过球阀调整器的控制，可保持饮水器内的盛水始终处在一定的水位，羊通过饮水器饮水，球阀则不断进行补充，使饮水器中的水质始终保持新鲜清洁。其优点是羊只饮水方便，减少水资源的浪费，可保持圈舍干燥卫生，减少各种疾病的发生。羊用碗式饮水器每 3 m 安装 1 个。

猪饮用水的消毒方法有物理消毒法和化学消毒法两种，具体如下：

（1）物理消毒法。是指采用某些物理因素杀灭、清除水中的致病性微生物及其他有害微生物，或者抑制其生长繁殖。常用的方法有自然净化作用、机械消毒法、紫外线消毒法、热消毒法等。

1）自然净化作用。自然净化作用是指利用日晒、雨淋、风吹、干燥、高温等自然因素进行消毒。在良好的通风条件下，任何一种病菌都很难生存。

2）机械消毒法。冲洗、过滤、通风和抖动等都属于机械消毒法。这些方法虽不能杀灭病原体，但可以在短期内排除和减少病原体的存在。

3）紫外线消毒法。一般是将要消毒的水曝晒于直射的阳光下。

4）热消毒法。在所有消毒方法中，热消毒法是应用最早、效果最可靠、使用最广泛的方法。煮沸消毒和蒸汽消毒就是最简单有效的热消毒方法。待水烧开后 15～30 min 可杀灭大多数的病原体。

（2）化学消毒法。利用化学消毒剂杀灭病原微生物的方法称为化学消毒法。化学消毒的机理是化学消毒剂作用于病原微生物，使病原体的蛋白质产生不可修复的损伤，以达到杀灭病原体的目的。理想的化学消毒剂应具备下列条件：

1）杀菌广谱。

2）有效浓度低。

3）作用速度快。

4）易溶于水。

5）在低温下可使用。

6）对物品无腐蚀性。

7）无色、无味、无臭。

8）消毒后易去除残余药物。

9）毒性低、不易燃、不易爆，使用无危险。

10）性质稳定，不易受酸、碱与其他物理、化学因素影响。

11）价格低廉。

12）可大量供应。

三、家畜粪及污染物的处理技术

无论牛场、羊场还是猪场在为市场提供优质畜产品的同时，也产生了大量的粪、尿、污水、废弃物（包括尸体、毛、加工废料、兽药疫苗包装物等）和有害气体。对于这些排泄物及废弃物，如果处理不当，将造成对环境及产品的污染。因此，畜舍的环境保护不仅可以防止畜场自身对周围环境的污染，还可以避免周围环境对畜场可能造成的危害，通过环境的保护，达到畜场和周围生态环境的良性发展。

1. 牛场粪尿及废弃物的处理

（1）牛场粪尿的处理。随着社会的发展，人们越来越关心环境问题，国家也意识到了环境治理的必要性。我国在2001年发布了《畜禽养殖业污染物排放标准》，该标准按集约化畜禽养殖业的不同规模分别规定了水污染物、恶臭气体的最高允许日均排放浓度、最高允许排水量，畜禽养殖业废渣无害化环境标准。欧盟也有明文规定，每年的10月至来年4月期间，禁止牧场排放污水。这是因为这期间气温比较寒冷，加之经过这几个月的发酵，废水基本能直接排放农田。

目前，牛粪尿处理的措施主要有以下几种：

1）堆肥发酵处理。将清理出的牛粪及垫草堆积发酵后，作为有机肥施放到农田。

2）厌气（甲烷）发酵法。将牛场粪尿进行厌气发酵法处理，粪尿直接生成沼气，沼液、沼渣再生成有机肥。不仅净化了环境，而且可以获得生物能源，同时通过发酵后的沼渣、沼液把种植业、养殖业有机结合起来，形成一个多次利用、多层增殖的生态系统。目前，世界许多国家广泛采用此法处理奶牛场粪尿。

3）粪尿固液分离。经固液分离机分离后的牛粪基本为无气味的物质，可当作肥料（当粪渣中含水量在40%～50%时，掺入适量的氮磷钾肥可以制成一种复合有机肥），风干后可当作牛床垫料，或者直接排放到农田；而分离出的污水经过简单的处理后就能达标排放，也可制成沼气，还可反冲洗排污管道。固液分离技术不但改善了牛场的环境，同时也达到了增效增产的目的。

4）人工湿地处理。“氧化塘+人工湿地”处理模式在国外运用较多。湿地是经过精心的设计和建造的，粪污慢慢流过人工湿地，通过人工湿地的植被、微生物和碎石床生物膜，以达到污水的净化。

（2）病牛产品及死牛的处理

1）牛场内发生传染病后，及时隔离病牛。对病牛所产乳及死牛作无害化处理。

2）使用药物治疗的病牛生产的牛奶（抗生素奶）不应作为商品奶出售。

3）对于非传染病及机械创伤引起的死牛，作定点处理。

4）病死牛尸体要及时处理，严禁随意丢弃，严禁出售或作为饲料再利用。

5）病死牛尸体处理应采用焚烧炉焚烧的方法，在养殖场比较集中的地区，应集中设置焚烧设施。同时焚烧产生的烟气应采取有效的净化措施，防止烟尘、一氧化碳、恶臭等对周围大气环境的污染。

6）不具备焚烧条件的养殖场应设置两个以上的安全填埋井。填埋井应为混凝土结构，深度大于2 m，直径1 m，井口加盖密封。进行填埋时，在每次投入尸体后，应覆盖一层厚度大于10 cm的熟石灰，井填满后，须用黏土填埋压实并封口。

（3）过期兽药、残余疫苗及疫苗瓶的处理

1）按照兽药管理条例，对过期兽药、残余疫苗及疫苗瓶进行无害化处理。

2）过期兽药（中药材、中成药、抗生素类等）可经过焚烧或深埋处理。

3）残余疫苗及疫苗瓶应经高压锅煮沸 30 min 或焚烧后深埋。

2. 羊场粪尿及废弃物的处理

（1）羊排泄物及废弃物的处理

1）通过发酵处理用作有机肥料。羊场的固体废物主要是羊粪。羊舍的粪便需要每天及时清除，然后用粪车运出场区。羊粪的收集过程必须采取防扬散、防流失、防渗漏等工艺。要求建立贮粪场和贮粪池。

对于一些规模化的养羊场，可以采用相应的设备，建立复合有机肥加工生产线，将羊粪经过不同程度的处理，有机质分解、腐化，生产出高效有机肥等产品，增加经济效益。

对于一般的养羊场，可以采用堆肥技术，将羊排泄物及有机废弃物堆放起来，利用自然界中的微生物进行发酵，一般 7～8 天后堆肥内温度可达 60～70℃，堆肥中的微生物可以对一些有机成分进行分解，杀灭绝大部分的病原微生物及寄生虫卵，减少有害气体的产生，而且腐熟的堆肥具有肥效高、无公害的特点。

羊粪还田，是一种良性生态循环的农牧结合模式，是生态农业的主要发展方向。这种发展模式减少了规模养羊的环境污染，通过堆肥发酵的技术处理粪便，可以减少寄生虫卵和病原菌对人、畜的危害，还可以实现良好的经济效益和社会生态效益。

2）通过发酵处理产生沼气。羊场配套建设沼气池，有利于防治环境污染，对无公害养殖来说，也有重要的应用价值，值得推广与实施。随着沼气事业的发展和国家政策的支持，近几年出现一些容积小、自热条件下产气率高、建造成本较低、进出料方便的小型沼气池。将羊粪及垫草等有机废弃物与水混合，放入四壁不透气的沼气池中，上面加盖密封，进行发酵、生物分解，从而得到沼气。

通过沼气池厌氧发酵法处理，不仅能净化环境，而且可以获得生物能源，解决养羊户的燃料问题。同时，发酵后的沼渣含有丰富的氮、磷、钾等元素，是种植业的优质有机肥。将种植业和养殖业有机地结合起来，形成了多级利用，多层次增值。目前许多国家都广泛采用此法处理反刍动物的粪尿。

3）污水处理。污水主要来源于各羊舍的废水，可能含有大量的病原微生物，不可轻易地排入周边环境中。污水的处理主要是通过分离、沉淀、过滤、发酵等过程。将羊舍及场内所产生的污水（主要是尿液及粪便冲洗的污水），经过排水系统收集后，排入在场内建设好的污水处理池，污水经二级、三级沉淀，自然发酵后，排入周边农田。

（2）病死羊的处理。兽医室和病羊隔离舍应设在羊场的下风方向，距羊舍 100 m 以上，防止疾病传播。在隔离舍附近应设置掩埋病羊尸体的深坑（井），对死羊要及时进行无害化处理。对场地、人员、用具应选用适当的消毒药及消毒方法进行消毒。病羊和健康羊分开喂养，派专人管理，对病羊所停留的场所、污染的环境和用具都要进行消毒。当局部草地被病羊的排泄物、分泌物或尸体污染后，可以选用含有效氯 2.5% 的漂白粉溶液、40% 的甲醛、4% 的氢氧化钠等消毒液喷洒消毒。对于病死羊只应做深埋、焚化等无害化处理，防止病原微生物传播。

3. 猪场粪尿及废弃物的处理

（1）粪尿污水的收集。目前猪场粪尿污水收集有以下几个方法：

1）人工直接在猪舍拣拾粪便后，通过人力或动力车运输至粪便处理区域，污水通过沟渠或管道自流到处理区域。

2）水泡粪系统，粪尿污水等通过管道自流至处理区域。

3）水冲粪系统，通过高压水流直接冲刷，将粪尿污水通过管道或渠道输送到处理区域。

（2）猪粪堆放与处理。从猪舍通过直接捡拾的粪便，通过水泡粪和水冲粪系统的固液分离机分理出的固体粪便等，堆放在加盖防漏雨且不会渗透到地下的硬化地面场所进行暂时干燥存放；或者在防止渗漏、加盖等场所进行堆肥发酵后，用作肥料售卖；也可以利用加盖槽罐车等转移粪便到有机肥加工区，进行有机肥生产。

（3）粪污沼气化处理。从猪舍通过管道、沟槽或者固液分离机收集到的污水，可以通过厌氧微生物分解粪污中的含碳有机物而产生沼气，进行进一步的沼气利用，如利用沼气热风炉加热保温猪舍，利用沼气发电等。沼液可用作肥料。

四、家畜的排污设施、设备及使用

1. 干清粪系统

地面直接人工捡拾粪便并运输出舍，猪舍建有污水和尿液明沟，水冲或自流出猪舍。该清粪方式粪尿分离，优点是固态粪污的肥效损失少，含水量低，便于后期堆肥发酵成有机肥及其他处理；排到舍外污水量少，减少污染，便于处理。缺点是劳动强度大。

2. 机械刮板清粪系统

猪舍建设深度 45 ~ 60 cm，宽度 2 m 左右的粪沟，上盖漏粪地板，粪尿经过漏粪地板进入粪沟，污水尿液经过粪沟底部的排水管道排出，粪便用刮板刮出。目前此方案由国外引进，粪沟为 V 字形，底部设尿水收集管。该方式优点是粪尿分离，且节省劳动力，缺点是投资较大。排粪沟见图 9—1。

图 9—1　机械刮板清粪系统的排粪沟

另外，采用与蛋鸡舍相似的刮板式清粪系统，粪尿没有分离，尽管机械刮出，后期处理也较麻烦。

3. 水冲粪

通过排粪沟槽等进行水冲粪便出舍，然后进行处理，需要高压水枪、漏粪地板、高压水箱、翻板水箱等。该方法优点是减少人工投入，但需要水量较大，且后期粪污处理工作繁杂。

4. 水泡粪

建设漏粪板下粪沟，深度 45 ~ 60 cm，宽度 2 m 左右，进猪前提前放水在粪沟中 5 ~ 10 cm，随后随着粪污增加，待粪污距漏粪地板 5 ~ 10 cm 或 2 ~ 3 星期时，打开排粪口，粪污随管道流至污水处理区域进行后期处理。该方法优点是节约人工，用水量也不大，但后期处理工作较繁杂。

第二节 家畜疫病的防治技术和疫苗应用

→ 掌握家畜疫病的防治措施
→ 掌握家畜疫苗的种类及使用方法

一、牛疫病防治技术

1. 牛疫病预防措施

（1）预防

1）制订防疫计划，定期预防接种。必须在查清本地区奶牛传染病种类和流行病特点的基础上，结合实际条件制订合理的防疫计划，有目的地给健康牛群进行疫苗注射。

2）加强兽医监督，杜绝疫病传播。对健康牛群每年进行 1 ~ 2 次定期检疫，及早发现传染病，防止扩大传染。凡从国外购买的牛须有"检疫证明书"，并经当地兽医机构检查认为是健康牛时，方可允许入境。可疑者要依传染病性质及国家法律法规具体处理。

3）加强饲养管理，提高牛的抵抗力。建立健全饲养管理制度，提高牛机体的抗病力。

（2）扑灭

1）查明并消灭传染来源。在牛发生传染病时，应立即将疫情上报业务主管部门，特别是可疑为口蹄疫、布氏杆菌病、结核、副结核等传染病的要迅速上报，并通知邻近有关单位，以便采取预防措施。

2）早期诊断。根据可疑传染病的特点，及早采用临床诊断、流行病学诊断、病原学诊断和免疫学诊断等准确诊断，确定为该种传染病。

3）隔离病牛。有明显症状的典型病例，应选择不易传播病原体、消毒处理方便的地方或隔离舍，严格消毒，专人看管并及时治疗，隔离区的用具、饲料、粪便等需经彻底消毒后运出。对某些传染性强的传染病应根据有关规定进行扑杀，对尸体进行焚烧或深埋。

4）封锁疫区。疫区是指疫病正在流行的地区，即病牛所在地及其在发病前后一定时间内曾经到过的区域。受威胁区是指疫区周围可能受到传染的地区。疫区和受威胁区为非安全区，执行疫情封锁应根据“早、快、严、小”的原则，即报告早、行动快、封锁严、范围小。首先要在封锁区边缘设立明显标志，指明绕行路线，设置监督岗哨，禁止易感动物通过封锁线，对通过的车辆、行人和非易感动物进行严格消毒或检疫；其次在封锁区内最后一头病牛痊愈、急宰或扑杀后，经过一定的期限，再无疫情发生，可经全面的终末消毒后解除封锁。

5）做好消毒工作。预防消毒是为了预防传染病的发生，平时作为制度规定的定期消毒；临时消毒是为及时消灭病牛排出的病原体所进行的不定期消毒；终末消毒是为了解除封锁，消灭疫点内残留病原体所进行的全面而彻底的消毒。

6）切断病原体传播途径。依据病情的种类和性质不同，采取不同措施。经消化道传染的，应防止饲料、饮水的污染，粪便进行发酵处理；经呼吸道传染的，还应增加圈舍空气消毒；经皮肤、黏膜、伤口传染的，要防止该部位发生损伤并及时处理伤口；经吸血昆虫、鼠类传播的，要开展杀虫灭鼠工作。

2. 牛的疫苗种类及使用方法

牛的疫苗接种是牛防疫的重要组成部分，牛的疫苗接种方法有肌肉注射和皮下注射两种。

(1) 炭疽芽孢杆菌苗。无毒炭疽芽孢菌苗，成年牛每次皮下注射 1 mL，1 岁以下的牛每次注射 0.5 mL；Ⅱ号炭疽芽孢苗，皮下注射 1 mL。注射后 14 天产生免疫力，免疫期 1 年。

(2) 布氏杆菌苗。只接种检疫阴性牛，我国现有 3 种菌苗，常用 2 种。羊型 5 号冻干弱毒菌苗，用于 3 ~ 8 月龄的犊牛，皮下注射、室内气雾免疫，免疫期为 1 年。以上两种菌苗，公牛、成年母牛和孕牛均不宜使用。猪型 2 号，公、母牛可口服免疫，不受怀孕的限制，免疫期为 2 年。

(3) 巴氏杆菌苗。国内用黄牛、水牛或牦牛源多杀性巴氏杆菌 B 型菌株制成牛巴氏杆菌灭活菌苗，对体重 100 kg 以下牛只，每头皮下或肌肉注射 4 mL；体重 100 kg 以上牛只，每头注射 6 mL。一般在本病流行前数周接种，可接种 2 次，间隔 1 ~ 2 周，免疫期可达半年以上。

(4) 大肠杆菌苗。多价血清型大肠杆菌灭活菌苗，或现场分离菌株，制成灭活菌苗，免疫孕母牛，每头 2 ~ 5 mL，幼犊可从初乳中获得母源抗体。用 98TPK88：K99 制成死菌苗，对预防犊牛腹泻有一定效果。

(5) 副结核菌苗。我国已研制出预防副结核病的菌苗，可在有副结核（无结核病）病的牛场试用。

(6) 破伤风类毒素。破伤风类毒素免疫牛群，成年牛肌肉注射 1 mL/（头 · 次），犊牛减半。注射后 1 个月产生免疫力，免疫期 1 年，第二年再注射 1 mL/头，免疫期可达4年。

给牛做手术或去势时，先肌肉注射抗破伤风血清1万~3万单位，再实施手术。可有效预防破伤风的发生。

(7) 狂犬病疫苗。预防狂犬病，肌肉注射25~50 mL/头，若做紧急预防，可在间隔3~5天后，再注射1次。

(8) 口蹄疫灭活疫苗（O型、A型、Asia1）。预防口蹄疫牛O型灭活疫苗，用于各种年龄的黄牛、水牛、牦牛的预防接种和紧急接种，成年牛肌肉注射3 mL，1岁以下犊牛肌肉注射2 mL，免疫期为6个月。口蹄疫A型活疫苗，肌肉或皮下注射，6~12月龄牛1 mL，12月龄以上2 mL，注射后14天产生免疫力，免疫期4~6个月。本疫苗只限于在牧区使用。

(9) 牛流行热油佐剂灭活疫苗。预防牛流行热。在吸血昆虫孳生前1个月接种，第一次接种后，间隔3周再进行第二次接种，颈部皮下注射4 mL/头，犊牛2 mL/头。第二次接种后3周产生免疫力，免疫期为半年。目前已研究出病毒裂解疫苗，在国内使用，效果良好。

(10) 牛轮状病毒疫苗。美国研制的牛轮状病毒疫苗有弱毒疫苗，用于犊牛出生后吃初乳之前给予口服，2~3天即可产生较强的免疫力。另一种是福尔马林灭活疫苗，分别于妊娠母牛分娩前60~90天和30天两次注射免疫，新生犊牛通过吃初乳获得被动免疫。我国用MA-104细胞系连续传代，研制出牛源弱毒疫苗，用于免疫母牛，其母牛所产犊牛在30天内不发生本病。

(11) 牛传染性角膜结膜炎多价灭活疫苗。国外应用牛摩拉氏杆菌许多免疫原性不同的菌株制成多价死菌苗，对牛传染性角膜结膜炎有预防作用。犊牛在注射后4周可产生免疫力。

(12) 牛传染性鼻气管炎疫苗。用匈牙利的BarthaNu/67弱毒疫苗株制苗，用于接种犊牛。接种后10~14天产生中和抗体。第一次注射后4周，重复注射1次，免疫期可达6个月。用细胞培养制备的弱毒疫苗，经试用安全有效。

(13) 病毒性腹泻—黏膜病弱毒疫苗。预防牛病毒性腹泻—黏膜病。对6月龄至2岁的青年牛进行预防接种，在断奶前后数周接种最好，免疫期1年以上，对受威胁较大牛群应每隔3~5年接种1次，育成母牛和种公牛于配种前再接种1次，多数牛可获终生免疫。有报道用中国猪瘟兔化弱毒疫苗给发生黏膜病的牛群接种，也可获得较好的免疫效果。

二、羊的疫病防治技术

1. 羊疫病的预防措施

羊对疾病的抵抗能力比较强，发病初期症状表现不明显，不易及时发现，容易丧失治疗时机，一旦发现病羊，病情已经比较严重。因此，学习掌握一些羊只的生理病理表现，对及时发现病羊、及时预防和治疗是非常重要的。

(1) 预防

1) 精神沉郁。健康羊眼睛明亮有神，望得远看得清，听觉灵活敏感，会很听放牧人召唤，精神状况良好。患病羊则精神萎靡，不愿抬头，听力、视力减弱，流鼻涕，淌眼泪，行走缓慢，重者离群掉队，直到停止采食和反刍。

2）反刍减弱或停止。一般羊在采食 30～50 min 后，经过休息便可反刍，反刍是健康羊的重要标志。每一口食团要咀嚼 50～60 次，每次要继续 30～60 min，24 h 内要反刍 4～8 次。在反刍后要将胃内气体从口腔排出体外，叫嗳气。健康羊每小时要嗳气 10～12 次。发病羊反刍与嗳气次数减少，无力，直至停止。病羊经治疗，开始恢复反刍和嗳气是恢复健康的重要标志。

3）鼻镜干燥。鼻子尖端不长毛的地方叫鼻镜。鼻镜像一面镜子，反映羊只健康状况。健康羊的鼻镜湿润、光滑，常有微细的水珠。若鼻镜干燥，不光滑，无光泽，表面粗糙，是羊患病的征兆。

4）可视黏膜变色

①结膜。健康羊的眼结膜呈鲜艳的淡红色。若结膜苍白，是贫血、营养不良或患寄生虫等慢性病的症状；结膜潮红是发炎和患某些传染性急性病的症状；结膜发绀呈暗紫色者，多为病症危急或严重的表现。

②口腔黏膜。健康羊的口腔，舌黏膜呈淡红色，舌体表面湿润，有一层很薄的舌苔。如舌苔变白、增厚并有流涎，说明口腔内有炎症或有黏膜溃疡等。

5）皮肤。羊的皮肤，在毛底层或腋下、鼠蹊等部位通常呈粉红色。若颜色苍白或潮红，都是发病的征兆。

6）体温。体温是羊健康与否的重要指标。山羊的正常体温是 37.5～39.0℃，绵羊是 38.5～39.5℃，羔羊比成年羊要高 1℃。如发现羊精神失常，用手触摸角的基部或皮肤有热感，就要用体温计从肛门测量体温，体温高是发病的征兆。

7）心跳。心脏听诊部位在胸部左侧肘关节稍上方，第 3～6 肋骨间；用手摸按后肢内股动脉为切脉部位。健康成年羊的脉搏每分钟为 70～80 次，健康羔羊为 100～130 次。健康羊心音清晰，跳动均匀，搏动有力，间隔相等。患病羊的心音混杂，强弱不匀，快慢不等，搏动无力，心律不齐。

8）呼吸。将耳朵贴在羊胸部肺区，可清晰地听到肺脏的呼吸音。健康羊每分钟呼吸 10～20 次，能听到间隔均匀、带“嘶嘶”声的肺呼吸音。病羊则出现“呼噜、呼噜”节奏不齐的拉风箱似的肺泡音。

9）被毛与营养。健康羊体格强壮，膘满肉肥，被毛发亮；病羊则体弱，消瘦，被毛粗糙、蓬乱易折、暗淡无光泽。

10）粪与尿。健康羊的粪呈椭圆形粒状，呈链条状排出，俗称粪蛋。粪蛋表面光滑，比较硬。羔羊吃饲料并反刍后同样是排出粪蛋。夏季吃青草多的时候，健康羊也有排软便的。病羊如患寄生虫病多出现软便，颜色不正，呈褐色或浅褐色，有异臭，重者带有黏液排出，或排粪带血并有虫卵同时排出。因粪便黏稠，多糊在肛门及尾根两侧，长期不掉。健康羊的尿一般透明，稍带草黄色；病羊尿多浓稠有异味，重者混浊甚至尿中带血。

（2）治疗。对病羊首先要加强护理，例如圈棚要干燥，通风要良好，供给柔软饲料（如青草等）和清洁的饮水，经常消毒圈棚。在加强护理的同时，根据患病部位不同，给予不同治疗。

(3) 扑灭措施。如果已经发生疫情，应立即采取严格封锁隔离消毒措施，尽快加以扑灭。疫区或疫场划定封锁界限，禁止人畜往来；对病羊实行隔离，固定饲养人员和用具，抓紧治疗；封锁区最后一只病羊死亡或痊愈后 14 天，经过全面彻底消毒，方可解除封锁。消毒时可用 2% 氢氧化钠、2% 福尔马林或 20% ~30% 热草木灰水。

(4) 科学喂养，精心管理。饲料种类要多样化，营养丰富，不喂霜冻或霉烂变质饲料。羊舍应清洁、安静，空气新鲜，阳光充足，冬暖夏凉。不饮死水、污水，减少寄生虫和病原菌的侵入。科学放牧，合理补饲。

(5) 做好预防消毒，定期防疫注射。消毒分为预防性消毒和扑灭性消毒。预防性消毒是结合平时饲养管理，对羊舍、用具和运动场等定期消毒。常用的消毒药品有 3% 的来苏尔、20% 的新鲜石灰水等。一般春秋雨季各彻底消毒一次。扑灭性消毒是指发生某种传染病后，为杀灭病原菌而进行的突击性消毒。粪便要堆积密封发酵，杀死粪中的病原菌和寄生虫卵或幼虫。

(6) 定期驱虫，注意杀虫灭鼠。羊寄生虫病发生较为普遍，患病羊重者死亡，轻者消瘦，生长缓慢，生产力下降。每年春秋两季要进行预防驱虫。易感染且危害大的寄生虫有绦虫、胃虫、肠结节虫和肝片吸虫等。对绦虫和胃虫，可灌服 1% 硫酸铜；对胃虫和肠结节虫，可服用敌百虫，每公斤体重 0.07 ~0.1 g；对绦虫也可服用灭绦灵，每公斤体重 50 ~70 mg。肝片吸虫用硝氯酚，每公斤体重 3 ~8 mg。对驱虫后 10 天内的粪便，及时收集并泥封发酵，杀灭虫卵和幼虫。

2. 羊的疫苗种类及使用方法

根据当地易发生传染病的情况，选用针对性疫苗，定期预防注射，以防止传染病的发生。一般常用的疫苗：羊厌气三联苗，预防羊猝疽、羊快疫和羊肠毒血症，半年以下的羔羊 1 次皮下注射 3 mL，半年以上 1 次皮下注射 5 mL；免疫期为 6 ~8 个月；Ⅱ号炭疽芽孢苗，预防炭疽病，皮下注射 0.2 mL，免疫期 1 年；布氏杆菌羊型 5 号活菌弱毒苗，皮下或肌肉注射 1 mL，免疫期 1 年；破伤风明矾沉降类毒素，预防破伤风，颈部上 1/3 处皮下注射 0.5 mL，免疫期 1 年；气肿疽甲醛菌苗，预防气肿疽，皮下注射 1 mL，免疫期半年。

三、猪疫病防治技术

1. 猪场的卫生防疫

(1) 防疫设施与设备。人员车辆清洁消毒：生产区和生活区设立人流消毒通道，一线员工或需要进生产区的人员走人流消毒通道，进行脱衣、喷雾消毒、洗浴、更换场服等作业。车辆进入走车流消毒通道，高压喷雾，冬季有风时，通道关闭闸门。

器械消毒可经过熏蒸、清洗、浸泡等。高压水冲刷猪舍地面或墙面后，采用消毒药物进行熏蒸、喷洒等消毒作业。用高压喷雾器械进行带猪喷雾消毒或紧急气雾免疫。对于墙面、地面、栏体、饲槽以及粪沟等不易着火区域，用高温进行消毒。

（2）防疫制度化。严格执行日常的预防和防疫制度。做到执行有制度，制度有力度。圈舍每天清扫1～2次，周围环境每周清扫一次，及时清理污物、粪便、剩余饲料等，保持圈舍、场地、用具及圈舍周围环境的清洁卫生，对清理的污物、粪便、垫草及饲料残留物应通过生物发酵、焚烧、深埋等进行无害化处理。严格消毒制度，做好日常消毒工作。制定科学合理的免疫程序，并严格遵守。按场内制定的免疫程序做好疫病的免疫接种工作，严格免疫操作规程，确保免疫质量。有疫病发生时及时上报并采取相应措施，做好无害化处理。

2. 猪患传染病后的处理

（1）加强消毒，切断传染源。当某一猪圈内突然发现个别病猪或死猪并疑为传染病时，在消除传染源后，对可疑被污染的场地、物品和同圈的猪进行消毒。可选用新洁尔灭、百毒杀、碱类等消毒剂。对于病猪尸体和粪便污染应在指定地点做无害化处理。

（2）病猪隔离，尽快诊断病因。当发现新的传染病或口蹄疫等急性、烈性传染病时，应立即对猪场封锁，病猪可根据具体的情况将其转移至病猪隔离舍进行诊断和治疗，或将其焚烧和深埋。

（3）紧急接种，保护易感猪群，使其尽早产生抗体。当怀疑猪场发生传染病时，对假定健康猪进行紧急预防接种，保护易感猪群使其尽早产生抗体。紧急接种是指在发生传染病时，为了迅速控制和扑灭疫病流行而对受威胁的尚未发病的猪群采取的应急性免疫接种。严格来说紧急接种只适用于正常无病的猪只，而对发病和已经感染处在潜伏期的猪只只能在严格消毒的情况下隔离，不能再接种疫苗，因为已受感染再接种疫苗后不仅不会获得保护，反而会促使它更快发病。采用疫苗紧急接种一般在接种后很快产生抵抗力，发病病例数不久即可下降而使流行停息。

（4）投药拌料，控制继发感染。当猪场疑发生传染病时，适当地在饲料中添加可预防某些传染病的药物，提高机体的抵抗能力，并控制猪群继发感染。

（5）加强饲料营养，增加抗病力。猪的营养标准是在正常生产条件下制定的，但在发病过程中，猪对某些营养物质的需要量特别是免疫系统的营养需求量相应提高，这就可能造成这些营养物质的相对缺乏，免疫系统的功能受到影响。即营养物质的缺乏对免疫系统的影响比对生长的影响更明显，因此容易发生各种传染病。

能特异性损伤免疫系统发育的营养缺乏包括亚油酸、维生素A、维生素E、铁、锌、硒和几种B族维生素等。因此，在疾病或应激反应过程中，添加足够的维生素、微量元素等，可提高猪的抵抗力和加快疾病的恢复。

（6）对症治疗，降低死亡率。根据不同的传染病采取不同的治疗方案，对症治疗，这样才能有效地降低病猪的死亡率。对症治疗是使用药物减缓或消除某些严重的症状，调节和恢复机体的生理机能。如高热疫病需要退热，呼吸障碍疾病需要止咳平喘，腹泻的疫病需要在消炎的前提下补液或收敛止泻。例如某猪场疑为猪瘟时，在舍内彻底大消毒和猪体消毒后，接种猪瘟兔化弱毒苗。

(7) 降低饲养密度，保持环境卫生。当猪场疑发生传染病时，隔离的猪只降低饲养密度，提供健康的环境。所建猪场应远离村庄和其他养猪场，猪场周围须有围墙，防止其他动物进入场内，猪场生活区外的入口处设置一消毒池，每天或间隔一天换消毒液，供进出场人员和车辆消毒，猪场四周应有排水沟，以保持猪舍地下水位低，地面干燥。每次出售猪后，对外来车辆和人员行走过的地方必须进行全面清洗，消毒每栋猪舍门口，特别是产房、保育猪舍门口必须设置消毒槽，每天或间隔一天换消毒液，进入者需将鞋底消毒。对猪舍内的设备，特别是与猪直接接触的用具，例如料槽及水槽，必须每日清洗，堆积粪便处，每两个月撒石灰粉一次。

(8) 定期灭鼠、杀蚊虫、除苍蝇、驱虫。转群前的种猪和断乳第三周后的仔猪，均需用药驱虫，后备母猪配种前也要驱虫，母猪应于产前 2 周先驱虫再进入产房。以后应每间隔一定时期驱虫一次，驱虫时根据具体情况选用适宜的药物。

鼠类能传播许多疫病，所以要求灭鼠。灭鼠可采用机械捕鼠、投药灭鼠。但在存放饲料的地方用机械捕鼠的方法为宜。

除苍蝇主要是做好粪污无害化处理和清理水渠，减少蝇类孳生环境。发生蝇类孳生环境，可用敌百虫喷洒。

为了减轻其他害虫骚扰猪群，可在场内空旷地区设置灯光诱杀飞蛾等昆虫，可起到减少传播媒介的作用。

3. 猪的预防疫病措施

(1) 种猪必须重点预防的疫病。养好种猪非常关键，这是仔猪常年供应的基本保证，生产上应注意搞好预防。重点防控的猪病主要有高致病性蓝耳病、伪狂犬病、细小病毒病、传染性胸膜肺炎、圆环病毒病。

1) 高致病性蓝耳病。高致病性蓝耳病危害严重，可通过公猪精液传播，也可在母子间垂直传播，搞好种猪高致病性蓝耳病的预防意义重大。可选用高致病性蓝耳病灭活疫苗，仔猪断奶后首次免疫，1 个月后加强免疫，每次剂量均为 2 mL。在搞好仔猪免疫接种的基础上，冬季应重点对种猪进行免疫接种，怀孕母猪分娩前 1 个月加强免疫一次，公猪每隔 6 个月加强免疫一次，母猪、公猪每次使用剂量均为 4 mL。

2) 伪狂犬病。怀孕母猪发生伪狂犬病后容易出现流产，对生产力危害很大。免疫接种可选用伪狂犬病油乳剂灭活苗，一般不宜使用弱毒疫苗。留种用的公猪和母猪，在 6 月龄时注射一次，母猪于产前 1 个月再加强免疫一次，以后公猪、母猪每 6 个月免疫接种一次，每次使用剂量均为 5 mL。

3) 细小病毒病。主要危害繁殖母猪，破坏繁殖力，导致死胎、畸形胎、木乃伊胎，但母猪本身往往没有明显症状。预防可使用猪细小病毒氢氧化铝灭活疫苗，母猪配种前，公猪 8 月龄时，颈部肌肉注射 2 mL，免疫保护期 1 年。

4) 传染性胸膜肺炎。冬季多见，通风不良、气候骤变往往会诱发胸膜肺炎。预防可使用猪胸膜肺炎灭活菌苗，种猪在 6 月龄或引进前首免，3 周后加强免疫一次，每次使用 2 mL。

5) 圆环病毒病。圆环病毒病对仔猪危害很大，但大多通过种猪传播给仔猪，公猪的精液能带毒，通过交配传染给母猪，母猪又通过胎盘垂直传染给胎猪，造成仔猪早期感染。防止种猪感染圆环病毒，是保护仔猪的关键所在。临床出现的圆环病毒感染的病例，大多与其他病原体混合感染或继发感染有直接关系，最多见的是蓝耳病病毒、细小病毒、伪狂犬病毒、流感病毒、流行性腹泻病毒、肺炎支原体、巴氏杆菌、副嗜血杆菌等，生产上应首先搞好这些疾病的免疫预防，消除一切可疑帮凶造成的威胁。

（2）正确选用疫苗。正确选择使用疫苗，一是提高抗病能力。有些疾病容易感染猪只，引起大群发病，造成严重经济损失，预防这些疾病则必须使用疫苗。例如猪瘟、蓝耳、伪狂犬、喘气病、口蹄疫等大多数的疾病都属这一类型。猪只使用疫苗的另一个好处是能减少病原感染猪群，阻断病原在场内循环传播。二是通过母源抗体保护仔猪。也就是说给母猪使用疫苗，提高母猪体内的抗体水平，通过母源抗体使小猪抵抗疾病，耐过高发期。例如仔猪早发性大肠杆菌症（俗称仔猪黄痢）即用此方式保护仔猪。三是在短期内控制疫病。在疫病发生早期，紧急大量接种相对应的疫苗，可以让猪只在短期内产生较高抗体，以防止疫病在猪群中传播，达到迅速控制疫病的目的。

（3）制定合适的免疫程序

1）猪瘟。种公猪：每年春、秋各免疫一次，6 头份/头。后备种公、母猪：选定后配种前免疫一次，5 头份/头。经产母猪：产后 20 天免疫，6 头份/头。仔猪：新生仔猪超前免疫（零时免疫），即出生后接种 2 头份/头，隔 1 ~ 2 h 后才可让其吃初乳，35 ~ 40 日龄二免，4 头份/头。或者不超免，20 日龄免疫 4 头份，一个月以后再加强一次 4 头份。注意：猪三联疫苗（猪瘟、丹毒、肺疫）中的猪瘟含量较少，免疫 2 头份作用不好，提倡将猪瘟疫苗（4 头份）和丹毒、肺疫的二联疫苗（2 头份）同时使用。

2）猪伪狂犬病。种公猪：每年免疫 3 ~ 4 次，2 头份/头。后备种公、母猪：选定后配种前免疫 1 次，2 头份/头。经产母猪：产后 20 天和产前 30 天各免疫一次，2 头份/头。仔猪：新生仔猪滴鼻，0.5 头份/头，35 ~ 40 日龄二免，1 头份/头。推荐使用基因缺失苗。

3）猪链球菌病。推荐使用猪链球菌多价灭活疫苗，一般在仔猪断奶前使用，严格按说明书用量使用，不宜加大用量。

4）乙型脑炎。后备种猪在配种前 1 个月接种 2 次，间隔 15 天；其余种猪可在每年流行季节前 1 个月接种 1 次。

5）猪细小病毒病。后备种猪在配种前 1 个月接种 2 次，间隔 15 天；以后种猪每年接种 1 次，两年以后可不再接种。

6）仔猪大肠杆菌性腹泻。目前常用的疫苗有仔猪大肠杆菌基因工程四价灭活疫苗、仔猪大肠杆菌基因工程三价灭活疫苗、仔猪大肠杆菌基因工程二价灭活疫苗、仔猪大肠杆菌遗传工程双价疫苗等。通常在母猪产前 4 周免疫 1 次，也可在母猪产前 5 ~ 6 周和 2 ~ 3 周各免疫 1 次，以保证初乳中有较高浓度的母源抗体。

7）蓝耳疫苗。妊娠母猪产前接种蓝耳疫苗，要严格按要求进行操作。坚决不能给发病猪群接种。

8）口蹄疫。所有猪只均应接种，种猪每年4次，建议母猪怀孕70天和断奶前3天分别接种。商品猪断奶后即可进行接种。

常用的疫苗还有丹毒肺疫二联苗、猪喘气病疫苗、猪萎缩性鼻炎疫苗、仔猪副伤寒疫苗、猪衣原体疫苗等，猪场可以根据自己的需要有选择性地使用。

（4）疫苗的运输与贮藏。活疫苗和死疫苗的运输中应注意冷冻或冷藏，若需长距离、长时间运输，应由熟悉兽医防疫业务的、责任心和事业心强的兽医人员负责把关，并严格按照疫苗保存的要求提供运输条件，避免强烈振荡，以防破碎。

不同的疫苗有不同的贮存条件，如弱毒苗常为真空冷冻干燥后封存于小瓶内，放普通冰箱或更低温度下冷冻保存，保存期一般为1～2年。灭活苗通常是液体，若含有佐剂则不能冻结保存，宜在0～10℃下冷暗处贮藏。

第三节　家畜生产中产生应激的种类和预防

→ 了解家畜生产中产生应激的种类

→ 掌握家畜生产中出现的应激的预防

家畜应激本身不是疾病，但却是疾病发生的原因。应激反应是由环境因素引起的动物机体细胞内部平衡的紊乱，为了应对各种应激条件，保持机体内部平衡，机体需要调动各种调节机制，这种机制的进行是以消耗大量生物能为前提的。因此，应激是动物机体对一切胁迫性刺激表现出的适应反应的总称。以下分别对奶牛、羊和猪在生产中产生的应激种类和预防措施进行阐述。

一、奶牛的生产应激与防治措施

应激是奶牛机体对外界或内部的各种非常刺激所产生的非特异性应答反应的总和。常见的应激因子有噪声、气候骤变、高温、不良的饲养管理、粗暴的操作、群体的大小与饲养密度、不合理的日粮结构、霉变的饲料原料、日粮的突然变更、搬迁、转群合群、新环境、疾病、免疫、驱虫、修蹄与子宫冲洗等。

生产上引起应激反应的因素较多，不同的应激因子对奶牛所产生的影响不同，造成的危害程度也不同。应激因子越多，造成的危害越大。因此，应针对实际的情况进行全方位的考虑，采取综合性的防治措施，防止奶牛应激的发生。

1. 奶牛应激防治措施

（1）强化奶牛场管理。首先，应保持相对稳定的饲养环境、饲喂方式、日粮组成，以减少人为因素所产生的应激反应。

饲养管理方面，应注意合理的饲养密度、牛舍的通风换气，将温度、湿度控制在规定的范围，避免温差过大；不要出现缺水、缺料的现象；换料时要采取逐渐替换的方法；要配制营养合理的全价日粮，做好饲料原料的检测，杜绝使用掺假、劣质、霉变或被污染的原料；要提供洁净饮用水；拴系式饲养的奶牛应根据季节适时进行室外运动，在夏季应避开中午日照强烈的时候，冬季应在白天温度相对高时在运动场上自由活动。

在生产环节上，应尽可能地避免更换饲养场地与重新组群，防止位序改变引起争斗；控制生产操作中的噪声，杜绝人为大喊大叫，粗暴驱赶和鞭打牛只；尽可能地不要突然改变生产操作程序和临时更换饲养员、挤奶员；生产中必须要采取一些技术措施时，比如去角、免疫接种、喂药、转群等技术性工作，这些操作在一定程度上都会造成奶牛的应激反应，要提前做好准备工作，尽可能小心仔细地进行。另外，事先要有计划地采用药物预防，力求将应激降到最低限度。为了降低对成母牛产奶的影响，所有有应激反应的影响产奶性能的基础工作，如修蹄、免疫、寄生虫病的预防，应尽可能地放在干奶期进行。

（2）疾病防治。病毒、细菌、霉菌等致病病原体不仅可引起奶牛致病，而且也是应激因子。致病病原体对奶牛产生的应激，给生产上带来的经济损失是巨大的。因此，平时应做好疾病的防治和消毒灭菌工作，消灭和控制疾病的传染源。认真做好免疫接种工作，在可能出现问题的情况下，要提前给药，预防和控制疾病的发生，尽可能减少疾病应激因子的产生。

（3）环境治理。不管在什么样的外界条件下，必须使奶牛的外部环境与内部功能保持一个动态平衡，才能使其健康生长。过冷过热都会使奶牛产生应激。另外，要做好杀虫灭鼠工作，防止虫、鼠及其他动物对牛只的骚扰。

（4）药物预防。应激发生时，抗应激药物能削弱应激因子对机体的作用，降低奶牛对应激的敏感性，减轻反应症状，提高机体的防御能力。所以，在预测可能产生应激因子的情况下，应及时药物预防，减少应激给生产带来的损失。

2. 奶牛热应激

奶牛最适合的温度范围是 10～16℃。在此范围内，奶牛可以通过自身的体内调节（产热和散热平衡）机制，维持体温恒定，奶牛的产奶性能、繁殖性能以及健康状况没有明显的变化。由于气温升高、湿度增大、太阳辐射强度加强以及空气流动速度减弱，牛体就会出现不适（体温升高，呼吸脉搏加快，采食量、产奶量及繁殖力下降）甚至发生中暑，严重的造成死亡，这种现象称为热应激。奶牛的正常体温在 38.5℃左右（直肠温度），白天在约 1℃范围内变化，在奶牛热应激情况下，体温可升高到 40～41℃。一旦奶牛体温超过这个范围，生命就会受到威胁。

二、羊常见的生产应激与防治措施

能引起羊只应激反应的各种环境因素统称为应激源。实践中，应根据应激源的不同采取不同的预防措施。

1. 引种应激

羊只在引种时，除存在运输应激外，还存在由于环境条件、饲养方式、饲养水平的改变而产生的应激反应。羊的引种涉及的工作方方面面，饲养和管理水平相对要求较高，为了保证引种的顺利，最好从环境差异不大的地方引种；最好选择已育成、生产性能优良、健康无病、抵抗力强的青年羊；尽量选择气候凉爽、雨量相对较少、饲草丰富、羊病相对较少的季节引种。

（1）引种前的准备。引种前要对圈舍、运动场彻底清扫，用氢氧化钠溶液或来苏尔等消毒液对圈舍、饲槽、周围环境进行消毒，再用清洁水将饲槽清洗干净。同时要保持圈舍夏季通风、防潮、遮阴，冬季防寒避风。准备好预防治疗药物和饲草饲料。

（2）运输应激的控制。长距离运输羊只，使被调运羊只较长时间停留在车厢内，由于不能正常饮水、采食、活动以及加上颠簸、惊吓等因素的影响，会明显降低机体抵抗力，极易遭受病原微生物的侵袭而发病。因此，在装车调运前给羊充足饮水，不宜喂得过饱；装羊时不能过密过挤，体质强、弱羊以及大、小羊，公羊、母羊最好在车上分隔开，妊娠母羊避免流产；短程运输可不喂草料，长途运输应根据运输羊的数量、运输距离准备充足草料和饮水用具，饲料以粗饲料为主，应做到定时饮水、补料，每天应喂草2次，饮水不少于2次，并要求每只羊都能饮到水、吃到草；为减少长途运输带来的应激反应，运输前可使用抗应激药物，如在饮水中添加适量的电解多维或葡萄糖；运输车辆要缓慢行驶，避免突然刹车、颠簸等；经常停车检查，遇见怪叫、倒卧羊要及时扶起，避免挤压；尽量避免高温运输。

（3）到达目的地后的管理。长途运输羊只易缺水，到达目的地后，应先让羊充分休息，勿惊吓，待其稳定1～2 h方可让其饮用清洁温水，最好饮用温热的淡盐水，第一次要控制饮水量，不能暴饮；饮水1～2 h后，再饲喂柔软易消化的饲草，第一次饲喂量不要太多，饲量从少到多，逐渐增加到正常饲喂量。

喂水、喂食后，按性别、年龄、个体大小、体质状况及怀孕母羊分群、分圈饲养。对较瘦弱羊，适当增加精饲料量和补饲优质的新鲜牧草，并进行特殊护理，使其尽快恢复体况。

羊群引种后要进行隔离观察，要时常仔细观察羊的精神状态、采食、运动和饮水等情况，出现患病羊要及时隔离治疗；加强检疫，并进行驱虫、预防注射。

（4）搞好过渡饲养。由于引种地与饲养地的环境条件、饲养方式、饲养水平存在差异，不可一下改变饲喂方式。引种前应全面了解引入地的饲料种类、搭配方法、饲养方式和管理模式，尽量模拟原来的饲养管理方式，多投喂嫩绿多汁饲草和一定量的精饲料，逐渐过渡，使羊尽可能地减少应激刺激，尽早适应本地生长环境。

2. 断奶应激

羔羊断奶组群后，母子分离、公母分离，由原来吃母乳和饲料转变为只吃饲料。另外，地点和圈舍的改变、活动规律的改变等都会造成羔羊免疫力降低，在分群后的一定时间内会表现出一定的不适应。因此，在断奶前应尽早训练羔羊采食，等其完全可以依靠饲料满足营养需要时再进行断奶；逐渐进行断奶；不同羔羊断奶时间需要灵活对待，弱瘦羊、病羊可适当延长哺乳时间；断奶后的饲料要营养丰富全面，易于消化吸收；加强饲养管理，保证饮水、饲料安全卫生，保证圈舍清洁、干燥、卫生。

3. 热应激

羊是恒温动物，通过产热和散热来维持体温的恒定，当在高温、通风不良等条件下羊代谢产生的热量不能很好地散发，很容易产生热应激。热应激使羊的采食量减少，饲料转化率下降从而导致其日增重降低，同时饮水增加，影响羊的生产性能，对羊后期的生长、繁殖造成不良影响，极大地损害了养殖者的经济利益。因此，必须改善饲喂条件，加强饲养管理。夏季要做好羊只的防暑降温，如搭建凉棚和安装圈舍的隔热层都是行之有效的防暑设施；改善饲喂条件，天气炎热时使羊在凉爽的地方或时间进食；保持圈舍有良好的通风、清洁干燥；保证羊只饮水充足及时；在夏季高温条件下，调整日粮结构，如通过营养调控来预防和治疗羊的热应激。

4. 惊吓应激

在驱赶、剪毛、药浴、打耳号、断尾、去势、去角时，都可能会使羊群受到惊吓，产生不良应激反应。因此，需要制定相关的饲养规程，做到定时、定量、定点、定人饲喂，让羊群拥有一个相对稳定的采食、运动、休息规律；羊舍内以及羊舍周围避免车辆、机器、人员及其他动物的突发性噪声；进行驱赶等生产操作时动作要轻柔，禁止抽打、踢踩等粗暴行为，使羊只保持冷静状态，尤其是怀孕母羊要特别注意，防止发生流产；进行剪毛、打耳号、断尾、去势、去角工作时要尽量缩短操作时间；对于能同时给羊只带来应激的工作，应分开进行，以降低应激程度；使用抗应激药物预防应激的发生。

5. 药物反应应激

给羊只免疫接种、给药、驱虫等，也会发生过敏反应或其他不良反应，产生不良应激。例如，给羊只注射口蹄疫疫苗时，羊只表现出精神呆滞、食欲减退或废食、乏力等现象。因此，注射、口服等给药时，要做到准、快、轻，以尽量减少应激的刺激量；给大群羊只用药时，先要进行小群试验，对有可能发生过敏的药物，可进行适当的试敏，确定不过敏时再用此药。

三、猪的生产应激与防治措施

养猪过程中的应激是生产过程中不可避免的问题，假如重视不够将造成严重的影响，应激造成的危害既有单一的，也有综合的，且其影响是多方面的。如能针对不同的具体情况，妥善采取各项预防措施，必将大大降低应激引起的不必要的损失。在生产中可以采取以下预防措施：

1. 挑选抗应激猪种

不同的猪对应激的敏感性不同，购买、引进猪苗时，应注意挑选抗应激性能强的品种。

2. 猪舍管理要科学合理，改善舍内环境条件

搞好通风要做到对风扇和通风口能随意控制，还要考虑局部风的强度，高速的局部气流可使猪感到寒冷而引起应激。如进风口位置不当，门没关好，门窗破了或者墙上和帘子上有洞，风速都会增强，这样猪就会发生呼吸系统疾病，即便在最热的天气，也要对风速加以控制。控制舍内温度，理想的温度条件下，猪只任何时间都会感到舒适。酷热和寒冷都会造成应激，降低猪的免疫力，增加发病概率。应保证新断奶仔猪舍足够温暖。猪对温度的需求随着年龄的增长而降低，养殖户要制定逐渐降温的计划或办法，更要严格按照规定实施。不可忽略饮水消毒，饮水消毒可减少水中病原对猪只造成的应激，减少猪只发病，提高猪只的健康水平。最好是采用地下水或不含有害物质和微生物的水，同时要注意随时供应清洁充足的饮水，以满足猪体的需要。饲养密度不合理影响猪的发育状况，过大的饲养密度还可导致猪的肺炎。密度变化依气候不同，夏季应尽可能小，冬季可稍大一些，但每个圈舍内应有总面积2/3的干燥地面用于猪只躺卧和休息。无论是水泥地面还是裸露的地面，都要保证睡眠区的清洁干燥和舒适，从而减少猪的应激。

3. 合理分配饲料营养

根据猪只的不同生长期，科学地配给日粮。饲料营养水平要能满足动物的需要，定时定量饲喂。不喂发霉变质饲料，饮水要清洁消毒，饲槽及水槽设施充足，注意卫生，避免抢食争斗及采食不均。同时可在以下方面做好工作：在生长猪日粮中加入2%植物油，并相应降低碳水化合物的含量，从而可以减少猪体增热，减轻猪的散热负担，可缓解高温应激。有报道认为平衡氨基酸、降低粗蛋白摄入量是缓解猪热应激的重要措施。喂给赖氨酸代替天然的蛋白质对猪有益，因为赖氨酸可减少日粮的热增耗。炎热气候条件下，若以理想蛋白质为基础，增加日粮中赖氨酸含量，饲料转化率可得到改进，猪生产性能、胴体品质与常规日粮相比，无显著差异。添加维生素，主要包括维生素C、维生素E、维生素A、维生素B_{12}和生物素。使用微量元素，补铬对抗应激、提高生产性能、调节内分泌功能、影响免疫反应及改善胴体品质均具有一定作用。铜具有抗微生物特性，而且铜与抗菌剂合用可起到协同作用。仔猪日粮中添加砷制剂能有效地控制腹泻，提高增重。硒是畜禽体内谷胱甘肽过氧化酶（GSH－PX）的组成成分，通过此酶把过氧化物变成无害的醇类，以防止细胞膜的不饱和脂肪酸受过氧化物的侵害，添加有机硒有积极效果。

4. 药物防治应激

为了提高机体的抗应激能力，防治应激，可通过饲料和饮水或其他途径给予抗应激药物。抗应激药物是目前抗应激研究中最活跃的领域，已取得了长足的发展。在应激状态下，由于糖皮质激素浓度过高，会导致机体蛋白质分解、高血糖症，同时机体胰岛素水平低下。此时须通过特异性的药物干预，控制机体的代谢紊乱。

5. 预防运输、屠宰时发生应激

运输前最好禁食，在300 kg饮水中添加100 g应激素，可预防在运输中拥挤、日晒、风吹和雨淋等不利因素的影响。屠宰时间长短要适当。

单元测试题

一、填空题（请将正确的答案填在横线空白处）

1. 犊牛在1月龄和________月龄各驱虫1次。

2. 患有________和________的人不得饲养牲畜。

3. 通常所称后备牛是指＿＿＿＿＿、＿＿＿＿＿、＿＿＿＿＿等。

4. 消毒的目的是消灭被传染源散播于外界环境中的＿＿＿＿＿，以切断传播途径，阻止疫病继续蔓延。

5. 灭活苗要求在＿＿＿＿＿℃条件下保存。

6. 绝大多数疫苗应在配种前＿＿＿＿＿天注射，否则会推迟发情受孕。

7. ＿＿＿＿＿是为了预防传染病的发生，平时作为制度规定的定期性消毒。

8. 长期饲喂过量的含＿＿＿＿＿饲料，容易造成蹄叶炎。

9. ＿＿＿＿＿也称生产瘫痪或产后麻痹。

10. 奶牛产后及时的补糖、补水可防止奶牛脱水，预防＿＿＿＿＿病，同时增强牛的消化机能。

二、单项选择题（下列每题的选项中，只有1个是正确的，请将其代号填在括号内）

1. 羊舍湿度保持在（　　）为宜。

A. 30%～40%　　B. 40%～50%　　C. 50%～70%　　D. 70%～80%

2. 下列哪个时期最适宜给羊配种（　　）。

A. 初情期　　B. 性成熟　　C. 体成熟　　D. 以上都不是

3. 驱虫的目的是（　　）。

A. 杀灭细菌和病毒　　B. 补充营养

C. 预防和治疗体内寄生虫　　D. 接种疫苗

三、多项选择题（下列每题的选项中，至少有2个是正确的，请将其代号填在括号内）

1. 畜舍内常见有害气体包括（　　）。

A. 氨气　　B. 硫化氢　　C. 氧气　　D. 氮气

2. 下列因素中，能影响消毒效果的因素有（　　）。

A. 浓度　　B. 温度

C. 作用时间　　D. 消毒剂的正确使用

E. 光照时间

四、判断题（下列判断正确的请打"√"，错误的打"×"）

1. 传染病具有传染性，能引起疫病的扩大和蔓延。因此，当牛患上传染病后，为控制疫情的扩大和流行，根据传染病的流行特点和危害程度，进行隔离和封锁。（　　）

2. 对经济上和防疫上认为不适合治疗的牛，为了控制疫情，应隔离治疗。（　　）

3. 牛在刚出生和吃初乳期间内，因从母体中获得母源抗体，此时注射活疫苗会互相干扰，起不到免疫效果。（　　）

4. 各种疫苗，需要经过一定的时间才能产生免疫能力。根据传染病的发病季节、疫苗产生抗体的时间，做好免疫接种计划，按规定程序接种。（　　）

5. 奶牛患乳房炎时需要每天5～6次的冷敷。（　　）

6. 乳房炎防治主要以治疗为主。（　　）

7. 干奶的牛要进行隐性乳房炎检测，注射药物后封闭乳头进行干奶。（ ）

8. 乳热症也称生产瘫痪，其典型症状，初期表现精神兴奋或沉郁，后躯摇晃站立不稳，全身肌肉震颤。（ ）

9. 对产后体弱、消瘦、有缺钙先兆奶牛进行预防性补钙。（ ）

10. 肥胖奶牛易患酮病。（ ）

五、简答题

1. 简述家畜卫生的要求。

2. 简述防止疫病传入的技术。

3. 叙述牛、羊、猪的疫苗种类及使用方法。

4. 简述家畜应激产生的原因和防治措施。

单元测试题答案

一、填空题

1. 6

2. 结核病　布氏杆菌病

3. 青年牛　育成牛　犊牛

4. 病原体

5. 0～10

6. 30

7. 预防消毒

8. 蛋白质

9. 乳热症

10. 酮

二、单项选择题

1. C　2. C　3. C

三、多项选择题

1. AB　2. ABCD

四、判断题

1. √　2. ×　3. √　4. √　5. ×　6. ×　7. ×　8. √　9. √　10. √

五、简答题（略）

家畜饲养工（初级）理论知识考核试卷

一、单项选择题（下列每题的选项中，只有1个是正确的，请将其代号填在括号内；每题3分，共30分）

1. 牛的妊娠时间为（　　）个月左右。

A. 4　　B. 5　　C. 6　　D. 10

2. 细毛羊和粗毛羊的剪毛时间分别为（　　）。

A. 春季剪毛一次，冬季剪毛一次

B. 春、秋季各剪毛一次，春季剪毛一次

C. 春季剪毛一次，春、秋季各剪毛一次

D. 均为春、秋季各剪毛一次

3. 绵羊的正常体温为（　　）℃。

A. 40　　B. 39.5　　C. 50　　D. 7

4. 配合饲料按营养成分和用途分类中包括（　　）。

A. 浓缩饲料　　B. 青贮饲料　　C. 粗饲料　　D. 以上均可

5. 奶牛生长的最适温度是（　　）。

A. −10～−3℃　　B. −3～23℃　　C. 5～15℃　　D. 29～32℃

6. 羊舍湿度保持在（　　）为宜。

A. 30%～40%　　B. 40%～50%　　C. 50%～70%　　D. 70%～80%

7. 下列时期最适宜给羊配种的是（　　）。

A. 初情期　　B. 性成熟　　C. 体成熟　　D. 以上都不是

8. 驱虫的目的是（　　）。

A. 杀灭细菌和病毒　　B. 补充营养

C. 预防和治疗体内寄生虫　　D. 接种疫苗

9. 口服给药简便，适合大多数药物。常用的口服方法包括（　　）等。

A. 灌服　　B. 饮水

C. 混到饲料中喂服　　D. 舔服

E. 以上均是

10. 健康畜与病畜鼻镜比较，（　　）。

A. 健康畜鼻镜干燥　　B. 病畜鼻镜干燥

C. 健康畜黏液多　　D. 病畜黏液少

二、多项选择题（下列每题的选项中，至少有2个是正确的，请将其代号填在括号内；每题6分，共30分）

1. 畜舍内常见有害气体包括（　　）。

A. 氨气　　B. 硫化氢　　C. 氧气　　D. 氮气

2. 青饲料包括（　　）。

A. 玉米秸秆　　B. 天然牧草

C. 苜蓿　　　　　　　　　　　　D. 水生饲料

E. 苦荬菜

3. 羊在药浴之前需要注意的是（　　）。

A. 选择晴朗、暖和、无风的上午进行

B. 先浴健康羊，后浴病羊

C. 药浴前 2 ~ 3 h 充足饮水，以防口渴吞饮药液

D. 药液应浸满全身

E. 药浴后在阴凉处休息 1 ~ 2 h，即可放牧，但如遇风雨应及时赶回羊舍，以防感冒

4. 下列因素中，能影响消毒效果的因素有（　　）。

A. 浓度广　　　　　　　　　　B. 温度

C. 作用时间　　　　　　　　　D. 消毒剂的正确使用

E. 光照时间

5. 麸皮属于（　　）。

A. 粗饲料　　B. 能量饲料　　C. 植物性饲料　　D. 精料补充料

三、判断题（下列正确的请打"√"，错误的请打"×"；每题 2 分，共 40 分）

1. 国际饲料分类法将饲料分为 9 大类。（　　）

2. 犊牛第一次补饲初乳量不低于 2 kg。（　　）

3. 发情周期分为四个阶段，包括发情期、发情间期、发情后期、返情期。（　　）

4. 母牛乳房膨大是临产征兆之一。（　　）

5. 羊的药浴主要是预防和治疗体内寄生虫病。（　　）

6. 牛的静脉注射部位在耳缘静脉。（　　）

7. 猪的发情期约为 18 天。（　　）

8. 最适宜温度：绵羊，29 ~ 30℃；羔羊，－3 ~ 23℃。（　　）

9. 若梳绒和剪毛同时进行，则先梳绒后剪毛，以免绒毛混杂。（　　）

10. 犊牛喂奶的奶温应在 38 ~ 40℃。（　　）

11. 猪患病后一般表现为食欲下降或食欲不振，孤僻不合群，喜欢单独在光线暗的角落；被毛粗乱，无光泽，精神不振等。（　　）

12. 羊饮水是羊每日必不可少的工作，羊并不拒绝饮用污水、脏水等。（　　）

13. 公羊试情法是目前实践中鉴定母羊是否发情的常用方法。（　　）

14. 在一般情况下，羊舍较干燥的环境对于绵羊的健康较为有利，尤其是在低温的情况下更是如此，应避免出现高湿环境。（　　）

15. 青年公猪每 3 天采精 1 次，成年公猪可隔日采精 1 次。（　　）

16. 人工哺乳的关键是掌握好温度、浓度、喂量、次数和卫生消毒等环节。（　　）

17. 消毒只在疫情发生时进行，对圈舍场地、用具和饮水等进行消毒，防止疫情扩大。（　　）

18. 高温堆肥是粪便无害化处理和营养化处理最为简便和有效的手段。（　　）

试卷

19. 病羊通常鼻镜干燥、粗糙，鼻镜湿润、光滑、常有微细的水珠，饲喂后半小时开始出现反刍，每次反刍持续 30 ~ 40 min，每一食团嚼 50 ~ 70 次，每昼夜反刍 6 ~ 8 次。（　）

20. 应在仔猪生后 7 天左右开始训练仔猪吃料，以刺激仔猪消化道的发育。（　）

四、简答题

1. 简述国际饲料分类法中各类饲料的特点。
2. 简述羔羊饲养的关键技术。
3. 简述影响家畜环境卫生的主要因素。
4. 简述母牛的发情鉴定要点。
5. 简述牛奶的感官鉴定。
6. 养殖场消毒的方法有哪些？

家畜饲养工（初级）理论知识考核试卷答案

一、单项选择题

1. D　2. C　3. B　4. A　5. C　6. C　7. C　8. C
9. E　10. B

二、多项选择题

1. AB　2. BCDE　3. ABCDE　4. ABCD　5. BC

三、判断题

1. ×　2. √　3. ×　4. √　5. √　6. ×　7. ×　8. ×
9. √　10. √　11. √　12. ×　13. √　14. √　15. √　16. √
17. ×　18. √　19. ×　20. √

四、简答题（略）

家畜饲养工（中级）理论知识考核试卷

一、名词解释

1. 营养需要　2. 青绿饲料　3. 能量饲料　4. 蛋白质饲料　5. 粗饲料　6. 热应激　7. 胴体重　8. 初乳　9. 酒精阳性乳　10. 羔羊早期断奶

二、填空题（请将正确答案填在横线空白处）

1. 按饲料的组成划分，配合饲料主要有添加剂预混合饲料、浓缩饲料、________和________。

2. 猪营养需要变幅______，主要受仔猪生长潜力、______、______、断奶日龄、________、________、环境条件等影响。

3. 能量与蛋白质沉积间有一定________关系，只有合理的能量蛋白比才能保证饲料的________。

4. 蛋白质的需要除考虑________外，还应考虑______________的含量和比例。

5. 仔猪阶段的生理消化特点除了胃肠重量____、容积小、酶系发育______、胃肠酸性低且缺乏________、胃肠运动机能微弱、胃排空速度____外，________可能是猪的一生中最大的应激。断奶面临着______________________三方面的应激。

6. 猪的环境广义上是指猪周围空间中对其生存具有__________影响的各种因素的总和。养猪生产上所指的是狭义的环境，只包含对猪生活和生产产生各种____________的有关因素，主要指猪舍的____________，一般包括__________、湿度、__________、________、灰尘和________、有害气体及噪声等。

7. 为了防止湿度过高，首先要减少猪舍内________来源，少用或不用大量水冲刷猪圈，保持地面平整，避免________。设置________设备，经常________门窗，以降低室内的湿度。

8. 光照对猪有促进__________、加速__________，以及活化和增强免疫机能的作用。育肥猪对光照________过多的要求，但光照对______________和____________有重要的作用。

9. “全进全出”是控制____________非常有用的措施，要求每个猪场坚持。“全进全出”技术要求在一栋猪舍猪____________后，彻底清洗、彻底消毒、彻底干燥，然后再____________健康的猪。

三、简答题

1. 青贮的制作步骤是什么？
2. 简述牛对温度的要求。
3. 仔猪断奶的方法有哪些？
4. 简述犊牛去角的方法。
5. 简述怀孕母猪的管理要点。
6. 羊毛的分类有哪些？

四、论述题

1. 母猪各生产阶段的消化生理特点是什么？
2. 试述妊娠母猪的管理要点。
3. 架子牛的管理技术要点有哪些？
4. 试述犊牛的饲养技术。

家畜饲养工（中级）理论知识考核试卷参考答案

一、名词解释（略）

二、填空题

1. 全价饲料　精料补充料
2. 较大　年龄　体重　饲粮原料组成　健康状况
3. 比例　最佳效率
4. 蛋白质水平　氨基酸
5. 轻　不完善　游离盐酸　快　断奶　生理、心理和环境
6. 直接或间接　直接影响　牲畜舍内环境　温度　气流　光照　微生物
7. 水汽　积水　通风　开启
8. 新陈代谢　骨骼生长　没有　繁育母猪　仔猪
9. 传染病传播　全部出栏　放进

三、简答题（略）

四、论述题（略）

家畜饲养工（高级）理论知识考核试卷

一、名词解释

1. 扑灭性消毒 2. 羊营养代谢病 3. 流产 4. 传染病 5. 传染 6. 传染源 7. 羊传染性胸膜肺炎 8. 创伤性网胃心包炎 9. 心肌炎 10. 酮病

二、填空题（请将正确答案填在横线空白处）

1. 羊排泄物及废弃物的处理方式有通过__________处理用作____________和通过__________处理产生________。污水主要经过__________、__________、__________、__________等过程最后排入周边农田。

2. 对于病死羊只应作__________、__________等无害化处理，防止病原微生物传播。

3. 山羊的正常体温是____________，绵羊是____________，羔羊比成年羊要高__________，体温高是发病的征兆。

4. 消毒分为__________和__________两种方式。

5. 流产的原因很多，可以概括分为__________、________和__________。

6. 传染病从发生、发展到恢复或死亡，大致可分4个阶段：______________、__________、__________、__________。

7. 传染病流行过程的三个基本环节分别是________、__________、__________。

8. 传染病的传播途径可分__________、__________两大类。

9. 口炎按其炎症性质可分为__________、__________、__________等。

10. 在遇到羊只衰弱无力时，应该进行详细检查，以断定是否患有贫血，检查的主要方法是__________、__________及__________。

三、简答题

1. 羊一般疾病的预防措施有哪些？
2. 简述羊只被发现疑似传染病时应采取的应急措施。
3. 引起小羊拉稀腹泻的原因虽然很多，但生产上最常见的原因有哪几种？
4. 简述羊场布鲁氏菌病的防治措施。
5. 简述羊肝片吸虫的诊断和防治措施。
6. 简述附红细胞体病的症状和防治措施。

家畜饲养工（高级）理论知识考核试卷答案

一、名词解释（略）

二、填空题

1. 发酵 有机肥料 发酵 沼气 分离 沉淀 过滤 发酵
2. 深埋 焚化
3. 37.5～39.0℃ 38.5～39.5℃ 1℃

4. 预防性消毒　扑灭性消毒
5. 非传染性流产　传染性流产　寄生虫性流产
6. 潜伏期　前驱期　症状明显期（发病期）　转归期
7. 传染源　传播途径　易感动物
8. 垂直传播　水平传播
9. 卡他性口炎　水疱性口炎　溃疡性口炎
10. 观察黏膜　检查红细胞数目　血红蛋白的含量

三、简答题（略）